石油化工职业技能培训教材

催化重整装置操作工

中国石油化工集团公司人事部
中国石油天然气集团公司人事服务中心 编

中国石化出版社

内 容 提 要

《催化重整装置操作工》为《石油化工职业技能培训教材》系列之一，涵盖石油化工生产人员《国家职业标准》中，对该工种初级工、中级工、高级工、技师、高级技师五个级别的专业理论知识和操作技能的要求。主要内容包括催化重整装置的概况、催化剂、设备、工艺原理、工艺操作、事故分析与处理、自动控制及联锁、装置节能降耗及环保等。

本书是催化重整装置技能操作人员进行职业技能培训的必备教材，也是专业技术人员必备的参考书。

图书在版编目(CIP)数据

催化重整装置操作工/中国石油化工集团公司人事部，中国石油化工天然气集团公司人事服务中心编.
—北京:中国石化出版社,2007(2022.3 重印)
石油化工职业技能培训教材
ISBN 978-7-80229-344-1

Ⅰ. 催… Ⅱ.①中…②中… Ⅲ.催化重整-化工设备-操作-技术培训-教材 Ⅳ.TE624.4

中国版本图书馆 CIP 数据核字(2007)第 073021 号

中国石化出版社出版发行
地址:北京市东城区安定门外大街 58 号
邮编:100011　电话:(010)57512500
发行部电话:(010)57512575
http://www.sinopec-press.com
E-mail:press@sinopec.com
北京科信印刷有限公司印刷
全国各地新华书店经销
*
787×1092 毫米 16 开本 16.5 印张 408 千字
2022 年 3 月第 1 版第 8 次印刷
定价:50.00 元

《石油化工职业技能培训教材》

开发工作领导小组

（按姓氏笔画顺序）

于洪涛	王子康	王玉霖	王妙云	王者顺	王　彪
付　建	向守源	孙伟君	何敏君	余小余	冷胜军
吴　耘	张　凯	张继田	李　刚	杨继钢	邹建华
陆伟群	周赢冠	苟连杰	赵日峰	唐成建	钱衡格
蒋　凡					

编审专家组

（按姓氏笔画顺序）

王　强	史瑞生	孙宝慈	李兆斌	李志英	岑奇顺
杨　徐	郑世桂	姜殿虹	唐　杰	黎宗坚	

编审委员会

主　任： 王者顺

副主任： 向守源　周志明

成　员：（按姓氏笔画顺序）

王力健	王凤维	叶方军	任　伟	刘文玉	刘忠华
刘保书	刘瑞善	朱长根	朱家成	江毅平	许　坚
余立辉	吴　云	张云燕	张月娥	张全胜	肖铁岩
陆正伟	罗锡庆	倪春志	贾铁成	高　原	崔　昶
曹宗祥	职丽枫	黄义贤	彭干明	谢　东	谢学民
韩　伟	雷建忠	谭忠阁	潘　慧	穆晓秋	

前言

为了进一步加强石油化工行业技能人才队伍建设，满足职业技能培训和鉴定的需要，中国石油化工集团公司人事部、中国石油天然气集团公司人事服务中心联合组织编写了《石油化工职业技能培训教材》。本套教材的编写依照劳动和社会保障部制定的石油化工生产人员《国家职业标准》及中国石油化工集团公司人事部编制的《石油化工职业技能培训考核大纲》，坚持以职业活动为导向，以职业技能为核心，以“实用、管用、够用”为编写原则，结合石油化工行业生产实际，以适应技术进步、技术创新、新工艺、新设备、新材料、新方法等要求，突出实用性、先进性、通用性，力求为石油化工行业生产人员职业技能培训提供一套高质量的教材。

根据国家职业分类和石油化工行业各工种的特点，本套教材采用共性知识集中编写、各工种特有知识单独分册编写的模式。全套教材共分为三个层次，涵盖石油化工生产人员《国家职业标准》各职业(工种)对初级、中级、高级、技师和高级技师各级别的要求。

第一层次《石油化工通用知识》为石油化工行业通用基础知识，涵盖石油化工生产人员《国家职业标准》对各职业(工种)共性知识的要求。主要内容包括：职业道德，相关法律法规知识，安全生产与环境保护，生产管理，质量管理，生产记录、公文和技术文件，制图与识图，计算机基础，职业培训与职业技能鉴定等方面的基本知识。

第二层次为专业基础知识，分为《炼油基础知识》和《化工化纤基础知识》两册。其中《炼油基础知识》涵盖燃料油生产工、润滑油(脂)生产工等职业(工种)的专业基础及相关知识，《化工化纤基础知识》涵盖脂肪烃生产工、烃类衍生物生产工等职业(工种)的专业基础及相关知识。

第三层次为各工种专业理论知识和操作技能，涵盖石油化工生产人员《国家职业标准》对各工种操作技能和相关知识的要求，包括工艺原理、工艺操作、设备使用与维护、事故判断与处理等内容。

《催化重整装置操作工》为第三层次教材，在编写过程中注意工艺与设备技术相结合，技术与经济相结合、国内与国外技术相结合，以使本书具有科学性、新颖性、系统性和实用性，力求通俗易懂。在内容上分为九章，包括了催化重整装置的概况、催化剂、工艺原理、工艺操作、事故处理、仪表自动化控制、装置节能降耗及环保等内容。适合从事催化重整操作人员初级工、中级工、高级工、技师及高级技师的学习和使用。

《催化重整装置操作工》教材由燕山石化负责组织编写，主编盖增旗(燕山石化)，参加编写的人员有郑华(燕山石化)、王纪龙(抚顺石化)；本教材已经中国石油化工集团公司人事部、中国石油天然气集团公司人事服务中心组织的职业技能培训教材审定委员会审定通过，主审：姜殿虹、郑世桂，参加审定的人员有艾中秋、刘吉民、何文全、黄新友、樊春江、徐宏、徐宝国、潘茂华、张松友、张名鑫、岑奇顺，审定工作得到了茂名石化等单位的大力支持；中国石化出版社对教材的编写和出版工作给予了通力协作和配合，在此一并表示感谢。

由于石油化工职业技能培训教材涵盖的职业(工种)较多，同工种不同企业的生产装置之间也存在着差别，编写难度较大，加之编写时间紧迫，不足之处在所难免，敬请各使用单位及个人对教材提出宝贵意见和建议，以便教材修订时补充更正。

目　录

第1章　概　　述

第2章　催　化　剂

第3章　工艺原理

第5章　工艺操作

第6章　事故分析与判断处理

第7章 自动控制及联锁

第8章 环境保护和节能

第9章 生产运行分析及工艺计算

第1章　概　　述

以 $C_6 \sim C_{11}$ 石脑油馏分为原料，在一定的操作条件(温度、压力、氢油比)和催化剂的作用下，烃类分子结构发生重新排列(如脱氢、环化、异构化、裂化等)的过程称为催化重整。催化重整生产目的为生产高辛烷值汽油或芳烃(苯、甲苯、二甲苯，简称 BTX)，同时副产相当数量的氢气。催化重整汽油是高辛烷值汽油的重要组分，具有如下特点：辛烷值高，烯烃含量很低，芳烃含量较高，基本不含硫、氮、氧等杂质。在发达国家的车用汽油组分中，催化重整汽油约占 25%~30%。BTX 是一级基本化工原料，全世界所需的 BTX 有一半以上是来自催化重整。氢气是炼油厂加氢装置的重要原料，而重整副产氢气是廉价的、重要的氢气来源。因此，催化重整是石油炼制和石油化工企业中的主要生产工艺之一。

1.1　催化重整技术的发展概况

催化重整的诞生源于其化学反应的发现过程。1901 年法国科学家萨巴切和桑德林首先发现，在镍、钴催化剂存在、约 300℃条件下，环已烷失去六个氢原子转化成苯。1911 年俄国化学家泽林斯基发现对于环烷脱氢反应，铂、钯催化剂较镍催化剂具有更高的活性，在这些催化剂作用下，环已烷及其同系物定量转化为芳烃。这些发现为催化重整的发展奠定了理论基础。

1.1.1　国外催化重整技术的发展

催化重整工艺经历了三个重要的发展阶段：1940 年在美国建成了第一套以氧化钼/氧化铝(MoO_3/Al_2O_3)作为催化剂的催化重整工业装置，称之为钼重整，随之又出现以氧化铬/氧化铝(Cr_2O_3/Al_2O_3)作为催化剂的铬重整工业装置，这类过程亦称临氢重整过程，可以生产辛烷值(RON)达 80 左右的汽油；1949 年美国环球油品公司(UOP)公布了以贵金属铂作催化剂的催化重整工艺，并建成世界上第一套铂重整工业装置，这是催化重整工业发展史上最具有历史意义的成就；1967 年美国雪弗隆研究公司首次宣布发明成功铂铼/氧化铝双金属重整催化剂，并在埃尔帕索炼油厂投入工业应用，命名为“铼重整”，自此开始了双金属和多金属重整催化剂及与其相关的工艺技术发展的时期，并且逐渐取代了铂催化剂。1971 年和 1973 年，美国 UOP 公司和法国 IFP 的连续(再生)催化重整工艺工业化后，使积炭催化剂得以连续再生，催化剂可长期保持最高活性，重整生成油的液体收率和芳烃产率可达到最佳状态，催化重整工艺技术达到了崭新的阶段。近年来工业上也广泛采用铂锡重整催化剂，这类催化剂主要是用于连续重整装置。

1.1.2　国内催化重整技术的发展

我国于 20 世纪 50 年代开始催化重整工艺和催化剂的研究工作。

1963 年第一套 2 万吨/年铂重整-芳烃抽提半工业试验装置在抚顺石油三厂建成，结束了我国没有催化重整和芳烃抽提的工业历史。1965 年我国自行研究、设计和建设的第一套 10 万吨/年半再生催化重整工业装置在大庆炼油厂投产，该装置采用我国自行研究开发和生产的 3651 铂催化剂。以后陆续建成了一批使用单铂催化剂的催化重整工业装置，同时根据我国重整原料油的特性和产品要求，先后开发了原料预脱砷和产品后加氢等工艺技术。1966年6月从意大利引进的10万吨/年铂重整装置在抚顺石油二厂建成投产。1974年我国自主开发出3741铂-铼双金属催化剂，并在兰州炼油厂的催化重整装置上工业应用。1977年我国第一套多金属催化重整装置在大连石油七厂建成投产。1985年第一套引进UOP技术的连续重整装置在上海石化总厂建成。1988年底，第一套末反再生技术的催化重整装置在克拉玛依炼油厂投产，加工能力为3万吨/年，生产辛烷值(RON)85的产品。1989年，我国自行设计的第一套以环丁砜为溶剂的2万吨/年的抽提装置在锦州石油六厂建成投产。1990年第一套引进IFP技术的连续重整装置在抚顺石油三厂建成。这是一套采用法国IFP专利技术，由国内承担工程设计，第一次在国内连续催化重整装置使用国产催化剂的装置，装置的设备国产化率达96%。2000年9月，第一套由我国EPC总承包的25万吨/年芳烃联合装置在天津石化投产。2001年3月，我国第一套只付专利费，不再购买与专利有关的工艺包的IFP第二代连续再生技术的60万吨/年催化重整装置在齐鲁石化公司建成投产。2001年6月，国家计委重点工业性试验项目和中国石化集团公司“十条龙”攻关项目之一的50万吨/年“低压组合床催化重整工艺”装置在长岭炼油厂投产成功。2002年4月、7月，我国自行承担全部设计的、采用UOP第三代连续重整技术的60万吨/年催化重整装置分别在大连石油化工总厂和锦西炼化总厂投产成功。

经过40年的发展，到2005年3月我国共建成投产催化重整装置65套(其中：连续重整装置18套，半再生重整装置47套)，总加工能力2190万吨/年(其中：连续重整装置加工能力为1190万吨/年，半再生重整装置加工能力为1000万吨/年)，约占原油总加工能力的10%左右。产品以高辛烷值汽油组分和苯、甲苯、混合二甲苯为主，也生产一部分乙基苯、邻二甲苯。

1.1.3 现代催化重整的发展趋势

催化重整的发展趋势为：降低苯含量，提高产氢率，为新配方汽油提供合格组分。主要生产技术有以下两方面：

(1) 新型催化剂的研制与工业应用

① 美国UOP公司研制开发的R-230™系列催化剂。该系列催化剂在增加辛烷值，增加产率，提高处理能力，提高操作苛刻度等工艺中表现不凡。

② 法国IFP推出再生器Regen C技术及CR-401催化剂。氢产率、稳定性、抗磨损和持氢能力均强于CR-201，可使C_5^+液收增加0.5%。

③ 壳牌公司在德国的哈博格炼厂CCR装置对CriterionPS-20催化剂的工业应用，运行结果显示其特点为：较高强度和抗磨性；比表面积稳定可达到并超过5年；催化剂积炭低；氯化物保持能力强；高选择性和活性。

(2) 工艺技术的开发与改进

① 美国UOP公司从工艺核查、更换催化剂、优化原料等工艺技术入手，实现低成本改造重整装置。

② 法国IFP以先进的再生器Regen C技术，对氧氯化段的技术、控制及烧焦进行了较大的改进，使催化剂寿命延长，操作的灵活性也大为提高。

③ 为降低反应操作压力，增加C_5^+产率、辛烷值和氢产品，在固定床催化重整装置中增加了连续重整反应器。

④ 应用高效节能新设备，如重整进料换热器可应用焊板式立式换热器等。

1.2 催化重整装置的构成

催化重整装置按其生产目的不同可分为两类：一类用于生产高辛烷值汽油调合组分；另一类则用于生产芳烃。对于以生产高辛烷值汽油调合组分为目的的催化重整装置包括原料预处理、催化重整反应和产品稳定三部分。对于以生产芳烃为目的的催化重整装置，除了上述三部分以外还包括芳烃抽提和芳烃精馏两部分。图 1-1 为催化重整装置的基本构成。

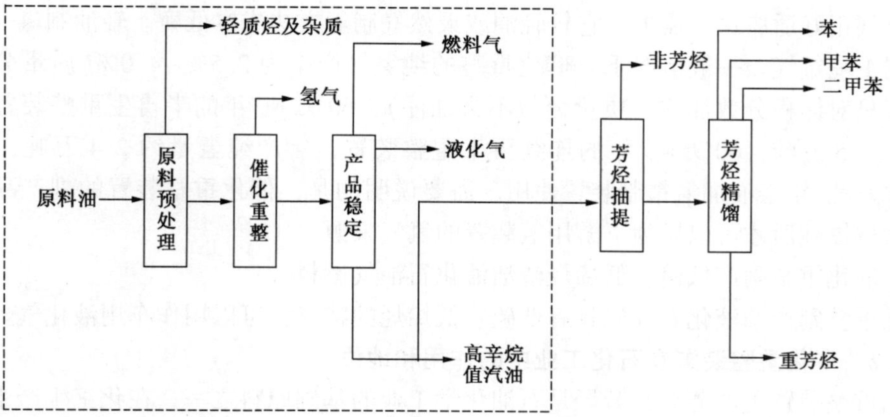

图 1-1　催化重整装置的基本构成

原料预处理部分包括预分馏和预加氢，其目的是得到馏分范围、杂质含量都合乎要求的重整原料。

催化重整反应部分是将重整原料在催化剂和一定温度、压力条件下转化成重整生成油，经稳定后可作为高辛烷值汽油的调合组分或用于生产芳烃。

芳烃抽提部分将重整生成油用溶剂进行抽提，分离出芳烃和非芳烃混合物。抽余油为非芳烃。

芳烃精馏部分是将混合芳烃经若干精馏塔，依次分离出苯、甲苯、二甲苯或其他单芳烃。

1.3 催化重整装置的作用和地位

1.3.1 催化重整工艺在炼油工业中的作用和地位

（1）催化重整汽油是生产清洁燃料的重要调合组分之一

进入 21 世纪，炼油工业面临环保法规的巨大压力和市场发展趋势的挑战，生产符合环保要求的清洁燃料或绿色燃料是其重要任务之一。

未来的清洁汽油在提高汽油辛烷值的基础上，对汽油的烯烃含量、硫含量、苯和芳烃等提出了苛刻的要求。催化重整汽油是生产清洁汽油最重要的三种调合组分之一，对清洁汽油的贡献是其他生产过程所无法替代的，这主要是因为其具有辛烷值高、硫含量低、烯烃含量低等优点。重整汽油的辛烷值高，连续重整工艺汽油研究法辛烷值可达到 102 左右，作为车用汽油的调合组分可提高其辛烷值并改善汽油的辛烷值分布；重整汽油的烯烃含量低，一般低于2%，作为车用汽油调合组分可大幅度降低成品油中的烯烃含量；重整汽油的硫含量低，作为车用汽油调合组分可大幅度降低汽油中的硫含量。

（2）催化重整装置是廉价氢气的重要来源

催化重整装置所产氢气是炼油加工过程中的重要氢源，加氢工艺的迅速增加、低硫燃料油规格的实施等，将需要大量的廉价氢源。

加氢工艺是生产优质清洁燃料必不可少的核心技术之一，近年来发展很快，如：催化裂化原料加氢预处理，汽油选择性加氢和柴油深度加氢等工艺。此外，对加工高硫、高金属、重质原油和生产石油化工产品均需要加氢工艺，氢气的需求量将大幅度上升。催化重整装置的副产氢气正好适应这一需求。它较轻油或天然气制氢方法成本低廉。轻油制氢一般3~3.5吨轻油制1吨氢气。一般情况下，催化重整的纯氢气产率为2.5%~4.0%（质量分数，本书后面内容只对体积分数加注，质量分数不再加注），60万吨/年的半再生重整装置，每年约产纯氢量1.5万吨，60万吨/年的连续再生重整装置，年产纯氢量约2.4万吨，可供一套120~200万吨/年柴油加氢精制装置使用。需要说明的是，催化重整装置的副产品氢的纯度较低，通过提纯后才可以做为下游用氢装置的氢气来源。

（3）催化重整副产低硫、低烯烃清洁液化石油气燃料

催化重整副产的液化石油气具有低硫、低烯烃的特点，可以用作车用液化气燃料。

1.3.2 催化重整装置在石化工业中的作用和地位

催化重整装置生产芳烃，芳烃是石油化学工业的基础原料之一，在化工生产中有着极为重要的作用。据统计在总数约为八百万种的已知有机化合物中，芳烃化合物约占30%左右，其中BTX芳烃（苯、甲苯和二甲苯）被称为一级基本有机化工原料。芳烃最主要的用途是生产三大合成材料，如丁苯橡胶、聚酯、聚酰胺、聚苯乙烯、ABS塑料等。此外，芳烃还用来生产合成染料、医药、洗涤剂、农药、炸药、溶剂等。苯最大的用途是做乙苯，其次是异丙苯、环己烷、苯胺/硝基苯和烷基苯等。甲苯则主要是通过脱烷基转为苯或经甲苯岐化（TDP）转化为苯和二甲苯，还可用作溶剂和生产甲苯二异氰酸酯（TDI）的原料，也可作为汽油组分以提高汽油辛烷值。混二甲苯是邻、间、对二甲苯和乙苯的混合物，主要用作油漆、涂料的溶剂、航空汽油的添加剂及染料、农药等。二甲苯中用量最大的是对二甲苯，是生产聚酯纤维和薄膜的主要原料。

数据统计结果表明，全世界的BTX芳烃中有50%以上来自催化重整装置。石油化学工业中芳烃的发展，则相当大程度上依赖着催化重整的发展。

1.4 催化重整装置的产品

催化重整装置的产品主要有汽油、芳烃和氢气等。

1.4.1 重整汽油

重整汽油是车用汽油的调合组分之一。车用汽油重要的质量指标之一是辛烷值，一般用研究法辛烷值（RON）、马达法辛烷值（MON）或抗爆指数[（RON+MON）/2]来表示。重整汽油的RON和MON分别为100和90左右。

（1）重整汽油的性质

重整汽油的性质与所采用的工艺条件、催化剂性能、原料组成等有密切关系。典型催化重整汽油的性质见表1-1所示。

表 1-1　典型催化重整汽油的性质

项　目	半再生重整	连续重整	项　目	半再生重整	连续重整
催化剂	铂铼	铂锡	汽油馏程/℃		
原料性质			初馏点	54	42
WABT/℃	495.1	497.5	10%	74	71
LHSV/h^{-1}	2.0	2.3	50%	113	114
压力/MPa	1.8	0.88	90%	153	160
氢油比	1390(体积比)	3.1(摩尔比)	终馏点	188	190
馏分范围/℃	80~180	78~169	汽油辛烷值		
烃类组成/%			RON	98	100.3
烷烃	52	61.57	MON	87.5	89.8
环烷烃	45.2	28.82	(R+M)/2	92.8	95.1
芳烃	2.8	9.53	烯烃含量/%	<0.5	<1
			硫含量/(μg/g)	<1	<1
			芳烃含量/%(体积)	65	69

(2) 车用汽油质量指标

① 世界燃料规范中的车用无铅汽油质量指标。“世界燃料委员会”于 2004 年 4 月公布了新版《世界燃油规范》，其部分质量指标见表 1-2 所示。

表 1-2　世界燃料规范中车用无铅汽油的部分质量指标

项　目	Ⅰ	Ⅱ	Ⅲ	Ⅳ
RON	91、95、98	91、95、98	91、95、98	91、95、98
MON	82、85、88	82、85、88	82、85、88	82、85、88
密度/(kg/m^3)	715~780	715~770	715~770	715~770
氧化安定性/min	≥360	≥480	≥480	≥480
硫含量/(μg/g)	<1000	<200	<30	0(<5~10)
烯烃含量/%(体积)		<20	<10	<10
芳烃含量/%(体积)	<50	<40	<35	<35
苯含量/%(体积)	<5.0	<2.5	<1.0	<1.0
氧含量/%(体积)	<2.7	<2.7	<2.7	<2.7

② 我国车用无铅汽油质量指标。我国于 1999 年颁布了 GB 17930—2006 车用无铅汽油标准，主要技术要求见表 1-3 所示。

表 1-3　GB 17930—2006 车用汽油标准主要技术要求

项　目	技术要求			项　目	技术要求		
RON	90 号	93 号	97 号	苯含量/%(体积)	≯2.5(欧Ⅱ) ≯1.0(欧Ⅲ)	≯2.5(欧Ⅱ) ≯1.0(欧Ⅲ)	≯2.5(欧Ⅱ) ≯1.0(欧Ⅲ)
馏程							
10%蒸发温度/℃	≯70	≯70	≯70	芳烃含量/%(体积)	≯40	≯40	≯40
50%蒸发温度/℃	≯120	≯120	≯120				
90%蒸发温度/℃	≯190	≯190	≯190	烯烃含量/%(体积)	≯35(欧Ⅱ) ≯30(欧Ⅲ)	≯35(欧Ⅱ) ≯30(欧Ⅲ)	≯35(欧Ⅱ) ≯30(欧Ⅲ)
硫含量/(μg/g)	≯500(欧Ⅱ) ≯150(欧Ⅲ)	≯500(欧Ⅱ) ≯150(欧Ⅲ)	≯500(欧Ⅱ) ≯150(欧Ⅲ)	氧含量/%(体积)	≯2.7	≯2.7	≯2.7

注：当芳烃含量低于 35%(体积)时，烯烃含量可以增加，但不应超过 35%(体积)。

(3) 用途

重整汽油的辛烷值高，一般研究法辛烷值可达 95 以上，连续重整研究法辛烷值可达到 102 左右，对调合汽油的辛烷值贡献率大，是高标号汽油的良好调合组分。重整汽油的辛烷值高低取决于所用原料油的性质、组成、工艺条件及催化剂的性能等。

重整汽油的烯烃含量低，一般均不高于1%，因此，重整生成油作为汽油调合组分，可大幅度降低调合汽油的烯烃含量，其降烯烃作用随着重整生成油调合量的加大而增加，从而降低了对催化裂化汽油烯烃含量的要求。

重整汽油的硫含量很低，一般小于0.5μg/g。重整汽油作为车用汽油的调合组分，可大幅度降低调合汽油的硫含量，其降硫作用随着调合比例的提高而增大，从而降低了对催化裂化汽油硫含量的限制。

此外，重整汽油辛烷值分布可与催化裂化汽油互相补充，有利于改善调合汽油辛烷值分布。车用汽油辛烷值分布不良将影响车用汽油的使用性能，导致车用汽油的使用性能，污染物排放增加。我国成品汽油中，催化裂化汽油占85%左右，其次是重整生成油。催化裂化汽油的辛烷值是前高后低，即随着馏分变重，辛烷值是降低的，而重整生成油的辛烷值正好与其相反，是前低后高，即随着馏分变重，辛烷值是增加的。二者辛烷值分布前后正好相反，当重整生成油调入催化裂化汽油时，辛烷值可互补使其分布趋于均匀，提高汽油质量。

1.4.2 轻质芳烃

轻质芳烃的纯化合物包括苯、甲苯、混合二甲苯(邻二甲苯、间二甲苯、对二甲苯)等，其性质、质量标准及用途如下。

（1）石油苯

① 理化性质：无色透明、易燃、带有特殊芳香气味的液体。分子式 C_6H_6，相对分子质量78.11，相对密度0.8794(20℃)，熔点5.51℃，沸点80.1℃，闪点-10.11℃(闭杯)，自燃点560℃，蒸气密度2.77kg/m³，蒸气压13.33kPa(26.1 ℃)。蒸气与空气混合物爆炸极限1.2%~8.0%。不溶于水，与乙醇、氯仿、乙醚、二硫化碳、四氯化碳、冰乙酸、丙酮、油混溶。遇热、明火易燃烧爆炸。能与氧化剂如五氟化溴、氯气、三氧化铬、高氯酸、硝酰、氧气、臭氧、过氯酸盐、(三氯化铝+过氯酸氟)、(硫酸+高锰酸盐)、过氧化钾、(高氯酸铝+乙酸)、过氧化钠发生剧烈反应，不能与乙硼烷共存。苯是致癌物之一。

②质量标准：见表1-4所示。

表1-4 石油苯的质量标准(GB 3405—89)

项　　目	质量指标			试验方法
	优级品	一级品	合格品	
外观	透明液体，无不溶水及机械杂质			目测①
颜色(Hazen单位-Pt-Co色号)	≤20			GB/T 3143
密度(20℃)/(kg/m³)	878~881	878~881	876~871	GB/T 2013
沸程范围/℃			79.6~80.5	GB/T 3146
酸洗比色	酸层颜色不深于1000mL稀酸中含0.1g重铬酸钾的标准溶液	酸层颜色不深于1000mL稀酸中含0.2g重铬酸钾的标准溶液		GB/T 2012
总硫含量/(mg/kg)	≤2		≤3	SH/T 0253
结晶点(干基)/℃	≥5.40	≥5.35	≥5.00	GB/T 3145
中性实验	中　性			GB/T 1816
蒸发残余物/(mg/100mL)	≤5			GB/T 3209

① 将试样注入100mL玻璃量筒中，在20℃±3℃下观察，应是透明、无不溶水及机械杂质。

③用途：苯是最重要的基本有机化工原料之一，广泛用作合成树脂、合成纤维、合成橡胶、洗涤剂、染料、农药、医药和炸药等的原料，其中苯乙烯、环已烷和异丙苯所消耗的苯最多，约占世界苯产量的 80%。苯也广泛用作溶剂，在炼油工业中用作提高汽油辛烷值的掺合剂，见图 1-2 所示。

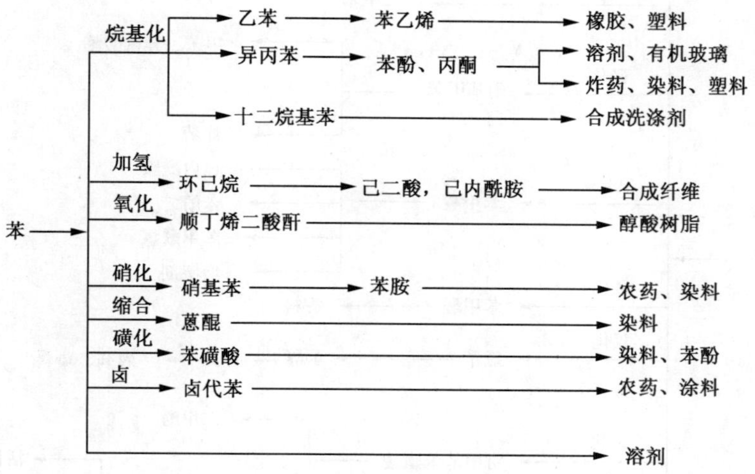

图 1-2　苯的工业用途

（2）石油甲苯

① 理化性质：无色易挥发液体，气味似苯。分子式 C_7H_8，相对分子质量 92. 130，相对密度 0. 866(20℃/4℃)，熔点-95～-94. 5℃，沸点 110. 4℃，闪点 4. 44℃(闭杯)，自燃点 480℃，蒸气密度 3. 14 kg/m^3，蒸气压 4. 89kPa(30℃)，蒸气与空气混合物的爆炸极限为 1. 27%～7%。几乎不溶于水，与乙醇、氯仿、乙醚、丙酮、冰乙酸、二硫化碳混溶。遇热、明火或氧化剂易着火。遇明火或与(硫酸+硝酸)、四氧化二氮、高氯酸银、三氟化溴、六氟化铀等物质反应能引起爆炸。流速过快(超过 3m/s)有产生和积聚静电危险。

② 质量标准：见表 1-5 所示。

表 1-5　石油甲苯的质量标准(GB 3406—90)

项　目	质量指标		试验方法
	优级品	一级品	
外　观	透明液体，无不溶水及机械杂质		目测①
颜色(Hazen 单位-Pt-Co 色号)	≤20		GB/T 3143
密度(20℃)/(kg/m^3)	865～868		GB/T 2013
烃类杂质含量			GB/T 3144
苯含量/%	≤0. 05	≤0. 10	
C_8 芳烃含量/%	≤0. 05	≤0. 10	
非芳烃含量/%	≤0. 20	≤0. 25	
酸洗比色	酸层颜色不深于 1000mL 稀酸中含 0. 2g 重铬酸钾的标准溶液		GB/T 2012
总硫含量/(mg/kg)	≤2		SH/T 0253②
博士实验	通　过		SH/T 0174
中性实验	中　性		GB/T 1816
蒸发残余物/(mg/100mL)	≤5		GB/T 3209

① 20℃±3℃下目测，对机械杂质有争议时，用 GB/T 511 方法进行测定，应为无。

② 允许用 SH/T 0252 方法测定，有争议时，以 SH/T 0253 方法为准。

③ 用途：见图 1-3 所示。

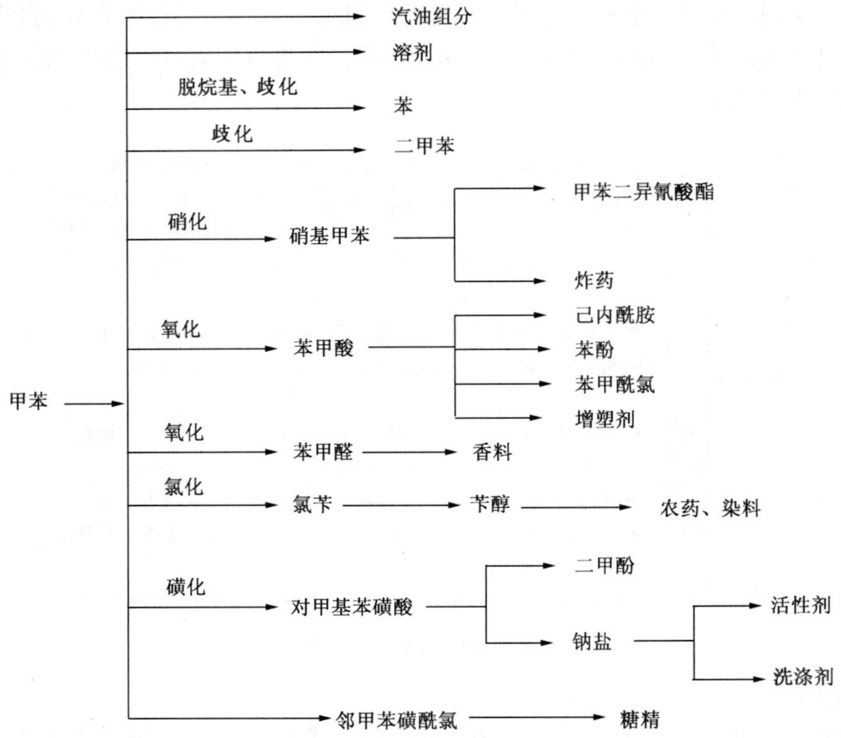

图 1-3　甲苯的工业用途

(3) 石油混合二甲苯

① 理化性质：石油混合二甲苯是一种无色透明、具有芳香气味的挥发性液体，不溶于水，溶于乙醇和乙醚。分子式 $C_6H_4(CH_3)_2$，相对分子质量 106，有邻位、间位和对位三种异构体，密度是 868kg/m^3，馏程为 137～143℃。工业品还含有 5%～10%的苯、甲苯、乙苯、硫酚、吡啶等混合物。二甲苯在空气中允许最大浓度 100mg/m^3。

② 质量标准：见表 1-6 所示。

表 1-6　石油混合二甲苯的质量标准(GB 3407—90)

项　目	质量指标				试验方法
品　种	3℃混合二甲苯		5℃混合二甲苯		
质量等级	优级品	一级品	优级品	一级品	
外观	透明液体，无不溶水及机械杂质				目测[①]
颜色(Hazen 单位-Pt-Co 色号)	≤20				GB/T 3143
密度(20℃)/(kg/m^3)	862～868	860～870	860～870		GB/T 2013
馏程/℃ 初馏点 终馏点 总馏程范围	 ≥137.5 ≤141.5 ≤3		 ≥137 ≤143 ≤5		GB/T 3146
酸洗比色	酸层颜色不深于 1000mL 稀酸中含 0.5g 重铬酸钾的标准溶液	酸层颜色不深于 1000mL 稀酸中含 0.7g 重铬酸钾的标准溶液	酸层颜色不深于 1000mL 稀酸中含 0.5g 重铬酸钾的标准溶液	酸层颜色不深于 1000mL 稀酸中含 0.7g 重铬酸钾的标准溶液	GB/T 2012

续表

项　目	质量指标				试验方法
品　种	3℃混合二甲苯		5℃混合二甲苯		
质量等级	优级品	一级品	优级品	一级品	
总硫含量/(mg/kg)	≤3				SH/T 0253②
博士实验	通　过		通　过		SH/T 0174
中性实验	中　性				GB/T 1816
蒸发残余物/(mg/100mL)	≤5				GB/T 3209

① 20℃±3℃下目测，对机械杂质有争议时，用 GB/T 511 方法进行测定，应为无。

② 允许用 SH/T 0252 方法测定，有争议时，以 SH/T 0253 方法为准。

③用途：工业上用于制药、染料、涂料、塑料、橡胶和合成纤维、农药等。作为溶剂或稀释剂用于油漆、橡胶、皮革等，对二甲苯可以制造涤纶。邻二甲苯的用途是：农药、染料、合成纤维、合成香精。

1.4.3　重芳烃

重芳烃是指 C_9 以上的单环、双环或多环芳烃的总称，其沸点范围一般在 150~250℃之间，是生产精细化学品的重要原料。

重芳烃可用作高辛烷值汽油调合组分、生产芳烃溶剂及各种单体芳烃。重芳烃的辛烷值高、硫含量低、不含烯烃，是良好的汽油调合组分。重芳烃溶剂在涂料工业中具有广泛的用途，其主要特点是溶解能力强，毒性低，不含水、烯烃、氯及重金属，性能稳定，对各种树脂均有较强的溶解能力，可用作涂料、印刷油墨、精密部件的洗涤剂、农药乳化剂、高档油漆稀释剂，可代替二甲苯、200 号溶剂油及松节油等。从重芳烃中生产的单体芳烃，是精细化工的重要原料，不仅附加值高，而且具有独特的优良性能。

1.4.4　非芳烃

重整非芳烃一般为重整拔头油、重整生成油分馏出的戊烷油及芳烃抽余油的统称。

重整非芳烃可作石脑油、乙烯裂解料、制氢原料，可生产戊烷油、正己烷油、打火机油、溶剂油。其中溶剂油为无色透明液体，易燃、易挥发，稳定性好，芳烃含量低，硫含量低，是一种用途广泛的有机溶剂。溶剂油品种见表 1-7。

表 1-7　用抽余油生产的溶剂油品种

产品名称	馏程/℃	产品名称	馏程/℃
60 号石油醚	30~60	100 号抽提溶剂油	90~110
90 号石油醚	60~90	70 号香花溶剂油	60~71
120 号橡胶溶剂油	80~120	180 号洗涤溶剂油	40~180
6 号抽提溶剂油	60~90		

各种溶剂油都有其特殊的质量标准。橡胶生产过程中使用的橡胶溶剂油、医药和化学试剂用的石油醚、香料抽提用的香花溶剂油等对馏分都有特殊要求，以保证要求的挥发性能、溶解度指标以及良好的稳定性。

1.4.5　重整氢

重整氢是催化重整装置的副产品，成本低。

重整氢气主要用于加氢裂化、加氢精制、加氢改质等用氢装置的氢源。催化重整副产氢气中氢的体积含量一般为 65%~90%，其余含有 4%~10%的甲烷，4%~10%的乙烷和乙烯，2%~6%的丙烷和丙烯等。

第2章 催化剂

催化重整装置所涉及到的催化剂主要有脱砷剂、预加氢催化剂、重整催化剂。脱砷剂用于脱除重整原料油中的砷化物；预加氢催化剂用于脱除重整原料中的硫、氮、氧、金属等杂质；重整催化剂用于提供重整反应所需要的金属功能及酸性功能。掌握装置所使用的催化剂特性对保证正常生产十分重要。

2.1 催化剂基础知识

2.1.1 催化剂和催化作用

催化剂是一类能够改变化学反应速率，而本身在反应前后的数量以及化学性质均不发生变化的物质。能加速反应速度的催化剂称为正催化剂，而减慢反应速度的催化剂则称为负催化剂。催化剂对反应施加的作用称为催化作用。

催化剂能改变反应活化能。催化剂之所以能改变反应速率是因为在催化剂存在下使反应改变了历程，从而改变了反应的活化能。所谓反应的活化能就是促使反应发生的最低能量，不同反应的活化能不尽相同。对于某一种重整反应，反应体系中的大多数分子具有的能量不足以克服活化能障碍，这些分子不能转化成高辛烷值的产品。只有在特定的时候，才能使反应的原料烃分子，克服活化能障碍后形成产物的分子。低的活化能意味着提高反应速率。催化剂在化学反应中的作用是降低反应活化能，使反应容易进行。

催化剂不能改变化学平衡，意味着对正方向反应有效的催化剂，对反方向的反应同样也是有效的。一个化学反应进行到什么程度是由热力学决定的。实验表明：某一化学反应，若反应物、产物的种类、状态一旦确定，此反应的平衡也就确定了，与催化剂的存在与否无关。因此，催化剂不能改变化学平衡，只能改变平衡到达的速度。这样，热力学上不能发生的反应，催化剂也不能使其发生。

催化剂对化学反应存在选择性，特定催化剂只能催化特定的化学反应。

许多类型的物质，包括金属、化合物（如金属氧化物、硫化物、氮化物等）等，都可以作为催化剂。工业上使用的催化剂的总量与催化剂在寿命期间所处理的反应物和所制得的产物的数量相比是很小的，而且催化剂并非所有部分都参与反应物到产物间的转化，那些参与的部分称为活性中心。因此，也可以说，催化作用是催化活性中心对反应物分子的激发与活化，使反应物分子大大增加反应性能而进行反应。

2.1.2 催化剂的一般性质

(1) 催化剂的组成

催化剂中起催化作用的主要部分为具有催化活性的物质，称为活性组分。催化剂可以由单一的活性组分构成，也可以由多组分构成，还可以由除活性组分外，再加上改善催化性能的助催化剂和载体组成。

催化剂由单一组分构成时，这一组分即为活性组分。单一组分构成的催化剂可以是金属，如铂、镍等；也可以是酸碱盐类，如氯化锌、氯化铜等；又可以是氧化物，如三氧化二铝、氧化锌等；还可以是金属有机化合物。催化剂由多组分构成时，一般为多组分的复合物。

在工业上使用的催化剂，很少有单一组分的，特别是炼油工业的催化剂，一般都是由活性组分、助剂和载体三部分组成。

① 活性组分。活性组分又称为主催化剂，是工业催化剂中产生活性的部分，没有它就不能对化学反应起催化作用。例如环己烷脱氢变成苯的反应，载有铂的三氧化二铝是有效催化剂。如果没有铂只有三氧化二铝时反应并不进行，故铂是活性组分。前面曾提到过，催化剂并非所有部分都参与反应物到产物间的转化，也就是说活性组分中也可能只是部分参与转化，这些参与部分称为活性中心。催化剂的活性中心形式多种多样，可以是原子、原子团等。

催化剂活性组分的含量也不是越高活性就越好，通常有一个最佳含量。其最佳含量往往与所催化的具体反应、助剂的种类及数量、载体的品种及形态等有关。

② 助剂。助催化剂简称为助剂，所谓助剂是指某些物质，这些物质自身没有活性或活性很低，少量加入到催化剂中后，与活性组分产生作用，从而显著改善了催化剂的活性和选择性。单质和化合物都可以加入到催化剂中作为助剂。助剂所产生的作用是多方面的，而且助剂的种类、用量和加入方法不同得到的效果也不一样。加入助剂后，催化剂在化学组成、晶体结构、表面结构、孔结构、机械强度和活性组分分散状态等方面可能发生变化，由此影响催化剂的活性、选择性以及寿命等。活性组分与助剂的关系不同于多组分催化剂中各组分之间的关系：助剂本身单独存在时不具有活性，活性组分单独存在时就有一定的活性、选择性和寿命，加入助剂后这些性质得到明显改善。

③ 载体。载体主要对催化活性组分起机械承载作用，并可增加有效的催化反应表面、提供合适的孔结构；能显著改变催化剂的活性和选择性，能改善催化剂的抗磨损、冲击和受压的机械强度，提高催化剂的水热稳定性和抗毒能力；减少催化剂活性组分用量以降低催化剂制作成本，并使催化剂具有适宜的形状和粒度。

对于某些反应，载体也具有一定活性，并且载体与活性组分之间存在着相互作用，甚至有时是强相互作用，导致活性组分能有较大的变化，甚至形成具有催化性能的新的表面物质。因此，载体按其是否具有催化活性又可分为活性载体和惰性载体，如：$\gamma-Al_2O_3$、$\eta-Al_2O_3$、分子筛等属于活性载体，$\alpha-Al_2O_3$ 属于惰性载体。

加工不同原料和生产不同目的产品的催化剂对孔结构有不同的要求。催化剂的有效表面和孔结构是影响其活性和选择性的主要因素之一，而催化剂的有效表面和孔结构在很大程度上又取决于载体。

载体和助剂所起的作用在有些情况下不易严格区分，一般来说助剂用量少，载体用量多。

(2) 催化剂的物理性质

物理性质表征催化剂的外形、宏观结构、密度等性质。通常包括：比表面积、孔体积、密度、机械强度等项目。

① 孔体积：催化剂系多孔性物质。单位质量催化剂内部微孔隙的总体积称为孔体积，以 mL/g 表示。催化剂孔体积是催化剂孔结构的参数之一，一定的反应要求催化剂具有一定范围的孔体积。

② 比表面积：单位质量催化剂的内、外表面积之和称为催化剂的比表面积，以 m^2/g 表

示。比表面积是保证活性金属高度分散的承载表面的提供者，催化剂的比表面积高，说明催化剂的活性高。比表面积过大，表明孔分布中的小孔较多、孔容小，会影响催化剂的选择性；比表面积过小，影响活性组分的分散，影响催化剂的稳定性和使用寿命。比表面积下降程度与载体水热稳定性有关。

③ 孔径：催化剂孔体积与比表面积之比称为孔径，以 nm 表示。孔径用来表示催化剂平均孔径的大小。一般将孔径小于 2.0nm 的孔称为微孔，孔径在 2.0～50nm 之间的孔称为中孔，孔径大于 50nm 的孔则称为大孔。

④ 孔分布：多孔性载体中有不同大小的孔隙，孔分布是指催化剂中各种不同大小孔隙量对总孔隙率之比值。

⑤ 堆积密度(亦称为堆比)：堆积密度指催化剂堆积时催化剂质量对催化剂体积(包括微孔体积和颗粒间的空隙体积)的比值。堆积密度显然与堆积状态有关，从疏松状态到沉降状态再到密实状态，堆积密度逐渐增大。

(3) 催化剂的使用性能

催化剂的使用性能包括活性、选择性、稳定性、机械强度等。

① 活性：催化剂具有催化活性，可以改变化学反应的速率。催化剂加速反应能力的大小或者说催化作用的强弱可用催化剂的活性来表示。催化剂的活性越强，促使原料转化率越高。

转化率定义为反应产物量(质量或物质的量)与反应物总量(质量或物质的量)之比。用转化率比较催化剂活性时，要求反应温度、压力、氢油比、空速和原料组成相同，同时要求反应物与催化剂接触时间相同。

② 选择性：催化剂具有催化选择性，或者说对复杂反应具有定向作用。不同的化学反应，物质的催化活性不同。对于具有几个反应方向的反应体系来说，催化剂还可有选择地加速某一方向的反应，这就表现为催化选择性。

催化剂的选择性是指催化剂促进目的反应的能力的大小。通常催化剂除加速希望发生的反应外，还会加速不希望发生的反应，我们可称之为副反应。催化剂的选择性越好，促进目的反应的能力越好，副反应越少。

理想的催化剂应具有高的活性和选择性，但是，实际上既要催化剂的活性高又要选择性好往往难以两全其美。因此，应根据生产过程的具体情况来加以权衡，如果生产原料昂贵或产物与副产物分离很困难，则应选用高选择性的催化剂，反之则应选用高活性的催化剂。

③ 稳定性：催化剂在使用条件下保持其活性和选择性的能力称为催化剂的稳定性。催化剂的稳定性越好，催化剂保持活性和选择性的能力越好，则运转周期越长。因此，催化剂的稳定性包括两种涵义：一种是活性稳定性，另一种是选择性稳定性。

④ 使用寿命：所谓催化剂的使用寿命是指单位质量催化剂自始至终所处理的原料油总量。催化剂的使用寿命是保证装置长周期运行的条件之一。

⑤ 机械强度：固体催化剂颗粒抵抗气(液)流产生的冲击力、摩擦力，耐受上层催化剂的质量负荷作用、温度变化作用及相变应力的作用能力统称为机械强度。工业上以耐压强度(Pa 或 N/粒)来表示催化剂的机械强度。催化剂的机械强度对其使用周期有一定影响。机械强度好的催化剂耐磨损、不易破碎，反应器床层压降小，使用周期长，催化剂损失也小。但催化剂机械强度要适当，太高会影响催化剂表面性质，使活性下降。

⑥ 再生性：催化剂性能降低甚至失活后又能再一次(或多次)部分乃至基本完全恢复的特性称为催化剂的再生性。催化剂再生周期的长短与可再生次数的多少是催化剂再生性能的重要标志。

2.2 预处理催化剂

2.2.1 预处理脱砷剂

砷是重整催化剂(铂等贵金属)的永久性毒物，重整原料中的砷化物与催化剂的活性金属——铂形成化合物，导致催化剂永久中毒。对含铂量为0.5%的重整催化剂来说，积砷量为0.043%时，活性损失达52.2%；积砷量为0.5%时，活性损失达92.5%。随着催化重整技术的发展，现代双、多金属催化剂的铂含量逐步降低，因此，对重整原料油中的砷含量要求更加严格，通常催化重整装置要求进料中的砷含量小于1ng/g。

脱砷剂用于脱除重整原料油中的砷化物。

脱砷剂的有效组分是NiO。脱砷机理：在催化剂的作用下将有机砷化物加氢转化为砷化氢，然后再将砷化氢吸附在脱砷催化剂金属组分镍上面，从而达到脱砷的目的。其反应为：

$$R_3As+3H_2 \longrightarrow 3RH+AsH_3$$

$$2AsH_3 \longrightarrow 2As+3H_2$$

$$2AsH_3+3NiO \longrightarrow Ni_3As_2+3H_2O$$

国内常用的脱砷剂列于表2-1。

表2-1 国内常用脱砷剂的主要性能指标

名　称	RAs-2(B)	RAs-3	RAs-20	FDAs-1
化学组成				
NiO 含量/%	≮23.0	≮14.0	≮14.0	18.0~22.0
物理性质				
堆积密度/(g/cm³)	0.78~0.84			0.71~0.75
比表面积/(m²/g)	≮170	≮180	≮170	≥180
孔体积/(mL/g)	≮0.35	≮0.40	≮0.40	0.4~0.5
强度/(N/mm)	≮20	≮20	≮20	≥15
砷容量/%		≮7.4	≮7.0	≮10
使用条件				
操作温度/℃	260~360	260~360	260~360	260~350
操作压力/MPa	≥1.0	≥1.0	≥1.0	≥1.0
体积空速/h^{-1}	8~15	8~15	8~15	12~20
氢油比(体积)	≥80	≥80	≥80	80~150

2.2.2 预加氢催化剂及其他化学药剂

2.2.2.1 预加氢催化剂

重整原料油的预加氢过程，实质上是在催化剂存在下，利用氢气的作用，发生C—S键、C—N键和C—O键断裂、双键饱和、金属化合物的加氢分解等化学反应，应尽量避免发生C—C键的断裂和芳烃的加氢饱和反应。

(1) 预加氢催化剂的组成

预加氢催化剂一般由金属活性组分、载体和助剂三部分组成。

① 金属活性组分。金属活性组分主要提供加氢活性及能够加速 C—N 键氢解的弱酸性，由Ⅵ族或Ⅷ族的金属组成，即：W、Mo、Cr、Fe、Co、Ni、Zn、Ti、V、Mn 等。As 不能作为预加氢催化剂的金属组分。不同的金属组分搭配取决于原料的性质和要求达到的主要目的。预加氢催化剂一般都是由两种金属共同组成，如 Co—Mo、W—Ni、Ni—Mo 等，其中常用的是 Mo—Co、W—Ni 催化剂。

加氢催化剂对各类反应的活性顺序为：

加氢脱硫：Mo—Co>Mo—Ni>W—Ni>W—Co；

加氢脱氮：W—Ni>Mo—Ni>Mo—Co>W—Co；

加氢饱和：W—Ni>Mo—Ni>Mo—Co>W—Co。

钼钴(Mo—Co)加氢催化剂对 C—S 键断裂具有很高的活性，对 C ═C 键的饱和、C—N 键及 C—O 键断裂也有活性。这种催化剂具有寿命长、热稳定性好、液体收率高、芳烃饱和少、氢耗低以及催化剂结焦速度慢等优点。

钼镍(Mo—Ni)催化剂的脱氮活性优于钼钴催化剂，对 C—C 键的断裂活性也较高，但是脱硫活性不如钼钴催化剂。在以脱氮为主的反应中可以采用钼镍催化剂。

钨镍(W—Ni)催化剂的加氢脱硫活性更强，高于钼钴催化剂，但其裂解能力以及对烯烃和芳烃的饱和能力也较强。这类催化剂多用于喷气燃料的精制。

② 载体。预加氢催化剂载体根据其酸性不同可分为弱酸性或中性载体，如活性氧化铝(γ-Al_2O_3、η-Al_2O_3)、活性炭、硅藻土等；酸性载体如硅酸铝、活性白土、分子筛等。

重整预加氢催化剂的载体大多为 γ-Al_2O_3(活性氧化铝)，这主要是因为 γ-Al_2O_3 是一种多孔性材料，它具有高的表面积和理想的孔结构(孔体积和孔径分布)，可以提高金属组分和助剂的分散度。此外，制成一定颗粒形状的氧化铝还具有优良的机械强度和物理化学稳定性。

氧化铝载体的另一个特点是其性质具有可调变性，即可以根据不同的要求，制备出不同比表面积、孔体积、孔径分布和表面特性的氧化铝载体。

③ 助剂。为了提高预加氢催化剂的性能，工业上通常用 P(磷)作为预加氢催化剂的助剂(第三组分)。P 与 Al_2O_3 载体相互作用可改善其酸性，提高抗积炭能力，并且可以抑制金属与铝发生强相互作用生成无活性 $NiAl_2O_4$ 等，改善金属分布情况而增加活性中心，以提高转化率，促进芳烃加氢饱和。除 P 外，B、F、M、Mg 等也可作助剂以调节载体酸性、金属组分的结构等，来改进催化剂的活性和选择性，减少积炭和耗氢，延长催化剂使用寿命。

在铂铼等双金属或多金属重整中，由于操作压力较低，条件苛刻，故常用钼钴镍加氢催化剂。在这三种金属中，钼为主活性金属，钴和镍为助剂，载体为活性氧化铝。一般主活性金属含量为 10%~15%，助剂金属含量为 2%~5%。

(2) 预加氢催化剂的种类

现代双、多金属重整催化剂的发展，对重整原料油中的杂质含量要求越来越严格，而且由于重整工艺技术的不断提高，使得重整原料油的来源也更加广泛。因此，对预加氢催化剂的要求也越来越高，从而促进加氢催化剂的不断发展。

① 国产重整预加氢催化剂。国产预加氢催化剂的牌号有 481、3761、481-3 等，部分国产预加氢催化剂见表 2-2 所示。

② 国外预加氢催化剂。国外预加氢催化剂的牌号很多，如：UOP 公司的 S-12、S-120 等、IFP 公司的 HR304、HR306 等。部分国外预加氢催化剂见表 2-3 所示。

表 2-2　部分国产预加氢催化剂

催化剂牌号	性状/mm	堆密度/(g/mL)	活性组分/载体
481	ϕ2~3 球	0.89	$Mo-Ni-Si/Al_2O_3$
3761	ϕ1.6×(6~8)，条	0.90~1.00	$Mo-Co-Ni/\gamma-Al_2O_3$
481-3	ϕ2~3 球	0.75~0.85	$Mo-Co-Ni/Al_2O_3$
RN-1	三叶草形 ϕ1.4，条	0.88	$W-Ni/Al_2O_3$
RS-1	三叶草形 ϕ1.4，条	0.75~0.80	$W-Ni-Co/Al_2O_3-SiO_2$
FDS-4A	ϕ1.5~2.5 球	0.75~0.85	$Mo-Co/Al_2O_3$
RS-20	三叶草形 ϕ1.4，条	0.95~1.00	$W-Ni-Co/Al_2O_3$
RS-30	三叶草形 ϕ1.4，条	0.75~0.85	$W-Ni-Co/Al_2O_3$

表 2-3　部分国外预加氢催化剂

催化剂牌号	性状/mm	活性组分	所属公司	催化剂牌号	性状/mm	活性组分	所属公司
424	三叶草形 ϕ1.3	Ni-Mo	CRITERION	S-12	圆柱条形	Co-Mo	UOP
DC-185	三叶草形 ϕ1.3	Co-Mo	CRITERION	S-120	圆柱条形	Co-Mo	UOP
DN-200	三叶草形 ϕ1.3	Ni-Mo	CRITERION	S-15	圆柱条形	Ni-Mo	UOP
506	圆柱条形	Ni-Mo	Crosfield	S-16	圆柱条形	Ni-Mo	UOP
594	圆柱条形	Ni-Mo	Crosfield	HR304	圆柱条形	Ni-Mo-Co	IFP
599	辘形	Ni-Mo	Crosfield	HR306	圆柱条形	Ni-Mo-Co	IFP
465	辘形	Co-Mo	Crosfield	TK-400	—	Ni-Mo	Topsoe
RT-3	—	Co-Mo	EzzomMobil	KF-752	四叶草形 ϕ1.3	Co-Mo	美国雅宝公司
IMP-DSD-1K	球形	Ni-Mo-P	IMP	KF-842	四叶草形 ϕ1.3	Ni-Mo	美国雅宝公司
IMP-DSD-3+	三叶草	Ni-Mo	IMP	KF-845	四叶草形 ϕ1.3	Co-Mo	美国雅宝公司

(3) 预加氢催化剂活性的影响因素

预加氢催化剂活性的影响因素主要有催化剂的组分、孔径及形状等。

① 催化剂的组分。预加氢催化剂的组分是影响其活性的主要因素。如对同一种原料而言，Co-Mo 催化剂和 Ni-Mo 催化剂有不同的反应途径和脱硫反应产品。这是因为 Co-Mo 系催化剂具有低的加氢饱和活性，而 Ni-Mo 系催化剂具有高加氢饱和活性所致。

② 催化剂的孔径。预加氢催化剂的最佳孔径往往取决于所用原料。对于高金属含量的原料，因所含金属物质的大分子向催化剂内部的扩散过程为反应的控制步骤，若催化剂孔径太小，那些含金属物质的大分子便会沉积在孔口处堵塞催化剂的孔道，影响孔内催化剂反应的进行，从而影响催化剂的活性。但孔径过大，金属又会在孔内沉积降低孔内活性。再者因表面积与体积比下降，原料油与催化剂表面接触小易积炭。

③ 催化剂的形状、粒度。预加氢催化剂的最佳形状和粒度大小的选择不仅与原料油性质有关，还与催化反应器的结构有关。如若彼此之间不相匹配的话，就会影响到整个加氢过程的效果及正常运行。此外，预加氢催化剂的活性还与填装密度有关。

(4) 预加氢催化剂的失活

预加氢催化剂的失活主要是因炭沉积和金属沉积的作用所引起。在长期的运转中，由于重金属与炭沉积，活性缓慢下降，反应温度呈线性增加，运转末期催化剂迅速失活。这是因为温度升高后，加剧了炭沉积和金属沉积，造成表面积降低，同时随使用时间延长和温度升高，活性金属组分和载体的结构及形态、晶粒大小都发生变化所致。

在预加氢过程中，催化剂活性下降首先表现在脱氮性能降低，其次为烯烃饱和，最后为脱硫活性降低。

(5) 预加氢催化剂的再生

催化剂在使用过程中，因积炭引起的活性下降，可以通过提高相应的操作温度来补偿；一般当催化剂上的积炭达百分之十几时，其活性已大部分丧失。此时，对催化剂需进行再生烧去积炭以恢复活性。

催化剂的再生依据再生方式可分为器内再生和器外再生。

器内再生是指催化剂在反应器内不卸出，直接采用含氧气体介质再生的方法。通常分为水蒸气-空气再生法和氮气-氧气再生法。水蒸气-空气再生法是采用过热水蒸气和空气一次通过的方法，再生后的废气直接放空不必循环，也不必回收气体。此方法工艺流程简单，易于操作，但是，会对环境产生污染。氮气-氧气再生法通常是在压力下进行。在操作过程中必须将气体中的酸性气体中和，故操作费用较大，过程较为复杂。此方法可以防止污染，再生后的催化剂活性恢复的较好。

器外再生是指将待再生的催化剂(待生剂)从反应器中卸出，运送到专门的催化剂再生厂进行再生。器外再生时，催化剂经过筛处理，于专用装置内烧焦再生，可准确地控制再生温度和速度。通过分析待生剂的物化性质，事先确定再生各区段的温度和进料速度，可节省再生时间，提高再生效果。而且器外再生是在专用装置上由专业人员操作，可靠性高。此外，再生装置一般都带有气体处理装置，故不会污染环境。

(6) 预加氢催化剂的预硫化

由于新的或再生后的预加氢催化剂，其活性组分是以氧化态形式存在的，而催化剂中的Mo、Co、W、Ni 等组分要在硫化态下才具有较好的活性。因此，为了使催化剂具有较高的活性，必须进行预硫化。

预加氢催化剂预硫化的反应有：

$$MoO_3+H_2+2H_2S \longrightarrow MoS_2+3H_2O$$

$$3NiO+H_2+2H_2S \longrightarrow Ni_3S_2+3H_2O$$

$$WO_3+H_2+2H_2S \longrightarrow WS_2+3H_2O$$

$$3CoO+H_2+2H_2S \longrightarrow Co_3S_2+3H_2O$$

预加氢催化剂预硫化过程中，为了避免金属氧化物被氢气还原，要按照硫化曲线严格控制硫化温度。在硫化氢未穿透催化剂床层前，催化剂床层温度不得超过230℃。

2.2.2.2 预加氢过程中的其他化学药剂

预加氢过程中常用的化学试剂有：硫化剂、脱砷剂、脱氯剂和脱硫剂等。

(1) 硫化剂

实践表明，硫化态催化剂比氧化态具有更好的活性和稳定性，因此，现代预加氢过程都采用硫化剂将催化剂硫化。

一个良好的硫化剂应具备以下几方面：

硫化剂本身硫含量高；

硫化剂分解温度低、分解率高，而且在其自身化学分解后，产生的不饱和烃含量要低，以免造成催化剂结焦；

硫化剂毒性低，使用安全；

硫化剂价廉易得。

常用的硫化剂：二硫化碳、二甲基二硫、二甲基硫、甲基硫醇等。

① 二硫化碳(CS_2)。二硫化碳是一种无色或淡黄色透明液体，易挥发，纯品常有芳香味，粗制品因含有硫磺及其他杂质而带颜色，并有恶臭，微溶于水，溶于醇、醚，流动并有折光性，剧毒，易着火，其蒸气与空气混合易爆炸，爆炸范围很宽为0.8%~52.8%，相当于25~1670g/m^3。

物理性质：沸点46.5℃，蒸气相对密度(空气)2.67，熔点-110.8℃，闪点-30℃(闭口)，相对密度(水)1.26，自燃温度100℃，蒸气压20℃时48kPa。

工业二硫化碳质量见表2-4所示。

表2-4　工业二硫化碳质量

项　目		指　标		实验方法
	优级品	一级品	合格品	
馏出率(46.5~46.6℃)/%	97.5	97.0	96.0	GB 1615
密度(20℃)/(g/mL)	1.262~1.265	1.262~1.267	1.262~1.267	
不挥发物含量/%　≤	0.005	0.007	0.1	
碘还原物(以H_2S计)含量/%　≤	0.0002	0.0005	0.0008	
硫酸盐	通过	通过		
游离酸	通过	通过		
硫及其他硫化物	通过	通过		

二硫化碳是一种易燃、易爆、有毒之物，有腐蚀性，操作过程以及存放过程都应特别注意安全防护，仓库禁止烟火，保持阴凉潮湿为佳，温度高于32℃时，应采取降温措施。

② 二甲基二硫(CH_3SSCH_3)。二甲基二硫通常用英文字母缩写DMDS表示，它是一种淡黄色液体，无腐蚀性，具有难闻的臭味；也是一种溶剂，可溶解碳氢化合物、合成树脂，可燃，但它比其他硫化剂安全得多。这是因为它的沸点、闪点和自燃点高于其他硫化物。表2-5为几种常见硫化剂的性质比较。

表2-5　几种硫化物的比较

项　目	硫含量/%	沸点/℃	闪点/℃	自燃点/℃
二甲基二硫	68	109	16	≥300
二甲基硫	52	37	≤0	2060
二乙基硫	36	92	≤0	≥300
硫化氢	94	≤0	≤0	260
二硫化碳	84	46	≤0	100
甲基硫醇	67	8	≤0	
乙基硫醇	52	35	≤0	≥300

由于二甲基二硫具有较好的安全性及良好的硫化性能，因此，其应用较为广泛。

(2) 脱砷剂

用于脱除原料中的砷化物。用于预加氢过程的脱砷剂与初始原料油预脱砷剂不同，它是一种在临氢状态下使用的催化剂。

① RAS-2B脱砷剂。具有良好的脱砷能力，其化学组成和物理性质见表2-6所示。

表 2-6　RAS-2B 脱砷剂的化学组成和物理性质

项　目	指　标	项　目	指　标
化学组成 NiO/%	20~30	比表面积/(m^2/g)	214~243
载　体	Al_2O_3	径向强度/(N/mm)	24~31.9
物理性质		当量直径(三叶草形)/D	1.2~3.6
孔体积/(mL/g)	0.340~0.428	堆积密度/(g/mL)	0.776~0.842

② T201 脱砷剂。适宜处理高砷石脑油原料，其特点是具有较高的容砷能力，在生成油含砷≯1μg/kg 条件下，砷容量达 6.9%。该脱砷剂的另一特点，它不仅具有很强的脱砷能力，而且也是一种良好的预加氢催化剂，加氢脱硫率为 92.3%。

(3) 脱氯剂

不同初馏点石脑油的氯含量是不同的，初馏点越高，其氯含量越低。原料中的氯主要是以有机氯的形式存在，氯在重整条件下转化为氯化氢，氯化氢的存在会产生如下危害：对设备造成腐蚀、破坏催化重整水-氯平衡、生成铵盐堵塞设备和管道。脱氯剂可以脱除原料油中的氯，减缓(或防止)氯化氢对设备的腐蚀。

脱氯剂的脱氯采用的是化学吸附的机理，其反应式为：

$$M^{n+}+nHCl \longrightarrow MCl_n+nH^+$$

式中　M——活性金属；

n——1、2、3…。

由于氯而导致的催化剂失活不能通过烧焦的方式进行再生。

对脱氯剂性能的主要要求是氯容量高、强度高、成本低。预加氢脱氯剂的活性组成有 CaO、NaOH、$CaCO_3$、CuO、Na_2O、ZnO 等化合物，其中 CaO 是预加氢脱氯剂的主要组成部分，CuO、ZnO 已被淘汰，一般不再做为预加氢的脱氯剂。

脱氯剂按使用温度分类可分为低温脱氯剂和高温脱氯剂。低温脱氯剂主要用于脱除重整外送氢及液化石油气中的氯化氢；高温脱氯剂主要用于预加氢生成油和生成气中的氯化氢。

① "3925"脱氯剂。"3925"脱氯剂为低温脱氯剂，以 Ca 为活性组分，载体为 Al_2O_3，其组成和物化指标见表 2-7 所示。

表 2-7　"3925"脱氯剂

项　目	指　标	项　目	指　标
Ca 含量/%	4~6	压碎强度/(N/cm)	≮100
Al_2O_3 含量/%	≮93.5	活性指标	
规格尺寸	ϕ(1.5~1.67)×(5~8)	原料气含 HCl/(μg/g)	1000
比表面积/(m^2/g)	≮230	净化气含 HCl/(μg/g)	<1
堆密度/(g/mL)	0.8±0.1	穿透氯容量/%	>8

② WGL-A 与 WDL-A 脱氯剂、WGL-A 与 WDL-A 脱氯剂用于重整原料脱氯，WGL-A 为低温脱氯剂，在常温下使用；WDL-A 为高温脱氯剂，最高使用温度≯400℃，在 320℃下使用效果最好。WGL-A 与 WDL-A 脱氯剂质量指标见表 2-8 所示。

表 2-8 WGL-A 与 WDL-A 脱氯剂质量指标

项目	指标		项目	指标	
	WGL-A 型	WDL-A 型		WGL-A 型	WDL-A 型
堆密度/(g/mL)	0.7~0.8	0.7~0.8	活性组分/%	>30	≥5.0
比表面积/(m^2/g)	>60	≥230	氯容量/%	>35	≥8.0
强度/(N/cm)	≥100	>100			

(4) 脱硫剂

脱硫剂主要用于脱除预加氢生成油(蒸发脱水后)中的痕迹硫，以使双、多金属重整装置实现低硫(<0.5μg/g)或无硫操作，保护重整催化剂不受高硫原料影响而造成催化剂硫中毒。

脱硫剂常用的金属组分有锰、锌、铜、镍等。目前使用效果较好的脱硫剂的有效金属大多是含镍系的。非镍脱硫剂窜入重整反应系统，会造成重整催化剂永久中毒，尽量不要使用含铜、锌的脱硫剂。表 2-9 列出了工业用脱硫剂组成和性能。

表 2-9 工业用脱硫剂组成和性能

脱硫剂	3702	CT8-1	ADS-11	050	0501-3
活性组分	Zn-Mn	Cu-Ni	高 Ni	高 Ni	高 Ni
载体	400 号矾土水泥	$Al_2O_3 \cdot SiO_2$			
形状	球	条			
机械强度	24.5	29.4~49.0			
比表面积/(m^2/g)	40~50	40~50	40		
孔容/(mL/g)	0.08~0.15	0.22~0.24	0.24		

2.3 重整催化剂

重整催化剂是一种能够在石脑油重整过程中，加速烃类分子重新排列成新的分子结构而本身没有改变的物质。

2.3.1 重整催化剂的双功能及组成

2.3.1.1 重整催化剂的双功能

重整催化剂是一种双功能催化剂。所谓双功能催化剂，通常是指具有两种催化作用的催化剂。以重整催化剂而言，双功能重整催化剂既具有促进加氢/脱氢作用的金属功能，同时具有促进裂化、异构化反应的酸性功能。

重整过程的各类反应，有的在金属活性中心上完成，有的在酸性活性中心上完成，而大多数反应都要在这两个中心上，甚至交替多次以后才能完成。重整催化剂必须具备金属和酸性两种功能，这是因为重整反应中通常包括几种不同类型的反应。一类是脱氢反应，要求催化剂具有金属功能来促进脱氢、加氢反应。另一类是裂化、异构化反应，要求催化剂具有酸性功能，以便促进裂化、异构化反应。还有一类是烷烃脱氢环化转化成芳烃的反应，它必须在金属中心与酸性中心交替地进行反应。所以，重整催化剂必须具备金属和酸性两种功能。并且，重整催化剂的两种功能必须适当配合才能得到满意的结果。如果只是脱氢活性很强，则只能加速六元环烷烃的脱氢，而对于五元环烷烃、烷烃的芳构化及烷烃的异构化则反应不足，不能达到提高汽油辛烷值和芳烃产率的目的。反之，如果只是酸性功能很强，则会有过度的加氢裂化，使液体产物收率下降，五元环烷烃和烷烃转化成芳烃的选择性下降，同样也不能达到预期的目的。因此，如何保证这两种功能得到适当的配合是生产操作中的一个重要问题。

2.3.1.2 重整催化剂的组成

重整催化剂由金属组分、酸性组分和载体组成。

(1) 金属组分

贵金属如铂、钯、铱、铑等是重整催化剂的基本活性组分，是催化剂的核心。铂是重整催化剂中心不可少的活性组分，是重整催化剂的主金属，其最大特点是具有强烈的吸引氢原子的能力。因此，对脱氢芳构化反应具有催化功能。在现代双金属和多金属催化剂中大多离不开铂。一般来说，催化剂的脱氢活性、稳定性和抗毒能力随铂含量的增加而增强，但当铂含量接近1%时，再继续提高铂含量几乎没有益处。铂是贵金属，铂催化剂的制造成本主要决定于它的含铂量。20世纪70年代后期以来，随着载体和催化剂制备技术的改进，使得活性金属组分能够更均匀地分散在载体上，重整催化剂的含铂量趋向于降低。近年来，工业用重整催化剂的含铂量大多是0.2%~0.3%。

在重整催化剂中，把金属组分颗粒分散得越细，催化剂的活性就越高。但在生产过程中，由于高温凝聚和再生或还原过程中的氧(或水)原子的影响，使催化剂中的铂晶粒长大，有效的即外露的铂原子减少，这会降低催化剂的活性。为了提高芳烃产率，一个途径是提高催化剂的脱氢功能，用提高催化剂中的含铂量和铂的分散度的方法，可以起到一定的作用。在实际生产中，加强活性金属脱氢功能的另一途径是采用双金属催化剂，即除铂外加入铼、钯、铱等第二组分。此时铂仍然是主要金属组分(基础活性组分)。第二金属组分则能改善铂的分散度，抵抗铂晶粒的凝聚作用，使得催化剂的活性及稳定性大大提高。

近20多年，双金属催化剂发展迅速。铂铼双金属重整催化剂已取代了单铂催化剂。铼的主要作用是减少或防止金属组分“凝聚”，提高了催化剂的容炭能力和稳定性，延长了运转周期，特别适用于固定床反应器。工业用铂铼催化剂中的铼与铂的含量比一般为1~2。较高的铼含量对提高催化剂的稳定性有利。

铂锡重整催化剂在高温低压下具有良好的选择性和再生性能。而且锡比铼价格便宜，新鲜剂和再生剂不必预硫化，生产操作比较简便。虽然铂锡催化剂的稳定性不如铂铼催化剂好，但是其稳定性也足以满足连续重整工艺的要求，因此，近年来已广泛应用于连续重整装置。

双金属催化剂具有如下优点：

① 热稳定性好，在条件相同时，活性下降速度只有铂的1/5，不易结焦；

② 对结焦敏感性差，容炭量可达20%以上。为此可在苛刻条件下操作，如高温、低压等条件，有利于催化芳构化反应；

③ 对原料的适应性强，如重组分多、烷烃多的二次加工油等都可使用，芳烃转化率可达100%~130%以上；

④ 使用寿命长，有的可用5年以上；

⑤ 再生性能好。

由于第二金属(如铼)有严重的加氢裂解活性和氢解作用，在生产中造成液体收率和氢纯度比纯铂催化剂低。为了防止铂晶粒长大以及减少氢解作用，在双金属催化剂中加入第三种金属铱、金、锡等，于是出现了多金属催化剂。

第三组分的加入使催化剂稳定性大大改善，同时也改善了催化剂的活性和稳定性，可以长周期运转。操作温度虽然低，但仍能维持较高的芳烃产率和液体收率。

现代双、多金属重整催化剂常用的助剂有铼、锡、铱、铝等。铼(Re)能促进铂的分散，抑制主剂铂的凝聚；并起到抗积炭的作用，能使催化剂的稳定性提高、使用寿命延长。锡(Sn)能促进重整催化剂脱氢环化选择性的改善，C_5^+ 液收率明显提高，但温度效应较差，稳定性欠佳，此类催化剂多适用于连续再生型重整过程；铱(Ir)本身具有良好的脱氢环化功能，能提高重整催化剂的稳定性，但它的氢解和裂化性能较强；铝(Al)作为第三种组分加入，能改善重整催化剂的裂解性能。

多金属催化剂还可用于更苛刻的条件操作，空速比用双金属催化剂时可提高 2~3 倍。由于脱氢环化能力较强，因此，适用于加工烷烃等原料。

(2) 酸性组分——卤素

重整催化剂的酸性中心主要由卤素提供。改变卤素含量可调节催化剂的酸性功能，随着卤素含量的增加，催化剂对异构化和加氢裂化等酸性反应的催化活性也增强。在卤素的使用上通常有氟氯型和全氯型两种。氟在催化剂上比较稳定，在操作时不易被水带走。因此，氟氯型催化剂的酸性功能受重整原料含水量的影响较小。但是，氟的加氢裂化性能较强，使催化剂的性能变差，因此，近年来多采用全氯型。氯与重整催化剂载体共同组成酸性活性中心。氯在催化剂上不稳定，容易被水带走，但是，可以在工艺操作中根据系统中的水-氯平衡状况注氯，在催化剂再生后进行氯化等措施来维持催化剂上的适宜含氯量。一般新鲜的全氯型催化剂含氯 0.6%~1.5%，实际操作中要求含氯量稳定在 0.4%~1.0%。卤素含量太低时，由于酸性功能不足，芳烃转化率低(尤其是五元环烷和烷烃的转化率)或生成油的辛烷值低。虽然提高反应温度可以补偿这个影响，但是，提高反应温度会使催化剂的寿命显著降低。卤素含量太高时，加氢裂化反应增强，导致液体产物收率下降。

(3) 载体

重整催化剂的载体一般由活性氧化铝组成，目前多使用 $\gamma-Al_2O_3$，其主要作用是支承(担载)活性组分，并且与氯共同组成酸性功能。一般来说，载体本身并没有催化活性。但是具有较大的比表面和较好的机械强度，它能承载活性组分，能使活性组分很好地分散在其表面上，从而更有效地发挥其作用，节省活性组分的用量，同时也提高了催化剂的稳定性和机械强度。在温度较高时，氧化铝的比表面较大，氯保持能力强，但热稳定性和抗水性能较差。现代重整催化剂几乎都是采用 $\gamma-Al_2O_3$ 作为载体。

载体应具有适当的孔结构。孔径过小不利于原料和产物的扩散，且易于在微孔结焦，使内表面不能充分利用从而使活性迅速下降。采用双金属或多金属催化剂时，操作压力较低，要求催化剂有较大的容焦量以保证稳定的活性。因此，这类催化剂载体的孔容和孔径要稍大些，这一点从催化剂的堆积密度可以看出来。例如，铂催化剂的堆积密度约为 650~800kg/m^3，而多金属催化剂则为 450~980kg/m^3。近年来用作重整催化剂载体的 $\gamma-Al_2O_3$ 的孔分布趋向于集中，其中孔径小于 4nm 的微孔显著减少甚至消灭。多数载体的外形是直径为 1.5~2.5mm 的小球或圆柱状，也有为了改善传质和降低床层压降而采用异形条状、涡轮形等形状。

重整催化剂的堆积密度多在600~800kg/m^3范围内。近年来，载体的堆积密度趋向于增大，故重整催化剂的堆积密度一般在700kg/m^3以上。

2.3.2 重整催化剂的种类及其性能

2.3.2.1 重整催化剂的种类

重整贵金属催化剂按其所含金属元素的种类分为单金属催化剂(如铂催化剂)、双金属催化剂(如铂铼催化剂、铂锡催化剂)，以及以铂为主体的三元或四元多金属催化剂(如铂铱钛催化剂、铂铱铝铈催化剂)。

在现代重整工业装置中，单铂催化剂已被淘汰。

目前工业上实际使用的重整催化剂主要有铂铼催化剂和铂锡催化剂两类。其中：铂铼催化剂主要用于固定床重整装置，铂锡催化剂主要用于移动床连续重整装置。从使用性能来比较，铂铼催化剂有更好的稳定性，而铂锡催化剂则有更好的选择性及再生性能。从重整催化剂的分类来看虽然基本只有两类，但是，其具体牌号却名目繁多，各种牌号的催化剂性能也有差别。部分牌号的重整催化剂分别见表2-10~表2-12所示。

表2-10 国内外部分半再生重整催化剂

催化剂牌号	载体	堆积密度/(g/mL)	活性组分	所属公司
RG-482	Al_2O_3条	0.657	Pt、Re	AXENS
RG-492		0.689	Pt、Re	
RG-582		0.673	Pt、Re、助剂	
RG-682		0.689	Pt、Re、助剂	
PR-9	Al_2O_3三叶草条		Pt、Re	CRITERION
PR-29	Al_2O_3三叶草条或圆柱条	0.705		
PR-30	Al_2O_3三叶草条或圆柱条	0.705		
CB-6	γ-Al_2O_3小球	0.78	Pt、Re	RIPP，SINOPEC
CB-7	γ-Al_2O_3小球	0.78	Pt、Re	
CB-60(3932)	γ-Al_2O_3挤条	0.72	Pt、Re	
CB-70(3933)	γ-Al_2O_3挤条	0.72	Pt、Re	
PRT-C	γ-Al_2O_3挤条	0.72	Pt、Re、助剂	
PRT-D	γ-Al_2O_3挤条	0.72	Pt、Re、助剂	
R-56	Al_2O_3条	0.833(密相)	Pt、Re	UOP
R-85		0.657	Pt	
R-86		0.657	Pt、Re	
R-88		0.657	Pt、Re	
E-801	Al_2O_3条	0.641		ENGELHARD
E-802				
E-803				
K-120	Al_2O_3条	0.689	Pt、Re、Cl	EXXON
K-130		0.705		
K-160		0.705		
K-170		0.705		
IRC-1001	Al_2O_3条	0.625	Pt	INDIAN PC
IRC-1002		0.625	Pt	
IPR-2001		0.625	Pt、Re	
IPR-3001		0.67	Pt、Re、助剂	

表 2-11 国外开发的部分连续重整催化剂

催化剂牌号	活性组分	开发公司	工业化年份
R-30/32/34	Pt-Sn	UOP	1974/76/78
R-132/134	Pt-Sn		1992/93
R-162/164	Pt-Sn		1998
R-172/174	P*		1996
R-232/234	P*		1999
R-272/274	P*		2000
RG-451	Pt-Ir	Axens	1973
CR-201	Pt-Sn		1985
CR-301/401	Pt-Sn		—
CR-701/702	Pt-Sn		2000
AR-405/501	Pt-Sn		—
PS-10/20	Pt-Sn	Criterion	1991/1995
PS-30/40	Pt-Sn		1998
8840	Pt-Re	KATALEUNA	1985
8842	Pt-Sn		—
ARC-111B	Pt-Sn	AKZO	—
IMP-RNA-4	Pt-Sn	IMP	—

表 2-12 我国开发的 PS 系列连续重整催化剂

石科院编号	工业牌号	活性组分	堆密度/(g/mL)	首次应用年份
PS-Ⅱ	3861	Pt-Sn	0.56	1990
PS-Ⅲ	GCR-10	Pt-Sn	0.56	1994
PS-Ⅳ	3961、GCR-100A	Pt-Sn	0.56	1996
PS-Ⅴ	3981、GCR-100	Pt-Sn	0.56	1998
PS-Ⅵ	RC-001	Pt-Sn-X	0.56	2001
PS-Ⅶ	RC-031	Pt-Sn-X	0.56	2004

(1) 铂铼系列

铂铼催化剂是工业上应用最早、最广泛的一种双金属催化剂系列。与铂催化剂相比，主要有以下优点：

① 适于低压、高温、低氢油比的苛刻条件，从而有利于重整生成芳烃的化学反应。

② 在苛刻条件下操作，稳定性和选择性都较好。其活性下降的速度只有最好的铂催化剂的 1/5，芳烃转化率超过 100%，可达 130%，而且液体收率和氢气纯度都较高，汽油的辛烷值 RON 可高达 100。

③ 再生性能好，使用寿命长，一般为单铂催化剂的 2~4 倍，一般可使用 5 年以上。

铂铼催化剂的不足之处：

① 只改进了催化剂的稳定性而没有提高其活性。

② 开工时，因催化剂的加氢裂解性能太强，会放出大量的热，产生超高温现象。因此，

必须掌握好开工技术，防止烧坏催化剂。

(2) 铂锡系列

由于铼是稀有贵金属，为了降低催化剂的制造成本，又发展了铂-非铼系列催化剂，它是在铂催化剂中加入了Ⅳ族金属，如锗、锡、铅等。这几种金属比铼更容易得到，价格也便宜得多。特点是活性高、产率高、稳定性好和寿命长。工业上应用较多的是铂锡催化剂。

铂锡催化剂在低压和高温条件下具有优异的反应性能。因此，目前工业上的连续重整催化剂以铂锡催化剂为主。连续重整催化剂的改进主要是物理强度和水热稳定性的提高、铂含量的降低、活性和选择性的提高等。第一代连续重整技术由于反应压力较高且氢油比也较高，催化剂的积炭速率较低，因此，催化剂循环速率也较低。第二代和第三代连续重整技术由于采用了超低压(0.35MPa)且具有较低的氢油比(1~3)，催化剂的积炭速率有了提高，因此，需要较高的催化剂循环速率。随着催化剂循环速率的提高，催化剂的磨损就会增加，因此，要求催化剂具有较高的物理强度。催化剂循环速率的提高意味着在确定的时间内催化剂的再生次数增加。再生过程一般包括烧炭、氯化、焙烧和还原等步骤，而再生烧炭是在高温和高水含量的环境下完成的，是导致催化剂比表面积下降的主要过程，直接影响催化剂的使用寿命。因此，要求催化剂应具有较好的水热稳定性。

(3) 铂铱催化剂

这类催化剂为多金属催化剂，在引入铱的同时，还常常引入第三种金属组分作为抑制剂，以改善其选择性和稳定性。

铂铱系列催化剂的特点是活性很高、稳定性好。如埃索(Exxon)公司的KX-130多金属催化剂，其活性比铂铼催化剂高2~3倍，汽油辛烷值RON可达102，操作周期延长近4倍。这种催化剂活性很高是因为铱也是活性组分，其环化脱氢能力很强。因此，在铂催化剂中引入铱后可大幅度地提高催化剂的环化脱氢能力。

2.3.2.2 重整催化剂的使用性能

对于工业生产中的催化剂功能可用催化剂效率来表示：

$$\text{催化剂效率}=\frac{\text{生成目的产品摩尔数}}{\text{原料中可以转化的摩尔数}}\times 100\%$$

如果原料中所有能够转化的摩尔数，在某种催化剂上全部转化为目的产品，则此催化剂的工作效率为100%。但是，仅由催化剂效率这一指标，还不能完全反映重整催化剂的全部工作性能，工业生产中更关心的是催化剂的实际使用性能。

描述重整催化剂使用性能的主要指标有：活性、选择性、稳定性、使用寿命、再生性能、机械强度、流动性、抗磨性及其他相关的物化性能。在生产操作过程中，应随时掌握、了解催化剂的这些性能变化情况，并根据它们的变化调整好操作过程中的工艺参数，保证装置的正常运行。

(1) 活性

如前所述，催化剂加速反应能力的大小可用催化剂的活性来表示。催化剂的活性越强，促使原料转化率越高，在相同的反应时间内会得到更多的产物，或达到相同转化率时，操作苛刻度(如温度)越低。对重整催化剂来说，其活性越强，则促使原料转化成芳烃或高辛烷值汽油组分的功能越强。因此，重整催化剂活性的高低可以用芳烃转化率和汽油辛烷值来评价，也可用操作苛刻度(如温度)来评价。显然，在获得规定的芳烃产率时，重整催化剂活性越强则反应所需的温度越低。

重整催化剂的活性根据生产目的的不同，有两种评价的方法。如果以生产芳烃为目的时，可将标准试油在一定条件下反应，以所得的芳烃产率(或芳烃转化率)来表示其活性的高低。转化率高则活性高。例如，用铂催化剂时，芳烃转化率可达85%，用铂铼催化剂时，芳烃转化率可达110%左右。如果以生产高辛烷值汽油组分为目的时，则可用所产汽油的辛烷值来比较其活性。对于一定组成的原料，随着反应条件不同，所得汽油的辛烷值和产率也不同。因此，工业上也常用"辛烷值-产率"曲线来评价催化剂的活性。如图2-1所示。

图中两条曲线表示了两种催化剂的活性。不但要求汽油的辛烷值高，而且产率也要高，这种催化剂的活性才好。如果原料不变，则当催化剂活性下降时，辛烷值-产率关系变差。若要维持汽油辛烷值不变，则必须采用更苛刻的反应条件，于是汽油的产率就降低，反之，汽油产率不变时其辛烷值降低。显然，这种活性的评价方法实际上包含了催化剂的选择性这一因素。

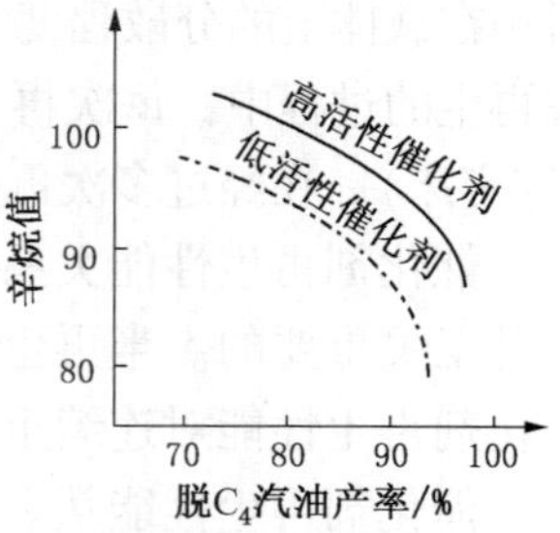

图2-1 辛烷值-产率图

(2) 选择性

重整催化剂的选择性是指其促进生成芳烃或提高汽油辛烷值的各种化学反应的能力的大小。重整催化剂选择性高，则其促进重整原料油分子进行脱氢环化反应的能力高而裂解反应少。为了描述重整催化剂选择性变化，有人采用辛烷值选择性指数(SION)或芳烃选择性指数(SIAR)。

对于重整催化剂选择性的要求，就是要求催化剂在反应过程中尽量减少不必要的裂化反应。因此，某一温度条件下的循环氢纯度、氢产率大小也是衡量重整催化剂选择性的项目。

在满足生产对产品芳烃含量或辛烷值的要求下，重整催化剂选择性越好，液体收率越高，氢产率越高，效益就越好。

低压、高温是工艺对催化剂发展提出的要求，高温提高催化剂活性，低压除了提高催化剂活性外，还能改善催化剂的选择性。

(3) 稳定性

对重整催化剂来说，既要求具有良好的活性、稳定性(即要求运转末期和运转初期平均反应温度之差较小)，又要求具有良好的选择性、稳定性(即要求运转初期催化剂的选择性和运转末期催化剂的选择性之差较小)。

对于连续重整催化剂，它主要利用催化剂的初活性，积炭不高时就进行再生，连续再生是它的特点，所以，它对催化剂的稳定性要求不高。但对于半再生式重整催化剂，稳定性是极重要的。为了追求更高的经济效益，固定床也在向高温、低压、低氢油比目标迈进，只有高稳定性的催化剂才能满足3年以上的运转周期对催化剂寿命的要求。

(4) 使用寿命

为了维持一定水平的芳烃转化率或重整汽油的辛烷值，随着催化剂活性的下降，需要提高反应温度，但这会使液体产率降低。当反应温度提高到某个限度时，液体产率已下降很多，经济上不再合理时就应进行催化剂的再生。从新鲜催化剂投用到再生这一段时间称为催化剂一周期的寿命，可以用小时表示。对重整催化剂，表示寿命的方式更多地是用每公斤催化剂能处理的原料数量，即吨原料/千克催化剂。催化剂的寿命越长，重整装置的有效生产时间越多。

从新催化剂投用到因失活不能满足使用要求而停止使用这一段时间称为催化剂的总寿命。催化剂的稳定性越好，则使用寿命越长，在满足生产需要的前提下，寿命长可增加有效生产时间和节省生产费用。

影响重整催化剂使用寿命除原料性质因素以外的主要操作参数有：反应温度、反应压力、氢油比、反应空速。

(5) 重整催化剂的再生性能

催化剂表面积炭可通入含氧气体烧去，恢复活性，这个过程称为催化剂再生。再生性能好的催化剂，经再生后的催化剂活性可恢复到新催化剂水平。这是因为催化剂对热稳定好，再生时铂在载体上的分散程度没有大的变化，载体结构没有遭到破坏的缘故。但实际上在催化剂多次再生的过程中，每次再生后的催化剂的活性往往只能达到上一次再生时的 85%～95%左右(固定床)。在经过多次再生后，催化剂的活性不能满足使用要求时就需要更换催化剂。

催化剂再生性能关系到催化剂的使用总寿命，不论对半再生催化剂还是连续重整催化剂都是至关重要的。半再生催化剂只需要再生几次，连续重整催化剂则需再生几百次，所以，催化剂再生性能对连续重整则更加重要。

催化剂再生性能从表面上看是积炭失活的催化剂经过完全再生以后，催化剂反应性能恢复的程度。实质上是催化剂经长期运转和再生以后，催化剂理化性质的变化程度、表面积下降程度、孔容变化、孔分布的变化，即催化剂水热稳定性的优劣。经过长期运转、一次次再生，催化剂理化性质的变化是必然的，不可避免的，而变化缓慢是我们对催化剂再生性能的要求。

(6) 其他

催化剂机械强度的要求：对于固定床半再生重整来说，催化剂的机械强度虽然没有像流化床或移动床装置对催化剂的要求那样高，但是，必须具备一定的机械强度。在生产过程中，由于操作条件的变动(如压力波动、湿度变化等)和承压等原因，将会引起催化剂粉碎，使反应器床层压降增大，也增加了气体压缩机的动力消耗，而且对反应也是不利的，特别不利于低压操作。对于连续重整来说，催化剂机械强度差，催化剂容易磨损、破碎，意味着催化剂粉尘增大、催化剂损耗增加。由于连续重整过程的特殊性，它还要求催化剂的流动性要好，对催化剂颗粒的圆度等也要要求。

催化剂水热稳定性的要求：由于连续重整催化剂是连续再生，催化剂再生周期 3～7 天，催化剂使用期间要经过 300 余次再生，所以，对催化剂水热稳定性要求大大超过半再生催化剂。

催化剂堆积密度的要求：对于固定床催化重整装置而言，在固定床催化剂装入体积一定的情况下，堆积密度越小催化剂装入重量越少，催化剂费用减少；对连续重整装置而言，堆积密度大小影响催化剂的流动和输送状态。堆积密度增大，机械强度增加，但对孔结构带来影响，还会使连续再生负荷相应加重。

2.3.3 重整催化剂的失活

催化剂能改变反应动力学性质(即加速某些化学反应)，但自身不消耗和变化。然而，催化剂参与化学反应之后，某些物理和化学性质或多或少总会发生一些变化。对工业催化剂来说，在完成一次化学反应之后，它的物理化学性质变化是微不足道的，很难察觉。但如果从长期运转结果来看，情况就不同了，这些微不足道的变化累积起来，将会造成催化剂活性和选择性的明显下降，这就是催化剂的失活过程。催化剂失活，不只是指催化剂活性完全丧失，更多的是指催化剂的活性或选择性在使用过程中逐渐下降。

影响催化剂失活的原因很多，可以概括为催化剂积炭失活、金属凝聚与熔结失活、中毒失活和结构变化等几类。

2.3.3.1 催化剂的积炭失活

催化剂表面上含炭物质的沉积导致的催化剂失活，称为积炭失活或结焦失活。催化剂在使用过程中，随着积炭量的增加，催化剂的比表面积、孔容及活性中心等相应下降，积炭量达到一定程度必将导致催化剂的失活。一般在正常生产中，催化剂活性的下降主要是由于积炭引起的。积炭越快，催化剂的使用周期就越短。

(1) 重整催化剂积炭的组成

重整催化剂积炭的主要原因是由于原料油中的重芳烃、环烷烃进行脱氢反应生成了稠环芳烃，并进一步脱氢炭化而成为炭化物。因此，聚积在催化剂表面的炭并不是纯元素碳，而是一种混合物。

实验结果表明，重整催化剂上的积炭主要是缩合芳烃，具有类似石墨结构。积炭的成分主要是碳和氢，其H/C原子比一般在0.5~0.8的范围。此外，由于重整原料中含有硫、氮、金属等杂质，它们往往也在催化反应中参与了积炭过程，因而有部分会转入积炭中。在催化剂的金属活性中心和酸性中心上都有积炭，但是，积炭的大部分是在酸性载体 γ-Al_2O_3 上。在金属活性中心上的积炭在氢的作用下有可能解聚而消除，但是，在酸性中心上的积炭在氢的作用下则难以除去。

(2) 重整催化剂积炭的类型

通常，重整催化剂上有Ⅰ、Ⅱ、Ⅲ三种不同类型的积炭。

Ⅰ型炭：Ⅰ型炭是沉积在裸露着铂金属表面上的积炭前身物和少量积炭，多半是比较容易再生的无定形炭。无定形炭也称为多晶炭，是由与催化剂表面无一定取向的小晶粒构成的。当炭化物沉积速度很高时，金属上有高度过饱和炭存在的条件下，有利于形成无定形炭。此外在金属上也可形成炭纤维，是细而长(有时可达7μm长、0.1μm粗)的空心纤维，粒子的大小与纤维直径有关。

Ⅰ型炭量少，在烧焦过程中，受裸露铂的作用，燃烧速度快。但是，由于焦炭前身物和焦炭在组成和结构方面存在差异，致使Ⅰ型炭的燃烧速度不很均一。

Ⅱ型炭：重整催化剂积炭中除Ⅰ型炭外均属Ⅱ型炭，以多层形式沉积在 Al_2O_3 载体上和已被覆盖的铂金属表面上，它们多是不易再生的石墨化炭，薄层、片状接近理想的石墨结构，它们的表面基本平行于沉积的固体表面，是在烃分压降低、温度较高的条件下形成的。

Ⅱ型炭量大，在燃烧过程中，它们不与裸露铂直接接触，所以燃烧速度较Ⅰ型炭慢得多，但由于裸露的铂的氧溢流作用，其燃烧速度比无铂存在的 Al_2O_3 上的积炭燃烧速度快。

Ⅲ型炭：当大部分Ⅱ型炭被烧掉后，原来被覆盖着的铂金属逐渐裸露出来，催化剂上这时还残留着部分Ⅱ型炭，但与没有裸露铂存在时的特性已不同。因此，称它们为Ⅲ型炭。

Ⅲ型炭由于被覆盖的铂表面重新裸露出来。因此，它们的烧焦速度远比Ⅱ型炭为快，但不及Ⅰ型炭。

(3) 影响重整催化剂积炭的因素

影响重整催化剂积炭的原因很多，主要有原料性质、操作条件和催化剂性能三大因素。

① 原料性质。原料的终馏点高、不饱和烃含量高时积炭速度快。因此，必须恰当地选择原料的终馏点并限制原料油的溴价不大于1gBr/100g。

② 操作条件。反应温度、反应压力、空速、氢油比等操作条件皆影响催化剂表面积炭，

其中以反应温度的影响最为主要。在重整过程中，提高反应温度和降低反应压力对芳构化反应，特别是对烷烃的芳构化反应有利，但同时也加快了积炭反应，造成催化剂失活的加快；在其他条件不变的情况下，提高氢油比有利加氢反应的进行，可减少积炭前身物的形成。

③ 催化剂性能。催化剂的宏观结构（如孔径大小、结构及其分布情况、比表面积等）、催化剂的晶粒大小及催化剂的组成等均会影响积炭形成的速率等。如催化剂组成的影响：Pt/Al_2O_3 在积炭量达到6%时就需要再生，而 $Pt-Re/Al_2O_3$ 的积炭量可高达20%。

催化剂因积炭引起的活性降低可以采用提高反应温度的办法来补偿，但是提高反应温度有一定的限制。重整装置一般限制反应温度不超过520℃，有的装置可达540℃左右。当反应温度已提到限制温度而催化剂活性仍然不能满足要求时，则需要用再生的办法烧去积炭以使催化剂恢复活性。

需要指出的是：在工业生产过程中，催化剂金属中心和酸性中心会逐渐积炭，使催化剂活性逐步下降，这是不可避免的、正常的。但是，在运行过程中由于原料和操作条件的变动，在某些不适当的情况下，将会加速催化剂积炭，催化剂失活速度加快，这是不正常的，应当尽量避免。

2.3.3.2 金属凝聚或熔结失活——烧结

重整催化剂是双功能催化剂，其金属功能能否充分发挥作用，是与金属分散好坏直接有关的。催化剂上金属粒度大小常用金属分散度表示，金属分散度越高，则表示金属粒度越细，分散越好。催化剂遭受高温、高水、高氧（主要是开工时）以及运转过程不正常条件下都能使金属活性组分（如铂）凝聚或熔结，使金属的分散度下降，催化剂上金属功能就不能充分发挥，从而造成催化剂失活。

分散的金属原子慢慢移动凝聚、熔结在一起形成较大晶粒的过程称为烧结。

影响金属烧结失活的主要因素有：温度、系统环境、金属负荷量以及所用载体的性质等。

重整催化剂的烧结主要是由于高温引起催化剂结构和性能的变化。大多数情况下，所观察到的烧结现象是催化剂载体表面积减小，孔体积按孔径重新分配，平均孔径增大，总孔隙率降低；对载体上的活性金属来说，高温不仅引起载体表面积减小，而且还会导致负载的金属晶粒长大，金属分散度降低，活性金属表面积减小等。而且这种高温烧结还可能发生在比引起载体结构变化时的温度更低的情况下。

高温除了引起催化剂的烧结外，还会引起其他变化，主要包括：化学组成和相组成的变化；活性组分被载体包埋；活性组分由于生成挥发性物质或升华而损失等，这些变化统称为热失活。

重整催化剂载体表面上各种活性组分是高度的分散状态，包含有多种结构缺陷的微晶，具有许多偏离热力学性质的体系。当温度升高时，将会发生不可逆转的结构变化，主要原因有：

（1）温度

当催化剂处于某一较高温度时，金属颗粒表面扩散开始起作用，不过烧结速度很慢。如果温度进一步提高时，粒子便很容易聚集，烧结速度增长很快。因此，每种催化剂都有一个所能容许的最高温度范围。对于重整催化剂来说，通常应以金属组分来确定它的最高允许使用的温度。金属组分熔点越低，晶粒长大的温度也就越低。

（2）系统环境

除温度升高导致金属表面积下降、颗粒长大外，还与系统环境有关。在空气中可能400℃时表面积下降已经很快，但在氢气中到600℃表面积下降才变得严重。不适当的高温和不适当的环境，在催化剂的热预处理、还原、再生和运转过程都可能发生。

(3) 毒物

毒物在金属表面上的化学吸附，也可能造成金属晶粒长大。研究人员发现，当砷吸附在铂上时，将助长铂晶粒长大。

正常运转中金属的正常凝聚、熔结是不可避免的，但是，避免高温、高水和高氧操作能够避免或减轻这种意外的失活。

2.3.3.3 催化剂中毒失活

催化剂的活性由于受原料中某些有害杂质的影响而下降的现象称为催化剂中毒失活，这些有害物质则称为毒物。

重整催化剂的中毒失活，本质上是由于某些吸附质优先吸附在催化剂的活性部位上，形成特别强的化学吸附键，或者与活性中心起化学反应变为别的物质，引起催化剂性质发生变化，使催化剂不能再自由地参与对重整反应原料的吸附与催化作用。这就不可避免地导致催化剂活性下降，甚至完全丧失。在原料中含有硫、氮、水和各种金属毒物，即使在允许的指标范围内，随着时间的延长毒物的积累，也会使催化剂活性减低。最严重的是，这些毒物在某些情况下，有两种或几种含量超高、叠加使催化剂减活。因此，在生产中必须避免。

催化剂中毒分为永久性中毒和非永久性中毒(亦称为暂时性中毒)两种。永久性中毒的催化剂其活性不能再恢复；非永久性中毒的催化剂在更换无毒原料后，毒物可以逐渐排出而使活性恢复。对于含铂催化剂，砷和其他金属毒物如铅、铜、铁、镍、锌、汞、钠等为永久性毒物，而非金属毒物如硫、氮、氧等则属非永久性毒物。

(1) 永久性毒物

① 砷。在永久性毒物中，砷是最值得注意的。砷中毒的实质是砷与铂有很强的亲和力，能与催化剂表面的铂粒形成稳定的铂砷化合物($PtAs_2$)，使金属铂失去吸附氢离子的能力，也就使重整催化剂失去脱氢、加氢反应的能力，造成重整催化剂的永久性中毒。砷还可与酸性组分氯等作用生成 $AsCl_3$ 等，影响催化剂的酸性功能。在工业装置中常限制重整原料油中的砷含量不大于 1ng/g。

在一般石油馏分中，其含砷量随着沸点的升高而增加，而原油中的砷约 90% 是集中在蒸馏残油中。石油中的砷化合物会因受热而分解，因此二次加工汽油常含有较多的砷。砷中毒的现象首先在第一反应器中反映出来，此时第一反应器的温降大幅度减少，说明第一反应器内的催化剂失活。随着中毒程度的增大，第二、第三反应器的温降也会随之减小。

② 铅。铅与铂可以形成稳定的化合物，造成催化剂中毒。石油馏分中含铅很少，铅的来源主要是原料油被含铅汽油污染所致。

③ 铜、铁、锌、汞等。铜、铁、锌、汞等毒物主要是来源于检修不慎而使这些杂质进入管线系统。钠也是铂催化剂的毒物，所以，禁止使用 NaOH 来处理重整原料。表 2-13 列出催化剂永久性失活的毒物含量。

表 2-13 催化剂永久性失活的毒物含量

毒　物	含量/(μg/g)	毒　物	含量/(μg/g)
砷	100~200	碱金属(Na、Mg、Ca)	400~600
铜	150~250	硅	1000
铅	300~500	锌	1200
钼、钴、磷	400~600		

(2) 非永久性毒物

① 硫。原料中的含硫化合物在重整反应条件下生成 H_2S，若不从系统中除去，则 H_2S 在循环氢中积聚，导致催化剂的脱氢活性下降，而促进烷烃的加氢裂化，其结果是芳烃产率降低，液体收率下降。有研究数据指出，当原料中硫含量为 0.01%～0.03%时，铂催化剂的脱氢活性分别降低 50%和 80%。原料中允许的硫含量与采用的氢分压有关，一般要求<0.5μg/g,当氢分压较高时，允许的硫含量可以较高。

重整催化剂的硫中毒主要是过量的硫与催化剂表面的金属发生强烈的化学吸附作用，从而引起催化剂中毒。该过程可以简要的用下面二个方程式来表示：

$$Pt+H_2S \longrightarrow Pr\ S_{不可逆}+H_2 \tag{1}$$

$$Pt\ S_{不可逆}+H_2S \longrightarrow Pt\ S_{不可逆}+S_{可逆}+H_2 \tag{2}$$

方程式(1)中，铂原子不可逆地吸附了一部分硫。这部分硫(称为不可逆硫)对催化剂性能有改善的作用，可以减少(抑制)烃类的氢解反应，有利于液体产品收率的提高。这部分不可逆吸附硫的数量，与催化剂的铂含量有关，也与助剂的种类和数量有关。这一步骤一般由开工初期的预硫化来完成。方程式(2)中，铂原子除了不可逆地吸附了一部分硫以外，还可逆吸附一定数量的硫。这部分硫(称为可逆硫)会引起催化剂中毒，性能变差。

一般情况下，硫对铂催化剂是暂时性中毒，一旦原料中不再含硫，经过一段时间后，催化剂的活性可以恢复。但是，如果长期存在有过量的硫，也会造成永久性中毒。多数双金属催化剂(如铂铼催化剂)对硫更敏感，因此，对硫的限制也更严格。硫与铼生成 Re_2S 或 ReS_2 型化合物，这类化合物难以用氢还原成金属。

实践经验证明硫也不应该完全脱净，因为一定的硫含量可以抑制氢解反应和深度脱氢反应，这一点对铂铼催化剂尤为重要，在用新鲜的或刚再生过的铂铼催化剂开工时，常要有控制地对双金属催化剂进行预硫化(以减少铂铼催化剂上生成过多的积炭)。

② 氮。重整催化剂氮中毒的机理和硫中毒是不相同的。原料油中的有机含氮化合物在重整反应条件下转化为氨。氨对催化剂上的铂可以引起一定程度的中毒情况，其毒性相当于一个分子的氨引起 0.1 个铂原子中毒。氨与催化剂表面的酸性中心发生反应生成氯化铵(NH_4Cl)，减少了催化剂表面酸性活性中心的数量，从而使催化剂的金属功能与酸性功能失调，使催化剂性能变差(抑制催化剂的加氢裂化、异构化和环化脱氢性能)。同时由于氮中毒引起催化剂积炭速率加快，使催化剂的使用周期缩短。此外，氯化铵(NH_4Cl)生成后会在装置的冷却部位聚集，甚至由于这类固体结晶物产生后，造成反应器及其他部位堵塞，增加了压力降，同时也加剧了设备腐蚀。所以，原料中的氮含量必须严格控制。

一般认为，氮对催化剂的作用是暂时性中毒，通常要求经过预加氢的原料油的氮含量小于 0.5～1.0μg/g(一般单铂催化剂<2μg/g；双金属催化剂<2μg/g；高铂铼催化剂<0.5μg/g)。

氮中毒后采用提高温度、增氯来消除，产率不受严重影响，但是，要降低催化剂的寿命。

③ 一氧化碳和二氧化碳。一氧化碳能与铂生成碳化铂(Pt—C)，造成铂催化剂永久性中毒，但也有人认为是暂时性中毒。二氧化碳能还原成一氧化碳，也可看成是毒物。原料油一般不含有一氧化碳和二氧化碳，重整反应中也不产生一氧化碳和二氧化碳，只是在再生时才会产生。开工时引入系统中的工业氢气和氯气中也可能含有少量的一氧化碳和二氧化碳。通常要求所使用的气体中一氧化碳的含量应小于 0.1%，二氧化碳的含量应小于 0.2%。

④ 烯烃。烯烃在重整条件下加氢生成烷烃，但也可以加速催化剂积炭，降低催化剂活性。所以，一般也要限制原料油的溴价<1gBr/100g。

⑤ 水和含氧化合物。水是催化剂酸性中心的毒物，当原料中存在氧或含氧化合物时，经过预加氢过程后就会转变为水，水多时就要造成催化剂上氯流失，从而减弱催化剂的酸性功能。因此，对于原料油及循环氢中水含量要严格控制，一般要求原料油中水含量要低于5μg/g，循环氢中水含量要控制在15~20μg/g。另外，在实际操作中，应尽可能在干燥的环境下进行催化剂的装填，以免带入过多的水。

⑥ 氯。尽管要求重整催化剂含有一定量的氯，但是，倘若重整原料油中氯含量太高，就会引起催化剂的酸性功能过强从而改变催化剂的选择性，导致过量的加氢裂化反应发生，使气体产物中丙烷和丁烷增加，液体产品收率下降。一般工业上要求重整原料油中的氯含量在1μg/g以下(此时对催化剂活性的影响较小)。但是近年来，油田在开采的过程中常添加某些含氯的助剂，如破乳剂、降凝剂、缓蚀剂和清蜡剂等，使氯化物在原油及其加工炼制后的重整原料油中的含量大大超过正常值。过量的氯不仅会毒害价格昂贵的重整催化剂，还会严重地腐蚀工艺设备和管道。

重整催化剂氯中毒的迹象是氢气产率减少，循环气体量增加，C_5^+ 收率降低，最后一个反应器的温降减少(在发生过多的加氢裂化反应时，有时温度甚至升高)，循环气中氯化氢含量增加。重整催化剂的氯中毒属于暂时性中毒，通过除去原料油中过量的氯化物即可消除重整催化剂的氯中毒。

2.3.3.4 催化剂(载体)结构变化失活

催化剂自身的结构变化失活，如比表面积、孔分布等也是失活的重要原因，而且是不可逆的。

金属中毒和催化剂结构变化使重整催化剂永久失活，但积炭失活和金属凝聚、熔结失活，大多可以通过催化剂再生过程，使其活性得到恢复或部分恢复。

2.3.3.5 催化剂的水氯平衡

重整催化剂是一种双功能催化剂，其金属功能和酸性功能要有良好的配合才能发挥出好的活性水平。在重整反应过程中，催化剂金属功能和酸性功能的配合是靠反应环境中的水氯平衡来控制的。所谓水氯平衡，是指进入反应系统的水的总摩尔数与进入该系统物料中氯的总摩尔数之比值(通常用 R 表示)比较适当，在这种状态下能够使催化剂的活性、稳定性和选择性得到最佳发挥。

氯是催化剂酸性功能的主要来源，控制氯含量的目的是在于控制双功能催化剂中酸性组分与金属组分的比例。氯含量过低时，催化剂酸性功能不够活性下降。例如，某重整催化剂若以含氯量为0.6%时的相对活性为100，则当氯含量降低至0.3%时，其相对活性降到70。又如某催化剂的氯含量降低50%时，重整生成油的辛烷值(RON)降低了5~6个单位。但氯含量过高时，酸性功能太强，加氢裂化反应加剧，引起液收率下降，严重时生成油变黄、环烷断裂引起芳烃产率下降。催化剂上的氯含量必须保证一定的含量，过高过低均不利于重整反应。

为维持催化剂载体中氯的保持能力(保证氯的良好分散)，要求反应系统进料(原料或循环氢)中含有一定的水。若系统中水含量过高，会冲洗氯而使催化剂氯含量减少，同时在高温下过量水的存在会促进铂晶粒的长大和破坏氧化铝担体的微孔结构，从而使催化剂的活性和稳定性降低；若水含量过低，氯含量分配不均匀，裂解反应加剧，C_5^+ 产品液收、辛烷值或芳烃产率下降。此外，水氯平衡控制不好还会生成 HCl 而腐蚀设备。还有一些研究工作表明，水对脱氢环化反应也有阻碍作用。

由上述可见，进入反应系统的原料(包括循环氢)含有一定的水和氯是必要的，但必须适当，无论是过少还是过多，都将破坏双功能催化剂的金属功能与酸性功能的合理匹配，导致催化剂性能降低。为了严格控制系统中的氯和水的量，国内重整装置限制原料油的水含量不得大于 5μg/g。但仅仅依靠限制原料油的氯含量和水含量的办法还不能保证催化剂上氯含量经常保持在最适宜的范围内。现代重整装置还通过不同的途径判断催化剂上的氯含量，然后采取注氯、注水等办法来保证系统的水氯平衡。工业上，注氯用的氯化物通常用的是二氯乙烷等有机氯化物；注水可以用醇类(如乙醇)，以避免腐蚀。

搞好水氯平衡是保证重整催化剂保持良好的活性、选择性、稳定性的重要手段。

第3章 工艺原理

催化重整装置按其生产目的的不同，具有不同的组成部分。对于以生产高辛烷值汽油为目的的催化重整装置包括原料预处理、催化重整反应和产品稳定三部分；对于以生产芳烃为目的的催化重整装置，除上述三部分外还包括芳烃抽提和芳烃精馏两部分。

3.1 重整原料及其预处理

重整催化剂比较昂贵和娇嫩，易受多种金属及非金属杂质的污染中毒而失去催化剂活性，为了保证催化重整装置长周期运转的要求，需要对重整原料油进行适当的选择，并予以精制处理。

3.1.1 重整原料

3.1.1.1 重整原料的选择

重整原料馏分的选择主要是从馏程、烃类组成和杂质含量三方面考虑。

(1) 馏程

重整原料的馏程选取取决于对重整目的产品的要求。当目的产品要求为生产轻质芳烃时，通常选择窄馏分石脑油为原料；当目的产品要求为生产高辛烷值汽油调合组分时，则可选择较宽馏分的石脑油为原料。

任何情况下原料油初馏点不宜低于65℃，否则，将会导致少量C_5以下的轻质烃进入重整原料中，这对重整反应进程有害无益。因为C_5以下轻质烃在重整过程中不可能芳构化生成芳烃，相反在高苛刻条件下，C_5以下轻烃会发生少量加氢裂化反应而导致重整生成油液体收率和循环氢纯度下降，甚至会增加催化剂的积炭，缩短催化剂操作周期，并占用装置加工能力，增加装置能耗。

以生产高辛烷值汽油调合组分为目的时，重整原料油终馏点受汽油产品终馏点的限制，我国GB 17930—1999车用无铅汽油标准中，汽油的终馏点为205℃。由于重整原料经重整后，其终馏点一般会增加20~30℃，所以，我国催化重整原料油的终馏点通常不宜超过180℃。但如果分馏装置效果欠佳，虽然终馏点较高，但90%点与终馏点差距太大，进入重整装置的重组分偏少，对重整产品的液收率和辛烷值都是不利的。需要注意的是，随着重整原料油变重，重整催化剂的寿命也要受到影响。以生产芳烃为目的时，原料油的终馏点由生产厂的产品方案确定。如需要生产喷气燃料，则终馏点只能为135~145℃；如需要生产较多的C_9芳烃，则可将终馏点提高到155~165℃。

生产高辛烷值汽油调合组分以及各种芳烃时的适宜馏程见表3-1所示。

表3-1 生产高辛烷值汽油调合组分以及各种芳烃时的适宜馏程

目的产品	适宜馏程/℃	目的产品	适宜馏程/℃
C_6~C_8芳烃	65~145	二甲苯	105~145
苯	65~85	高辛烷值汽油	80~180
甲　苯	85~105	轻芳烃-汽油	60~180

(2) 烃类组成

① 重整原料油中的烃类组成。重整原料油中的烃类化合物包括：烷烃、环烷烃、芳烃和烯烃。

a. 烷烃。烷烃的分子通式为 C_nH_{2n+2}，n 为碳原子数目。重整原料中烷烃的碳原子数目 n 一般为 6~11 个。根据碳原子的排列形式，重整原料中的烷烃可以是正构烷烃和异构烷烃。由于重整原料的来源不同，含有的烷烃物质的种类和含量也不尽相同。

烷烃的化学性质比较稳定，一般情况下不易与其他物质发生化学反应。但是，在较苛刻的重整反应条件下，含碳原子数较多的大分子烷烃可以发生异构、脱氢环化、裂化、氢解等反应。因此，烷烃含量较高的重整原料，一般要求较高的反应温度才能达到所需要的芳烃产率或辛烷值水平。

b. 环烷烃。环烷烃是指在分子中含有碳环结构的烃类，其分子通式为 C_nH_{2n}，环状结构上可有一个或几个侧链。重整原料油中的环烷烃多为五元环和六元环，碳原子数目 n 一般为 5~11 个。

由于特殊的环状结构，环烷烃的化学性质比烷烃活泼，在一定条件下，环烷烃可以从分子中脱掉氢原子而转化为芳烃，在高温下也能开环，生成烷烃或烯烃。

c. 芳烃。芳烃的基本结构单元是苯环结构，苯环上的氢原子被烃基取代后，就成为了烃基苯，当烃基苯中的烃基为烷基时，就称为烷基苯。如，甲苯、乙苯、二甲苯、三甲苯等。芳烃在重整反应条件下，苯环结构不被破坏，也不容易发生加氢反应，但是苯环上大的取代基可以发生裂化等反应。

d. 烯烃。烯烃分子中有双键，其化学性质很活泼，在一定条件下很容易发生加成反应，并放出大量的热。焦化汽油作为重整原料，由于烯烃(包括二烯烃)含量较高，在预加氢反应中会放出过多热量，使反应温度难以控制。重整进料中的烯烃在重整反应器内结焦，造成催化剂积炭增加活性下降。因此，要严格控制重整原料中的烯烃含量，通常控制溴价小于 1gBr/100g。

在催化重整过程中，重整原料油质量主要取决其环烷烃和芳烃的含量。原料油中环烷烃增加，产品产率和辛烷值都会增加，同时积炭减少，催化剂寿命长。所以，重整原料油的烃类组成主要看环烷烃的含量。催化重整原料油中的环烷烃含量越高，说明其质量越好。在使用铂催化剂时，芳烃的生成主要是靠六元环烷烃的脱氢反应和分子大于 C_5 的五元环烷烃的异构脱氢反应，至于烷烃的环化脱氢反应则进行的很少。因此，环烷烃是理想的催化重整原料。但各种不同来源的重整原料中环烷烃差异很大。

② 重整原料油的性质表征。表征重整原料油性质的具体指标有芳构化指数(或重整指数)和芳烃潜含量。

a. 芳构化指数。国外一般采用芳构化指数表征原料性质。芳构化指数通常用($N+2A$)表示，N 表示环烷烃含量，A 表示芳烃含量，它的具体定义为：

$$N + 2A = \Sigma C_i^N\% + 2\Sigma C_i^A\%$$

式中 $C_i^N\%$——原料中环烷烃的体积百分含量；

$C_i^A\%$——原料中芳烃的体积百分含量；

i——碳原子数。

显然，原料中环烷烃和芳烃的含量越高，重整生成油的芳烃产量越大，辛烷值越高。即：芳构化指数高则表明原料油质量好。

b. 芳烃潜含量。芳烃潜含量是表征原料性质的另一指标，国内一般采用原料油芳烃潜含量衡量其性质的优劣。所谓芳烃潜含量是指原料中 C_6 以上的环烷烃全部转化为芳烃的量与原料中的芳烃量之和。

芳烃潜含量的计算方法如下(以下各式中的含量皆为质量分数)：

$$芳烃潜含量=苯潜含量+甲苯潜含量+C_8\ 芳烃潜含量+\cdots$$

其中：

苯潜含量(%)=C_6 环烷烃(%)×78/84+苯(%)

甲苯潜含量(%)=C_7 环烷烃(%)×92/98+甲苯(%)

C_8 芳烃潜含量(%)=C_8 环烷烃(%)×106/112+C_8 芳烃(%)

C_9 以上依此类推。

式中的 78、84、92、98、106、112 分别为苯、C_6 环烷烃、甲苯、C_7 环烷烃、C_8 环烷烃、C_8 芳烃的相对分子质量。

【例 3-1】 某重整原料油中含环已烷 4.5%，甲基环戊烷 2.5%，C_7 环烷烃 18%，C_8 环烷烃 14%，C_9 环烷烃 4%，苯 0.5%，甲苯 1.5%，二甲苯 1.6%，C_9 芳烃 0.4%，其芳烃潜含量为多少？

解： 芳烃潜含量=(4.5+2.5)×78/84+18×92/98+14×106/112+4×120/126+(0.5+1.5+1.6+0.4)=44.46%

重整生成油中的芳烃产率与原料的芳烃潜含量之比称为芳烃转化率或重整转化率。即：芳烃转化率%=芳烃产率%/芳烃潜含量%

【例 3-2】 已知重整原料中芳烃潜含量 22.05%，原料中含有 $C_6\sim C_8$，脱戊烷油液收为 85.7%，脱戊烷油中 $C_6\sim C_8$ 芳烃 30.11%。求芳烃转化率？

解： 芳烃产率=生成油中芳烃含量×液收率=30.11%×85.7%×100%=25.8%

$$芳烃转化率=芳烃产率/芳潜=\frac{25.8\%}{22.05\%}\times100\%=117\%$$

答： 芳烃转化率为 117%。

在重整反应条件下，六元环烷烃的脱氢速度很快，几乎可以全部转化为芳烃；分子中碳原子数大于六的五元环烷烃的异构脱氢速度也较快。但分子中碳原子数等于六的五元环烷烃即甲基环戊烷的异构脱氢速度则慢得多，相对地加氢裂化速度则较快。因此，甲基环戊烷转化成苯的转化率比较低。因此，对于生产芳烃来说，良好的重整原料不仅要求环烷烃含量高，而且希望其中的甲基环戊烷含量不要过高。

在适宜的条件下，原料芳烃潜含量越高，经重整后得到的芳烃越多。芳烃潜含量只能说明原料油可以提供生产芳烃的潜在能力，但并不是生成芳烃的最高数值。这是因为原料油中的烷烃反应后仍然能转化为芳烃，所以，实际生产中就可能获得比潜含量更高的芳烃产量。

(3) 杂质含量

重整原料和其他石油馏分一样，主要是由碳和氢两种元素组成，但也含有一些微量的杂质，其对重整催化剂的活性影响很大。为了使重整催化剂能长期维持高活性，必须严格限制重整原料中的杂质含量，如：砷、铅、铜、汞、硫、氮等。

我国双(多)金属重整催化剂对原料中杂质含量的要求见表 3-2 所示。

表 3-2　我国双(多)金属重整催化剂对原料中杂质含量的要求

杂　质	半再生重整催化剂	连续重整催化剂	杂　质	半再生重整催化剂	连续重整催化剂
As/(ng/g)	<1	<1	S/(μg/g)	<0.5	0.25~0.5
Pb/(ng/g)	<10	<10	Cl/(μg/g)	<0.5	<0.5
Cu/(ng/g)	<10	<10	H_2O/(μg/g)	<5	<5
N/(μg/g)	<0.5	<0.5			

一般重整原料的杂质含量超过规定的限制量，都必须经过预处理。

3.1.1.2　重整原料的来源

催化重整的原料是辛烷值较低的汽油馏程的烃。按照现在的炼油工艺及技术，能够提供满足重整所需要的原料类型有常压直馏石脑油、加氢裂化重石脑油、焦化石脑油、催化裂化汽油、加氢精制汽油、乙烯裂解石脑油的抽余油等。

不同来源的重整原料各有其特点，以下介绍几种典型石脑油的特点。

(1) 直馏石脑油

直馏石脑油是指原油经常压蒸馏后，得到的石脑油馏程范围内的烃类化合物。

直馏石脑油的性质主要取决于原油的性质，不同的原油所含直馏石脑油的量和性质有着很大的差异。由于直馏石脑油中含有硫、氮、砷、铜、铅、氯等杂质，其影响重整催化剂的使用性能。因此，直馏石脑油必须经过预处理才能作为重整装置的合格原料。

(2) 加氢裂化重石脑油

加氢裂化重石脑油是良好的催化重整的原料，其突出特点是不饱和烃含量低、有害杂质含量少。一般来说，经过加氢裂化后，加氢裂化重石脑油的硫含量和氮含量均在0.5μg/g以下，其他杂质含量也能够满足重整原料的要求。因此，可不用经过预加氢，而直接作为催化重整进料。

(3) 焦化石脑油、减粘石脑油

焦化石脑油、减粘石脑油都属于热裂化石脑油。焦化石脑油、减粘石脑油的共同特点是：环烷烃含量少，芳烃潜含量低，含有大量不饱和烃，而且硫、氮等杂质含量高，一般不适宜作重整原料。

(4) 催化裂化汽油

催化裂化汽油主要为烷烃、烯烃和芳烃，其中烯烃含量为25%~50%(体积分数)，多数在40%以上，同时含有一定量的环烷烃和硫、氮等杂质。因此，用催化裂化汽油作重整原料时也必须进行预处理。

3.1.1.3　重整原料的基本要求

(1) 密度

密度是描述重整原料油轻重的特性指标。不同的烃类其密度差异很大。一般对于相同碳数的烃类，芳烃的密度最高，环烷烃次之，烷烃最小。相对分子质量越大或馏分越重的原料，其密度也就越大。在馏程不变的前提下，催化重整原料油的密度越大，说明其芳烃含量越高。

重整原料油的密度通常在720~750kg/m^3之间。

表3-3为典型重整原料油和C_6烃的密度。由表3-3可以看出，我国大庆原料油含烷烃较多，而环烷烃和芳烃含量较少；辽河油则与大庆油相反，它含有较多的环烷烃和芳烃，是

理想的重整原料油；任丘油介于大庆油和辽河油之间。

表 3-3　典型重整原料油和 C_6 烃的密度

	典型重整原料			C_6 烃		
	大庆油	任丘油	辽河油	正己烷	环己烷	苯
密度/(kg/m^3)	725.7	738.6	766.8	659.4	778.6	879.0

(2) 折光率

折光率是在 20℃时，用钠的黄色光(波长 $\lambda_0=0.5896\mu m$)来测定物质的折光率，以 n_D^{20} 表示。在催化重整原料油中，芳烃的折光率最大，环烷烃次之，烷烃最小。

表 3-4 给出几种纯烃物质的折光率。

表 3-4　纯烃物质的折光率

物　质	苯	甲　苯	邻二甲苯	间二甲苯	对二甲苯
折光率	1.5011	1.4969	1.5055	1.4972	1.4958

重整生成油中的芳烃含量越高，折光率越高。

(3) 溴价

溴价是反映油品不饱和程度的特性指标。油品含有不饱和烃类越多，溴价越高。催化重整原料油溴价高，说明催化重整原料油中含不饱和烯烃多。

二次加工的石脑油作为重整原料时品质不好，因为它的溴价太高。通常直馏石脑油的溴价为 0.05~0.5gBr/100g，而二次加工的焦化石脑油的溴价高达 80~100gBr/100g，从而给重整带来很多不利。因此，用二次加工石脑油作为重整原料时，必须设法使其溴价降到指标要求，一般重整原料油的溴价要求小于 1.0gBr/100g。

(4) 特性因数 *K*

所谓特性因数 *K* 是指把相对密度与平均沸点关联起来，说明油品化学组成特性的一个复合参数。

K 值越小表明原料含芳烃越多。

3.1.2　重整原料预处理

重整原料的预处理由预脱砷、预分馏和预加氢等部分组成，其目的是切取符合重整要求的馏分和脱除对重整催化剂有害的杂质及水分。

3.1.2.1　预脱砷

砷不仅是各种重整催化剂最严重的毒物，而且也是各种预加氢精制催化剂的毒物。因此，必须在预加氢精制前把砷降至较低程度。一般要求重整原料含砷量小于 1ng/g。如果重整原料的含砷量小于 100ng/g，可以不经过脱砷，只需加氢精制后即符合要求。

预脱砷的过程就是原料中砷化物被吸附在脱砷剂上的过程。

目前，我国催化重整装置中应用的预脱砷方法有三种：Si-Al 小球或硫酸铜/Si-Al 小球吸附脱砷法、过氧化氢异丙苯(CHP)氧化脱砷法和临氢脱砷法。

(1) Si-Al 小球吸附脱砷法

Si-Al 小球吸附脱砷过程是在常温、常压的缓和条件下，借助 Si-Al 小球裂化催化剂的吸附作用，能将原料油中的砷吸附在脱砷剂上，经初步脱除砷减少预加氢催化剂因积砷量高而失活的危险。

常用的脱砷剂是含5%~10%硫酸铜的硅铝小球和含5%~10%硫酸铜与0.1%氯化汞的硅铝小球两种，后者脱砷效果和寿命较前者为佳，但制备复杂，成本高。因此，通常用硫酸铜-硅铝小球作脱砷剂的较多。但当原料油含水较多时，水将硫酸铜溶解后带入油中，造成脱砷油含铜较高。经研究发现，采用白土、硅胶和硫酸铜的硅铝小球混合吸附剂脱砷的措施，既充分利用了硫酸铜的硅铝小球的脱砷效用，又可防止铜的析出，取得了较好的脱砷效果。

Si-Al小球吸附脱砷法的优点是操作简单，投资较少。缺点是容砷量较低，废脱砷剂需要掩埋难以适应环保要求。

（2）过氧化氢异丙苯（CHP）氧化脱砷法

此法是采用过氧化氢异丙苯（CHP）氧化剂与原料油混合在反应器中进行氧化反应，砷化合物被氧化后经蒸馏或水洗除去。

（3）临氢脱砷法

重整原料油中的砷化物通常为有机砷化物，如：三甲基砷[$(CH_3)_3As$]、三乙基砷[$(C_2H_5)_3As$]。临氢预脱砷的基本原理是在氢压下砷与脱砷剂接触，转化成不同价态的金属砷化物，如砷化镍（NiAs）、二砷化镍（$NiAs_2$）和二砷化五镍（Ni_5As_2）等。因此，原料油中的砷被吸附在脱砷剂中。

3.1.2.2 预分馏

重整原料油预分馏的目的，是在重整原料油进入反应系统之前，采用分馏的方法切取适宜馏程的重整原料，即：预先将原料油中不适宜重整反应的过轻、过重组分分馏出去。通常，分馏出的过轻组分称为“拔头油”；分馏出的过重组分称为“切尾油”。

在原料预分馏中主要是除去原料中的轻组分（拔头油），即小于62℃的馏分，对于生产高辛烷值组分的装置，则应除去其中的小于80℃的轻组分。因为<80℃的轻组分本身已具有较高的辛烷值，即使进行重整反应，辛烷值也提高不多，而且有部分被裂解成C_3、C_4或更轻的低分子烃，降低重整液体产品收率，使装置的经济效益降低。

原料的终馏点过高，不能得到目的产品。例如：以生产苯为目的时，>85℃的原料重整后将不能得到苯；对于生产高辛烷值汽油时，原料的终馏点通常不宜超过180℃，以保证重整汽油的终馏点不超过汽油标准要求的205℃。除上述之外，在炼厂中为保证喷气燃料的生产，重整原料油的终馏点不宜大于145℃。显然，在炼厂中提供给重整装置的原料馏程，不可能完全满足重整装置的要求。因此，进入重整装置的原料，首先要通过蒸馏使原料进行预分馏，以制取适宜的原料馏分。

预分馏原理是利用原料混合物中的各种组分的沸点不同（即挥发度不同），将其切割成不同沸点的馏分。

3.1.2.3 预加氢

重整原料预加氢过程是原料预处理过程的核心部分，其作用是除去原料油中的杂质以保护重整催化剂。预加氢原理：在催化剂和氢气的作用下，原料油中含硫、含氮、含氧等化合物进行加氢分解，生成易于除去的H_2S、NH_3和H_2O；原料中的烯烃经加氢生成饱和烃；原料中的砷和铜、铅等金属化合物则经加氢分解后被催化剂吸附而除去。

（1）预加氢的化学反应

① 加氢脱硫反应。重整原料油中的硫通常以有机硫化物的形式存在，如硫醇、硫醚、二硫化物、环硫化物和噻吩等。有机硫化物的加氢反应，首先是含硫化合物被吸附在催化剂

表面，发生 C—S 键或 S—S 键的断裂而生成自由基，再与氢气反应生成相应的烃类及硫化氢。

重整原料油加氢脱硫的反应如下：

硫醇的加氢

$$R—SH+H_2 \longrightarrow RH+H_2S$$

硫醚的加氢

$$R—S—R'+2H_2 \longrightarrow RH+R'H+H_2S$$

二硫醚的加氢

$$R—SS—R'+3H_2 \longrightarrow RH+R'H+2H_2S$$

环状硫化物的加氢

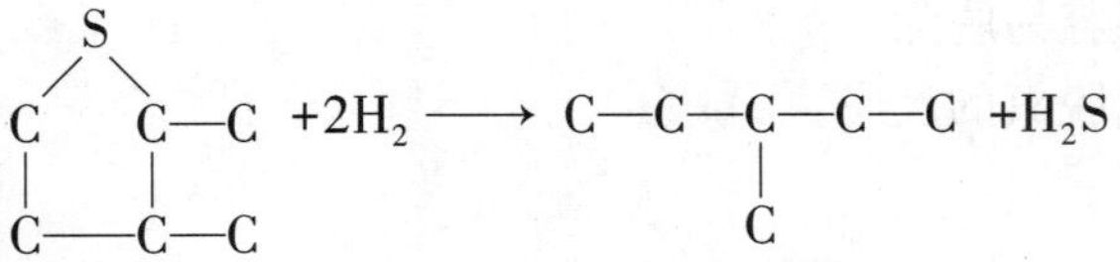

噻吩类的加氢

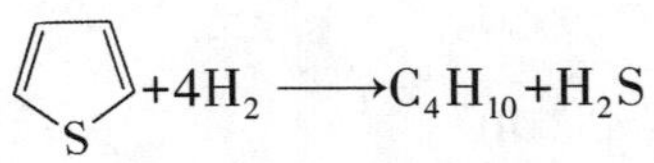

不同类型硫化物的加氢脱硫反应速率是不相同的，其顺序如下：

硫醇>二硫化物>硫醚≈氢化噻吩>噻吩

脱硫反应是耗氢反应和放热反应。

需要强调的是脱硫的反应温度要控制在一定范围内。如果为了提高脱硫率而过分提高温度，所生成的硫化氢会与少量的烯烃再反应生成硫醇，使生成油硫含量增加，反而不能提高脱硫率。

② 加氢脱氮反应。重整原料中的氮化物主要有胺类、吡啶类和吡咯类。在加氢过程中，氮化物在催化剂的作用下转化为氨和相应的烃。脱氮比脱硫困难的多，多数直馏重整原料油馏分中，氮化物含量少；但是，二次加工汽油作重整原料时(如焦化汽油)，其氮化物较直馏原料要高的多，需经较高深度的加氢才能较彻底的脱除。

重整原料加氢脱氮的典型反应如下：

胺类烃的加氢

$$RNH_2+H_2 \longrightarrow RH+NH_3$$

吡啶类的加氢

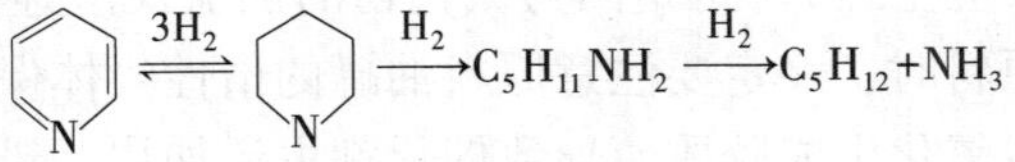

吡咯类的加氢

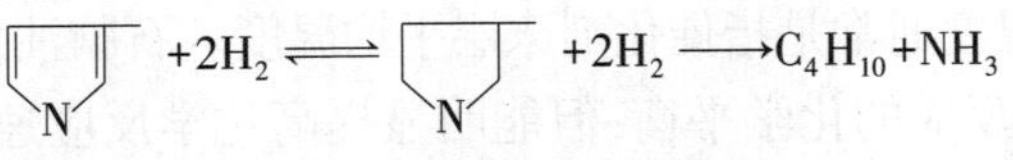

③ 脱金属反应。重整原料油中的金属有机化合物和砷化物，在加氢条件下分解后，金属杂质和砷被吸附或由于化学反应而被沉积在催化剂上，有机化合物转化成相应的烃类。

$$\underset{\text{金属有机物}}{RX}+H_2 \xrightarrow[Ni-NiOAl_2O_3]{NiO/Al_2O_3} \underset{\text{烃}}{RH}+H_2O$$

需要强调的是砷和硅，虽然量很少，但对重整催化剂毒害很大。

附着在催化剂表面的砷化合物与催化剂中的活性金属反应，生成不同价态的金属砷化物。生成的金属砷化物沉积在催化剂上，使催化剂活性逐渐降低。

硅化合物加氢生成硅，逐步堵塞催化剂的微孔，降低催化剂的表面积而造成催化剂失活。

④ 加氢脱氧反应。重整原料油中的含氧化合物主要是环烷酸，在二次加工产品中也有酚类。含氧化合物进入重整反应系统后，与氢气反应生成水，会使系统中存水过多，从而使催化剂减活，因此需除去。重整原料油中的含氧化合物在加氢条件下，与氢气反应生成相应的烃和水，通常很容易脱除。

重整原料加氢脱氧的反应：

环烷酸的加氢

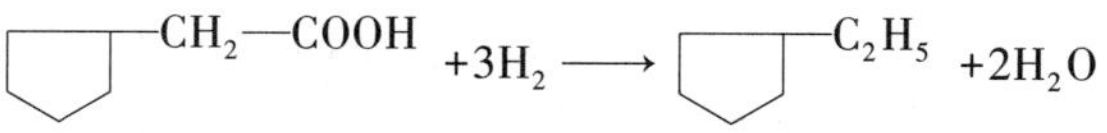

苯酚的加氢

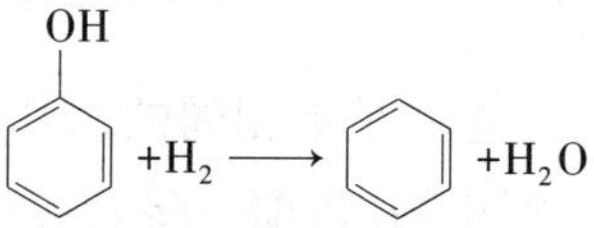

⑤ 烯烃加氢饱和反应。在直馏石脑油中烯烃含量较少，但在二次加工石脑油中烯烃含量较高。烯烃的存在会增加重整催化剂上的积炭，缩短生产周期，因此，必须进行烯烃的加氢饱和。

烯烃加氢反应：

单烯烃 $C_nH_{2n}+H_2 \longrightarrow C_nH_{2n+2}$

双烯烃 $C_nH_{2n-2}+2H_2 \longrightarrow C_nH_{2n+2}$

环烯烃

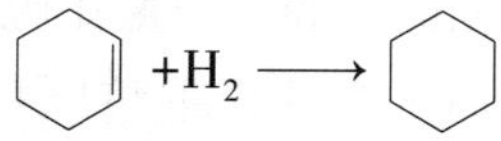

烯烃的加氢饱和反应也为耗氢和放热反应。

(2) 预加氢过程的影响因素

原料预加氢过程的影响因素除催化剂性能外，主要有原料性质、反应温度、反应压力、氢油比和空速等。

① 原料性质。加工氮含量较高的原料时，需要较高的反应苛刻度(即较高的反应压力和反应温度，较低的反应空速)。这是因为氮化物的加氢反应速度低(约为硫化物的 1/5)。加工烯烃含量较高的原料时，一定要注意原料油罐的惰性气体保护，最好是直接进装置，避免中间与空气接触发生氧化生成胶质，导致催化剂失活加快。铅等重金属和砷化物亦是加氢催化剂的毒物，通常预加氢催化剂的最高允许重金属含量为 2%，饱和砷容量为 2%～3%。

② 反应温度。反应温度通常是指催化剂床层平均温度。石脑油加氢反应是一种放热反应，提高反应温度不利于加氢反应的化学平衡，但能明显提高化学反应速度，提高精制深度，提高预加氢反应脱杂质的效果。过高的反应温度会促进加氢裂化副反应的发生，使产品液体收率下降，导致催化剂上积炭速率加快，降低催化剂使用寿命；反应温度过低，不能保证将杂质除净。

脱硫反应在230℃时就能发生,但反应速度很慢,随着温度增加进一步脱除硫化物的作用增加不明显。分解低浓度的氮化物(<10μg/g)所需的温度与脱硫所需温度基本相同,温度对烯烃饱和与脱硫反应影响相同,除了脱去烯烃达到平衡需较高的温度外,进料中烯烃的含量必须限制,使反应床层内部的最高温度保证在允许范围内。在很高温度下,烯烃饱和度有一个明显的限制,结果使在高温操作比低温操作的产品中有更多的残存烯烃,当原料中有明显的轻组分,使用新催化剂时硫化氢与烯烃反应生成醇,在较低温度下操作可避免硫醇的生成。

氧和氮化物的分解所需要的温度比脱硫或烯烃饱和稍高些，除去氧和氮化物不能单靠升温的办法，而要通过高压或低空速来完成转化。金属的脱除也不能完全依赖升温，金属在315℃以上基本能够脱除。

根据催化剂活性和原料油中的杂质含量，一般预加氢的反应温度为280~320℃。随着运转时间的延长，逐步提高反应温度，以补偿催化剂的活性降低。

③ 反应压力。当要求一定的产品质量时，压力的选择主要是考虑催化剂的使用寿命和原料油中的杂质含量，尤其是氮含量。一般而言，压力愈高，催化剂操作周期愈长；原料油杂质含量愈高，选择操作压力也愈高。提高反应压力将促进加氢反应速度，增加精制深度，有利于硫、氮等杂质的脱除，并可保持催化剂的活性。但压力过高会促进加氢裂解反应，使产品总液收率下降，同时过高的反应压力会增加投资及运转费用。

④ 氢油比。所谓氢油比是反映标准状态时氢气流量与进料量的比值。可用 H_2/HC 表示。提高氢油比，不仅有利于加氢反应的进行，并能防止结焦，起到保护催化剂的作用。但是，在原料油进料一定的情况下，氢油比过大会减少原料油与催化剂接触时间，反而对加氢反应不利，导致精制深度下降，产品质量下降，同时也增大了系统压降和压缩机负荷，操作费用增加。

⑤ 空速。空速指单位(质量或体积)催化剂在单位时间内处理的原料量，简写为 h^{-1}。空速分为质量空速和体积空速。常用体积空速(LHSV)，它的倒数相当于反应接触时间，称为假接触时间。因此，空速的大小意味着原料与催化剂接触时间的长短。空速过大即单位催化剂处理的原料量越多，其接触时间应越短，影响了精制深度；空速过小增加了加氢裂解反应，使产品液收率下降，运转周期缩短，降低了装置的处理量。

3.2 催化重整反应

3.2.1 催化重整反应过程

催化重整反应过程是在固体催化剂的表面和孔隙内部进行的，亦：催化重整反应过程是典型的气-固相催化反应过程。

通常气-固相催化反应包括以下七个步骤：

第一步：反应物分子由气体相向催化剂的外表面扩散(外扩散)；

第二步：反应物分子由催化剂外表面向催化剂孔隙的内表面扩散(内扩散)；

第三步：反应物分子在催化剂孔隙内表面上被吸附(表面吸附)；

第四步：被吸附的反应物分子在催化剂孔隙内表面上进行化学反应生成产物(表面反应)；

第五步：反应产物分子由催化剂孔隙内表面上脱附下来(表面脱附)；

第六步：脱附下来的反应产物分子从催化剂孔隙内表面向催化剂外表面扩散(内扩散)；

第七步：反应产物分子从催化剂外表面向气体相扩散(外扩散)。

在稳定状态下，反应速率的大小受其中速率最慢的步骤控制。根据实验，扩散过程的速率比重整各种反应速率慢得多。因此，催化重整反应过程是由扩散过程控制的，而且主要是由在孔隙内部的内扩散控制。

内扩散的阻力主要由两个因素决定：一个是催化剂颗粒的大小，另一个是催化剂孔径的大小。催化剂孔径的大小对扩散过程的影响是显而易见的，孔径过小时反应物分子进不去，那么，这样的孔隙内部就不能成为反应的场所。但是，在相同体积的催化剂颗粒上，孔径越大其孔的总数目就要减少，因而催化剂总的表面积就会下降。结果，总的活性中心数目就要减少，催化剂的活性就要下降。

催化剂微孔内的扩散过程，对原料分子反应速度有很大影响。反应物进入微孔后，边扩散边反应，由于重整反应速度高于扩散速度，因此，沿着扩散方向反应物的浓度逐渐降低，致使反应速度也随之下降。

3.2.2　催化重整的化学反应

在催化重整中发生的化学反应主要有以下七类(式中 M 代表催化剂的金属活性中心，A 代表催化剂的酸性活性中心)。

(1) 六元环烷烃的脱氢反应

六元环烷烃脱氢反应是由六元环烷烃脱掉 6 个氢原子变成相应的芳烃的反应。如：

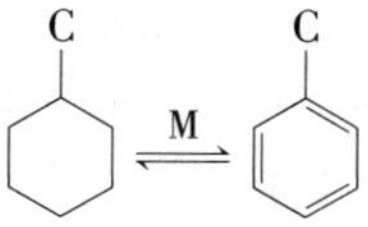

$+3H_2$　　ΔH　　ΔRON

kJ/mol

(RON74.8)　(RON120)　　+205.8　45.2

六元环烷烃脱氢反应是各种重整反应中反应速率最快的反应，它可以在很高的空速下进行，而且能充分转化成芳烃，是重整过程最基本的化学反应。这类反应没有碳链重排或断裂，所以，一般是在催化剂金属活性中心(M)上进行。六元环烷烃脱氢反应是体积增大的强吸热反应，转化 1mol 六元环烷烃大约吸收 205kJ 左右的热量。由于反应速率快，通常在第一反应器内进行，因此，造成第一反应器的温降较大。从热力学角度分析，降低压力或升高温度对平衡移动有利。如六元环烷烃上有烷基置换上去，其脱氢活性还要增加。另外，该反应副产大量的氢气，因此，它也是重整副产氢的主要来源。

(2) 异构化反应

催化重整中异构化反应有两种情况：一种是五元环烷烃异构化成六元环烷烃；一种是直链烷烃的异构化。

① 五元环烷烃的脱氢异构化反应。重整原料油中除六元环烷烃外，尚有相当一部分五元环烷烃，此部分五元环烷烃既可脱氢异构转化为芳烃，也可开环裂解为烷烃。

五元环烷脱氢异构反应是比较复杂的反应，如烷基化戊烷脱氢异构反应：

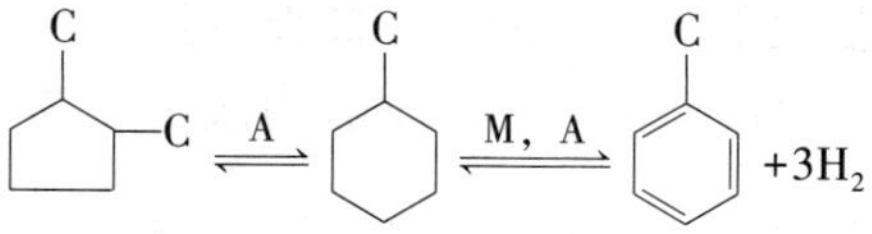

五元环烷脱氢异构为芳烃的反应是强吸热反应，产物为芳烃和氢。此反应的反应速率与六元环烷脱氢相比要慢。从五元环异构到六元环过程中有碳链的断裂、重排，所以，反应时

需要催化剂的金属中心与酸性中心协同配合共同起作用。如催化剂的酸性功能或金属功能过强时，五元环烷就可能被裂解，或被深度脱氢转化为积炭前身物，致使催化剂的选择性或稳定性变差。

烷基化戊烷(甲基环戊烷、二甲基环戊烷等)，首先进行异构化反应，生成六元环烷烃，再脱氢生成芳烃。

② 直链烷烃的异构化反应。直链烷烃异构化反应是由正构烷烃(即直链烷烃)转化成异构烷烃(即带有侧链或支链的烷烃)的过程，是提高汽油辛烷值的主要反应之一。如：

$$n\text{-}C_7H_{16} \xrightleftharpoons{A} H_3C-(CH_2)_2-\overset{CH_3}{\underset{CH_3}{C}}-CH_3 \qquad \Delta H \qquad \Delta RON$$

(RON0)	(RON92)	kJ/mol	
		−16.8	92

这类反应速度慢、放热少、不产氢，仅对提高辛烷值有利，不直接产芳烃。

直链烷烃异构为支链烷烃时，可以提高反应物的辛烷值，如上述反应辛烷值净增加值达92个单位，是提高汽油辛烷值的理想反应。因此，该反应对于生产车用汽油的生产装置比较重要。此反应的特点是热效应很小，但其反应深度受热力学平衡的限制。因此，不可能将原料中的直链烷烃100%的转化成异构烷烃。通常，在催化重整过程中只能使重整汽油辛烷值提高20~30个单位。

此反应的另一特点是除主要借助催化剂的酸性功能(A)的作用外，还必须借助催化剂的金属功能(M)的辅助作用才能完成。应该说直链烷烃异构化过程包括三个步骤：

第一步：先借助金属功能脱氢生成烯烃；

第二步：借助酸性功能异构成不饱和异构烃；

第三步：再利用金属功能加氢变成饱和异构烷烃。

通常，在较低温度范围内，分支程度较大的烃类所占比例要大一些，因此，在较低温度下进行烷烃异构反应可获取较高辛烷值组分。但温度低时反应速率太慢，相同时间内可得到异构物的产率要减少。

(3) 烷烃的脱氢环化反应

烷烃脱氢环化反应是指在金属功能和酸性功能的作用下，将烷烃转化成芳烃的反应过程。

以正庚烷为例，其反应过程如下：

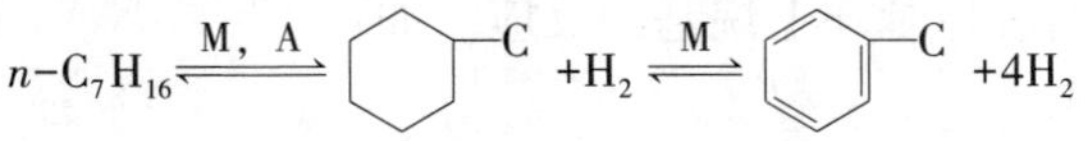

RON = 120

烷烃的脱氢环化反应是重整反应中反应历程最长、反应速度最慢的反应，反应条件苛刻，但它也是生产芳烃和高辛烷值汽油最重要的反应之一，是现代催化剂催化重整过程追求的目标之一。如上述反应过程使辛烷值增加高达120个单位。

一般石脑油中的烷烃含量可达40%~70%，如我国石油多为高含蜡原油，直馏重整原料油中大于C_6环烷烃一般占40%，而烷烃则占50%~60%，如何将此部分烷烃最大限度地转化为芳烃，对提高汽油辛烷值或增产芳烃都非常重要。因此，该反应是我国重整装置提高经济效益的关键反应。

烷烃脱氢环化反应为强吸热反应，反应速率非常慢(反应速率比环烷烃脱氢低得多)，主要是在末反应器内进行。较典型的看法认为，脱氢环化与脱氢异构一样，也需要金属中心与酸性中心共同配合来完成反应，但近年来新开发的碱性 L 分子筛催化剂上，仅有金属中心就能高选择性地使 C_6、C_7 烷烃脱氢环化为芳烃，此种单功能重整催化剂的反应机理与一般双功能重整催化剂完全不同。由于重整原料中 C_6、C_7 低碳烷烃芳构化反应比较困难，因此，在评价各类催化剂的优劣时，常以能否使 C_6、C_7 低碳烷烃转化为芳烃作为衡量的标准。

（4）加氢裂化反应

加氢裂化反应是指将大分子烃类裂化成 C_3、C_4 小分子烃类的反应。如：

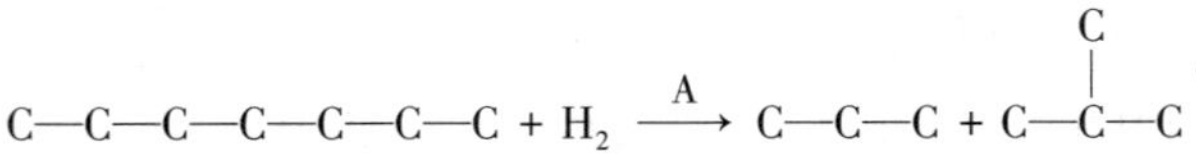

		ΔH kJ/mol	ΔRON
（RON 0）	（RON 102）	-58	102

烷烃分子中碳-碳链断裂，经加氢后生成较轻的烷烃分子。此反应也可提高汽油辛烷值，但它要消耗大量氢气，导致氢浓度下降，同时加氢裂化反应会造成液收降低，芳烃产率下降，选择性变差。反应为放热反应，反应速率较慢，主要在末反应器中进行。加氢裂化也需要催化剂的双功能起作用，但在连续反应的步骤中，控制反应速率的步骤是在其酸性中心上。因此，许多酸性较强的催化剂，其加氢裂化反应必然要剧烈一些。

重整过程中加氢裂化虽不是所希望发生的反应，但因催化剂上需要有足够酸性来促进异构和脱氢环化反应，因而不可避免地会使烷烃及环烷烃进行加氢裂化。所以，必须在使用催化剂过程中，调节好催化剂酸性，对此反应加以控制。

（5）脱甲基反应

在一定条件下，新鲜催化剂或再生后的催化剂在开工初期会使烃类发生脱甲基反应，生成甲烷，同时放出大量热量。如：

$$C_6H_{14}+H_2 \xrightarrow{M} C_5H_{12}+CH_4$$

		ΔH kJ/mol	ΔRON
（RON24.8）	（RON61..8）	-67.6	37.0

脱甲基反应是催化剂的金属功能起作用，也称为氢解反应。

此类反应进行时放出大量热量，如不加以控制则将造成开工初期催化剂局部过热，可能引起金属熔结或初期积炭增加，致使催化剂受到损伤。

（6）芳烃脱烷基反应

芳烃脱烷基反应是指脱掉苯环上烷基的反应。如：

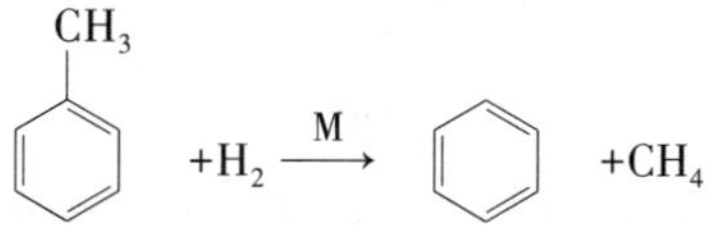

		ΔH kJ/mol	ΔRON
（RON120）	（RON100）	-54.7	-20

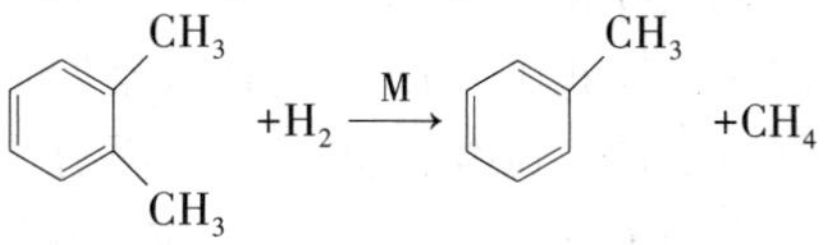

		ΔH kJ/mol	ΔRON
（RON120）	（RON120）	-56.8	0

芳烃的脱烷基反应与脱甲基反应很相似，不同的是它脱掉的是芳烃侧链上的一个烷基，而不仅仅是一个甲基。这类反应不能提高重整汽油的辛烷值，但可使较重的芳烃脱烷基后变成较轻的芳烃，因此，提高了轻质芳烃(苯、甲苯或二甲苯)的产率。

(7) 积炭反应

原料油中部分烃类经深度脱氢产生双烯烃或多烯烃的积炭前身物(积炭前身物是一种稠环芳烃类物质)，这类积炭前身物在金属中心或酸性中心上进一步聚合生成积炭。

积炭可以覆盖催化剂活性中心，造成催化剂失活。

积炭反应是重整过程中的正常反应，为了保持长周期稳定运转，应该保持正常的积炭速率。催化剂的双功能失调，选择性变坏，将加快积炭速率。

综观上述各种反应，在芳构化反应中生成油的芳烃增加，密度变大，体积变小，生成油收率减少。在异构化反应中只是分子重新排列而相对分子量未变化，氢气未损失，生成油收率可达 100%，而辛烷值增加。在加氢裂化和脱甲基反应中，由于生成气态烃而使生成油收率降低，氢收率及浓度降低。

综合上述七类反应，前四类为重整反应中希望进行的，后三类则属于要加以抑制的。

不同类型反应的反应速度差异很大，进行反应的难易程度不同。重整装置各反应器内的主要反应及温降情况见表 3-5 所示。

表 3-5　重整装置各反应器内的主要反应及温降

反应器名称	反应类型	组成变化	温降情况/℃
第一反应器	六元环烷脱氢 烷烃异构化	环烷烃下降多 芳烃有增加	70~80
第二反应器	六元环烷脱氢 五元环烷脱氢异构及环化 C_7^+ 烷烃裂解	环烷烃继续下降 芳烃有增加 C_7^+ 烷烃裂解 C_5、C_6 烷烃有增加	30~40
第三反应器	烷烃脱氢环化、加氢裂化	C_7^+ 烷烃减少，芳烃有增加	15~25
第四反应器	烷烃脱氢环化、加氢裂化	C_5、C_6 烷烃先增加后又裂解，略有下降，芳烃增加	5~10

3.2.3　催化重整化学反应的热力学和动力学分析

研究某一化学反应，主要是弄清楚该反应的热力学及动力学规律。热力学规律说明反应在什么条件下进行、进行到什么程度以及反应的热效应。动力学规律说明反应进行的速度。如果在某一反应条件下从热力学上看反应能进行甚至可以达到很高的平衡转化率，但是反应速度却很低，那么，这个反应是没有很大的实际生产意义的。因此，必须从热力学和动力学两个方面来研究化学反应。

(1) 六元环烷烃的脱氢反应

六元环烷烃的脱氢反应是催化重整中最重要的有代表性的反应，也是重整生成芳烃的重要来源。它是强吸热反应，而且在碳环数相同时，支链碳原子数越少的环烷烃脱氢的反应热越大。反应的平衡常数很大，且平衡常数随着环烷烃的碳原子数增大而增大。

根据化学平衡常数可以计算出反应产物的平衡浓度。表 3-6 列出了六元环烷烃脱氢反应在不同反应温度和压力下的苯及甲苯的平衡浓度。

表 3-6　六元环烷烃脱氢反应的平衡浓度

压力/MPa	温度/K	环己烷⇌苯+$3H_2$		甲基环己烷⇌甲苯+$3H_2$	
		产物中的苯/%		产物中的甲苯/%	
		试验值	计算平衡值	试验值	计算平衡值
2	700	70	72	83	85
2	756	90	89	92	96
2	783	93	95	—	—
4	700	33	31	48	45
4	783	92	94	—	—

注：催化剂 $Pt/SiO_2Al_2O_3$；空速 $3h^{-1}$(体积)；氢油比(摩尔比)4。

由表 3-6 可见，在压力不变时，温度升高反应向着吸热方向进行，产物中芳烃平衡浓度计算值增大，也即平衡转化率增大。当温度不变压力升高时，平衡转化率下降，但在高温下压力的影响很小。

工业生产中，为了减少催化剂上的积炭以延长催化剂的寿命，在反应器中保持一定的氢分压，即向反应系统中通入氢气并且维持一定的反应压力。向反应系统中通入的氢气量用氢油比(摩尔比或体积比)表示。

从表 3-6 中还可看出，六元环烷烃脱氢反应速率很快。在实验条件下都能达到平衡，并且随着碳原子数的增多，六元环烷烃的脱氢反应速率也越高。对于甲基环己烷的脱氢反应，甚至在较大空速下，反应也能达到平衡。

由此可见，六元环烷脱氢生成芳烃的转化率主要受化学平衡即温度和压力的影响，反应速率一般不会影响反应达到平衡。由于六元环烷烃脱氢是重整反应中生成芳烃的主要反应，工业生产中采用保持较高的温度以获得高芳烃产率。提高反应压力在热力学上对环烷烃脱氢反应不利。

(2) 五元环烷烃的异构脱氢反应

五元环烷烃在重整原料的环烷烃中占有相当大的比例，五元环烷烃的异构脱氢反应在重整反应中是仅次于六元环烷烃脱氢的重要反应。

五元环烷烃异构脱氢反应分两步进行：第一步，五元环烷烃先异构化生成六元环烷烃；第二步，六元环烷烃脱氢生成芳烃。由于五元环烷烃异构化反应是轻度放热反应，而六元环烷烃脱氢是强吸热反应。所以，五元环烷烃的脱氢反应仍为强吸热反应，只是反应热稍小于同碳数的六元环烷烃脱氢反应。因为第二步反应的平衡转化率很高，所以环已烷的浓度很低，使第一步反应得以继续进行。实验结果表明，随着反应温度的升高，苯的平衡浓度迅速增大，在 500℃左右时，苯的平衡浓度可接近 90%。而环已烷的平衡浓度则随着温度的升高而稍有下降，这是因为异构化反应是轻度放热反应的缘故。

综上所述，五元环烷烃的异构脱氢反应与六元环烷烃的脱氢反应在热力学规律上是很相似的，即它们都是强吸热反应，在重整反应条件下的化学平衡常数都很大，反应可以充分地进行。但是，从反应速率来看，这两类反应却有相当大的差别，五元环烷烃异构脱氢反应的速率较低。当反应时间较短时，五元环烷烃转化为芳烃的转化率会距离平衡转化率较远。与六元环烷烃相比，五元环烷烃还较易发生加氢裂化副反应，这也导致转化为芳烃的转化率降低。提高五元环烷烃转化为芳烃的选择性主要还是要靠寻找更合适的催化剂和工艺条件。

(3) 烷烃的环化脱氢反应

烷烃在重整原料中含量有限，如何使烷烃生成芳烃有着重要意义。

从热力学角度来看，分子中碳原子数不小于六的烷烃都可以转化为芳烃(分子的直链部分的碳原子数不一定小于六)，而且都可能得到较高的平衡转化率。通常情况下提高反应温度、降低反应压力及氢油比，芳烃平衡产率将随之增加；但氢油比在4~10的范围内变化时影响不大。这些规律与环烷烃反应的规律是相似的。另外，在相同的反应条件下，相对分子质量较大的烷烃有较高的平衡转化率。

从热力学理论分析，烷烃在重整条件下环化脱氢的平衡转化率比较高。但是，在实际生产中，当使用铂催化剂时烷烃的转化率却很低，距平衡转化率很远。即使在使用铂铼催化剂时，实际转化率也还是距离平衡转化率较远。表3-7列出了正庚烷转化为甲苯的实际产率与平衡产率的数据。

表3-7　甲苯实际产率①与平衡产率比较表

反应压力/MPa	1.34	2.32	3.33
实得甲苯最大产率/%(mol)	~40	~25	~17
甲苯理论最大产率/%(mol)	>90	~60	~30

①在温度700K、氢油摩尔比5、空速为$3h^{-1}$条件下。

由表3-7可见，实际甲苯产率仅为平衡产率的50%左右，对于这种现象就需要从动力学方面来分析。

环化脱氢反应速率比芳构化反应速率低得多，因此，正庚烷转化成芳烃的速率取决于环化脱氢的反应速率。在环化脱氢的同时，正庚烷还进行加氢裂化和异构化反应，而且其反应速率与环化脱氢反应速率相近。

综上所述，为了使烷烃更多地转化为芳烃，关键在于提高烷烃的环化脱氢反应速率和提高催化剂的选择性。提高反应温度和降低反应压力有利于烷烃转化为芳烃，但是，催化剂上积炭速率加快，生产周期缩短。铂铼等双金属和多金属催化剂比铂催化剂有更好的选择性，当反应温度提高时对环化脱氢反应速率的加快程度高于加氢裂化反应，而且它们有较高的容炭能力和较高的稳定性，在低压和高温下能保持活性稳定，从而大大地提高了芳烃的产率。

环化脱氢反应速率随烷烃的相对分子质量增大而加快。例如，在相同的反应条件下，正壬烷的环化脱氢反应速率是正庚烷的1.5倍。

(4) 异构化反应

在催化重整条件下，各种烃类都能发生异构化反应，其中最有意义的是五元环烷烃异构化生成六元环烷烃和正构烷烃的异构化反应。

正构烷烃异构化可提高汽油的辛烷值。同时，异构烷烃比正构烷烃更易于进行环化脱氢反应，故正构烷烃异构化也间接地有利于生成芳烃。

正构烷烃的异构化反应是轻度放热的可逆反应。低温有利于提高平衡转化率，但低温时异构化反应速率较慢，反应难以达到平衡。所以，实际上采用较高温度时异构化的产率反而会增加，这是由于反应实际上并未达到化学平衡，但提高反应温度加快了异构化反应速率。温度过高时，由于加氢裂化反应加剧，异构物的产率又下降。反应压力和氢油比对异构化反应的影响不大。

(5) 加氢裂化反应

加氢裂化反应是包括裂化、加氢和异构化的综合反应。它主要是按正碳离子机理进行的反应，因此，产物中$<C_3$的小分子很少。加氢裂化反应生成较小的烃分子和较多的异构物，

因而有利于辛烷值的提高。但是，由于也同时生成<C_5 的小分子烃而使汽油产率下降。

在加氢裂化反应中，各类烃的反应有：烷烃加氢裂化生成小分子烷烃和异构烷烃；环烷烃加氢裂化而断环，生成异构烷烃；芳烃的苯核较稳定，加氢裂化时主要是侧链断裂，生成苯和较小分子的烷烃；含硫、氮、氧的非烃化合物在加氢裂化时生成氨、硫化氢、水和相应的烃分子。

加氢裂化是中等程度的放热反应，可以认为加氢裂化反应是不可逆反应，因此，一般不考虑化学平衡问题而只研究它的动力学问题。反应压力高有利于加氢裂化反应的进行。加氢裂化反应速率较低，其反应结果一般在最后的一个反应器中才明显地表现出来。

以上分析的各类烃重整反应速率是有差别的，表 3-8 给出了各类烃的相对反应速率。

表 3-8　各种烃的相对反应速率①

化学反应类型	C_6 和 C_7 碳氢化合物					
	直链烷烃		烷基环戊烷		烷基环己烷	
	C_6	C_7	C_6	C_7	C_6	C_7
烷烃异构化	10	13	—	—	—	—
环烷异构化	—	—	10	13	—	—
环化脱氢	1.0②	4.0	—	—	—	—
加氢裂化	3.0	4.0	—	—	—	—
开环	—	—	5	3	—	—
脱氢作用	—	—	—	—	100	120

① 试验原料为纯组分，铂催化剂，压力 0.5~2.1MPa，温度 450~550℃，氢油比 5~7。

② 以此项为标准。

由表 3-8 可以看出，六元直链烷烃的环化脱氢反应速率仅为加氢裂化速率的 1/3；六元环戊烷的异构化比开环快 1 倍；七元烷基环戊烷异构化是开环的 4 倍；反应速率最快的是七元环已烷，它的脱氢反应速率是基准反应(六元烷烃环化脱氢)的 120 倍。也就是说，烷烃生成芳烃的相对反应速率是很低的，烷基环戊烷比烷烃高，只有烷基环己烷，不仅反应速率快，而且几乎定量地可转化为芳烃。为了使烷烃更多地转化为芳烃，关键在于提高烷烃的环化脱氢反应速率。提高反应温度和降低反应压力有利于烷烃转化为芳烃，但是，催化剂上积炭速率加快，生产周期缩短。工业过程中广泛采用比铂催化剂有更好选择性的铂铼等双金属和多金属催化剂，使许多反应的速率加快，大大地提高了芳烃的产率。

(6) 生焦反应

重整过程中的生焦反应机理目前研究的还不是很充分。一般来讲，生焦倾向的大小同原料的分子大小及结构有关，馏分越重、含烯烃越多的原料通常也容易生焦。有的研究者认为，在铂催化剂上的生焦反应，第一步是生成单环双烯和双环多烯；有的认为烷基环戊烷脱氢生成的环戊烯和烷基环戊二烯是生焦的中间物料。

3.2.4　重整反应过程的影响因素

对于催化重整过程，除了催化剂的性能以外，主要的影响因素有温度、压力、空速和氢油比。

(1) 反应温度

反应温度是影响重整反应速率最主要的因素。在催化重整过程中，几乎所有的主要反应都是吸热反应，从热力学平衡观点上考虑，提高反应温度可加快反应速率，增加反应深度，提高重整转化率及产品辛烷值，有利于提高产率。但提高反应温度受到以下几个因素的限制：①提高反应温度会使加氢裂化反应加剧、液体产物收率下降、气体量上升，氢纯度下降等，还使催化剂上的积炭速率加快，引起催化剂加速失活。特别是当反应温度超过适宜温度后，不希望发生的副反应加剧。②催化剂的稳定性，包括热稳定性和容炭能力。③设备材质和性能等。在选择反应温度时应综合考虑各方面的因素，通常重整的反应温度范围是480～549℃。

重整反应器一般是3～4个串联，而且催化剂床层的温度是变化的，所以，常用加权平均温度来表示反应温度。加权平均温度又分为加权平均进口温度(WAIT)和加权平均床层温度(WABT)两种。详细计算公式见“第九章”。

(2) 反应压力

反应压力是重整反应过程的主要工艺参数之一，影响产品收率、反应温度及催化剂性能。在低压操作条件下，生成芳烃的转化率高，氢产率也高，加氢裂化反应的转化率降低，特别是它能够提高液体产品收率和芳烃产率(即：对芳烃选择性有利)。可是在低压下也有不利的影响，催化剂易于积炭失活，影响催化剂的性能，催化剂运转周期缩短。因此，欲实现低压操作，必须选择稳定性好或容炭能力强的催化剂。另外，压力降低还会引起循环压缩机动力消耗增加。

如何选择最适宜的反应压力，还要考虑到原料的性质和催化剂的性能。例如，高烷烃原料比高环烷烃原料容易生焦，重馏分也容易生焦，对这类易生焦的原料通常要采用较高的反应压力。催化剂的容焦能力大、稳定性好，则可以采用较低的反应压力。例如，铂铼等双金属及多金属催化剂有较高的稳定性和容焦能力，可以采用较低的反应压力，既能提高芳烃转化率，又能维持较长的操作周期。半再生铂铼重整一般采用1.8MPa左右的反应压力，连续再生重整装置的压力可低至约0.8MPa，新一代的连续再生式重整装置的压力已降低到0.35MPa。

需要指出的是重整装置中各反应器的压力是不同的。在现代重整装置中，最后一个反应器中的催化剂通常占整个催化剂装填量的50%。所以，通常选用最后一个反应器入口压力为反应压力。

(3) 空速

单位时间进入反应器的原料油量与反应器催化剂藏量之比叫空间速度，简称空速。空速单位是h^{-1}。空速可分为体积空速、质量空速。一般情况下常用体积空速表示。

空速的大小标志着装置处理量的大小及油料在催化剂上接触时间的长短。对一定的反应器，空速越大处理能力也越大。反应空速减小，反应物流(油料)在催化剂上的停留时间会变长。由于各个反应速度是不同的，因此，反应时间对各类反应的影响也不同。如六元环烷烃脱氢反应速度很高，比较容易达到化学平衡，对这类反应来说，延长反应时间意义不大。但是，对反应速度慢的加氢裂化和烷烃环化脱氢反应，则延长反应时间会有较大的影响。空速和反应温度在一定程度上是可以互相补偿的两个参数，但二者对各类反应的作用是不同的。空速高脱氢反应进行不完全，重整转化率低，结焦速度下降，产品收率增加，辛烷值下降。空速低有利于芳构化反应，但加氢裂化反应加剧，液收率下降，并降低了装置处理量。为保证辛烷值及一定的转化率，可提高反应温度进行补偿。但空速的提高要受到催化剂活性的限制，只能适当的提高。

选择空速时还应考虑到原料的性质，对环烷基原料可以采用较高的空速，而对烷基原料则用较低的空速。

目前重整装置采用的空速一般为1.5~2h^{-1}。

(4) 氢油比(H_2/HC)

氢油比(H_2/HC)是指标准状态(273K、101.3kPa)时循环氢量与重整原料油量之比。通常以氢油摩尔比和氢油体积比两种方法表示。

氢油摩尔比：进入重整反应器循环氢的摩尔流率(kmol/h)与重整原料油摩尔流率(kmol/h)之比。

氢油体积比：进入重整反应器循环氢的体积流率(Nm^3/h)与重整原料油的体积流率(m^3/h)之比。计算氢油体积比时，需要将工作状况下循环氢的体积转化为标准状况下的体积。

在催化重整中，使用循环氢的目的是抑制生焦反应、保护催化剂；同时也起到热载体的作用，减小反应床层的温降，提高反应器内的平均温度；此外，还可以稀释原料，使原料更均匀地分布于床层。

在总压不变时，提高氢油比意味着提高氢分压，有利于抑制催化剂上积炭，对保护催化剂有利。但氢油比过大不利于脱氢反应(环烷烃的脱氢反应及烷烃的脱氢环化反应)，并且增加循环压缩机的负荷，增加能耗，还会由于减少了反应时间而降低了转化率。因此，氢油比不宜过大。如果氢油比过低会大大加快重整催化剂的生焦速度。故保持适宜的氢油比是重整运行的关键。氢油比可以通过调节重整循环氢量的大小来调节。

由此可见，对于稳定性高的催化剂和生焦倾向小的原料，可以采用较低的氢油比操作，以降低循环氢压缩机功率，节省能耗；反之，采用较高的氢油比操作，以保证一定的操作周期。

半再生重整工艺氢油摩尔比一般为5~8；连续重整工艺由于在运行过程中，催化剂上的积炭能及时烧掉，因此，氢油摩尔比可以小一些，一般为1.5~2。

综合以上讨论的内容，可以将各类反应的特点和各种因素的影响简要地归纳为表3-9。在实际生产中，情况是复杂多变的，必须辩证地把上述的基本规律性与具体情况的分析相结合考虑如何选择适宜的操作条件。

表3-9 催化重整中各类反应的特点和操作因素的影响

反应		六元环烷脱氢	五元环烷异构脱氢	烷烃环化脱氢	异构化	加氢裂化
反应特性	热效应	吸热	吸热	吸热	放热	放热
	反应热/(kJ/kg)	2000~2300	2000~2300	~2500	很小	~840
	反应速度	最快	很快	慢	快	慢
	控制因素	化学平衡	化学平衡或反应速度	反应速度	反应速度	反应速度
对产品产率的影响	芳烃	增加	增加	增加	影响不大	减少
	液体产品	稍减	稍减	稍减	影响不大	减少
	C_1~C_4气体	—	—	—	—	增加
	氢气	增加	增加	增加	无关	减少
对重整汽油性质的影响	辛烷值	增大	增大	增大	增大	增大
	密度	增大	增大	增大	稍增	减小
	蒸气压	降低	降低	降低	稍增	增大
操作因素增大时产生的影响	温度	促进	促进	促进	促进	促进
	压力	抑制	抑制	抑制	无关	促进
	空速	影响不大	影响不很大	抑制	抑制	抑制
	氢油比	影响不大	影响不大	影响不大	无关	促进

3.3 催化重整催化剂的再生

失活催化剂活性恢复的过程称为催化剂再生。重整催化剂经长期运转后，活性逐渐下降，积炭失活是其中原因之一；此外，还有催化剂活性金属的烧结失活和酸性组分氯的流失等。为了使失活催化剂的活性得以恢复，需对催化剂进行烧焦、氯化更新、还原及硫化等再生处理。

3.3.1 重整催化剂再生过程的化学反应

无论是半再生式重整装置，还是连续再生式重整装置，再生过程的化学反应是相同的。

3.3.1.1 重整催化剂的烧焦

重整催化剂的烧焦过程就是用含氧气的氮气烧去催化剂上的积炭的过程。与加氢催化剂的烧焦不同，重整催化剂的烧焦不能用蒸汽作载气，而应该用氮气。这是因为重整催化剂怕水，若用水蒸气处理重整催化剂不仅会使铂晶粒凝聚，而且会使载体 Al_2O_3 结构老化，不但不能恢复其活性，甚至会导致催化剂永久失活。

积炭的催化剂如同焦炭一样呈黑色或褐灰色。烧焦时，原来的黑色焦炭发生了化学反应，固态、黑色的炭变成了无色气态的二氧化碳，脱离了催化剂表面。

$$\text{C(黑色的固体焦炭)}+O_2 \longrightarrow CO_2\uparrow$$

这就是通常的燃烧过程的基本反应，每千克焦炭在燃烧时，将放出 396kJ 的热量。若空气量不足，将发生不完全燃烧：

$$2C+O_2 \longrightarrow 2CO\uparrow$$

显然无论是生成 CO_2 还是 CO，它们都是气体，结果是催化剂上黑色固体粒子变成气体的 CO_2 或 CO，催化剂由黑变白。

在烧焦过程中，系统残存的油和催化剂中含有少量的氢，在氧化的条件下，氢燃烧生成水：

$$2H_2+O_2 \longrightarrow 2H_2O$$

在烧焦过程中，氧化反应即使不发生在金属中心上，甚至反应进行的很缓慢，仍然会有过热超温的危险，这种危险不仅来自焦炭的燃烧热，而且更主要的是来自不完全氧化产生的 CO，CO 在金属铂原子上继续氧化为 CO_2 时，过程放出的热量在 500℃时为 283kJ 或更多。

$$CO+\frac{1}{2}O_2 \longrightarrow CO_2\uparrow$$

在 500℃时，铂的热容量为 29J/mol，二氧化碳为 51.4 kJ/mol。如果由 10 个铂原子组成的铂簇丛，所有的铂原子温度和二氧化碳分子相同，当铂簇丛附近有一个一氧化碳分子转化成二氧化碳时，那么温升可达 823℃，而这个铂簇丛若由 400 个铂原子组成，那么温升则降为 24℃。这么多的热量，如果由载体传递出去，大约需要千分之一秒，而一氧化碳转化为二氧化碳的反应速度，比它快 10 倍。因此，在很短的时期内，铂簇丛处于相当高的温度，这就是“超温”和金属凝聚的根本原因。

计算表明，如果烧去催化剂 1%的积炭时，每克催化剂就有 830μmol 原子碳。已知催化剂(含 0.6%铂)中每克有 25μmol 铂原子(即碳与铂的原子比为 33)。在烧焦时，如果不把反应热及时带走，整个床层温升可达 300℃以上。即使是瞬间高温，也会使铂晶粒凝聚，使铂晶粒长大，如果铂晶粒长大到 7nm，就会使重整产率下降。而烧焦时，由于燃烧过程控制不好，局部超温使铂晶粒很容易凝聚长大到10nm。

烧焦过程是大量放热的化学反应，很容易超温。因此，在操作过程中必须严格控制注氧速度和系统的含氧量。

3.3.1.2 催化剂的氧氯化

氯化就是在再生催化剂烧焦结束后，为了弥补催化剂失氯，向停止补氧的再生系统补入适量的氯。氯化的作用除补充催化剂失掉的氯外，还有另外一个重要作用，这就是能够使长大了的铂晶粒重新分散，提高铂的分散度，使催化剂更好地恢复其活性。氯化时采用含氯的有机化合物，工业上一般选用二氯乙烷。

氯化完成后还应进行氧化更新，其作用是：更新氧化铂的表面，阻滞铂晶粒的凝聚，保持铂的表面积和活性，并保证氯和催化剂在活性状态下结合。

3.3.1.3 催化剂的干燥

因烧焦过程产生水，因此，在催化剂氧氯化之后，用高温干空气干燥催化剂，从而保证再生后的催化剂干燥无水。

3.3.1.4 催化剂的还原

催化重整过程所用的新鲜催化剂及经再生的催化剂中的金属活性组分都处于氧化状态，氧化态的铂铼等金属在反应时没有催化作用，必须先将其还原成金属状态才具有良好的活性。

以铂铼重整催化剂为例，催化剂的还原过程是在480℃左右及氢气存在下进行，其化学反应式如下：

$$PtO_2+2H_2 \longrightarrow Pt+2H_2O$$

$$Re_2O_7+7H_2 \longrightarrow 2Re+7H_2O$$

催化剂氢还原过程的实质，就是一种还原反应。通常重整氢气、制氢氢气、电解氢可以作为重整催化剂的还原介质。

催化剂还原主要受还原温度、系统氢分压和水的分压影响。适宜的反应温度、较高的氢分压和低的含水量有利于还原过程的顺利进行。

还原好的催化剂，铂晶粒小，金属表面积大，而且分散均匀，有良好的活性。还原时必须很好地控制还原气中的水和烃，因为水会使铂晶长大和载体比表面积减少；烃类(C_2以上)在还原时会发生氢解反应，所产生的积炭覆盖在催化剂的金属表面，影响催化剂的性能，同时氢解反应所产生的甲烷，还会使还原氢的浓度大大下降，不利于还原。此外，还要控制氢气中的一氧化碳和二氧化碳含量，以防止其与铂生成羰基铂。

3.3.1.5 催化剂预硫化

铂铼催化剂和某些多金属催化剂在刚开始进油时可能会表现出强烈的氢解性能和深度脱氢性能，前者导致催化剂床层产生剧烈的温升，严重时可能损坏催化剂和反应器；后者导致催化剂迅速积炭，使其活性、选择性和稳定性变差。因此，在进原料油以前须进行预硫化以抑制其氢解活性和深度脱氢活性。铂锡催化剂不需预硫化，因为锡能起到与硫相当的抑制作用。

催化剂硫化时使用二甲基二硫醚或二甲基硫醚等硫化剂。

3.3.2 重整催化剂再生过程的影响因素

催化重整工艺类型不同，其催化剂再生过程的影响因素有所不同。

3.3.2.1 固定床半再生过程的影响因素

固定床半再生过程的影响因素主要有：烧焦压力、烧焦温度、系统氧含量和还原氢质量等。

(1) 烧焦压力和气体循环量

通常提高烧焦压力，可提高烧焦反应的速度，但提高烧焦压力时往往受到设备(如空气压缩机)限制，不易实现。因此，过去大多采用低压再生法。但烧焦压力过低，会导致气体循环量下降，循环气量降低对烧焦过程很不利，一方面循环气量低，在控制一定含氧量的情况下，系统中总的氧含量将要减少，导致烧焦速度低，延长烧焦时间；另一方面，循环气量的降低导致流过催化剂床层的流速下降，结果烧焦过程产生的热量不易带出，热量在床层积聚使床层温升扩大。为保证床层不超温，只有降低再生温度和降低氧含量，而这更延长了总的再生时间。为了改变此状况，国内外开发了高压、高循环气量的再生方法。

(2) 烧焦温度

烧焦过程中温度控制十分重要，因为床层温度加上反应温升，很容易达到极限温度而烧毁催化剂。通常，床层入口温度不宜高于450℃。

(3) 系统氧含量

系统氧含量不仅是控制再生温度的关键参数，而且也是控制催化剂烧焦速度的重要参数。催化剂上的焦炭在燃烧过程，焦炭中氢的氧化速度快于碳，并且碳是主要成分，因而人们常以碳的燃烧动力学表示催化剂上焦炭的燃烧速率。氧含量越高，烧焦速度就越快。当反应器脱油后，通入空气烧焦时，再生气体中的氧含量每增加0.1%，床层温度(最高点)增加10℃左右。从烧焦反应动力学来看，床层最大温升主要是由系统氧含量来控制的。

(4) 还原氢质量要求

还原氢质量要求是指在催化剂的还原过程中，对系统中氢纯度的要求。

实践表明，还原氢的纯度对催化剂的还原效果影响极大。还原氢中的任何杂质(如CO、H_2O等)对催化剂的活性都有很大的危害。据文献报道，用含水及含C_2以上烃类的氢气还原铂铼/氧化铝重整催化剂，降低了芳构化活性、选择性和稳定性。因此，关于催化剂还原时所用氢气的纯度，历来工业上都有很高的要求。

① 还原氢的种类及其特点。工业用还原氢主要有电解氢、重整氢、制氢装置氢、粗石脑油制氢等。

a. 电解氢：从还原机理来看，高纯电解氢是最理想的氢源，但其存在购买、储存等不便问题。

b. 重整氢：重整氢含有烃类，会引起催化剂很快结焦，对还原不利。但是，重整氢来源方便(装置自产)，同时含水极低(<100μg/g)且不含O_2。国内多数装置使用重整氢还原。为了减少重整氢中的烃含量，可采取如下措施，一是提高储氢时的纯度，一般要求≥93%；二是采取用活性炭吸附烃类。

c. 炼油厂制氢装置氢：这种氢源氢纯度较高，但是碳化物含量较高，水含量也很高。使用时要控制$CO+CO_2$含量<20μg/g，并且脱水。

d. 粗石脑油制氢：其杂质含量比重整氢还少，且不含碳氧化物。该技术投资少，操作简便，不需设置储氢瓶和装瓶机。不足之处：一是制氢反应器一年只用几天，二是装置无备用氢。

② 还原氢中的杂质及其危害。还原氢中的杂质主要有烃类、水、氧、一氧化碳及二氧

化碳等。

a. 烃类。烃类在氢还原气氛下会产生氢解反应，使还原过程氢纯度下降，严重时下降10%~20%，降低了还原反应速率；氢解反应中所生成的积炭会覆盖在催化剂表面或孔内金属活性中心上，使催化剂活性下降；与此同时，氢解反应还会放出大量的热，导致部分金属颗粒被烧结，造成催化剂晶粒长大，也会降低催化剂活性。

b. 水。水是重整催化剂还原过程的一大危害，它将使催化剂的选择性变坏。研究结果表明，当还原系统含水量为10~500μg/g时，正庚烷在CB-7催化剂上转化成甲苯的选择性和C_5^+液收选择性，随水含量的增加而下降，水含量≥500μg/g时，两者均下降6%。

系统中的水来自于以下几方面：还原过程中金属氧化物生成的还原水；催化剂干燥后残存水；氮气置换时带入的水；补充氢带入的水；系统中残余氧、烃反应生成的水等。

高温、高氧干燥和快速置换可最大限度地减少还原系统中的水含量。

c. 氧。在一定的温度条件下，还原系统的氧和氢反应将会生成水($O_2+2H_2 \rightarrow 2H_2O$)。

若系统中存在烃，在一定条件下，氧与烃反应亦生成水。

氧的存在造成还原系统含水量增加，降低催化剂选择性及活性。

d. 一氧化碳及二氧化碳的危害。在还原条件下，一氧化碳与铂和氯能够生成羰基铂氯化合物(Pt·CO·Cl)使金属铂失去活性。二氧化碳在还原条件下可转化成一氧化碳。

重整氢或从轻油制氢来的氢气中可能带入少量的一氧化碳、二氧化碳。

③ 还原氢质量要求。表3-10是一些国内、外典型重整催化剂对还原用氢的要求。

表3-10 典型重整催化剂还原用氢的要求

项目	UOP(美国)	Engelhard(美国)	IFP(法国)	IFP	北京石油化工科学研究院
催化剂	R=22 R-30	E-601	R-201	RG-451	Pt-Re
H_2纯度/%(体积)	99.5	99.5	>95	≥98	>94
杂质					
$CO+CO_2$/(μg/g)	≤20	≤20	<30	≤20	≤20
CO/(μg/g)	≤10	≤10	≤10	<10	<10
N_2/%(体积)	0.05	0.05			
C_2^+烃/%		<0.5			<0.5
H_2S/(μg/g)			<1	<1	≤1
H_2O/(μg/g)			<5	<10	≤30
O_2/(μg/g)			<20		
备注	余量 电解氢	余量 电解氢			

3.3.2.2 移动床连续再生过程的影响因素

对于移动床连续再生过程来说，由于催化剂处于流动状态，因此，除固定床半再生过程的影响因素对它同样起作用外，其还受如下因素影响：

(1) 催化剂的循环速率

连续重整催化剂再生技术的关键控制就是如何控制催化剂的循环速率。UOP公司和IFP公司以及国内组合床重整工艺，都采用闭锁料斗作为重整催化剂循环速率的控制手段。

在烧焦过程中，催化剂的循环速率随催化剂积炭量升高而减慢。除此之外，催化剂的循环速率还与烧焦区入口氧含量和到该区的气体流速有关，特别是要求催化剂的循环速率要与催化剂烧焦率相平衡。

最大可允许催化剂循环速率由燃烧区氧含量、待生催化剂焦炭含量及燃烧气体(再生气体)流率决定。为保证烧炭在烧焦区基本完成，每个再生装置都要建立操作曲线，并严格遵守这一曲线指导操作。催化剂循环速率不应超过设计值的100%。

(2) 烧焦区氧含量

对于连续重整，催化剂在再生器中为密相输送，装置正常运行时，再生器烧焦量是由反应系统的生焦量来决定的，一般再生器的再生气循环量和催化剂循环量不改变，保持在设定值，这样催化剂既保持平稳输送以减少催化剂破损量，同时使进入再生器的焦量完全由待生催化剂的焦含量来决定。重整反应条件及进料量不变，待生催化剂的焦含量一定，待生催化剂在再生器烧焦区的烧焦程度由进入再生器烧焦区的氧含量来控制，一般氧含量控制在0.5%~0.8%(摩尔)。氧含量越高导致的再生温度越高，容易损坏烧焦区的催化剂和设备。氧含量过低会导致烧焦速度过慢、烧焦不彻底，而烧焦不彻底的催化剂(即含炭催化剂)进入氯化区后，会和高含氧量的氯化气体接触发生燃烧产生过高的氯化区温度，也会损坏催化剂。因此，烧焦期间再生气氧含量的控制是非常重要的，必须严格控制在规定范围，保证再生器的烧焦能力并且使烧焦条件尽量温和。在保证进入烧焦区的焦炭被完全燃烧的前提下，尽可能地降低再生循环气中的氧含量，以便能在尽量温和的条件下操作，避免高温，保护催化剂和再生设备。

(3) 进入烧焦区的循环气量

烧焦区适宜的循环气流量是保证烧焦过程正常燃烧的重要条件之一。从安全的角度规定烧焦区气体含氧量不大于1.3%(摩尔)。因此，循环气量降到设计值的80%，便不能保证正常的烧焦速度。影响循环气量的因素很多，其中之一是中心管筛网堵塞。在这种情况下，烧焦区循环气流量降低到设计值的80%是非常可能的。

进入烧焦区的循环气量可用下式计算：

$$Q=(21-Z)/(Y-Z)\times A_u$$

式中 Q——进入烧焦区的循环气量，m^3/h；

Y——测得的燃烧区进口氧浓度,%(mol)；

Z——测得的燃烧区出口氧浓度,%(mol)；

A_u——上部燃烧空气流量，Nm^3/h。

燃烧区出口气中氧含量，通常为点测量，可用监测管和氧气分析仪进行分析。

3.4 催化重整工艺

目前在工业上应用催化重整工艺主要有固定床、移动床和组合床等形式。其中，固定床重整工艺又分为固定床半再生式和固定床末反再生或循环再生式；移动床重整工艺又分为重叠式重整和并列式重整。

3.4.1 固定床重整工艺

(1) 固定床半再生重整工艺

固定床半再生重整是指当装置运转一定时间后，催化剂活性下降而不能继续使用时，需就地停工进行器内再生或异地再生，再生后重新开工运转。因此，称为固定床半再生式重整过程。其工艺流程如图3-1所示。

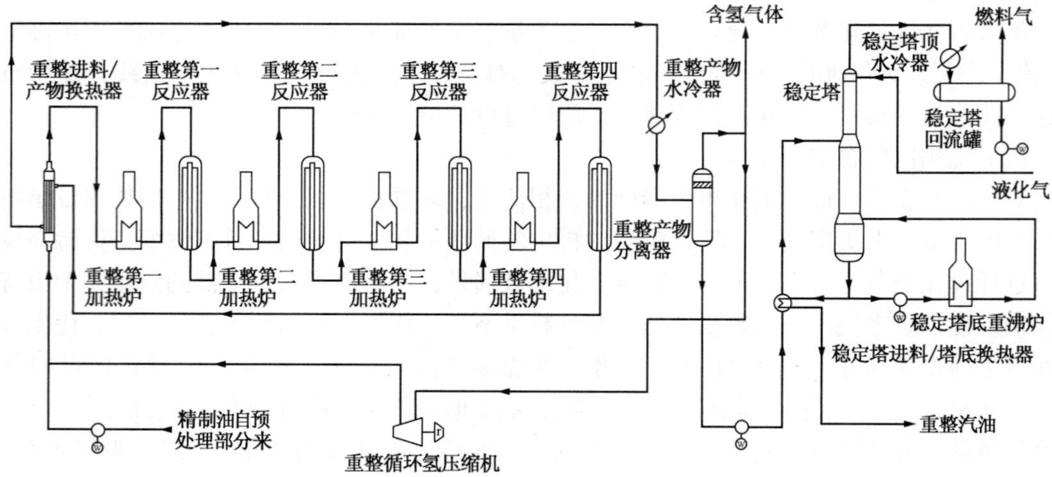

图 3-1　固定床半再生重整工艺流程

自预处理部分来的重整原料(精制石脑油)用泵送入装置，与循环氢混合后进入进料换热器中与反应产物换热。换热后的物料经过第一加热炉加热到反应温度后进入第一反应器，然后依次经过第二加热炉、第二反应器、第三加热炉、第三反应器、第四加热炉、第四反应器。

从第四反应器出来的反应产物在进料换热器中与进料换热，然后经冷却器冷却后进入气液分离罐。罐顶分出含氢气体，一部分作为循环氢，用压缩机压缩并与原料混合后返回反应器；另一部分作为副产氢气直接或经压缩后送出装置。为了回收副产氢气中的轻烃和提高氢气纯度，常常将压缩后的含氢气体与用泵加压后的气液分离罐底液体在较高压力下混合冷却，通过气液再接触，使气体中的轻烃溶于油中，达到新的平衡，然后再分离。

从气液分离罐分出的液体油品用泵抽出，直接或经再接触后送往稳定塔(或脱戊烷塔)。塔顶气体经冷凝冷却后进入回流罐，罐顶出燃料气，罐底出液化气(或戊烷油)，一部分作回流打入塔内，一部分作产品。塔底液体一部分用泵抽出，经重沸器加热后返塔内给塔底供应热量，其余部分与塔进料换热后再经冷却后作为重整汽油调合组分或抽提进料出装置。

固定床半再生重整过程的特点是：运转中的催化剂活性慢慢下降，欲保持所需的产品辛烷值或芳烃产率，则必须不断提高反应温度。到了运转末期，反应温度相当高，导致重整油收率下降，氢纯度降低，稳定气增加。该工艺反应系统比其他方式简单，运转、操作与维护比较方便，建设费用较低。因此，该方法目前应用最广泛。但其存在如下一些缺点：由于催化剂活性变化，要求不断变更运转条件(主要是反应温度)，而且停工再生影响其他相关加工过程的生产，装置开工率较低。由于催化剂活性和选择性在运转初期和末期不同，产品产率和质量不稳定，氢纯度也随活性下降而降低。近年来，随着双(多)金属催化剂活性和选择性的改进，催化剂能在苛刻条件下长期运转，因而充分发挥了它的优势。

(2) 麦格纳重整工艺*

麦格纳重整就是两段混氢式(或称分段混氢式)催化重整工艺，属于固定床半再生式重整，是美国 Engelhard 公司和 ARCO 公司共同研究发展的技术。其工艺流程如图 3-2 所示。

麦格纳重整一般采用 3~5 个反应器，催化剂装填量按反应器顺序递增；反应器入口温度前面高后面低；循环氢分成两路，一路从第一反应器进入，另一路从第三反应器进入。

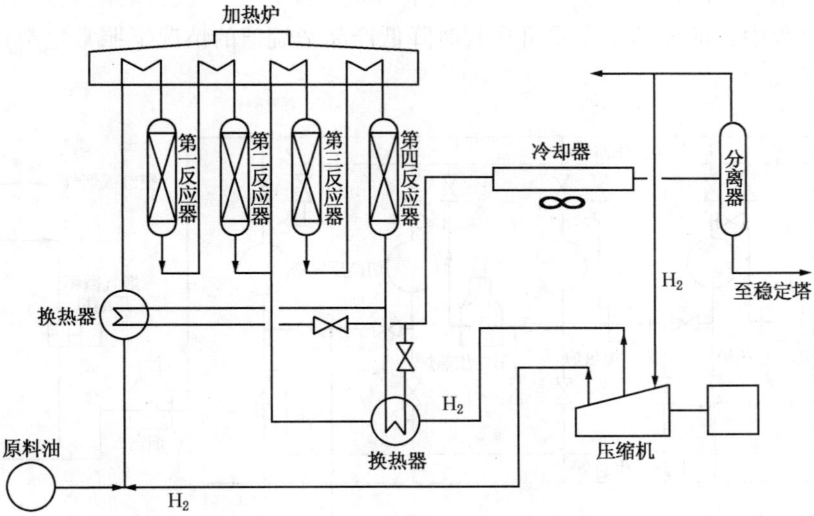

图 3-2　麦格纳重整工艺流程

麦格纳重整工艺的特点是按各重整反应的特点来控制反应器的操作条件。环烷烃脱氢的反应速度快，是在前面的反应器中进行的，故前面的反应器采用高空速、低温(反应温度为460~490℃)、低氢油比(摩尔比为2.5~3)操作，以抑制加氢裂化反应；烷烃的芳构化、异构化、加氢裂化的反应速度慢，主要是在后面的反应器中进行，故后面的反应器采用低空速、高温(反应温度为485~538℃)、高氢油比(摩尔比为5~10)操作，以利于烷烃脱氢环化反应，提高总的芳烃转化率，由于循环氢量大，可防止催化剂高温失活，从而延长运转周期。

麦格纳重整的 C_5^+ 液收比一般半再生式约高 2%，重整生成油研究法辛烷值可达 100 左右，操作周期一般为一年。由于循环氢分两股流出，循环氢压缩机采用中间抽出式，动力消耗较一般半再生式重整低约 20%。国内的固定床半再生重整装置多采用此种工艺流程。

(3) 循环再生重整工艺

循环再生重整工艺与半再生重整工艺不同之处是增加了一台轮换再生的备用反应器。任何一台重整反应器都可被切除系统再生，经再生后则可重新投入运转。某一台反应器再生时其他反应器照常生产，装置的进料速率不变。循环再生的周期根据原料性质和产品要求而变，以保持系统中的催化剂具有较好的活性和选择性，每台反应器使用的间隔时间从几天到一个月不等。由于催化剂可以经常轮流进行再生，不必顾及生焦对催化剂寿命的影响，故可在低压(小于1.5MPa，有的可到0.7MPa)、低氢油比(摩尔比小于5.0)条件下强化操作。其工艺流程如图 3-3 所示。

因为每一台反应器都要能单独切出系统，循环再生式重整的工艺流程比较复杂，管线和专用阀门较多，因而设备费用较大。循环重整适于处理能力较大、原料品质差以及需要高苛刻度操作生产高辛烷值产品的情况。

(4) 末反再生式重整工艺

末反再生是将半再生和循环再生相结合的一种新工艺。在重整装置的三台或四台反应器中，最后一台反应器(末反)中催化剂装填量占 50%以上。末反中主要进行烷烃脱氢环化反应，并伴有加氢裂化反应，因而产生积炭较快，使催化剂的活性和选择性下降。往往是末反催化剂已经失活了，而前面两台反应器尚具有相当高的活性。基于此特点，设想给最后一台反应器增设一个独立的再生系统，一般每三个月将末反再生一次，时间大约 1~2 天，末反进行再生的过程中，前面的反应器可在暂时降低产品辛烷值的情况下照常生产。其工艺流程如图 3-4 所示。

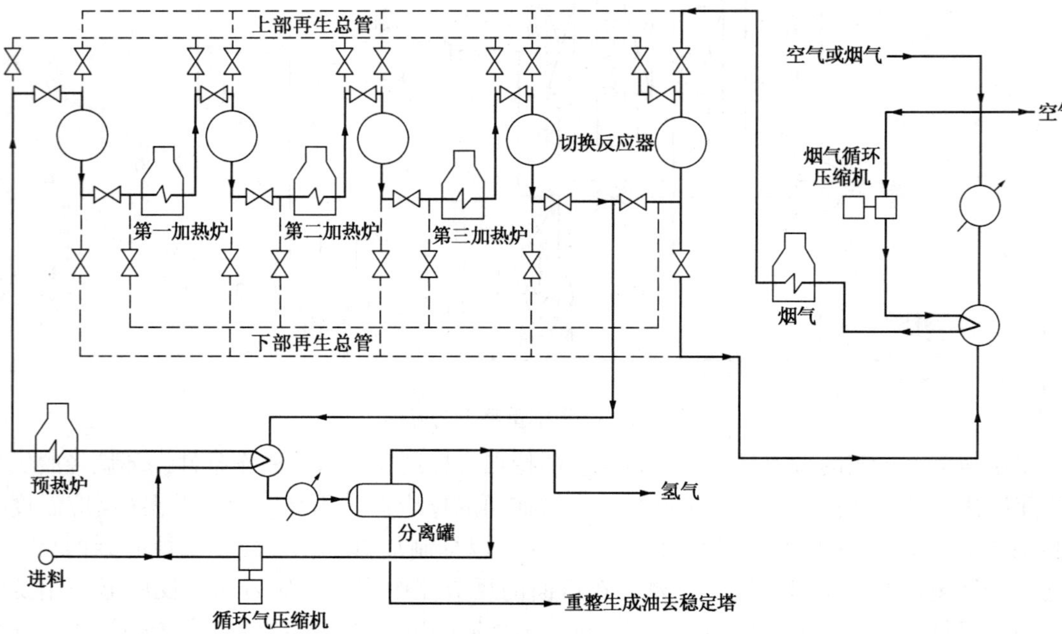

图 3-3　循环再生重整工艺流程

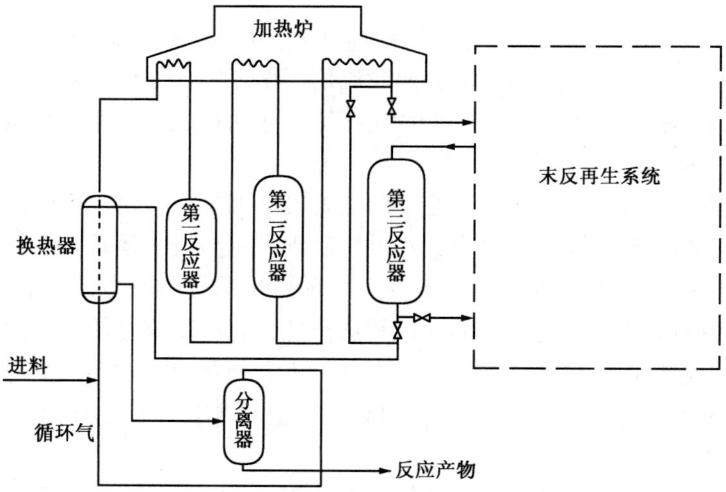

图 3-4　末反再生式重整工艺流程

末反再生工艺较循环再生的工艺流程简单，投资省，在一定程度上可达到循环再生的效果，因此，是一种较为简单而有效的新工艺。

(5) 两段重整工艺

工业重整装置上，各反应器催化剂所处的环境和条件(如温度、压力、氢油比等)是有差别的。第一反应器的反应压力稍高，平均反应温度较低，氢油比较小，并首先接触到进料带来的水、硫、氮、重金属等杂质。末反的反应压力最低，反应温度最高，空速最小(对单个反应器)。而各反应器中所进行的烃类反应亦不尽相同，反应前区(第一、二反应器)主要是环烷的脱氢反应，此类反应速度快，可用高空速，装入较少的催化剂即可满足反应的需要。而反应后区(第三、四反应器)，尤其是在末反中，主要进行的是烷烃的脱氢环化和加氢裂化反应，这类反应速率较慢，而且生焦速率较快。一般末反催化剂积炭量是一反的5~8倍。所以，固定床重整装置的操作周期的长短主要取决于最后一个反应器。

基于上述分析，将抗干扰能力强的催化剂装入反应前区，将稳定性更好的催化剂装入反应后区，使催化剂扬长避短。目前，半再生重整多采用催化剂两段装填及两段混氢技术。

半再生催化重整工艺与连续重整工艺相比，具有节省投资、设备简单、操作方便等优点。随着催化剂性能的提高和改进，半再生催化重整工艺对于规模较小的装置尤为适合。

3.4.2 连续重整工艺

连续重整工艺是20世纪70年代发展起来的，主要有美国UOP连续重整工艺和法国IFP(现归属AxeNS公司)连续重整工艺。

连续重整工艺是指催化剂连续再生的重整工艺。在连续重整工艺中除反应器外还有一个再生器。反应器为移动床，催化剂可在反应器与再生器之间连续移动。在正常操作条件下，反应后的催化剂送到再生器中进行再生，再生后的催化剂再送回反应器。由于能在接近新鲜催化剂的条件下进行操作，同时允许降低反应压力和提高操作苛刻度，因此，催化剂显示了最高的活性。重整生成油和氢气产率可达到最高，并且具有稳定的收率和较高的装置运转率。

由于连续重整工艺具有反应压力低、氢油比小、产品收率高、生产运转周期长、操作灵活性大、对原料油适应性强等特点，近年来发展很快。

(1) UOP连续重整工艺

重叠式移动床连续重整工艺是UOP公司的专利技术，所以，又称为UOP-CCR重整工艺。这种工艺是连续地从反应器中排出失活的催化剂，在再生器中连续进行再生后重新回到轴向重叠放置的顶部的第一反应器中。

使用现代双金属催化剂的移动床重叠式连续重整，可在低压下运转，并保持极高的活性，能生产质量稳定的高辛烷值汽油。

① 常压再生工艺(第一代UOP)。常压再生工艺重整工艺流程如图3-5所示。

连续重整第一、二、三、四反应器自上而下叠置排列，催化剂在再生器中进行再生，反应器和再生器靠输送催化剂管线连接。第三(四)反应器底部用过的催化剂被输送到再生部分，进入再生器的催化剂自上而下借重力移动，在再生器中进行烧焦、氯化更新、干燥，使催化剂再生，再生后的催化剂用氢气还原，还原后的催化剂进入第一至第三或第四反应器后，完成催化剂的循环移动。

为了保证催化剂在反应器和再生器之间安全输送，待生和再生催化剂各有一个闭锁料头，规定了一系列程序步骤，包括准备、吹扫、卸料、加压、装料等。

第一代UOP连续重整再生工艺中，再生催化剂的还原过程采用的是一段还原，再生压力为常压，催化剂还原区位于反应器顶部。催化剂再生循环周期大约为7天左右，反应压力为0.88MPa。

② 加压再生工艺(第二代UOP)。UOP第二代技术的流程与第一代UOP基本相同，但反应条件进一步苛刻化，提高了产品的收率，同时简化了催化剂再生系统。

与第一代UOP连续重整工艺相比，第二代UOP连续重整工艺具有如下基本特点：

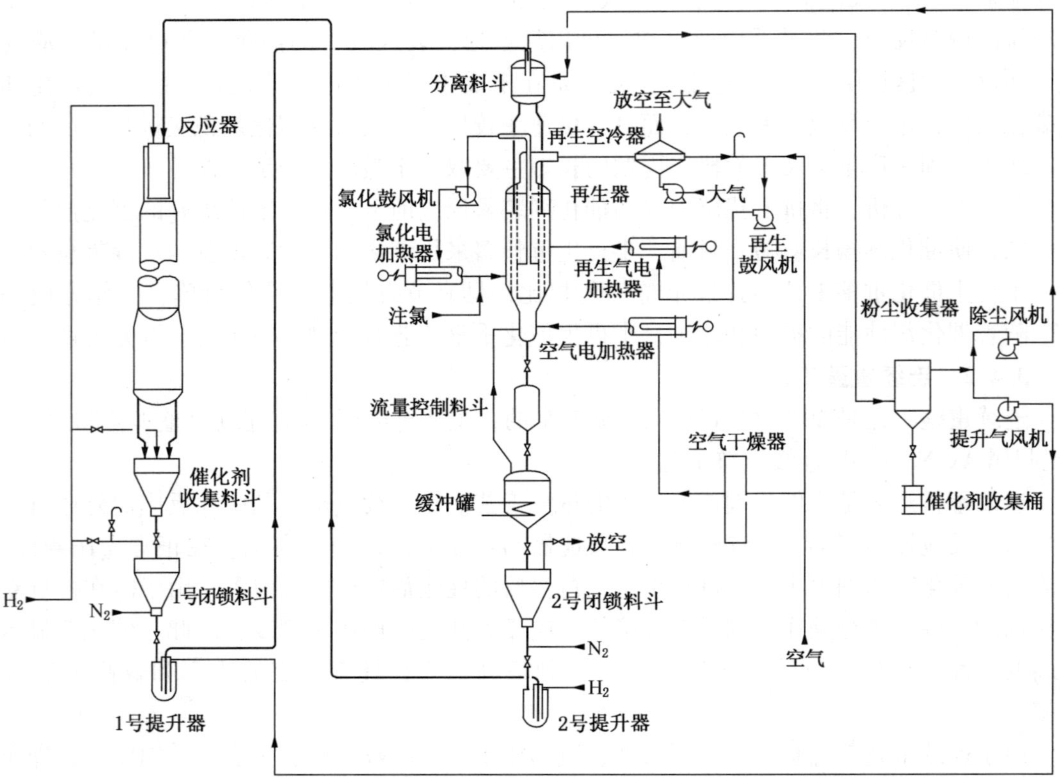

图 3-5　常压再生工艺流程

a. 采用上流式中心管反应器，使油气在催化剂床层分布更佳；

b. 采用新型焊板式换热器，减少了投资、占地及操作费用；

c. 采用了高效再生器，再生器的操作压力由常压提高到 0.25MPa，提高了催化剂再生能力，缩短了催化剂循环周期；

d. 反应系统采用低压操作(0.35 MPa)，有利于提高芳烃选择性和 C_5^+ 液体产品收率、氢产率及产品辛烷值；

e. 闭锁料斗改为分区变压控制，催化剂在管线上无阀操作，减少催化剂磨损和阀门的检修维护工作。

加压再生工艺见图 3-6 所示。

待生催化剂从反应器最下部出来，靠重力通过收集器到提升器，然后用氢气提升至再生器顶部的分离料斗中。催化剂在分离料斗内用氢气吹出其中粉尘，含粉尘的氢气经粉尘收集器和除尘风机返回分离料斗。

再生器从上到下分成烧焦、氯化和干燥三个区域。待生催化剂从分离料斗落入再生器后先在两个圆柱形筛网的环形空间进行烧焦。烧焦后催化剂依次进入挡板结构的氯化区和干燥区。用于氯化过程的气体为来自干燥区的空气，注入氯化物后通过氯化区催化剂床层。干燥区设在再生器最下部，干燥介质为经过干燥并经电加热器加热的热空气。

氧化态再生催化剂在再生器底部用氮气置换后，送至闭锁料斗上部的催化剂还原段进行还原，还原用高纯度的氢气。

还原后的再生催化剂落入闭锁料斗中，用专用控制系统按照自动程序操作，最后通过提

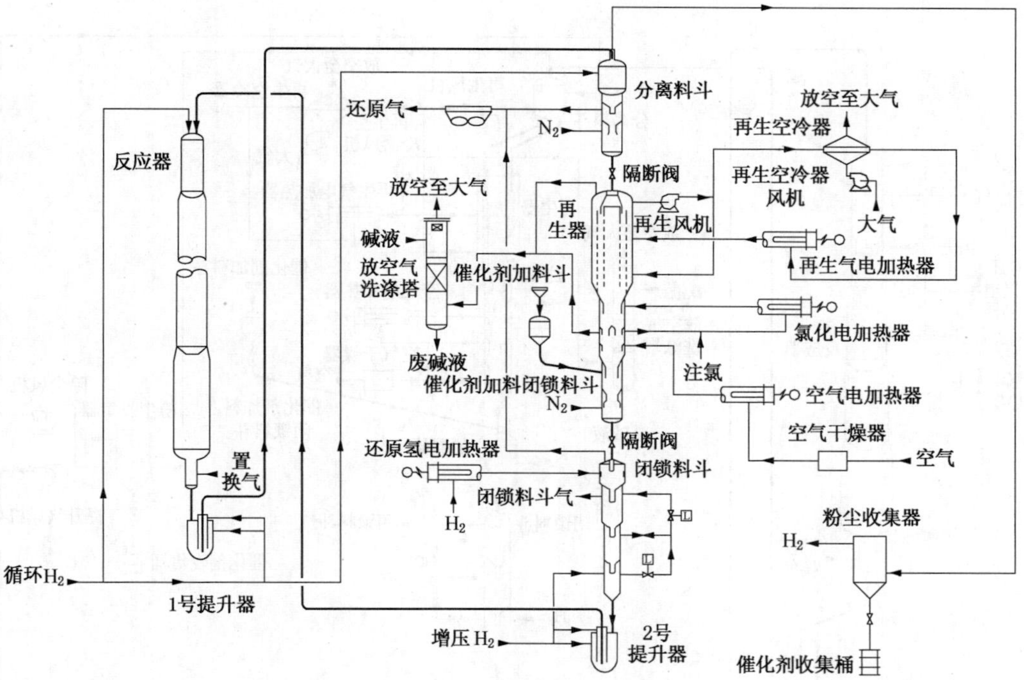

图 3-6　加压再生工艺流程

升器将再生催化剂送入第一个反应器。催化剂在重叠式反应器中，靠重力从第一个反应器落回到第四反应器，同时进行重整反应，从而构成一个催化剂循环回路。

③ Cycle Max 工艺(第三代 UOP)。第三代 UOP 连续重整工艺在催化剂再生流程和设备上进行了改进，其主要特点如下：

a. 再生器内采用锥形筛网，防止部分催化剂在高温高水分条件下停留时间过长，以增加催化剂的寿命；

b. 改进催化剂提升系统，有“L 阀”代替提升器，使用无冲击弯头，减少催化剂的磨损；

c. 催化剂在反应器顶部的还原罐内分两段在不同温度下还原，改善还原条件，从而有利于保持催化剂性能并可直接使用不用提纯的重整氢作还原气；

d. 增加一个加料斗，可以在不停工的条件下更换催化剂；

e. 待生催化剂用氮气输送，取消一个氮包，简化粉尘收集系统。

Cycle Max 工艺流程见图 3-7 所示。

Cycle Max 工艺的再生分成烧焦、再加热、氯化、干燥、冷却五个区。催化剂进入再生器后，先在上部两层筛网之间进行烧焦，烧焦用氧气由来自氯化区的气体供给，烧焦气氧含量为 0.5%~0.8%(体积)。烧焦后气体用再生风机抽出，经空冷器冷却(正常操作)或电加热器加热(开工期间)维持一定温度后返回再生器。

烧焦后的催化剂向下进入再加热区，与来自再生风机的一部分热烧焦气接触，其目的是提高进入氯化区催化剂的温度，同时保证使催化剂上所有的焦炭都烧尽。

催化剂从烧焦和再加热区向下进入同心挡板结构的氯化区进行氧化和分散金属，同时通入氯化物。然后再进入干燥区用热干燥气体进行干燥。热干燥气体来自再生器最下部的冷却区气体和经过干燥的仪表风，进入干燥区前先用电加热器加热。从干燥区出来的干燥空气，根据烧焦需要一部分进入氯化区，多余部分引出再生器。

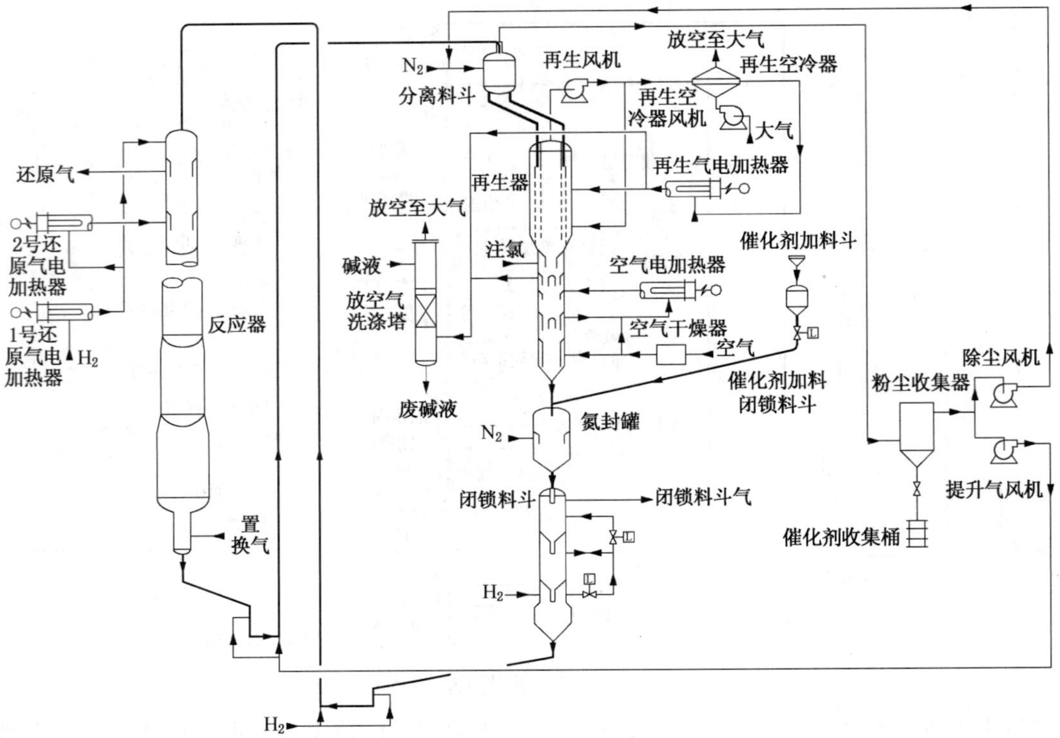

图 3-7　Cycle Max 工艺流程

催化剂从干燥区进入冷却区，用来自干燥器的空气进行冷却，其目的是降低下游输送设备的材质要求和有利于催化剂在接近等温条件下提升，同时可以预热一部分进入干燥区的空气。

干燥和冷却后的催化剂经过闭锁料斗提升到反应器上方的还原罐内进行还原。闭锁料斗分成分离、闭锁、缓冲三个区，按准备、加压、卸料、泄压、加料等五个步骤自动进行操作。还原罐上下分别通入经过电加热器加热到不同温度的重整氢气。还原气体由还原罐中段引出，还原后的催化剂进入第一反应器。

（2）IFP 连续重整工艺

并列式移动床连续重整工艺是 IFP 的专利技术，所以又称为 IFP-CCR 重整工艺。其工艺流程与重叠式移动床不同，它的反应器不是上下重叠，而是彼此并列，各反应器排列位置与传统半再生相似，原料油进入反应系统后的流动亦与半再生重整流程完全一样。但是它的催化剂处于流动状态，并设有专门的催化剂再生系统。

① 分批再生工艺(第一代 IFP)。分批再生工艺流程如图 3-8 所示。

反应器并列布置，各反应器底部均设有下部料斗及提升器。顶部设有上部料斗，催化剂依次从一反到二反至最后一个反应器都是通过气体输送进行的。从最后一个反应器底部出来的催化剂在提升器内用气体提升到再生器上缓冲料斗，定期通过阀门开关分批进入再生器。在再生器内催化剂依次经过烧焦、氯化和焙烧等几个工作阶段，再生后的催化剂放入下部缓冲料斗用氢还原，最后通过提升器送往第一反应器的顶上，吹出的细粉通过过滤器进行收集。催化剂再生与输送用计算机控制。

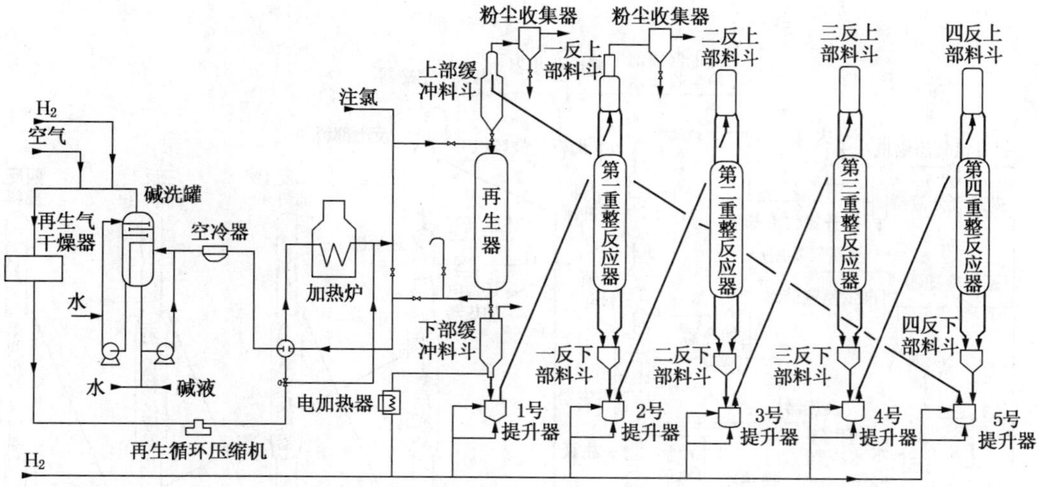

图 3-8　分批再生工艺流程

再生器、换热器、空冷器、碱洗罐、干燥器、压缩机及再生气加热炉等设备构成再生气循环回路。从再生器底出来的气体，经换热、冷却后进入碱洗罐，碱洗后经干燥器干燥，然后用压缩机压送。经换热和加热炉加热后返回再生器。

第一代 IFP 连续重整再生工艺中，为了保证再生催化剂的氯化效果，而在再生气回路中设置了注水系统。催化剂的提升气是氢气，催化剂再生器采用的是固定床反应器，催化剂再生是分批进行的，再生压力为 1.3MPa。反应器是并列式的径向反应器，操作压力为 0.8~1.0MPa，催化剂再生周期一般控制在 7~15 天。

② 连续再生 Regen B 工艺(第二代 IFP)。IFP 公司在第一代 IFP 的基础上进行改进形成比较成熟的连续再生 Regen B 工艺(第二代 IFP)。第二代 IFP(Regen B)连续重整与第一代 IFP 连续重整工艺相比，再生系统作了如下改进：再生催化剂和待生催化剂提升改用氮气提升；催化剂再生器采用了移动床再生器，再生器的结构是径向的；催化剂再生采用移动床分区连续进行烧焦、氧氯化、焙烧干燥；再生气改为两路去再生器的不同区，一路去烧焦段上部主燃烧区，第二路去再生器下部干燥培烧区，再生压力为 0.55MPa。

第二代 IFP 连续重整工艺的基本特点是：

a. 催化剂连续循环，循环量通过提升罐得到精确控制，催化剂颗粒流动平稳，磨损少，年消耗量相对降低；

b. 催化剂再生系统设计更合理，使操作费用和公用工程减少，环境污染减轻；

c. 反应系统受力小，器内催化剂床层薄，可完全消除“阻塞效应”；

d. 设专用氮气密封循环来提升再生段与反应段催化剂，并采用闭锁料斗，安全可靠；

e. 反应压力、氢油比降低，催化剂再生频率提高，使整个系统的总选择性较好；

f. 采用先进设备：板式换热器、低压降箱式加热炉。

Regen B 工艺流程见图 3-9 所示。

待生催化剂从最后一个反应器出来，用来自提升氮气压缩机的氮气提升到再生器上的上部缓冲料斗内，然后经过闭锁料斗进行再生。催化剂在第一区即一段烧焦区内将大部分焦炭烧掉，进入二段烧焦区，在更高的温度下将剩余的焦炭烧净，然后再依次通过氧化区和焙烧区。

再生气从再生压缩机出来分成两部分：主要的一部分经换热器和电加热器加热后为两段烧焦用；另一部分与空气混合，经换热器、电加热器加热后作焙烧气体，然后进入氧化氯化

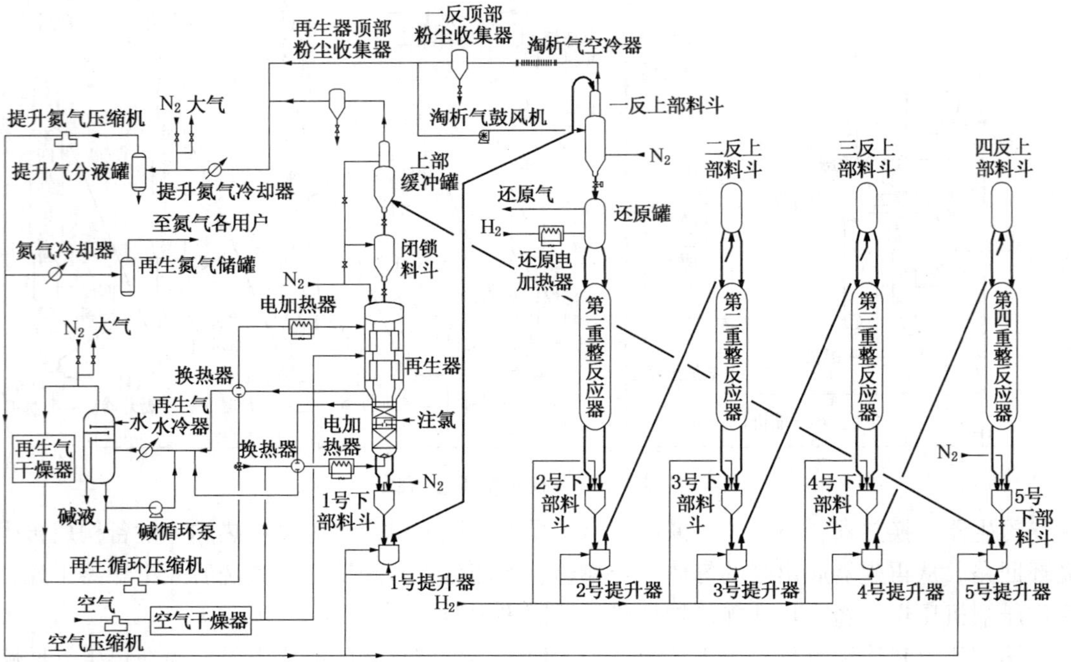

图 3-9　Regen B 工艺流程

区并注入氯化物。从再生器出来的上下两股气体混合后进入洗涤塔，进行碱洗和水洗。再生气通过压缩机循环，再生系统压力用洗涤塔顶放空气控制。

焙烧后的催化剂从再生器出来，在氮气环境下用压缩机送来的氮气提升到第一反应器上面的料斗，催化剂淘析粉尘用鼓风机和粉尘收集器分离回收。淘析粉尘后的催化剂进入还原罐用氢气还原。还原后的再生催化剂依次通过四个反应器进行反应。催化剂由前一个反应器到后一个反应器用氢气提升。

③ 连续再生 Regen C 工艺(第三代 IFP)。IFP 在完善连续再生 Regen B 工艺的基础上，又开发了 Regen C 催化剂连续再生工艺。将催化剂焙烧气由再生循环气改为空气，氧氯化气单独放空，并改变了再生器烧焦控制条件与方式。催化剂循环和再生都是自动操作，催化剂连续进入再生器后，按一定程序依次进行两段烧焦、氧氯化和焙烧。工艺流程如图 3-10 所示。

第三代 IFP(Regen C)与第二代 IFP(Regen B)连续重整再生工艺相比，具有以下优点：

a. 通过降低燃烧区的温度、湿度和时间的苛刻度延长催化剂的寿命；

b. 通过氧气和空气调节系统的改进，增加了烧焦操作的可靠性；

c. 通过优化氧氯化操作参数，使催化剂的性能更稳定；

d. 由于将烧焦和氧氯化气体回路分开，改进了再生器操作的灵活性；

e. 排出清洁气体，无需脱氯化物。

3.4.3　低压组合床重整工艺

低压组合床重整工艺(包括催化剂连续再生)是由石油化工科学研究院和洛阳石化工程公司共同开发的一种新的催化重整技术，即采用固定床半再生重整工艺和移动床连续重整工艺串联操作。

低压组合床重整工艺的特点是前部反应器采用固定床而后部反应器采用移动床。前部反

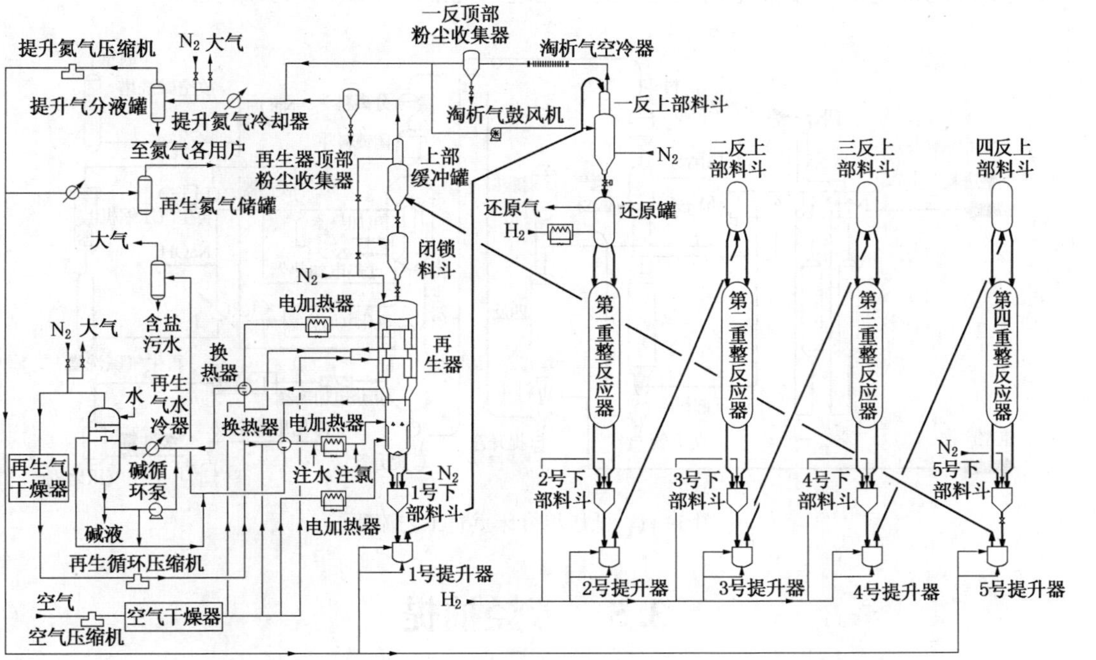

图 3-10 Regen C 工艺流程

应器(重整第一、二反应器)采用半再生固定床重整工艺，使用高活性、高稳定性的铂铼系列重整催化剂，主要进行环烷烃的脱氢反应；后部苛刻度较高的反应器(重整第三、四反应器)采用移动床连续重整工艺，使用新一代高选择性、高热稳定性的铂锡系列重整催化剂，主要进行烷烃脱氢环化反应。该技术可使重整反应压力降低、氢油比减小，有利于重整反应的进行并提高重整生成油和副产品氢气的产率。装置可在高苛刻度的条件下长周期运转，同时具有良好的操作灵活性。

低压组合床重整工艺采用自行开发的催化剂连续再生技术，其主要特点有：

① 再生器氯化区的含氯气体单独抽出进行碱洗脱氯，而不直接进入烧焦区，大大减少了再生器的氯腐蚀，因而降低了再生器的材质要求；

② 烧焦区循环气体经过换热冷却及干燥脱水后实现“干、冷”循环，即进入再生器的循环气含水量低，防止了催化剂的比表面积降低，保护了催化剂的周期活性；

③ 位于再生器上部的闭锁料斗、待生剂提升器及再生剂提升器均使用氮气介质，省去了庞大的氢氧隔离系统，并确保了再生系统的安全操作和催化剂连续输送。

低压组合床工艺在反应压力为0.6~0.9MPa、氢油摩尔比为3.0~4.5、质量空速为1.5~2.0h^{-1}条件下，与常规半再生工艺相比，产品收率提高3.0%以上，芳烃产率提高2%~3%，氢气产率提高0.3%~0.4%，运转周期达两年以上。

低压组合床重整工艺流程见图3-11所示。

再生气体从再生器烧焦区抽出，经换热及进一步冷却、碱洗后，进入干燥器进行干燥，然后再经加热后循环回到再生器烧焦区。氯化气体因含氯较高，将其从再生器氯化区抽出，与再生循环混合后碱洗。闭锁料斗布置在再生器的上方，设计为无阀输送，靠气流(气流由下往上流动，催化剂由上往下流动)产生的压力差来控制催化剂的流动，当气流停止时，催化剂的流动恢复。为配合闭锁料斗的设置，在再生器上部设置了缓冲区，用来缓冲从闭锁料斗批量下来的催化剂，使催化剂能完全连续地进入烧焦区、氯化区及焙烧区。

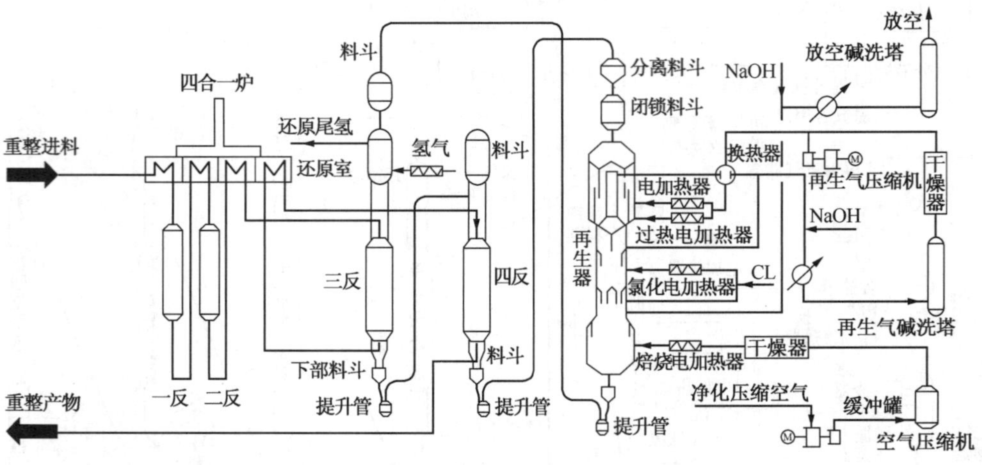

图 3-11　低压组合床重整工艺流程

3.5　芳烃抽提

重整生成油(芳烃抽提原料)是芳烃与非芳烃(烷烃、环烷烃和烯烃等)的混合物，为了要取得高纯度的芳烃，必须将芳烃从重整生成油中分离出来。由于重整生成油的组成复杂，相同碳原子数的芳烃与非芳烃的沸点相差很小(例如，苯的沸点为 80.1℃、2,2,3-三甲基丁烷的沸点为 80.88℃等)，而且有些组分还能形成共沸物，因此，采用一般的精馏方法达不到分离的目的。

从重整生成油中分离芳烃的方法主要有液-液抽提法(通常所说的芳烃抽提)、抽提蒸馏法、吸附分离法等，其中，液-液抽提法占有很大的比重。本书主要介绍液-液抽提法及抽提蒸馏法。

3.5.1　液-液抽提

3.5.1.1　液-液抽提基本原理

液-液抽提是炼油工业中一类重要的分离过程。

(1) 液-液抽提过程的特点

液-液抽提过程是一种物理分离过程，是用一种适当的溶剂处理液体混合物，利用混合液各组分在溶剂中具有不同溶解度的特性，使混合液中欲分离的组分溶解于溶剂中，从而达到与其他组分分离的目的。

液-液抽提过程有以下主要特点：

① 液-液抽提过程之所以能分离混合液的最基本的依据是混合液中各组分在溶剂中有不同的溶解度。因此，所选用的溶剂必须对混合液中欲抽提溶质有显著的溶解能力，而对其他组分则应当完全不互溶或仅有部分互溶能力。由此可见，选择合适的溶剂是液-液抽提过程的关键。

② 在操作条件下，溶剂和原料都应处于液相，而且两者在混合后能分成两个液相层，此两个液相层应具有一定的密度差以便进行分离。

③ 在抽提过程中，溶质由原料液通过界面向溶剂中转移。因此，抽提过程是以相际平

衡作为过程的极限。

④ 抽提过程中使用大量的溶剂，为了获得溶质和回收溶剂并将其循环使用以降低成本，所选用的溶剂应当容易回收而且费用较低。一般情况下，溶剂回收部分的投资和操作费用在整个液-液抽提过程中占有相当大的比例。

与蒸馏方法相比，一般情况下，抽提方法的操作费用要高些。因此，当蒸馏方法或抽提方法均可以考虑采用时，常常采用蒸馏方法。但是在某些情况下，也可能是采用抽提方法更为经济合理。如：需要分离的各组分的沸点很接近时，采用蒸馏方法需要的塔板数很多，设备费用很高。

（2）液-液抽提过程

液-液抽提过程是依据芳烃与非芳烃(烷烃和环烷烃)在溶剂(四甘醇、环丁砜等)中具有不同的溶解度，从而使芳烃和非芳烃得到分离的过程。在液-液抽提过程中，当溶剂与重整生成油在抽提塔接触时，溶剂对芳烃和非芳烃进行选择性溶解形成组分不同和密度不同的两个相。由于密度不同，使两相能在抽提塔内进行连续逆流接触。两相组分不同，一相是由溶剂和能溶于溶剂中的芳烃组成，为抽出相(又称为分散相、富溶剂)，另一相是非芳烃为主的抽余相(又称为连续相、非芳烃)。两相液层分离后，再用汽提的方法将溶剂和溶质(芳烃)分开，溶剂循环使用。

3.5.1.2 液-液抽提过程常用溶剂及化学药剂

前述，液-液抽提过程是依据烃类各组分在溶剂中的溶解度不同来达到分离芳烃和非芳烃的目的。因此，溶剂是液-液抽提的关键因素。除溶剂之外，还需要其他一些化学试剂以确保装置平稳运行。

（1）溶剂的性质

① 溶解及溶解度。溶解是一种物质(如芳烃，称为溶质)分散在另一种物质(如四甘醇，称为溶剂)中形成溶液的过程。溶解度是物质溶解能力大小的表示，其涵义：在一定温度和压力下，溶质在一定量(通常为100g)溶剂中所溶解的最高克数，即g溶质/100g溶剂。

各种烃类在溶剂中的溶解度是不同的。芳烃抽提工艺所用溶剂对于各种烃类的溶解度大小具有如下规律：

当沸点相近时，芳烃>环二烯烃>二烯烃>环烯烃>烯烃>环烷烃>烷烃；

对同种烃类来说，其溶解度随着沸点(或相对分子质量)的增大而降低，对芳烃而言，其溶解度的次序为：重芳烃<二甲苯<甲苯<苯。即低沸点的轻芳烃易回收，回收率高。

工业中应用的芳烃抽提溶剂溶解能力顺序依次为：*N*-甲基吡咯烷酮>*N*-甲酰基吗啉>四甘醇>环丁砜>二甲基亚砜>三甘醇。表3-11列出几种溶剂的溶解度。

表3-11　以苯表示的溶解度

溶剂名称	25℃	60℃	100℃	溶剂名称	25℃	60℃	100℃
N-甲基吡咯烷酮	1.06①	0.86	0.71	三甘醇	0.21	0.24	0.27①
环丁砜	0.42	0.41	0.40①	二甘醇	0.15	0.15	0.16①
二甲基亚砜	0.29①	0.44	0.48				

① 接近工业操作温度。

② 选择性。溶剂对不同类烃的溶解能力的差异，通常称为溶剂的选择性。对某种烃(如芳烃)溶解能力越强，就说这种溶剂对这种烃类(如芳烃)的选择性越好。

溶剂的选择性以选择性系数β来表示：

$$\beta=\frac{y_A/y_{NA}}{x_A/x_{NA}}=\frac{y_A}{x_A}/\frac{y_{NA}}{x_{NA}}$$

式中 y_A/y_{NA}——抽出物中芳烃(A)、非芳烃(NA)的浓度之比；

x_A/x_{NA}——抽余物中芳烃(A)、非芳烃(NA)的浓度之比。

由上式看出可以用β值来判断溶剂的选择性：a. $\beta=1$说明芳烃和非芳是不能用此种溶剂分离的；b. $\beta>1$时，说明溶剂对芳烃的溶解性强，而且β值越高说明溶剂的选择性越好。

对于抽提过程来说，溶剂的选择性具有重要意义，芳烃抽提所用溶剂通常必须具有较高的分类选择性和轻重选择性。

所谓分类选择性是指按烃类种类(如芳烃与非芳烃等)不同表明在溶剂中的选择性差异。溶剂对各种烃类的选择性顺序大致如下：

芳烃>烯烃>环烷烃>烷烃

所谓轻重选择性是指按分子大小不同表明在溶剂中的选择性差异。在同一族里，溶剂对碳原子数少的烃的选择性大于碳原子数多的烃类。溶剂对不同烃类的轻重选择性顺序为：

苯>甲苯>重质芳烃

轻质环烷烃或烯烃>重质环烷烃或烯烃

轻质烷烃>重质烷烃

工业中应用的芳烃抽提溶剂选择性的优劣顺序依次为：环丁砜>二甲基亚砜>N-甲酰基吗啉>四甘醇>三甘醇>N-甲基吡咯烷酮。

表3-12给出几种溶剂的选择性。

表3-12 几种溶剂的选择性

溶剂名称	25℃	60℃	100℃	溶剂名称	25℃	60℃	100℃
N-甲基吡咯烷酮	1.10	0.94	0.81	三甘醇	1.11	0.98	0.87
环丁砜	1.48	1.29	1.12	二甘醇	1.19	0.99	0.83
二甲基亚砜	1.34	1.11	0.90				

芳烃抽提生产过程中，希望溶剂有高选择性。显然，溶剂对芳烃的溶解能力与对非芳烃的溶解能力之间的差别越大，则溶剂的选择性越高，分离效果越好，所得芳烃产品的纯度越高。工业用溶剂以环丁砜居多的原因之一，正是由于它具有良好的选择性。

溶剂的选择性和溶解能力是相互矛盾的。一般来说，溶解能力强的选择性就差，反之选择性好的溶解能力就低。选择合适的操作条件，正是处理好选择性和溶解能力的主要措施。

③ 其他性质。主要指溶剂的密度、表面张力、沸点和化学稳定性等。

a. 溶剂的密度。芳烃抽提所用溶剂与原料油密度应有较大的差异，这样有利于抽出相(溶剂)与抽余相(非芳烃抽余物)能较快地分层。

b. 溶剂的表面张力。芳烃抽提所用溶剂与原料油接触时界面张力要适中。若界面张力过小，那么分散相(通常是溶剂)的液滴很细小，不易合并、集聚，严重时会产生乳化现象，因而难于分层；若界面张力过大，液体又不易分散，那么混合时相界面小，接触效果不佳，两相传质后离平衡状态甚远，也不适宜。

c. 溶剂的沸点。溶剂的沸点越高，与所抽提的芳烃的沸点差越大，越便于用分馏的方法分离。常用的几种工业溶剂中，环丁砜、四甘醇和N-甲酰基吗啉的沸点比抽提原料油的干点高60~80℃。

d. 溶剂的化学稳定性。环丁砜、四甘醇和N-甲酰基吗啉的化学稳定性最佳，它们的起始分解温度大于220℃，在正常操作温度下不会产生分解。二甲基亚砜的分解温度最低，只有100~120℃。

综合考虑溶剂的选择性、溶解能力、热稳定性等重要因素，以环丁砜为最佳，其次为N-甲酰基吗啉和四甘醇。

(2) 溶剂的选择

综上所述，一个好的工业抽提溶剂应具备如下一些特性：

① 对芳烃的选择性要好，有利于提高芳烃的纯度；

② 对芳烃的溶解能力大，以利于降低溶剂比和操作费用；

③ 与抽提原料的密度差大、不易乳化，以保证在抽提塔内轻重两相的水力学流动特性；

④ 与芳烃的沸点差大，即要求溶剂沸点较高，易于芳烃与溶剂的分离；

⑤ 热稳定性及化学稳定性好，以确保芳烃不被降解物质所污染(以降低溶剂消耗)；

⑥ 两相界面张力要大，以利液滴聚集和分层；

⑦ 蒸气压低，减少操作中的溶剂消耗；

⑧ 黏度小、凝点低，有利于抽提过程的传热与传质；

⑨ 无毒、无腐蚀性，便于操作和设备材质选取；

⑩ 价廉、易得。

事实上，一种溶剂要完全满足上述要求是非常困难的。

(3) 液-液抽提过程常用溶剂

目前，工业上采用的主要溶剂有：三甘醇、四甘醇、二丙二醇醚、二甲基亚砜、环丁砜和N-甲基吡咯烷酮等。

① 工业装置上常用抽提溶剂的一般性质。工业装置上常用的几种抽提溶剂的一般性质列于表3-13。

表3-13　工业上常用溶剂的一般性质

性　质	三甘醇	四甘醇	环丁砜	N-甲基吡咯烷酮	二甲基亚砜	N-甲酰基吗啉
相对分子质量	150.2	194.2	120	99.1	78.1	115
相对密度(d_4^{20})	1.12	1.13	1.26	1.30	1.10	1.15
沸点(常压)/℃	285	327	287	206	189	244
凝点/℃	-7.0	-5.6	28	-24	18	21
分解温度/℃	206	>237	>220	—	120	—
黏度/Pa·s						
25℃	0.0373	0.033(30℃)	0.0103(30℃)	0.00102(30℃)	0.002	0.0094(20℃)
100℃	0.0035	0.004	0.0025	0.00097	—	0.0027(70)
比热容/(kJ/kg·℃)						
25℃	2.21	1.97	1.34	1.76(30℃)	2.05(20℃)	1.59
100℃	2.47	2.22	1.47	1.92(80℃)	—	1.80(70℃)
气化潜热/(kJ/kg)						
100℃	569.4	533.4	523.3	630.1	620.5	560.7
150℃	531.7	502.8	518.4	595.8	583.7	514.6

从表 3-13 中数据看出：所列几种溶剂的相对密度都大于 1.0，环丁砜相对密度最大，达到 1.26；凝点除环丁砜、二甲基亚砜比较高外，甘醇类溶剂均在 0℃以下；黏度以二甲基亚砜最低，环丁砜居中，甘醇类溶剂黏度比较高(温度升至 100℃以上黏度就比较低了)；热稳定性以二甲基亚砜最差，120℃开始分解，环丁砜和四甘醇热稳定性最好，分别在 220℃和 237℃才开始分解。

② 工业装置上典型溶剂的主要特性。工业装置上的典型溶剂有环丁砜、四甘醇等。

a. 环丁砜。环丁砜通常也叫四亚甲基砜或四氢噻吩砜。环丁砜具有好的使用性能，在同样的设备中其处理量比传统的甘醇类溶剂抽提法可提高 2~3 倍。对 $C_6 \sim C_{11}$ 范围内的芳烃都能很好地溶解，轻、重芳烃的纯度和回收率都较高，因而近年得到广泛应用。

环丁砜的优点：

(a) 对芳烃的溶解度大，选择性好；

(b) 密度大，与油相的密度差大，易分层；

(c) 界面张力大，不乳化和发泡；

(d) 沸点高，与抽出物沸点差大，不生成共沸物，便于分离；

(e) 比热容小，可使抽提装置能耗低；

(f) 热稳定性和化学稳定性较好，减少过程中的损失；

(g) 毒性及腐蚀性低，便于操作和设备的维护；

(h) 凝点高(28.3℃)，在生产中要特别注意防冻防凝，避免冻结管道及仪表引出管而引起事故。

b. 四甘醇的优点。

(a) 对芳烃具有较高的选择性和很大的溶解能力；

(b) 密度大与油相的密度差大，易分层；

(c) 与抽出物沸点差大，不生成共沸物，便于分离；

(d) 分解温度高，热稳定性好，损失少；

(e) 毒性及腐蚀性低，便于操作和设备的维护。

(4) 芳烃抽提过程化学药剂

① 乙醇胺。乙醇胺用于控制系统洗涤水 pH 值。

乙醇胺的理化性质：熔点 10.5℃，沸点 170℃，相对密度(d_4^{20}) 1.0180，动力黏度(20℃)24.4MPa·s，闪点 93.3℃，折射率(n_D^{20}) 1.4561。25℃时，在苯中的溶解度为 1.4%，在乙醚中的溶解度为 2.1%，在四氯化碳中的溶解度为 0.2%。表 3-14 是乙醇胺的行业标准。

表 3-14　乙醇胺行业标准(ZBG 7019—89)

指　　标	优级品	一级品	合格品
总胺量(以一乙醇胺计)/%	≥99.0	≥95.0	≥80.0
沸程(168~174℃)/%(体积)	≥95	≥65	≥45
水分/%		≤1.0	
相对密度(d_4^{20})		1.014~1.019	
外观		清晰淡黄色黏性液体，无悬浮物	
色度(Pt-Co)		25	

② 硅油。硅油在芳烃抽提过程中用作消泡剂。

硅油通常是一种有机硅化合物，化学性质稳定，不溶于水，能溶于苯、甲苯，无腐蚀性。

表 3-15 列出了硅油的质量指标。

表 3-15　硅油(消泡剂)质量要求

项　目	指　标	项　目	指　标
活性硅含量/%	100	密度(20℃)/(kg/m^3)	970
稠度(25℃)	浆状	颜色	半透明

3.5.1.3　液-液抽提工艺流程

液-液抽提工艺流程视抽提过程所选用溶剂的不同而不同，典型的工艺流程有：甘醇溶剂抽提工艺、环丁砜溶剂抽提工艺和其他溶剂抽提工艺。目前国内催化重整装置采用的一般为甘醇溶剂抽提工艺和环丁砜溶剂抽提工艺。

(1) 甘醇溶剂抽提工艺(以四甘醇为例)

图 3-12 和图 3-13 分别是甘醇类溶剂抽提工艺四塔和五塔流程示意图。

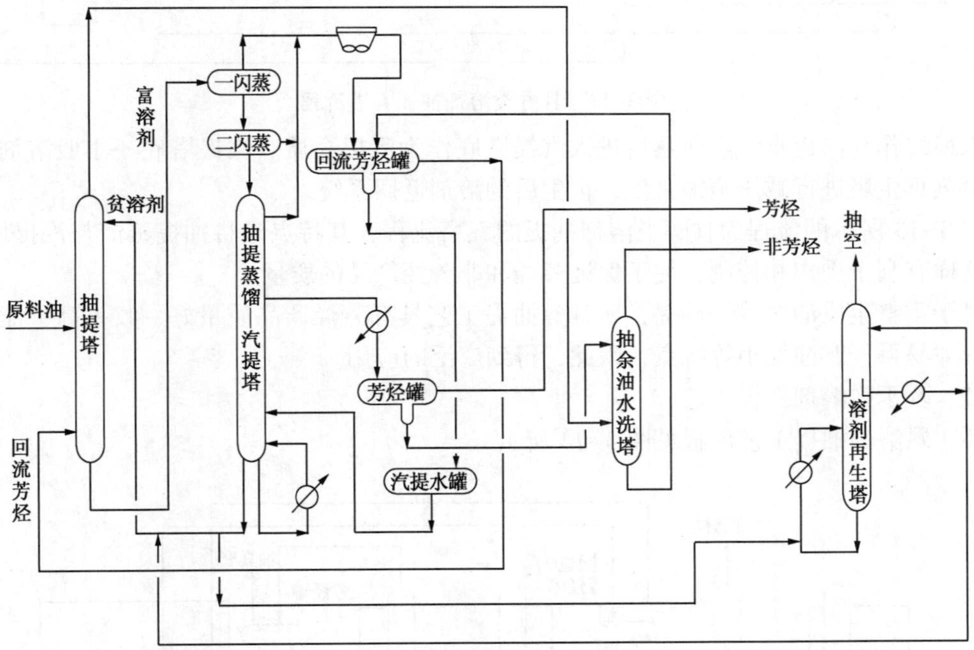

图 3-12　甘醇类溶剂抽提四塔流程

在图 3-12 所示的流程中，抽提原料从抽提塔的下部进入，系统的循环溶剂和回流芳烃分别从抽提塔顶部和底部进入，经过多级逆流液-液抽提，抽余油从抽提塔顶排出，进入抽余油水洗塔，以系统的循环水对抽余油进行水洗，回收少量溶剂，水洗后的抽余油作为副产品送出装置。抽提塔底的富溶剂自压进入抽提蒸馏-汽提塔，在塔顶经过一级或两级闪蒸后，进入抽提蒸馏-汽提塔内进行汽提蒸馏。塔顶蒸出物及闪蒸的气相物流一起经冷凝冷却后进入回流芳烃罐，经油水分离，油相作为回流芳烃返回抽提塔底。塔底得到含水的贫溶剂循环回抽提塔顶。抽提蒸馏-汽提塔侧线气相抽出物，经过冷凝冷却后进入芳烃罐，进行油水分离，油相作为芳烃产品，送精馏系统进行苯、甲苯和二甲苯的分离。回流芳烃罐及芳烃罐分出的水，一部分用作抽余油水洗水，洗后水返回到回流芳烃罐。回流芳烃罐及芳烃罐分

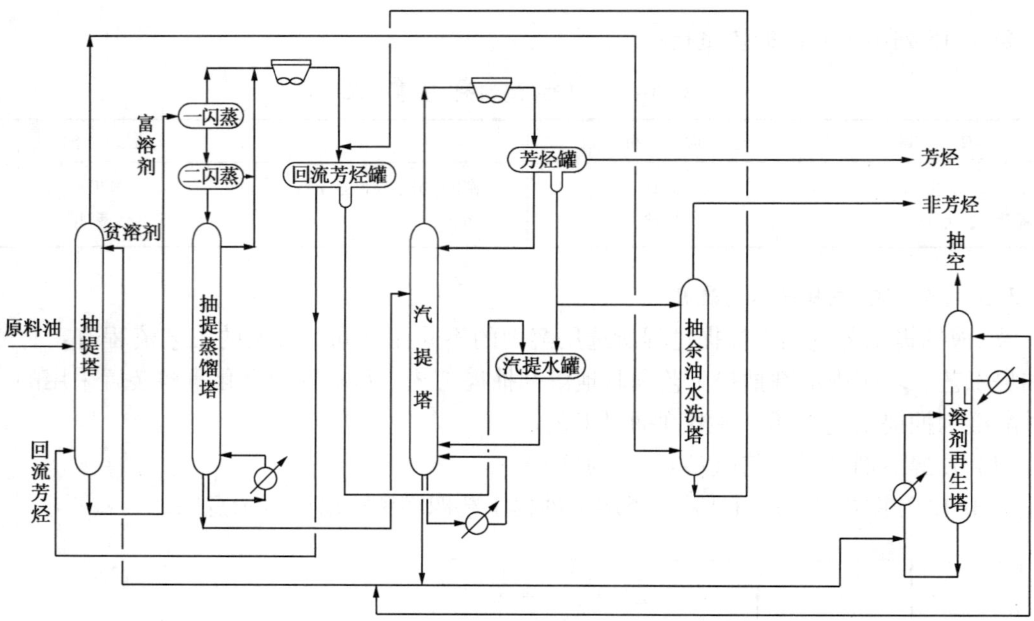

图 3-13　甘醇类溶剂抽提五塔流程

出的水最终作为汽提水，经换热后进入汽提塔底作为汽提介质。汽提塔底一小股溶剂分出，送入溶剂再生塔进行减压蒸馏再生，再生后的溶剂返回系统。

图 3-13 所示的流程为甘醇类溶剂抽提的五塔流程，其特点是将抽提蒸馏与汽提塔分开了。这样有利于操作和控制，便于保证芳烃和非芳烃产品的质量。

对于重整生成油的芳烃抽提，四甘醇抽提工艺具有芳烃产品质量好、收率高、能耗低、溶剂价廉易得、腐蚀性小等特点，因此，得到广泛的应用。

（2）环丁砜溶剂抽提工艺

环丁砜溶剂抽提工艺流程见图 3-14 所示。

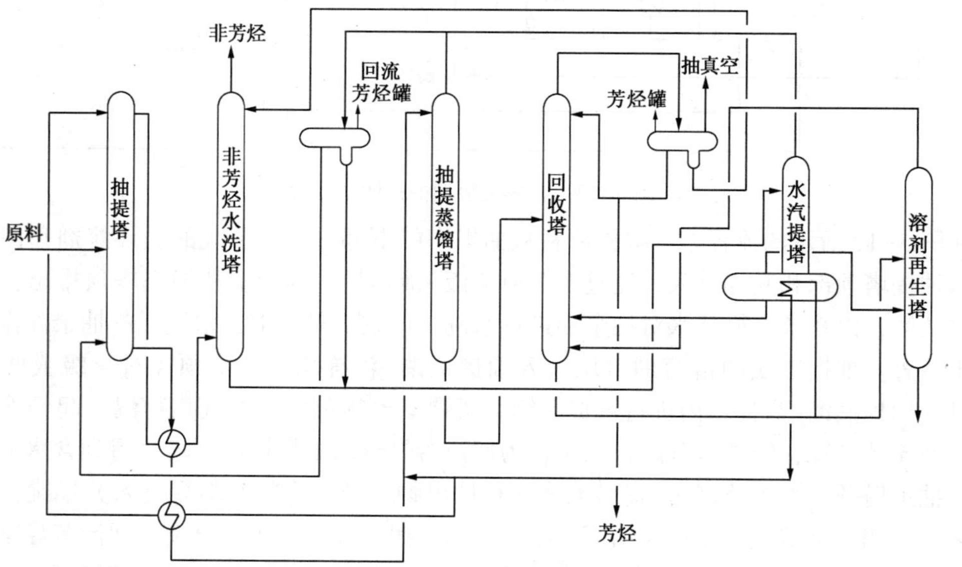

图 3-14　环丁砜溶剂抽提流程

抽提原料用泵送入抽提塔中下部，贫溶剂由塔顶进入抽提塔，从汽提塔顶出来的回流芳烃则进入塔底。原料与溶剂在抽提塔内经过多级逆流接触，进行芳烃与非芳烃的分离。

从抽提塔顶出来的抽余油进入水洗塔，用系统的循环水洗去其中夹带的少量溶剂后送出装置。抽提塔底溶解了大量芳烃的第一富溶剂与贫溶剂换热后进入抽提蒸馏塔顶部，进行抽提蒸馏提馏操作，除去非芳烃。塔顶出来的含非芳烃和芳烃馏出物经冷凝冷却后进入回流芳烃罐，将油水分离，油作为回流芳烃打回抽提塔底。抽提蒸馏塔底富含芳烃的第二富溶剂送至回收塔中部，在塔内进行减压、汽提蒸馏，将芳烃与溶剂分开，塔顶馏出物经过冷凝冷却后进入芳烃罐，经油水分离，一部分油作为回流打入回流塔顶，其余的油就是芳烃产品，送至下游精馏装置。芳烃罐分出的水作为水洗水，被送往抽余油水洗塔。回收塔底出来的贫溶剂作为水汽提塔底热源，与汽提水换热、再与第一富溶剂换热后循环回抽提塔顶，完成溶剂循环。抽余油水洗塔底水与回流芳烃罐分出水合并进入水汽提塔，进行提馏操作除去水中微量非芳烃，水汽提塔顶馏出物则混入抽提蒸馏塔顶馏出物中，水汽提塔下部水蒸气送至溶剂再生塔底，水汽提塔底含溶剂的水也进入回收塔底，一起作汽提介质。溶剂再生塔底不定期排渣。

此外，为保持循环溶剂的酸碱度稳定，防止设备腐蚀，还需要定期从回流芳烃罐加入一定量的单乙醇胺。

3.5.1.4 *液-液抽提过程的影响因素*

液-液抽提过程的影响因素很多，概括为三要素：原料油(抽提进料)、溶剂及采用的手段(设备、操作条件等)。在溶剂和设备结构选定后，操作条件就起着重要的作用。

在抽提工艺中，溶剂的含水量和抽提操作温度，在决定恰当的选择性和溶解度上起了重要的调节作用。保证产品纯度的具体手段是回流比，保证芳烃回收率的手段是溶剂比。适当的回流比、溶剂比和必要的抽提塔塔板数是保证抽提工艺正常操作的重要手段。

(1) 原料油性质

① 原料油烃类组成。溶剂对烃类的溶解能力按族组成排序，则芳烃>烯烃>环烷烃>烷烃；如果按同一族的烃类而言，则碳原子数愈少，溶解能力愈大。

② 原料油初馏点。初馏点低，表明原料油中轻质烃(如戊烷)含量增加。由于轻质烃在溶剂中溶解度比较高，可以置换重质非芳烃，而轻质非芳烃在汽提塔中很容易被汽提掉，从而有利于芳烃回收率的提高，并能保证芳烃纯度。初馏点过高重质非芳烃不易被置换出去，若保证芳烃质量，不得不牺牲部分芳烃的回收率。但过低的初馏点要消耗过量的溶剂才能保证较高的芳烃回收率，因而增加了能量消耗。因此，原料的初馏点也不宜过低，一般保持在65℃左右。

(2) 温度

抽提温度对溶剂性能的影响主要体现在溶剂的溶解能力、选择性与温度的变化关系上，即：在一定温度范围内，溶剂的溶解能力随着温度的升高而增强，选择性则随着温度的升高而下降。

从工艺操作来讲，温度升高，溶剂比可以降低，以保持芳烃回收率不变，而选择性下降，将导致芳烃纯度降低，为保持芳烃纯度不下降，则需增大回流比。

(3) 溶剂比

溶剂比是指进入抽提塔的溶剂量与进料量之比。溶剂比增大，芳烃回收率增加，但提取相中的非芳烃量也增加，使芳烃产品纯度下降。同时溶剂比增大，设备投资和操作费用也增加。所以，在保证一定的芳烃回收率的前提下应尽量降低溶剂比。

溶剂比的选定应当结合操作温度的选择来综合考虑。提高溶剂比或升高温度都能提高芳烃回收率。

(4) 回流比(或反洗比)的影响

回流比是指回流芳烃量与进料量之比。

回流比是溶剂抽提芳烃工艺中的主要操作参数之一，它是调节芳烃产品纯度的重要手段。抽提塔底打回流与精馏塔顶打回流有些相似，回流将起到纯化作用，抽提塔内是油相与溶剂相逆流接触，逐板进行溶解与反溶解，使芳烃与非芳烃分离，同时也使轻重非芳烃得到一定程度的分离。这样在抽提塔底就得到溶解了大量芳烃和少量轻质非芳烃的富溶剂，从富溶剂中在抽提蒸馏部分分离出这些轻质非芳烃就比较容易。因此，一般来讲，回流比大，芳烃产品纯度高；但回流比大也有不利的影响，一是增大热能消耗，二是要增大溶剂比，来保持芳烃回收率不变。回流比与溶剂比是有其内在联系、且有一定依赖性的两个调节手段，是调节芳烃产品纯度和保持适当芳烃回收率的最重要的参数。

(5) 溶剂含水量

一般来说，随着溶剂中含水量的增加，溶解能力下降，选择性升高。

溶剂含水量愈高，溶剂的选择性愈好。因而，溶剂含水量的变化是用来调节溶剂选择性的一种手段。但是，溶剂含水量的增加，将使溶剂的溶解能力降低。因此，每种溶剂都一个最适宜的含水量范围。

在已有工业装置的溶剂抽提芳烃过程中，几乎都用水作为第二溶剂来调节溶解能力和选择性之间的关系。例如，二甘醇溶剂抽提芳烃工艺就是在溶剂中加入5%~10%的水来获得适宜的溶解能力和选择性的。

(6) 压力

抽提塔的操作压力对溶剂的溶解度性能影响很小，因而对芳烃纯度和芳烃回收率影响不大。抽提压力的高低，主要是在抽提温度确定后，保证原料处于泡点下的液相状态，不产生气泡，使抽提在液相下操作。若发生鼓泡现象，会影响抽提操作，降低传质效率。另外，抽提压力与界面控制有密切关系。

(7) 汽提水用量

在汽提塔底加入汽提水，目的在于把芳烃从溶剂中分离出来，同时获得稳定含水量的贫溶剂，以循环使用。一方面水蒸气起到降低分压的作用，另一方面芳烃与水能形成低沸物，有利于芳烃的蒸出。

汽提水用量的多少，以保证汽提塔底出来的贫溶剂中芳烃含量小于1‰为宜。通常认为应略大于共沸物含水量，一般为贫溶剂量的2%~4%。汽提水量太少将增加贫溶剂中的芳烃含量，影响抽提操作，增加抽余油中的芳烃含量，降低芳烃回收率；汽提水用量太多，将增大汽提塔底重沸器的热负荷，增加能耗。

总之，芳烃抽提过程中的影响因素很多，以上所述只是一般的定性分析。

3.5.2 抽提蒸馏

抽提蒸馏分离芳烃工艺是利用选择性溶剂从富含芳烃的窄馏分中直接提取某种高纯度芳烃。

3.5.2.1 *抽提蒸馏原理*

用液液抽提技术取得的混合芳烃，可以通过一般的精馏方法分馏为苯、甲苯、乙苯和重芳烃等几个馏分。但是进一步分离间、对二甲苯，或把芳烃和某些烷烃、环烷烃等分开是困难的，这是由于它们沸点很相近，有的还存在共沸物。为此开发了抽提蒸馏技术。

所谓抽提蒸馏，就是向欲分离的混合液中加入比原有任何组分沸点都高的溶剂(某些极性溶剂，如N-甲酰吗啉)，由于它与原混合液中各组分的作用不同，改变了关键组分之间的相对挥发度(拉大了各种烃类的沸点差)，因而可以分离用一般常规蒸馏法不能分离的体系。例如，在常压下苯的沸点为80.1℃，环己烷的沸点为80.73℃，若在苯-环己烷溶液中加入溶剂糠醛，则溶液的相对挥发度发生显著的变化，且相对挥发度随溶剂量加大而增高，如表3-16所示。

表3-16　苯-环己烷溶液加入糠醛后相对挥发度的变化

溶液中糠醛的摩尔分数	0	0.2	0.4	0.5	0.6	0.7
相对挥发度	0.98	1.38	1.86	2.07	2.36	2.7

抽提蒸馏与液液抽提的区别：

① 抽提蒸馏是以气-液传质过程来分离体系中的某些组分；而液-液抽提是以液-液传质过程来分离体系中的某些组分。

② 在抽提蒸馏过程中虽然加入了溶剂，但还是以蒸馏的方式进行，即依据混合物中各组分沸点的不同进行分离，而液-液抽提是依据混合物中各组分溶解度的不同进行分离的。

③ 在提抽蒸馏过程中塔底仍靠再沸器提供热量。

④ 在提抽蒸馏过程中溶剂一般不能在塔顶打入，因为溶剂入口以上必须还有若干块塔板，组成溶剂再生段，以便抽余物在塔顶引出之前，其中的溶剂浓度降到可以忽略的程度。

抽提蒸馏与常规蒸馏的区别：

抽提蒸馏与常规蒸馏基本相似，其主要区别是，在抽提蒸馏塔塔顶几块板范围内加入选定的溶剂，使之参与蒸馏，改变物系中各组分的相对挥发度，以满足蒸馏需要。因溶剂相对挥发度较小，故从塔底排出。若溶剂不是作为产品部分，需加以回收循环使用。萃取塔排出含溶剂的塔底液，采用普通蒸馏方法，在溶剂回收塔中进行分离。

由于抽提蒸馏的溶剂属于重组分，从塔底排出，不会引起过高的能耗，而溶剂的加入提高了进料中各组分间的相对挥发度，增加了传质过程推动力，使设备费下降。

目前液-液抽提应用较普遍，抽提蒸馏较适用于加工裂解汽油或煤焦油等含芳烃高的原料。若需分出一个单一芳烃产品，而且产品纯度需求不严格时，用以苯酚为溶剂的抽提蒸馏可以节省费用；若需分离几个产品，而且产品纯度要求很高时，最好采用液-液抽提。得到的苯、甲苯和C_8芳烃可直接作为产品出装置。

3.5.2.2　抽提蒸馏溶剂

溶剂的性能对抽提蒸馏过程起着重要的影响。通常，对抽提蒸馏溶剂的要求如下：

① 溶剂有良好的选择性，能提高待分离组分的相对挥发度；

② 对待分离组分是一种良好的溶剂，在精馏操作条件下不出现液-液两相分离，否则，抽提蒸馏塔易暴沸，操作不稳定；

③ 与待分离组分有足够的沸点差，利于用精馏方法回收溶剂；

④ 溶剂热稳定性强，无腐蚀性，与组分不发生化学反应，从安全生产的角度考虑是比较安全的；

⑤ 价廉、易得。

常用的抽提蒸馏溶剂有：N-甲基吡咯烷酮、N-甲酰基吗啉和环丁砜等。

抽提蒸馏溶剂最重要的性能指标是其选择性。一般认为，能够使待分离组分的相对挥发度增大到2以上的溶剂是较为理想的溶剂。表3-17是不同溶剂存在时，甲基环已烷-苯体系的相对挥发度。由表3-17中数据可以看出，加入几种溶剂后，甲基环已烷和苯的相对挥发度由无溶剂时的0.81提高到2以上。表中所列几种溶剂按选择性递减顺序依次为含水环丁砜、环丁砜、环丁砜-COS、N-甲酰基吗啉、N-甲基吡咯烷酮。

表3-17　不同抽提蒸馏溶剂下甲基环已烷-苯体系的相对挥发度

溶　剂	溶剂量/%	泡点温度/℃	相对挥发度	溶　剂	溶剂量/%	泡点温度/℃	相对挥发度
—	—	80	0.81	环丁砜	87.8	121	4.2
N-甲基吡咯烷酮	87.8	140	2.3	环丁砜-0.8%水	87.8	113	4.7
N-甲酰基吗啉	87.8	131	3.3	环丁砜-10%COS	87.8	120	3.6

注：溶剂、甲基环已烷、苯的质量比为87.8：0.1：12.1，系统压力101kPa。

溶剂的溶解能力是抽提蒸馏溶剂的另一个重要性能指标。尽管待分离组分在溶剂中有不同的溶解能力，但在抽提蒸馏操作条件下应避免出现液-液两相分离。因为一旦在塔板上形成两个液相，溶剂浓度低的液相容易闪蒸暴沸，使抽提蒸馏塔不能稳定操作。因此，在抽提蒸馏塔应保持足够的溶剂比，使得待分离组分溶解于溶剂中形成单一液相，在气液传质状态下操作。溶剂的溶解能力越大，保持单液相操作的溶剂比就越小，过程的能耗就越低。

3.5.2.3　抽提蒸馏工艺流程

典型的抽提蒸馏工艺有以N-甲基吡咯烷酮为溶剂的Distapex工艺和以N-甲酰基吗啉为溶剂的Morphylane工艺。

(1) Distapex工艺

Distapex抽提蒸馏部分的工艺流程如图3-15所示。

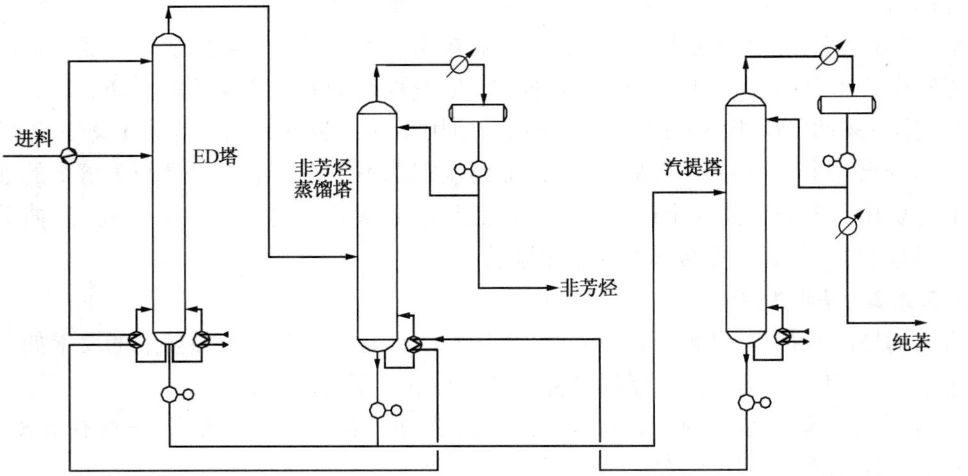

图3-15　Distapex工艺流程

以苯为例，富含苯的窄馏分经换热后进入抽提蒸馏塔中段，系统的循环溶剂N-甲基吡咯烷酮则从塔的上部适当位置进入。溶剂在下降过程中与从塔底上升的苯和非芳烃蒸气逆流接触进行传热、传质。由于苯优先溶于溶剂之中，被逐级提纯后流至塔底，然后被送入汽提塔进行苯与溶剂的分离，非芳烃则以气态形式被蒸发至塔顶。抽提蒸馏塔不设回流，非芳烃携微量溶剂一起进入非芳烃蒸馏塔。非芳烃蒸馏塔以系统的循环溶剂作为热源，塔顶蒸汽经冷凝冷却后部分打回流，部分作为非芳烃产品送出装置。塔底含苯富溶剂进入汽提塔中进行减压蒸馏，汽提塔顶苯蒸气经冷凝冷却后，一部分作为回流，一部分作为产品送出装置；系统溶剂从汽提塔底出来经换热后循环至抽提蒸馏塔。

(2) Morphylane 工艺

Morphylane 抽提蒸馏部分的工艺流程如图 3-16 所示。

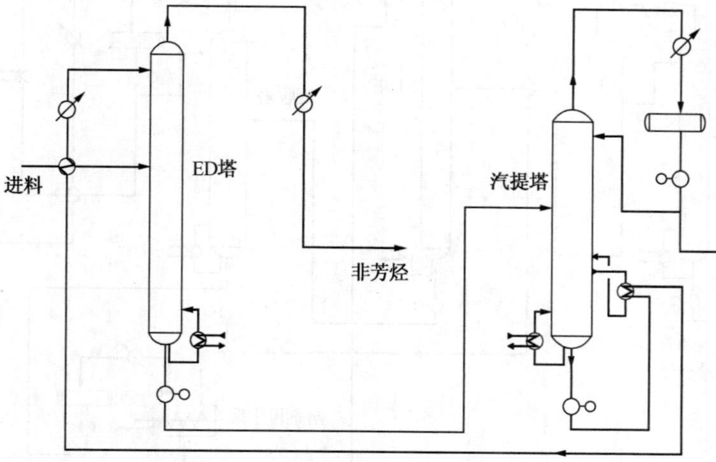

图 3-16 Morphylane 工艺流程

抽提蒸馏原料经换热后进入抽提蒸馏塔中段，循环溶剂 N-甲酰基吗啉则从塔顶进入。溶剂在下降过程中与烃蒸气逆流接触进行传热、传质。经过抽提蒸馏，富含芳烃的溶剂自塔底抽出，送入汽提塔进行芳烃与溶剂的分离。汽提塔底贫溶剂经过换热后，返回抽提蒸馏塔循环使用。抽余油含少量溶剂，需经水洗再送出装置。

(3) 环丁砜抽提蒸馏-液液抽提组合工艺(SED 工艺)

Distapex 和 Morphylane 工艺与液液抽提相比，虽然流程简单、操作费用低，但芳烃收率偏低、溶剂回收条件苛刻，且一般不适用于重整油苯抽提。重整汽油 C_6 馏分中苯的质量分数一般在 30%~40%左右，如果采用单一的极性溶剂如 N-甲基吡咯烷酮(NMP)、N-甲酰基吗啉(NFM)或环丁砜(SUL)作为抽提精馏溶剂，在抽提精馏塔(ED 塔)内容易形成两个液相，造成 ED 塔内剧烈沸腾甚至冲塔现象，使 ED 塔难以稳定操作。

为了解决芳烃含量低的原料的抽提精馏问题，我国科研单位从增加溶剂的溶解性、降低溶剂回收的苛刻度入手，进行了大量的试验及模拟计算研究，筛选出了一种较为理想的助溶剂(COS)，并最终开发了 SUL-COS 复合溶剂的 SED 工艺。

在 SED 中，采用环丁砜-COS 的复合溶剂，显著增强了溶剂对 C_6 馏分的溶解能力，避免 ED 塔出现两个液相，ED 塔操作稳定，易于控制。同时由于加入了助溶剂，还有效降低了溶剂回收塔的操作苛刻度，提高了苯的回收率。

① 溶剂的特点。助溶剂 COS 是一种不含硫、氮的有机溶剂，该助溶剂本身以及与常用芳烃抽提溶剂配伍具有如下特点：

a. 沸点适中，与 SUL 或 NFM 配伍性好；

b. 配伍后的复合溶剂溶解性能大大改善，对选择性影响不大；

c. 热稳定性好，在使用的温度范围不分解；

d. 价格相对便宜。

正是由于 SUL-COS 复合溶剂优异的综合性能，奠定了 SED 工艺的产品质量好、收率高的基础，既能用于高芳烃的原料，也可用于芳烃含量较低的原料。

② 工艺流程及设备。SED 工艺流程如图 3-17 所示。

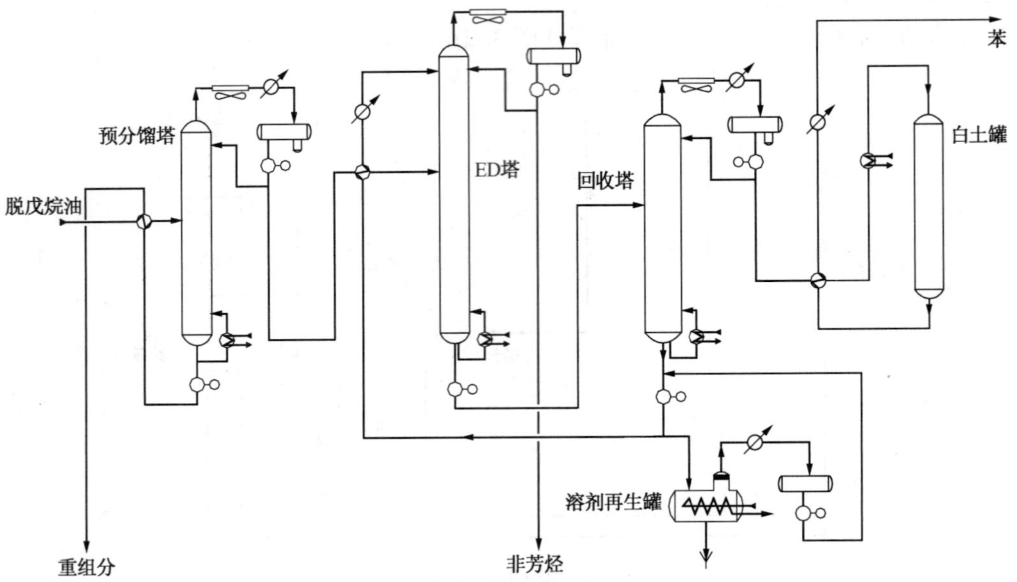

图 3-17　SED 分离纯苯及溶剂油工艺流程示意图

该工艺主要包括：原料预分馏和抽提精馏。重整脱戊烷油经预分馏，塔顶得富集苯的 C_6 馏分，塔底得到 C_6^+ 馏分。C_6^+ 馏分直接作为无苯清洁汽油调合组分。C_6 馏分作为抽提精馏的进料，从抽提精馏塔(ED 塔)的中部进入，循环溶剂从塔上部进入，经过抽提精馏，塔顶非芳烃蒸汽经过冷凝冷却后部分回流入 ED 塔顶部，部分作为非芳烃产品出装置，若烯烃含量满足要求可考虑直接作为 6 号溶剂油，若烯烃含量偏高，则经加氢或白土处理后作为 6 号溶剂油。从 ED 塔底出来的富溶剂进入溶剂回收塔(RC 塔)，经过减压蒸馏后，回收塔苯蒸气经冷凝后，一部分回流入塔，一部分作为苯产品出装置，塔底贫溶剂大部分经过换热后作为贫溶剂直接循环回 ED 塔上部，一少部分则经过溶剂再生后回到系统。

SED 工艺的核心设备是 ED 塔和溶剂回收塔，二者均为汽液传质设备。一般选择操作弹性较大的浮阀塔和压降小的筛板塔。为避免在 ED 塔内形成因汽-液-液三相对传质性能的影响，也可采用填料与浮阀的复合塔结构。

a. 预分馏塔：其作用是将原料中待分离的芳烃馏分进行切割，得到抽提精馏的进料，同时获得高辛烷值汽油组分。

b. ED 塔：该塔是利用溶剂分离芳烃和非芳烃的主要设备，分上、中、下三段。上段为溶剂回收段，中段为抽提精馏段，下段为芳烃提浓段。为保证塔板的传质效率和操作弹性，一般分 3~4 段进行设计。溶剂与进料烃类在塔内进行多级抽提精馏，塔内为汽液两相操作。塔顶得到非芳烃，塔底得到富含芳烃的富溶剂。

c. 溶剂回收塔：其作用是将贫溶剂与芳烃彻底分离。来自抽提精馏塔塔底的富溶剂在此塔内进行减压蒸馏，分离得到芳烃与贫溶剂。塔底贫溶剂经过换热后，循环回抽提精馏塔。

d. 溶剂再生罐：在较高真空度下减压蒸馏脱除溶剂中的聚合物及其他杂质，保证溶剂的质量。

e. 白土罐：其主要作用是脱出苯产品中可能存在的微量烯烃。由于从回收塔顶出来的苯产品的纯度已非常高，因此，白土的寿命很长。

3.5.2.4 抽提蒸馏的主要影响因素

对于抽提蒸馏操作过程而言，各种因素对分离效果的影响可归结为两方面作用：一是对相平衡产生影响，从而影响相对挥发度及分离效果；二是对过程的稳定性、可操作性产生影响，一个不稳定的过程，很难达到预期的分离效果。以下将从这两个方面定性讨论温度、压力、溶剂比和回流比的影响。

从对相平衡的影响来看，随着温度升高，溶剂的选择性降低，不利于分离。但温度升高，溶剂的溶解能力提高，单液相区变大，有利于避免液-液相分离，使操作稳定。

提高系统压力，对待分离组分相对挥发度影响不大，但抽提蒸馏塔容易产生两个液相，不利于稳定操作。

提高溶剂比，抽提蒸馏塔塔板上的溶剂浓度提高，不仅提高了溶剂的选择性，同时有利于避免液-液相分离，使操作更稳定。但是，对一定的抽提蒸馏塔操作而言，过大的溶剂比不仅增加了过程能耗，同时液相负荷过大，也容易造成液泛。

抽提蒸馏塔顶回流的作用是回收溶剂，由于溶剂与待分离组分沸点差较大，一般仅需较小的回流比。与普通精馏不同，提高抽提蒸馏回流比不利于原料组分的分离。这是因为回流比提高后，降低了溶剂浓度，不仅使溶剂选择性降低，同时容易产生液-液两相，使操作不稳定。因此，在有效回收溶剂的前提下，应尽量维持小回流比。

3.6 芳烃精馏

催化重整生成油经抽提后得到的混合芳烃(苯、甲苯、混合二甲苯等)需要再经过白土精制和精馏，方可得到具有使用价值的各种单体芳烃。

3.6.1 芳烃精馏的特点

与一般石油蒸馏相比，芳烃精馏有其自己的特点：

① 产品纯度要求高，通常其纯度在99.9%以上，同时要求馏分很窄，如苯馏分的沸程为79.6~80.5℃。

② 要求塔顶与塔底的产品同时合格。在芳烃精馏时，(不能用抽侧线的方法同时取出几个产品，)一个塔只能出一种产品，不允许有重叠。否则，会产生塔顶产品不合格或下一个塔的塔顶产品不合格。

③ 芳烃蒸馏出来的产品不能混兑、调合。

④ 精馏塔顶温度的变化幅度不能大于0.02℃，故采用温差控制的方法控制产品的质量。关于芳烃精馏的温差控制见第七章。

3.6.2 芳烃精馏工艺流程

芳烃精馏工艺流程取决于混合芳烃的组成和要求的产品种类。

我国芳烃精馏的工艺流程主要有两种类型：一种是三塔流程，用来生产苯、甲苯、混合二甲苯和重芳烃；另一种是五塔流程，用来生产苯、甲苯、乙基苯、间对二甲苯、邻二甲苯和重芳烃。

三塔流程如图 3-18 所示。

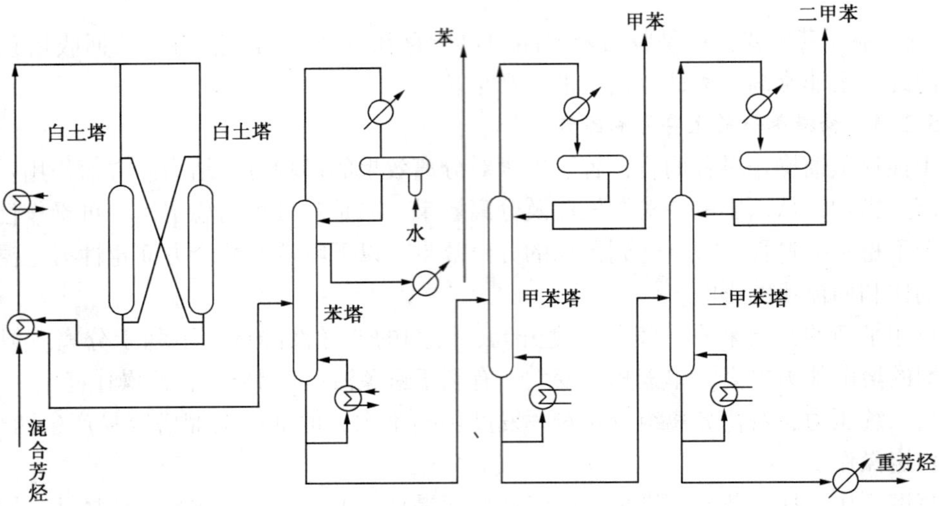

图 3-18　芳烃精馏工艺流程

混合芳烃先经换热和加热后进入白土塔，通过白土吸附以除去其中的不饱和烃。从白土塔底出来的混合芳烃与进料换热后进入苯塔，苯塔塔顶物料冷凝后入回流罐，然后用泵打回塔顶作回流。由于在此物料中可能含有少量轻质非芳烃，有时可排出一部分去抽提进料罐，以保证苯产品的质量。苯产品从苯塔侧线抽出经冷却后送出装置。苯塔底用重沸器加热，塔底物用泵打入甲苯塔。甲苯塔顶物经冷凝冷却后进入回流罐，一部分打回塔顶作回流，另一部分作为甲苯产品送出装置。甲苯塔底用重沸器加热。

甲苯塔底物用泵送至二甲苯塔，二甲苯塔顶物料除打回流外，其余部分作混合二甲苯产品送出装置。塔底也用重沸器加热，塔底物为重芳烃，经冷却后送出装置。

五塔流程除苯塔、甲苯塔和二甲苯塔外，还设有邻二甲苯塔和乙基苯塔。二甲苯塔顶蒸出的乙基苯和间、对二甲苯混合物进入乙基苯塔，将乙基苯与间、对二甲苯分开。二甲苯塔底出来的邻二甲苯和重芳烃混合物进入邻二甲苯塔，塔顶蒸出邻二甲苯产品，塔底出重芳烃。

第4章 设 备

4.1 催化重整加热炉

催化重整装置中的油品蒸馏和重整反应其所需的热量由加热炉提供，加热炉是重整装置中的核心设备之一。

4.1.1 加热炉的分类及结构

催化重整装置中的加热炉一般采用管式加热炉。燃料在管式炉的辐射室内燃烧，释放出的热量通过辐射传热和对流传热传递给炉管，再经过传导传热和对流传热传递给管内的被加热介质。管式炉的炉管要承受高温、压力和介质腐蚀，而且炉管内是易燃易爆的油和氢气。管式加热炉主要由四个部分构成，分别为辐射室、对流室、燃烧器、烟囱通风系统等。

在辐射室和对流室内装有炉管；在辐射室的底部、侧壁或顶部装有燃烧器，加热炉炉壁最内层是耐火层。加热炉还有烟气余热回收系统，空气和燃料配比的控制调节系统等。催化重整装置设有多台加热炉，热负荷大，其能耗占全装置总能耗的大部分。

4.1.1.1 *加热炉的分类*

按炉型结构分类：立式炉、圆筒炉、大型方箱炉。

按用途分类：化学反应炉、加热液体的炉子、加热气体的炉子、加热混相流体的炉子。

针对重整装置的加热炉按用途可分为三类：预加氢进料加热炉、各种塔底重沸炉、重整反应加热炉。

预加氢反应加热炉和塔底重沸炉，一般采用炼油厂常用的对流-辐射型圆筒炉，预加氢反应加热炉的管材比较特殊，由于管内被加热介质含有一定量的氢气和硫化氢，对炉管有腐蚀。常规的选材为抗氢气和硫化氢腐蚀的Cr5Mo或1Cr18Ni9Ti。

塔底重沸炉的炉管材质为碳钢炉管，一般选用10#或20#碳钢管。

重整反应加热炉是重整炉的核心，它们与重整反应器是一一对应的，有几台反应器就有几台加热炉，一般为3~4台。重整反应进料加热炉的炉型主要有立式圆筒炉和箱式加热炉两种。

(1) 立式圆筒炉

早期的重整反应加热炉常常采用纯辐射型立式圆筒炉。这种炉型一般用于处理量较小的0.15~0.30Mt/a半再生重整装置，炉内管线呈立管多路并联，辐射室顶部设计两圈大口径集合管，燃烧器布置在炉底。

为了改善管长和圆周方向受热的均匀性，可在圆筒炉辐射室顶部设高镍合金钢制辐射锥。

(2) 箱式加热炉

随着催化重整工艺技术的进步，重整反应加热炉的结构也发生了重大变化。大型化的重整反应加热炉管内介质体积流量大，允许压降小，出炉温度高。加热炉的炉管一般设计为多路炉管并联，多台燃烧器联合供热。

新型重整反应加热炉的典型设计是将三台或四台加热炉合并为一台大型的加热炉，中间用火墙隔出三间或四间辐射室，以避免温度相互干扰。每间的炉管为多路并联，一般设计20~45路支管。各支管的出入口与炉外的大型集合管相连。辐射室的高温烟气进入一个公用的对流室，在对流室发生装置所需的中压蒸汽。燃烧器则是根据炉型的特点进行特殊布置，有的在炉底，有的在侧墙布置。

炉型选择的基本原则：从结构、制造、投资费用方面考虑，应优先选择辐射室用立管的加热炉。对一般用途的中小负荷炉子，宜优先考虑立式圆筒炉。四合一加热炉结构示意图见图4-1所示。

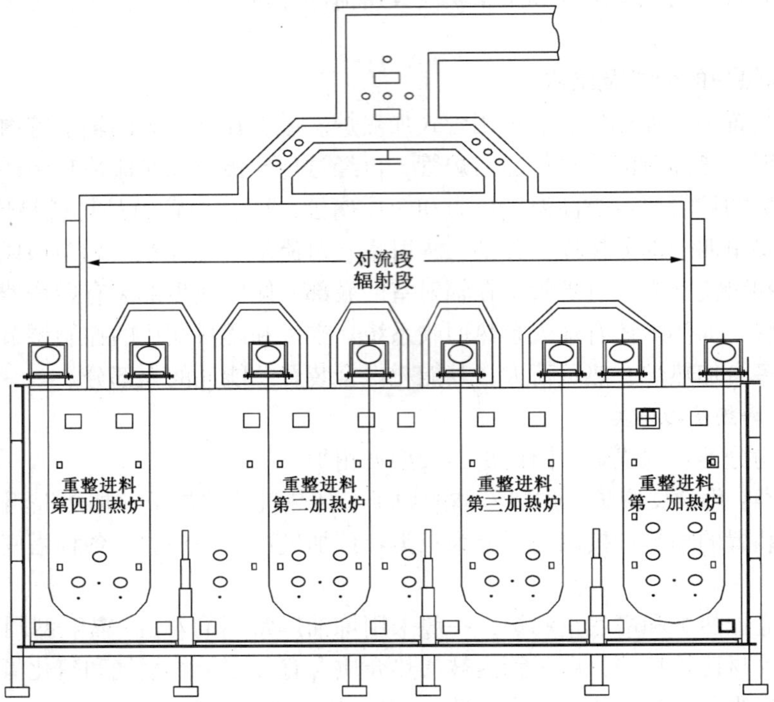

图4-1 重整四合一加热炉

4.1.1.2 加热炉的结构

重整加热炉结构以箱式加热炉为重点进行介绍。

(1) 辐射室

辐射室又叫炉膛，是加热炉的核心部分。从喷嘴喷出的燃料在炉膛内燃烧，由于火焰温度可达1500~1800℃左右，燃烧所放出的热量主要用辐射方式传送。一部分被炉管吸收，一部分被炉墙吸收使炉墙温度升高，炉墙又将热量反射回来，传给炉管另一面。

重整反应加热炉辐射室内的炉管，可按Y形、竖琴式、正U形和倒U形排列。

① Y形排列。辐射室内的炉管按Y形排列(图4-2)，此种炉管排列的特点为：

a. 燃烧器底烧时可烧油也可烧气；燃烧器侧烧时，宜烧气；

b. 集合管位于辐射室顶部，管内滞留杂物不容易清出；

c. 炉管采用急弯弯管相连，管内压降较大；

d. 炉管排列紧凑，炉体占地面积较小。

② 竖琴式排列。炉管按竖琴式排列(顶底双侧集合管)(图4-3)，此种炉管排列的特点为：

a. 适用底烧，可用油-气混烧；

b. 集合管位于辐射室顶部和底部，管内的滞留杂物易清出；
c. 炉管为竖琴式连接，管内压降极小；
d. 适用于较大的装置；
e. 顶部集合管由辐射室顶部的弹簧吊挂，底部集合管加以固定，易于吸收管系的膨胀；
f. 由于有上下两组集合管，管系设计、施工较复杂 。

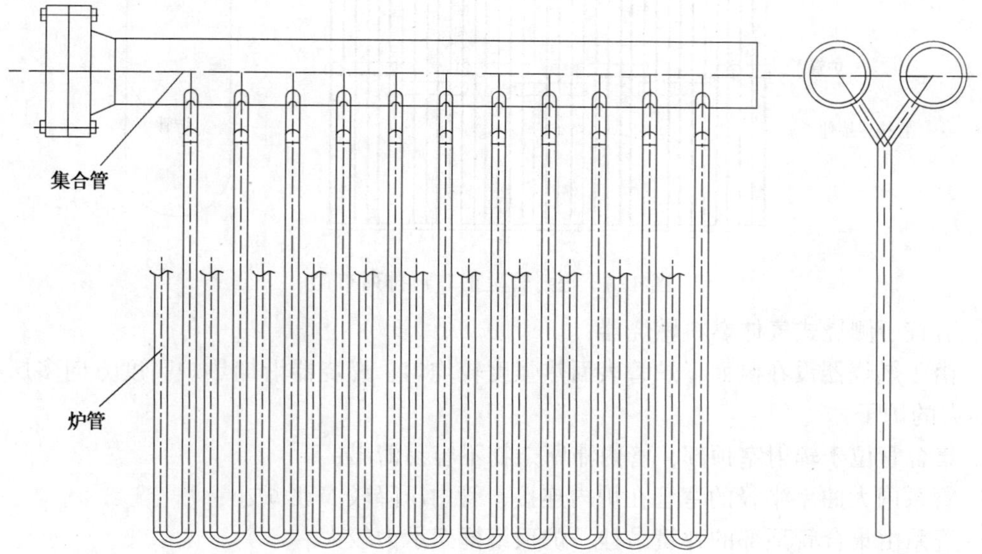

图 4-2　辐射管 Y 形排列布置

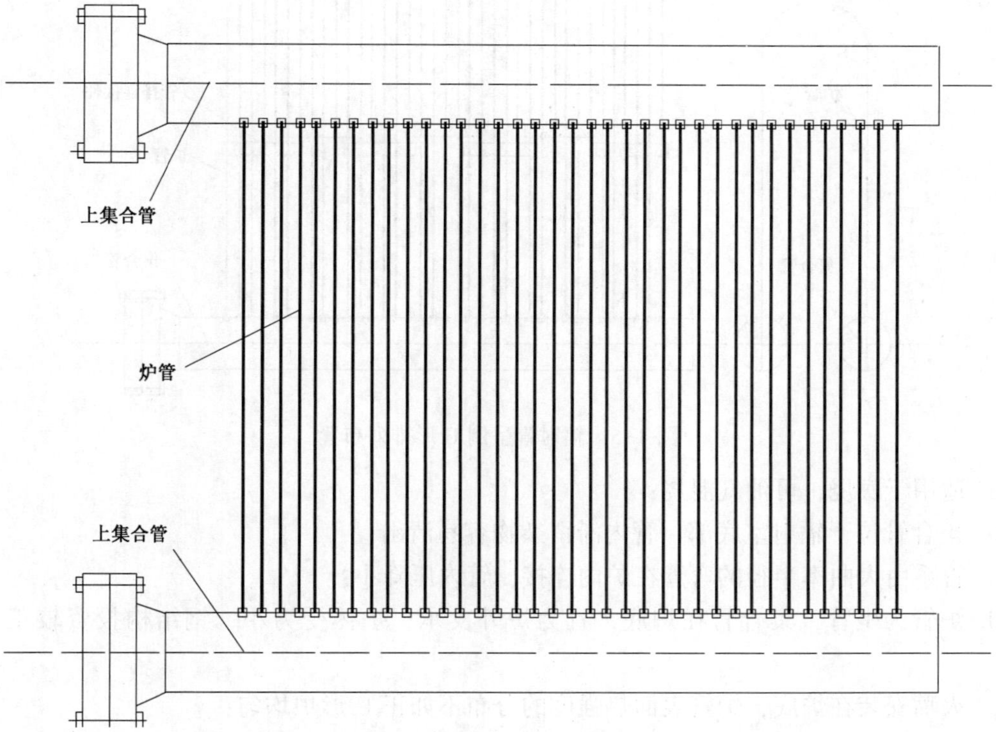

图 4-3　辐射管呈竖琴式排列布置

③ 正 U 形排列。炉管按正 U 形排列(图 4-4)，此种炉管排列的特点为：

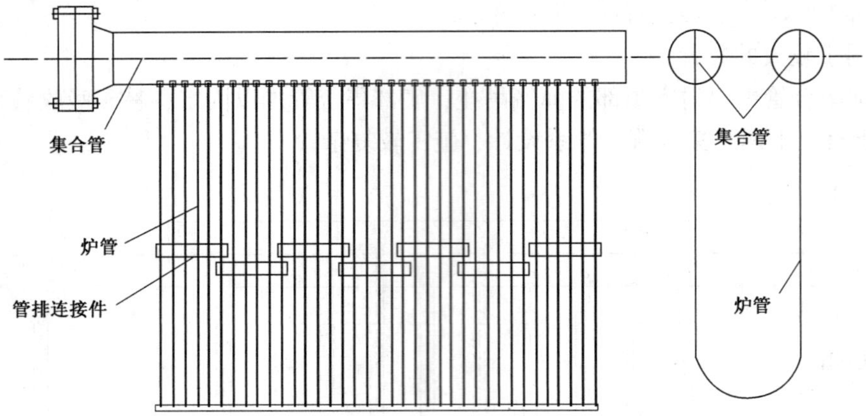

图 4-4　辐射管呈正 U 形排列布置

a. 适宜于侧烧式气体燃料燃烧器；

b. 由于燃烧器设在侧面，炉管表面热强度较均匀，燃烧器沿加热炉高度方向多层布置，适合高大的炉子；

c. 集合管位于辐射室顶部，管内滞留杂物不容易清出；

d. 管系内大曲率半径的弯管在炉内连接，管内压降较 Y 形炉小；

e. 管系由集合管顶部的弹簧吊挂，炉顶钢框架承力较大。

④ 倒 U 形排列。炉管按倒 U 形排列(图 4-5)，此种炉管排列的特点为：

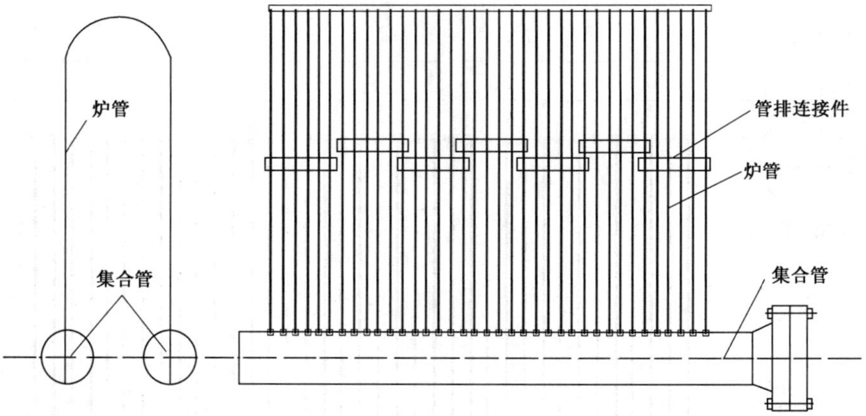

图 4-5　辐射管呈倒 U 形排列布置

a. 适用于底烧，可油气混烧；

b. 集合管位于辐射室底部，管内滞留杂物容易清出；

c. 管系由大曲率半径的弯管在炉内连接，管内压降小；

d. 炉管为坐管，集合管在炉底，且为炉外支承，炉体受力小，钢结构投资较正 U 形炉省；

e. 火嘴安装在炉底，炉管表面热强度的分布不如正 U 形炉均匀；

f. 炉管不宜太高，太高容易失稳，且固定困难；

g. 适用于大中型重整装置。

（2）对流室

重整反应加热炉的高温烟气出辐射室的温度通常为770℃左右。辐射室热效率通常为55%~62%。高温烟气引入余热锅炉用于产生蒸汽。

对于大型重整反应加热炉，其余热锅炉的省煤段、蒸发段、过热段通常设在辐射室顶部的对流段，烟囱设在对流室顶部，这种布置与烟气的流动方向一致，故不用烟气引风机，而且充分利用辐射室顶部的空间，布局紧凑，占地面积小。所发生的蒸汽供给本装置压缩机使用。这种布置使装置能量利用合理，加热炉的最低排烟温度小于190℃，加热炉热效率可达90%以上。

对流段余热锅炉中，各段工艺参数如表4-1所示。

表4-1　工艺参数

项　目	过热段	蒸发段	预热段
出口温度/℃	~450	~260	~220
出口压力/MPa	3.9	3.9	3.9

各段管材的确定主要取决于各段的管壁金属温度和管内介质压力。最高管壁金属温度由计算得出，材料根据计算分段选取。

过热段出口温度为450℃左右，炉管的炉壁温度已超过碳钢的允许使用温度，故常选用1¼Cr-0.5Mo或Cr5Mo，蒸发段和预热段的出口温度为200~260℃，材质可选用碳钢。

为了保证辐射室的传热效率，从辐射室出来的烟气温度较高，如此高温的烟气还有很多热量可以利用，所以设置对流室进行热量回收利用，以提高加热炉的热效率。在对流室内主要靠对流形式传热。烟气在炉管表面的速度越快，传热的能力越大，所以设计的窄而高，间距尽量小。

（3）烟囱

加热炉烟囱对空气和烟气都起着抽吸的作用，使空气进入炉膛，使烟气克服沿程阻力并经烟囱后排入大气。为了降低加热炉热损失，提高加热炉热效率，可用空气预热回收系统将离开对流室的烟气进行热量回收。烟囱内高温烟气的密度比烟囱外空气小而产生抽力，烟气自动排出。烟囱越高，炉膛的抽力也越大，进入辐射室的风量也越大。为了控制炉膛负压，在烟囱内装有可调节的烟囱挡板，炉膛负压通常为20~30Pa。

（4）燃烧器

燃烧器是加热炉的重要组成部分，主要给加热炉提供高温热源。燃烧器主要由燃料喷嘴、调风器、燃烧道三部分组成。燃烧道的作用是给火焰根部提供高温热源以保证燃烧稳定。按燃料种类不同可分为气体燃烧器、液体燃烧器和油-气联合燃烧器。按燃烧形式又可分为外混式、预混式、半预混式和内混式。燃烧器的供风方式有自然通风和强制通风两种。

燃烧器的好坏直接影响热量在炉内的分布和传递，对燃烧器的要求不仅应满足供热还应满足环保要求。

燃烧器应与炉型结构和传热要求相匹配，例如：正U形重整反应加热炉，其燃烧器为侧墙布置，炉内火焰为水平状。它应具有如下特点：

① 要有一定的火焰直径，最大为2倍的喷嘴直径，且火焰应刚直有力；

② 要有一定的火焰长度，两侧的燃烧器对峙燃烧时，火焰尖端要有一定距离。火焰不能触及炉管。

③ 较低的氮氧化物(NO_x)产物。

为了降低烟气中的 NO_x 的含量以减少对大气的污染，低 NO_x 燃烧器也开始在国内炼油厂陆续得到采用。该种燃烧器是通过采取各种措施降低火焰温度以减少 NO_x 的生成量。

a. 分级配风燃烧器。分级配风燃烧器属于低 NO_x 燃烧器。分级配风燃烧器通过限制燃烧反应区温度来限制热 NO_x 产生。通过提供一个燃烧富裕区，在该区内燃料的有机氮转化成分子氮，从而减少燃料 NO_x 的生成。

分级配风燃烧器在两个独立的燃烧区内完成燃烧。即初级燃烧区和二级燃烧区。空气被分别引入燃烧区，每一区内的火焰温度不会接近标准燃烧器内的温度。燃烧发生在两个不同的阶段。这种燃烧器由此被称作分级配风燃烧器。

b. 分级燃料燃烧器。分级燃料燃烧器归类于低 NO_x 燃烧器。该燃烧器通过限制燃烧反应区温度来限制热 NO_x 产物。

分级燃料燃烧器在两个独立的燃烧区内完成燃烧。燃料被分别引射入燃烧区，任一燃烧阶段的火焰温度不会接近标准燃烧器内的温度。燃烧在两个阶段完成，该种燃烧器由此称为分级燃料燃烧器。

c. 烟气再循环。可将烟气再循环引入到燃烧气体中，惰性的烟气冷却火焰，降低氧分压，并减少氮氧化物排放，当使用分级燃烧器时，烟气再循环可进一步降低这种排放。

(5) 耐火材料

重整反应加热炉的辐射室炉墙采用轻质衬里，这种材料可伸缩性强，可用于各种形状复杂的场合，便于施工，抗冲刷能力强。

近年来又出现了耐火陶瓷纤维衬里。在同等条件下可获得最薄最轻的炉墙。炉墙外壁温度低，散热损失小，耐热隔热性能好。

陶瓷纤维成本较高，因此，炉墙高温向火面一般采用高温陶瓷纤维毡，而背衬采用低温陶瓷纤维毡或矿渣棉板的复合结构，以节省投资。陶瓷纤维炉衬不能承受机械载荷，在加热炉炉墙的某些部位和喷嘴处，炉墙结构都需要特殊设计。

(6) 余热回收系统

用于重整装置中的烟气余热回收的方案很多，其设计和选用的一般原则为：

① 选用的方案技术上应是安全可靠，且能满足长周期运转的要求；经济上一般要求三年内回收投资。余热回收方案的选用应通过详细的技术经济比较来决定。

② 选用的余热回收方案应能满足环保的要求。

③ 选用余热回收方案时，应首先考虑充分利用对流室的受热面降低排烟温度。排烟温度与对流室末端被加热的工艺介质温度之差应按经济温差确定，一般情况下，对流室采用钉头管时为 90~120℃，采用翅片管时为 60~90℃。在选用余热回收方案、确定设计参数和结构时均应给予充分的重视。

在重整装置中，反应进料加热炉烟气出辐射室的温度为 750~850℃左右，其烟气热量采用余热锅炉回收，并产生装置所需的中压蒸汽。也有部分装置采用热载体进行热量回收的工艺。

经过余热锅炉或热载体进行热量回收后，对流室的排烟温度为 250~360℃。这部分烟气热量需要再回收利用，一般采用空气预热器与冷空气换热，产生燃烧器所用的热空气。排烟温度为 190℃以下，加热炉热效率可达 90%以上。余热回收系统见图 4-6 所示。

空气预热器有多种形式，如管式、扰流子式、双向翅片管式和热管式等。在实际应用中

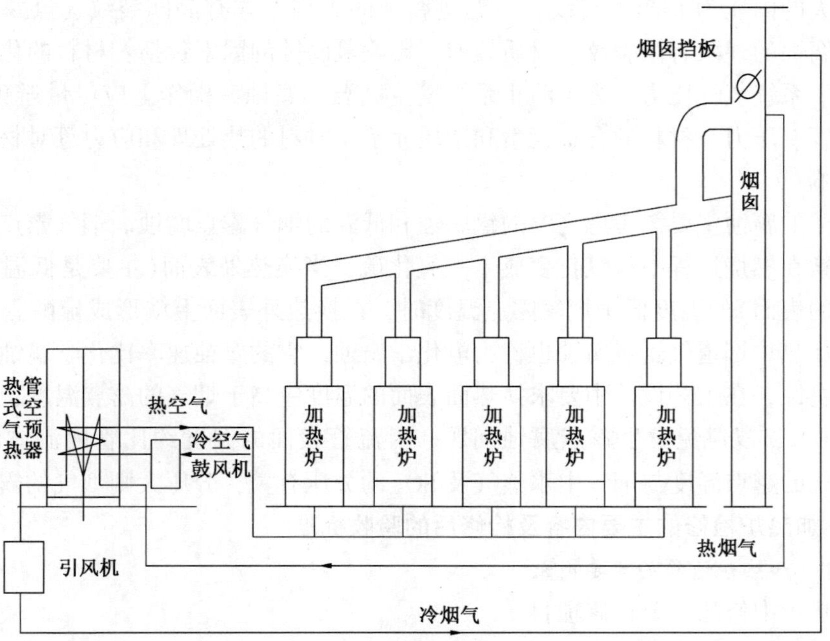

图 4-6　加热炉预热回收系统

要根据不同的工艺条件进行设计和选择。催化重整装置主要以烧气为主，烟气中灰分含量很少，热管是最佳选择，它具有传热效率高，预热器体积小，施工周期短，检修方便等优点。

热管的主要原理是通过工作介质蒸发和冷凝来输送热量，目前常采用的是重力式钢水热管，它是由被抽真空而装有少量液体的密封管构成。这种液体在加热端被加热而蒸发，所产生的蒸汽流动到冷却端，在那里被冷空气冷却，然后凭借重力作用回到加热端。最终把烟气的热量输送给空气。由于热量是通过潜热的形式进行交换，其两端间的温差很小，传热效率很高。

由于热管要求具有较高的真空度，较严格的密封技术和高纯度的工作液体，在使用几个周期后，必须对所用的热管进行复查和维护。失效的管束应及时更换，以保证预热器正常工作。

此外，加热炉系统还设置有常用的安全措施：在炉体上设有防爆门，确保在炉膛突然升压时泄压用；设有燃料气压力低联锁系统，防止回火；炉膛内设长明灯，防止加热炉熄火后产生大量可燃气体引起爆炸；对流室管箱里设有消防灭火蒸汽供弯头漏油或起火时掩护或灭火用；为防止因气体燃料压力低回火而引起燃料气管线爆炸，在加热炉气体燃料管线上通常要安装阻火器，阻火器的阻火机理是火焰通过狭小孔隙时，散热损失突然增大使燃烧不能继续。

4.1.2　加热炉的防腐

为了保证加热炉的耐腐蚀性，确保长周期安全平稳运行，重整加热炉炉管的选材不仅需考虑耐高温及高温下的耐氢腐蚀等情况，还应根据工艺介质的特性选择合适的管材。

加热炉的腐蚀分为炉管内壁的氢腐蚀和加热炉炉管外壁的腐蚀，系统氢分压和温度越高，氢腐蚀的速率越快。高温氢腐蚀反应机理是：

$$Fe_3C+2H_2 \longrightarrow 3Fe+CH_4$$

氢造成钢材内部脱碳和甲烷气体压力上升，内部脱碳造成材料变脆；甲烷的产生会在金属中产生很大的内压力而产生裂纹。高温氢腐蚀的表现形式有晶间裂纹、氢鼓泡、金属脱碳。高温氢腐蚀的现象有微裂纹、材质鼓泡。影响氢腐蚀的因素包括：材料的化学成分、系统反应温度、系统氢气压力。为了防止系统发生高温氢腐蚀，操作上应尽量避免超温超压。反应系统温度、压力、材料的合金元素和杂质元素、材料的热处理和应力等对材质的高温氢腐蚀均有影响。

炉管外壁的腐蚀主要需考虑高温的钒腐蚀和低温的烟气露点腐蚀。烟气露点腐蚀是由于燃料含硫元素在燃烧过程中经氧化变成了三氧化硫，当换热外表面(主要是低温对流管和余热回收系统的表面)的温度低于烟气露点温度时，在换热外表面上就形成硫酸露珠，导致换热面腐蚀。加热炉烟道气露点腐蚀也称为电化学腐蚀，它的腐蚀速率比化学腐蚀快。为了防止发生露点腐蚀，在工艺设计中要求换热面表面的温度应高于烟气的露点温度，烟道气温度不应低于150℃，以避免发生露点腐蚀问题。对流管表面的温度约比管内流体温度高20～50℃，而烟气的露点温度与烟气中水蒸气及SO_3的分压有关，分压大则烟气的露点温度高。

4.1.3 加热炉检修的主要内容及检修后的验收标准

4.1.3.1 加热炉检修的主要内容

(1) 加热炉中修的主要检修项目

① 检查炉管的结焦情况及炉管、回弯头的腐蚀和壁厚的变化情况，氧化爆皮、鼓泡、弯曲变形情况等。对结焦炉管进行清焦，对有损坏的炉管、弯头等进行修理和更换。

② 检查回弯头的堵头、顶紧螺杆、元宝螺母及回弯头其他位置有无裂纹及损坏，进行研磨修理或更换。

③ 检查炉墙、烟囱等处的衬里，看火门、防爆门、回弯头箱等处的密封，对损坏处或不严密处进行修补处理；检查炉管的管架、吊钩、定位管、导向管等部件，对损坏处进行修理或更换。

④ 检查燃烧器及油、汽管线及阀门等处，对漏油、漏汽处进行修理或更换阀门、垫片；检查空气预热器、吹灰器等设备是否完好，烟囱挡板和风道挡板等转动是否灵活，对有问题的部件进行修理或更换。

⑤ 检查辐射室、对流室、烟道、空气预热器等处有无积灰，如果有积灰，应进行吹灰清扫。检查消防蒸汽线及紧急放空装置是否正常好用。

⑥ 检查漏油、漏汽情况，更换阀门和垫片。

⑦ 热电偶套的检查、修理和更换。

⑧ 检查灭火蒸汽和紧急放空装置是否畅通。

⑨ 对加热炉钢结构及钢制烟囱的钢板厚度腐蚀情况进行检查修理。

⑩ 对加热炉烟囱的基础检查修理，对炉体钢架、烟囱、平台、梯子及管线进行刷漆防腐处理。

⑪ 对加热炉对流部分的管架的检查与修理。

⑫ 避雷针和接地的检查。

4.1.3.2 加热炉检修后的验收标准

① 按照有关加热炉检修验收制度进行验收。

② 具备完整的检修和检查记录。

③ 加热炉通过贯通试验和水压试验合乎要求，炉膛不漏风，各附件完整好用，保温良好。

4.2 催化重整反应器

重整反应器是催化重整的关键设备。一个设计合理、性能良好的反应器，应满足如下条件：

① 满足化学动力学和传递过程的要求，做到反应速度快、选择性好、转化率高、目的产品多、副产品少。

② 应能及时有效地输入或输出热量，维持系统的热平衡，使反应过程在适宜的温度下进行。

③ 应有足够的机械强度和抗腐蚀能力，满足反应过程对压力的要求，保证设备经久耐用，生产安全可靠。

④ 应做到制造容易，安装检修方便。

4.2.1 反应器的分类

重整反应器以气体在反应器内流动方式不同主要有轴向式和径向式两种结构类型。根据反应器器壁结构不同，又分为冷壁反应器和热壁反应器。采用能抗高温氢腐蚀的铬钼钢制造反应器筒体，称为热壁反应器，这种反应器结构比较简单，制造方便，便于安装，但一次性投入较大。若采用隔热混凝土衬在反应器内壁，使反应器筒体壁温降到200℃以下，这样使氢气到达筒体时的温度大为降低，可避免高温氢腐蚀出现。筒体材质选用碳钢，这样的反应器称为冷壁反应器，其投资较热壁反应器小。冷壁反应器必须在隔热混凝土之内加一个1Cr18Ni9Ti的不锈钢衬筒，防止隔热层破落污染催化剂。由于热壁反应器的生产操作安全性好，近年来新建重整装置一般都采用热壁反应器。

关于预加氢反应器选材问题主要考虑因素为：预加氢反应过程是一种临氢过程，操作压力和温度较高，而且反应过程中放热，设备极易产生高温硫化氢腐蚀。氢和硫化氢的联合腐蚀比两者单独作用更为严重。一般的低铬钢不适于制做这种反应器，低于5%铬含量的铬钢，其腐蚀速率与普通碳钢相近。当铬含量提高后，其腐蚀速率大为下降，所以应选用高铬钢（如Cr13）或1Cr18Ni9Ti不锈钢做预加氢反应器。

根据催化剂的装填形式不同，重整反应器又可分为固定床反应器和移动床反应器。

4.2.1.1 轴向反应器

图4-7为轴向反应器结构图。轴向反应器为圆筒形，物料自上而下轴向流动，结构比较简单，但催化剂床层较高，物料通过时的压降

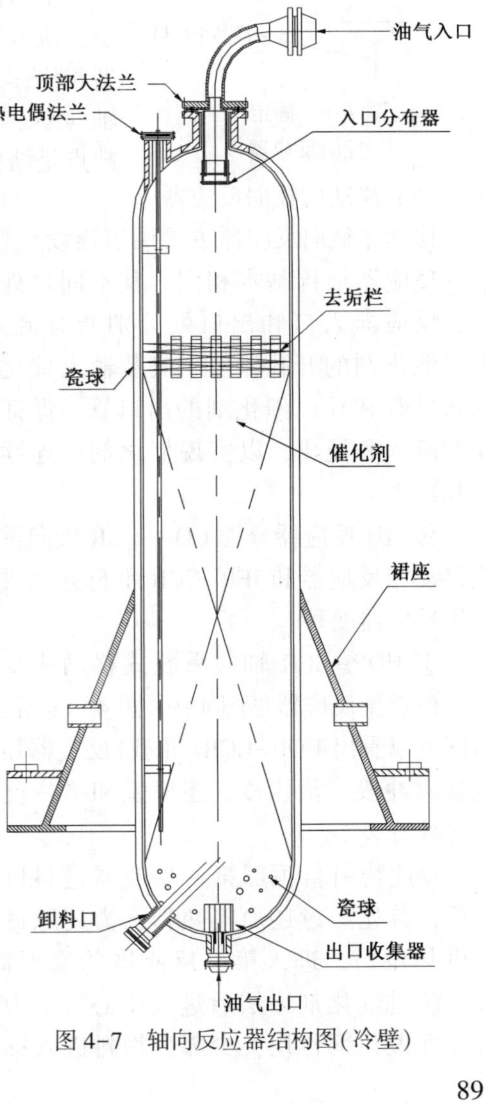

图4-7 轴向反应器结构图（冷壁）

较大。

为使物料沿整个床层截面分布均匀，在入口处设有分配器，分配器下部封死，在侧面开有矩形槽，油气出口处设有钢丝网状的收集器以防止催化剂粉末被带出，在反应器入口处设有事故氮气线，在事故状态下使用。反应器下部装有瓷球，保证在反应器底部盲区没有催化剂存在，充分利用催化剂。催化剂床层顶部装有瓷球，用于稳固催化剂床层，避免在操作波动时，催化剂床层移动而使催化剂破碎。所使用的瓷球必须是化学惰性的，并且不含有使催化剂中毒的杂质。

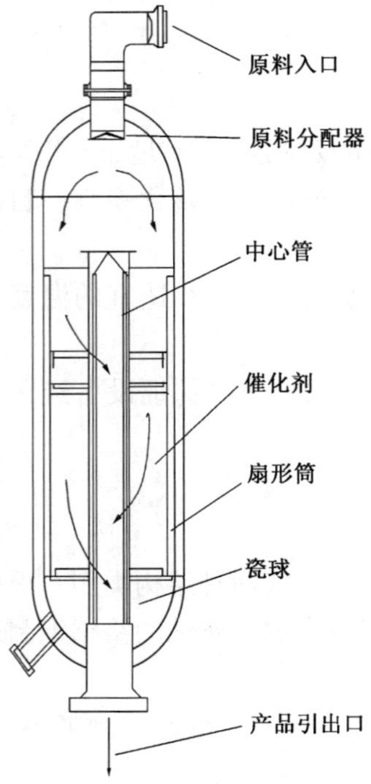

图 4-8　固定床径向反应器

4.2.1.2　径向反应器

径向反应器可分为固定床径向反应器和移动床径向反应器，见图 4-8 所示。

(1) 固定床径向反应器

固定床径向反应器催化剂装填于扇形筒与中心管之间的环形空间内，气体物料沿着径向从边缘扇形筒穿过催化剂床层，流入位于中心的中心管内流出。这种反应器与轴向反应器相比，由于催化剂床层薄，阻力较均匀，物料流动距离比轴向小，流通面积却比轴向反应器大，所以其压降较低。其缺点是结构复杂，安装、制造要求比较高。

(2) 移动床径向反应器

移动床径向反应器主要用于连续重整装置，移动床径向反应器和固定床径向反应器相比，反应器结构基本相同，其不同之处在于，反应器入口和出口处分别开有流入、流出催化剂的开孔，便于安装输入催化剂的入口管和导出催化剂的出口管，保证催化剂流入和流出，以实现催化剂的连续循环和再生。

移动床反应器分为 UOP-CCR 轴向重叠式移动床反应器和 IFP-CCR 平行并列式移动床反应器两种。

① UOP-CCR 轴向重叠式移动床反应器。该类型反应器见图 4-9~图 4-11 所示，由图可以看出 UOP-CCR(Ⅱ型)反应器顶部包括缓冲段、预热段、还原室和第一反应器等部分。

反应物料自顶部第一反应器进料口进入后，首先经过还原换热器，为还原过程提供热量后，进入第一反应器的扇形筒，径向流过催化剂床层后进入中心管。为充分发挥催化剂作用，少部分物料进入第一

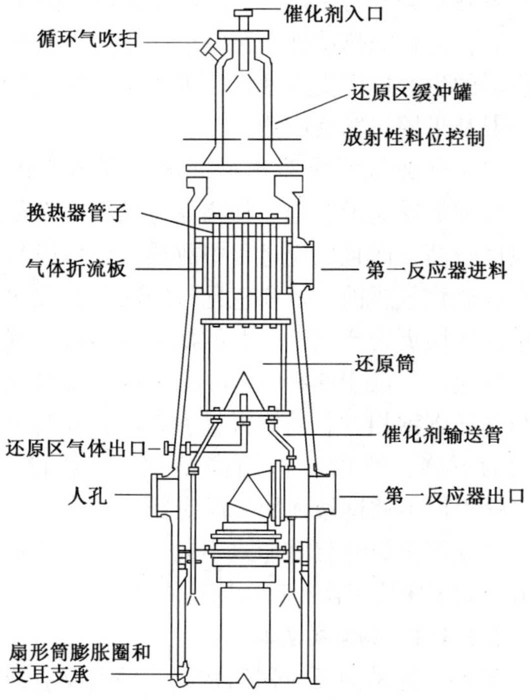

图 4-9　UOP-CCR(Ⅱ)反应器顶部结构示意图

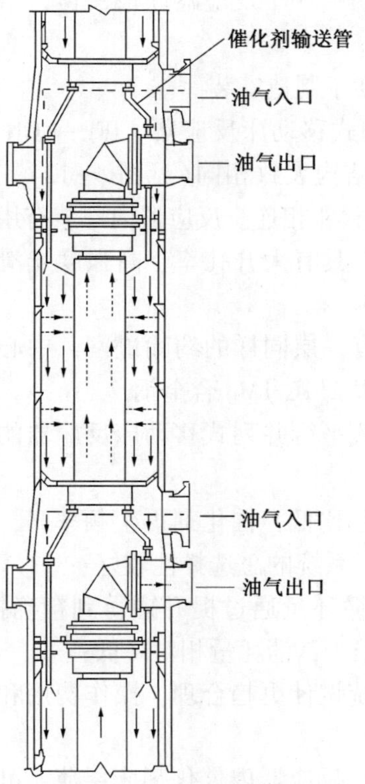

图 4-10　UOP-CCR(Ⅱ)反应器中部结构示意图

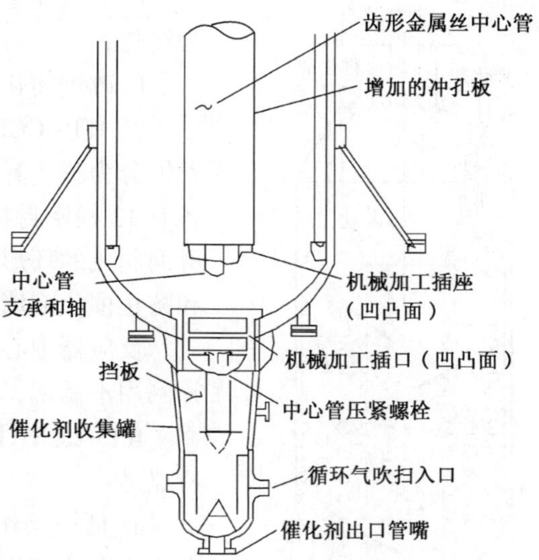

图 4-11　UOP-CCR(Ⅱ)反应器下部结构示意图

反应器床层顶部，为密封催化剂提供一股向下流动的物料。

催化剂自顶部进入，经过预热后进入还原室，还原后的催化剂进入第一反应器。

还原氢气通过还原区后，分成两部分，约 10% 与催化剂一起进入第一反应器，90% 氢气被引出还原筒，经过冷却到回收部分处理。

反应器中心管底设有一个环形催化剂排出口，用漏斗形挡板分成 12 格，引导催化剂通过 12 根催化剂输送管进入下面的反应器中。进入中间反应器锥体区的进料通过准半圆形通气口均匀分配到扇形筒中，然后径向流过催化剂床层进入中心管。一部分进料进入盖板上围绕中心管的通气环，经过盖板上一系列的小孔并经过齿形金属网从盖板下流出。小孔使气流均匀地流到催化剂的密封区，齿形金属网可以防止催化剂流失。

末反应器中的催化剂和上部各反应器一样，以平推流的方式向下移动，并以同样的方式流出中心管底部。

在催化剂收集罐的上面有一径向挡板分隔成几部分使催化剂得以均匀地流过。催化剂在收集罐中仍保持平推流动，然后围绕锥形挡板流出反应器。在底部反应器中物料的流动与上面的反应器相同，先进入扇形筒，然后径向流过催化剂床层，再从中心管上部流出。

UOP-CCR(Ⅱ型)轴向重叠式移动床反应器与 UOP-CCR(Ⅰ型)相比，有如下优点。

a. 新设计催化剂可以从中心管底部流出，减少了死区的催化剂；

b. 反应器产物由过去沿中心管向下流动改为向上流动，改善了气体分布，减小了压降；

c. Ⅱ型设计使高 H_2O、高 HCl 含量的气体从进入第一反应器前的还原筒排出，使反应器在较低 H_2O 含量的循环氢气体中操作，排出了还原区的 H_2O、高 HCl 含量的气体；

d. 代替原来盖板通气口结构的是环绕中心管的一个通气环，使密封气更加均匀，改善了催化剂密封气流；

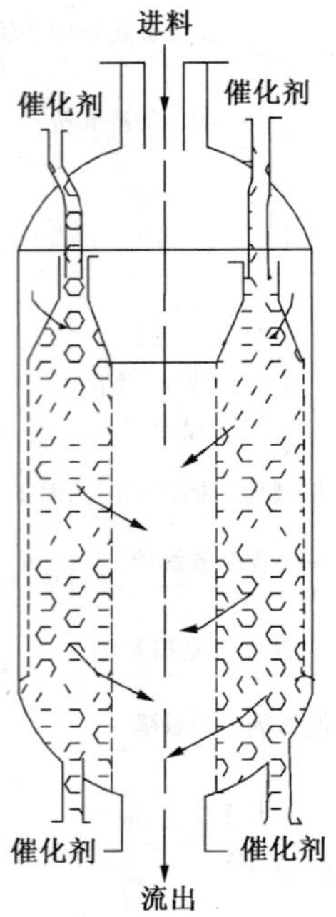

图 4-12 IFP-CCR 平行并列式移动床反应器结构示意图

e. 催化剂收集料斗与最后一个反应器联成一体，结构大为简化；

f. 改进简化了构件，便于制造安装。

② IFP-CCR 平行并列式移动床反应器。IFP-CCR 工艺发展分为三代，其反应器结构大致相同(见图 4-12)，上下各有 12 根密封料腿和上下料斗相连。反应器内部装有用约翰逊网制成的环形外套筒，它具有大开孔率、高强度光滑表面和防止催化剂堵塞的特点。

反应器中心管外部也有一层同样的约翰逊网，中心管和筛网用不锈钢，筒体通常用 2¼Cr1Mo 合金钢。

IFP-CCR(Ⅱ型)第二代平行并列式移动床反应器的基本特点是：

a. 低压操作，氢油摩尔比低，催化剂再生频率高，再配合高选择性催化剂，使整个系统的总选择性较好；

b. 催化剂连续循环，循环量通过提升罐得到精确控制，催化剂颗粒流动平稳，磨损少，消耗量相对降低；

c. 催化剂反应再生系统设计更趋合理，操作费用和公用工程减少，环境污染减轻；

d. 反应器系统受力小，反应器内催化剂床层薄，可完全消除“阻塞效应”，可用 4 台反应器，平均温度低，可减少催化剂的失活率；

e. 设专用氮气密封循环来提升再生段和反应段催化剂，并采用闭锁式料斗，安全可靠；

f. 自动化程度高，催化剂的循环过程由在线自动化控制，不会出现人为停工现象。

4.2.2 反应器的结构及各构件的作用

反应器由反应器筒体、入口分配器、卸料口、中心管、中心管帽罩、扇形筒及篮筐等组成。

(1) 反应器筒体

反应器筒体是整个反应器的重要组成之一，为解决高温氢的影响，对重整反应器筒体材质有严格的要求：

① 采用能抗高温氢腐蚀的铬钼钢制造筒体，这样的反应器称为热壁反应器(图 4-13)。国外铬钼钢较多，多采用热壁反应器。这种反应器的结构比较简单，制造方便，便于安装。

② 采用隔热混凝土衬在反应器内壁，使反应器筒体壁温由 530~570℃降到 200℃以下，这样使氢气达到筒体时的温度大为降低，可避免高温氢腐蚀出现，筒体材质就可以选用碳钢。这种在内壁上采用隔热混凝土衬里的反应器，称为冷壁反应器。采用冷壁反应器，在隔热混凝土之内应加一个 1Cr18Ni9Ti 的不锈钢衬筒，以防混凝土破落污染催化剂。

(2) 入口分配器

入口分配器在反应器的顶部，主要作用是将反应物料均匀分布进催化剂床层，减少反应物料对催化剂床层的冲击。

(3) 卸料口

卸料口位于反应器的底部，主要用于将反应器中的催化剂和瓷球卸出。

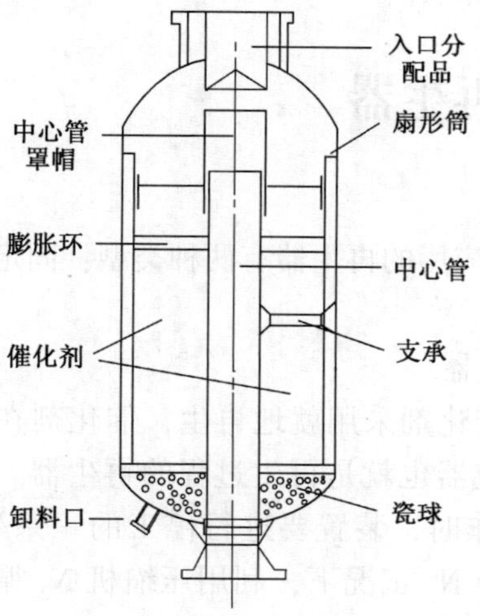

图 4-13　热壁扇形筒径向反应器

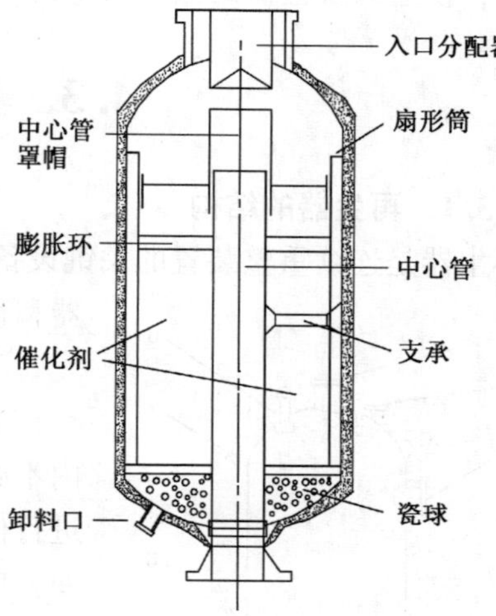

图 4-14　冷壁扇形筒径向反应器

(4) 中心管

中心管是径向反应器的重要组成部分。它是由内管、定距圆钢和外包网(外包冲孔板)构成。外包网的缺点是催化剂容易破碎，解决的办法是将外包网改为外包冲孔板。

(5) 中心管帽罩

中心管帽罩是防止反应物料和氢气走短路的构件。帽罩下段埋入催化剂床层，帽罩的高度应根据不同的催化剂装入量和沉降高度来设计。为满足催化剂装填量的变化，帽罩通常采用活动式帽罩，其结构见图 4-15 所示。

这种帽罩的缺点是设备空间利用率低，多余的空间使反应油气在高温区停留时间加长，易产生副反应；此外该种帽罩结构比较复杂，在窄小的空间里安装几十个螺栓很不方便。改进的方法是设计灵活简便的能够达到密封高度和沉降高度要求的新型帽罩。

(6) 扇形筒

扇形筒使油气在反应器内形成径向流动，根据结构不同可分为 A 形扇形筒或 B 形扇形筒。

A 形与 B 形不同之点在于，A 形扇形筒背面的曲率半径与反应器的曲率半径相同，通过膨胀环的张力使它们能紧贴在反应器的内壁上，间隙很小，因而能避免催化剂迁移到扇形筒背面。B 形扇形筒背后是平的，它和器壁形成一个小的空间，装填催化剂时催化剂会进入其中，这是它的严重不足之处。

(7) 防垢篮

对轴向反应器而言，一般在反应器催化剂上层装有防垢篮。其作用是过滤油气带进来的杂物，以减小压降，延长开工周期；同时增加催化剂床层顶部和油气接触的

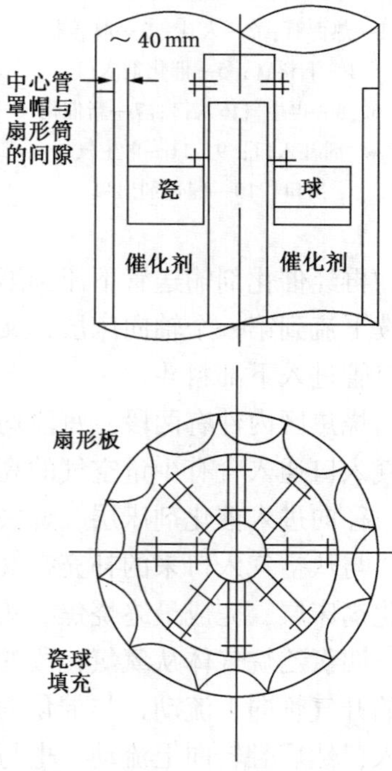

图 4-15　活动式中心管罩帽

表面积，使进入反应器的油气尽量均匀地进入催化剂床层。

4.3 催化重整再生器

4.3.1 再生器的结构

再生器是连续重整装置的关键设备之一。工业上应用的再生器有两种类型：固定床再生器和移动床再生器。

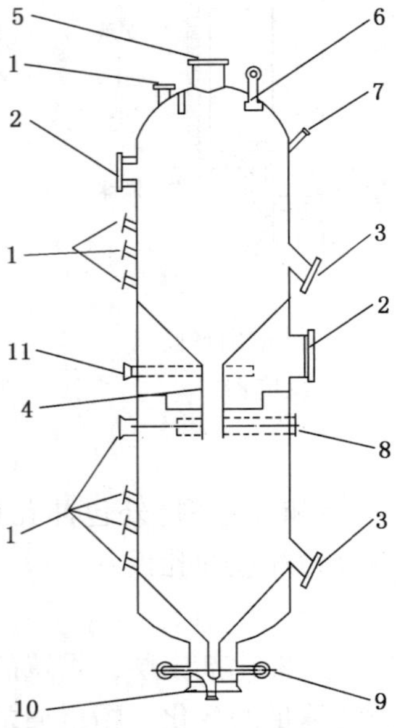

图 4-16 固定床再生器结构示意图
1—热偶管；2—人孔；3—取样器；4—下料管；5—催化剂入口；6、8—再生气体入口；7—新催化剂补入口；9、11—再生气出口；10—催化剂出口

(1) 固定床再生器

半再生式重整催化剂采用就地再生，催化剂在反应器内不必卸出，其反应器也就是再生过程的再生器。在需要进行催化剂再生操作时，装置要进行停工的一系列处理，使反应器系统处于纯 N_2 工况下，利用压缩机 N_2 循环烧焦再生。

由图 4-16 可以看出，固定床再生器是一个下部带有锥形筛孔的立式筒型再生器。待再生催化剂分批定量的装入再生器中，然后按程序对催化剂依次进行烧焦、氧氯化和焙烧干燥。再生完一批后，催化剂自再生器中一次卸出，然后再重新装入下一批待再生催化剂。

(2) 移动床再生器

图 4-17 是三种移动床再生器结构示意图。

由图 4-17 可以看出，三种移动床再生器结构大致相近，如相同的径向烧焦段、轴向氧氯化段和干燥段。但是在具体的结构设计中还是有不少区别，大体来说，Ⅱ型 UOP-CCR 再生器和Ⅱ型 IFP-CCR 再生器都比Ⅰ型 UOP-CCR 再生器的结构更为先进、合理。

IFP 再生器，催化剂从顶部催化剂入口进入缓冲区，然后经过催化剂输送管进入中心管和外筛网之间的环形空间，再经催化剂输送管下流到第二中心管和外筛网之间的环形空间，然后再从催化剂输送管继续下流到第一个轴向床层，又经催化剂输送管流到第二个轴向床层，最后催化剂从催化剂出口管进入下部料斗。

烧焦区内件有两段，每段均是由外筛网和中心管构成的径向流动床层，在主烧焦区从再生气入口通入含有少量空气的高温再生气，进入两隔板之间的空间，下流到外筛网与器壁之间，径向进入催化剂床层，烧去催化剂上的积炭，燃烧之后的再生气进入中心管继续向下流动，与从空气入口来的补充空气混合，又进入下一个外筛网与器壁之间的空间，再径向进入催化剂床层，完成最终烧焦。然后再生气体下流到下部两隔板之间的空间，从再生气出口流出。四氯乙烷气体从氧氯化段的氯化物入口进入，经设置在隔板上的若干由焊接条缝筛网制成的升气管向上流动，与催化剂逆流接触，完成催化剂的氯化。干燥气体从下部焙烧区入口进入，然后翻转向上流动，也与催化剂逆流接触，完成催化剂干燥。干燥气与氯化物混合一道从焙烧区出口排出。

下面以第三代 UOP-CCR 再生器为例具体说明再生器的结构。

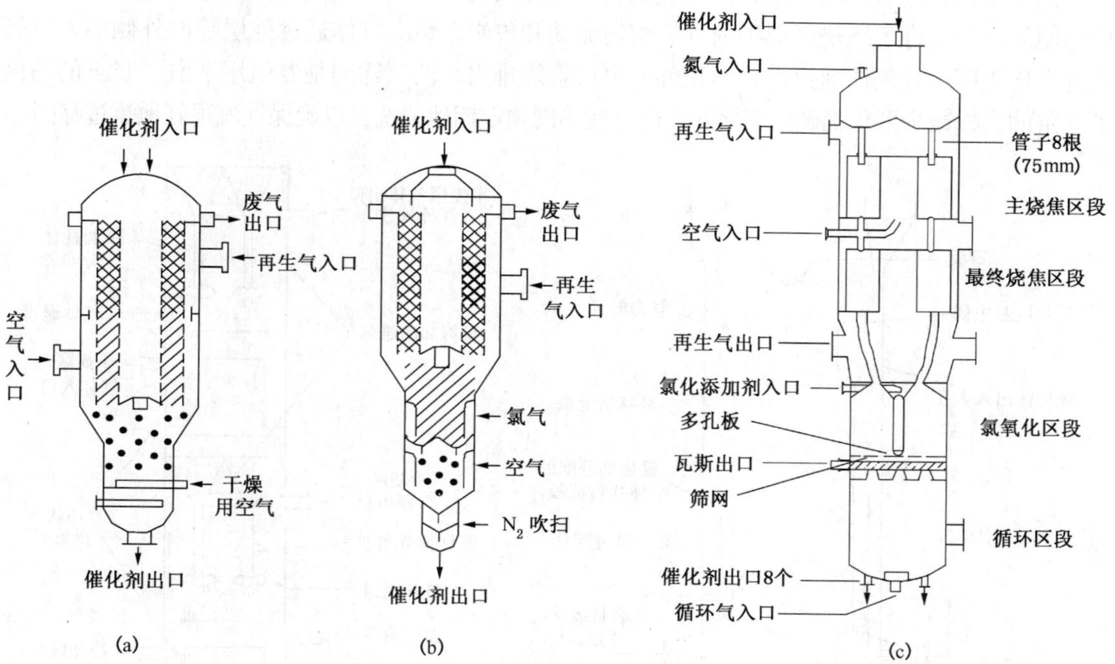

图 4-17　几种移动床再生器结构示意图

(a) Ⅰ型 UOP-CCR 再生器；(b) Ⅱ型 UOP-CCR 再生器；(c) Ⅲ型 IFP-CCR 再生器

大多数装置的再生器及内件由不锈钢制成。再生器包含五个单独的区——烧焦区、再加热区、氯化区、干燥区和冷却区(图4-18,图 4-19,图 4-20)。

催化剂通过许多对称管进入再生器顶。催化剂由于重力的作用流入烧焦区，系统设计成催化剂均匀流入烧焦区。

烧焦区是一个圆形的催化剂床，介于垂直的外层筛网和一个向内倾斜的内层筛网之间。外层筛网焊接在再生器容器壁的底部，顶部通过金属筛网与容器壁相连。在外层筛网底部的连接处，有许多水平的槽沟，以便于气体在外层筛网后面的区域自由排放。从再生风机来的气流从外层筛网顶进入催化剂床，作为直接密封气体。进口下方有一个密封的圆形板，防止气体向下流入燃烧区，使它向上流动。外层筛网顶的金属筛网允许直接密封气体流过外层筛网顶，从顶部进入催化剂床层，使催化剂不会落在外层筛网后面。密封气流用于防止催化剂在圆形筛顶流化。

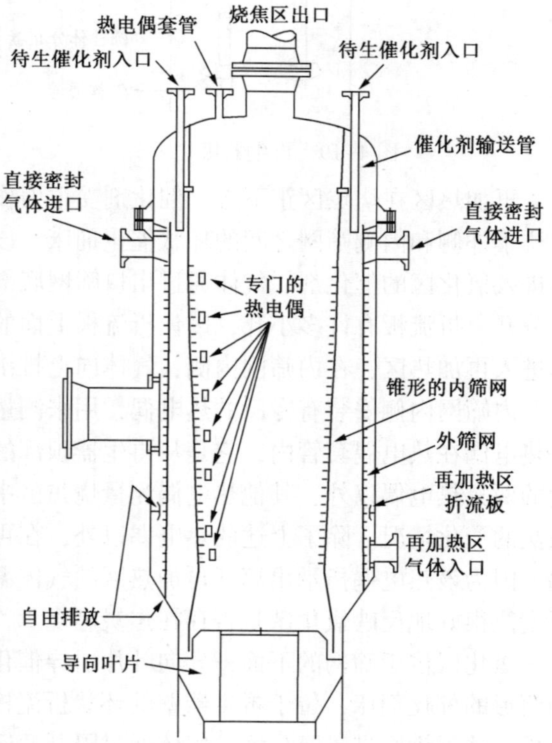

图 4-18　再生器烧焦区和再加热区

内层筛网顶连接到再生器顶。在底部，内层筛网配在导向叶片周围，以防止横向流动。内层筛网的设计适合于燃烧区周围的气流均匀流动和焦炭燃烧。气体通过外层筛网外侧的入口管线进入烧焦区，且气体通过内筛网顶部的出口管线排出。两层筛网是专门用平滑、竖直的筛网条固定的，以减少催化剂破碎和堵塞。而这些筛网须定期地清洗，以确保气流很好地流过筛网。

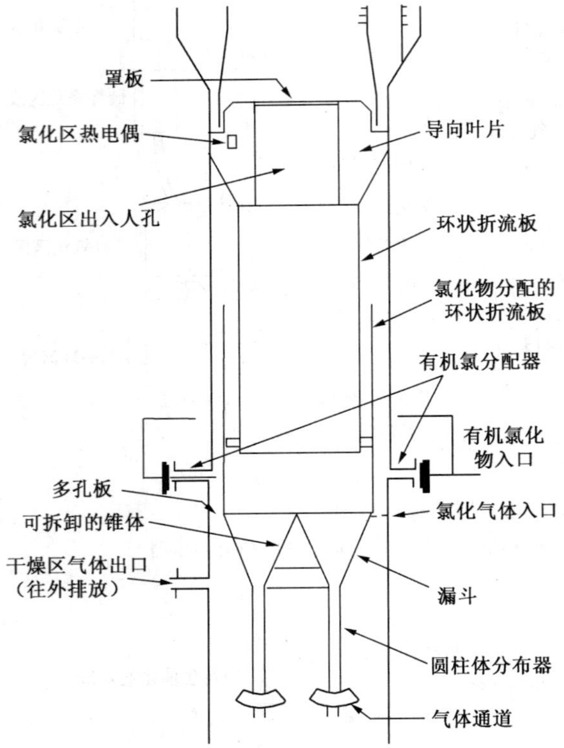

图 4-19　再生器氯化区

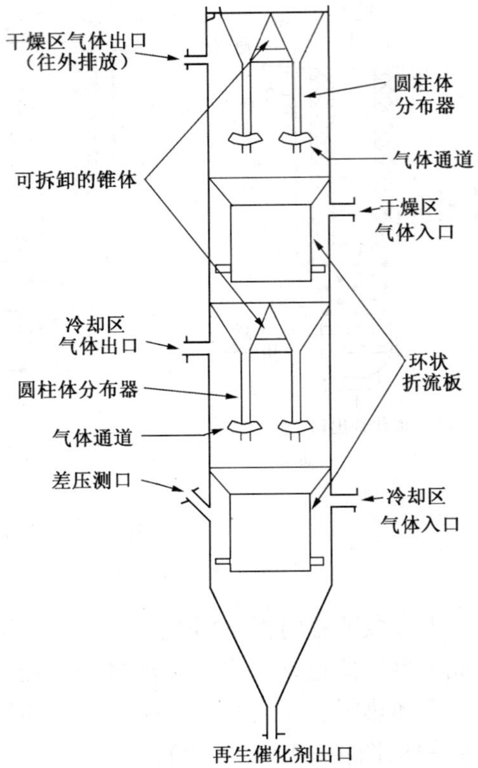

图 4-20　再生器干燥区和冷却区

再加热区在烧焦区正下方，催化剂受重力作用流入再加热区。再加热区同烧焦区一样，是位于外侧和内侧筛网之间的环状催化剂床。该区的设计是：用从烧焦区出来的热气，预加热进入氯化区的催化剂。气体通过出口筛网底部外侧或底部附近处定位的一折流板，与燃烧区分开。折流板有许多小孔，以让折流板上面的区域自由排放。通过外筛网的入口管嘴，气体进入再加热区，在内筛网内侧，气体向上排出，进入烧焦区。

内筛网内侧安装有专门的热电偶，用来测量在催化剂床层下各个点的再生气体温度，这些热电偶在热电偶套管内，它是从再生器顶部的管嘴处向下延伸。除了用来测量再加热区温度的两只热电偶以外，其他热电偶测量烧焦区中的温度。这些床层温度指示出在烧焦区燃烧焦炭的变化情况。除了上述的热电偶以外，在再加热区的催化剂出口处设置单独的一只热电偶。因为该热电偶指示出离开再加热区的气体温度，所以，它被称作为氯化区热电偶。这个温度能很好地反映氯化区是否存在焦炭燃烧。

氯化区位于筛网的下面，导向叶片引导催化剂在重力作用下进入氯化区。氯化区是一只圆筒形的催化剂床，位于再生器壁的环状折流板的内侧，气体经过隔开氯化和干燥两区的多孔板，从干燥区进入氯化区。气体通过隔开两区的板上的孔进入氯化区。气体首先进入由容器壁和环状折流板限制的环状区。在这点上，有机氯化物通过两个相差 180°的氯化物分配器引入到气体中。然后气体进入圆柱体的催化剂床层的底部，该床层为催化剂氯化作用发生处。环状折流板是特别设计的，它能使气体均匀地沿折流板的外侧流下再向上流经催化剂床层。气体流出该区进入再加热区的内筛网内侧向上流动。

干燥区在氯化区的下面，催化剂靠重力经过一个圆锥形的漏斗和一个分配器进入干燥区。同氯化区一样，干燥区是环状折流板内的一圆柱体的催化剂床层。气体通过在再生器壁内的入口管嘴进入干燥区，用于干燥的环状折流板是特别设计的，它能使气体均匀地沿折流板外面流下后再向上流经催化剂床层。气体通过催化剂床层上面的再生器壁中的干燥空气出口管排出干燥区，以及经过把干燥区与氯化区隔开的板上的孔(前面提及的多孔板)排出。其中，一个干燥区的气体出口又是通向氯化区的入口，在氯化区有机氯化物喷注入干燥气体中，且进入氯化区。其他的干燥区气体出口管嘴是一个排放口，用来经过一控制阀把再生器的过多干燥气体排出。

通向干燥区的圆柱体分布器通过气体通道贯通到四个位置。这些通道使得由分布器封住的区域与分布器外侧的区域之间便于进行气体流通。这种流通对确保气体均匀分布穿越干燥区的圆柱体床层是很重要的。

冷却区在干燥区下面，催化剂在重力作用下经过一锥形漏斗和分配器流入冷却区。像干燥区一样，冷却区是在环状折流板内的一个圆柱体的催化剂床层。气体通过再生器壁中的管嘴进入冷却区，用于冷却的环状折流板是特别设计的，它能使气体均匀地沿折流板外面流下后再向上流经催化剂床层。气体经过催化剂层上面的再生器壁上的冷却气体出口管嘴排出区域，与来自空气干燥器的空气一起，通向空气加热器以供给干燥区。

正如上述一样，通向冷却区的圆柱形分布器通过通道贯通到四个位置。这些通道使得由分布器封住的区域与分布器外侧的区域进行气体流通，保持气体平衡。这种流通为确保气体均匀分布穿越冷却区的圆柱体床层是很重要的。

为了方便检查起见，通过烧焦区气体出口管嘴，从容器的顶部通过燃烧区气体出口管嘴可以进入到各个区域。通过出口管嘴可立即到达内筛网的内部。在内筛网底部，导向叶片与圆柱体支架相连处，有一人孔可到达再生器的底部，使用锥形漏斗中心的可拆卸的锥体，可以进入干燥区和冷却区。

4.3.2 再生器的结构及各构件的作用

(1) 粉尘收集器

粉尘收集器把催化剂碎屑和粉尘从淘析气中去掉。淘析气从侧面进入粉尘收集器，气体穿过毡布过滤器，从顶部排出(见图4-21)。催化剂碎屑和粉尘堆积在滤芯以及粉尘收集器的底部。

随着滤芯上粉尘增加，滤芯两侧的压力降也增加，当差压报警时，滤芯必须清洗。粉尘收集器工作时，可使用氮气由逆向管嘴反吹清扫。

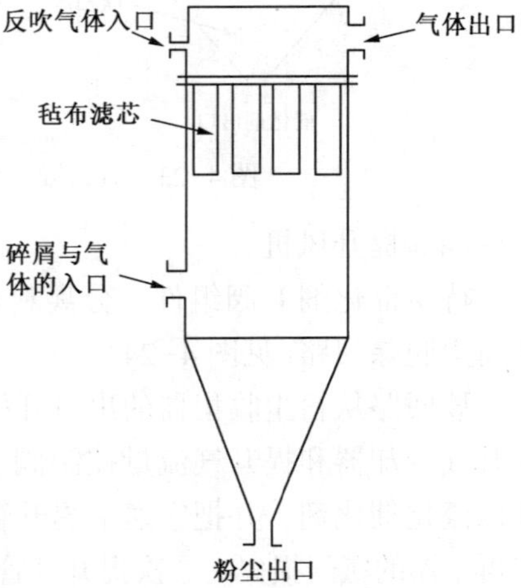

图4-21 粉尘收集器典型结构

(2) 再生鼓风机

再生鼓风机(见图4-22)将高温再生气通过再生器循环。鼓风机是一个在内保温壳里的径向直叶轮风机。由于风机在高温下工作，一些风机设计的轴封可能需要连续水冷。密封件是多级石墨密封环，需要连续的氮气吹扫，并由一个差压调节器控制。

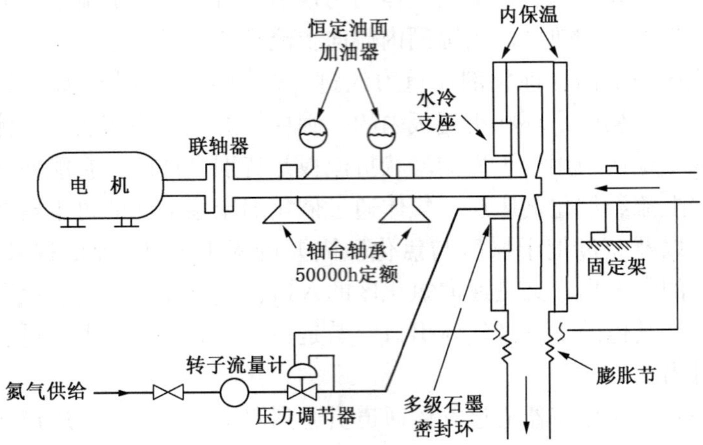

图 4-22　再生鼓风机

(3) 氮封罐

氮封罐及其内部构件系用碳钢制成。催化剂在氮封罐区的顶部进入气体分离区(主要用于在运行中把催化剂置换出来)。催化剂通过一立管进入吹扫区，然后从容器出来。氮气进入吹扫区，向上流过立管及分离区的催化剂床层，接着从催化剂的入口流出。氮气也向下流过吹扫区的催化剂床层，从催化剂出口流出(见图 4-23)。

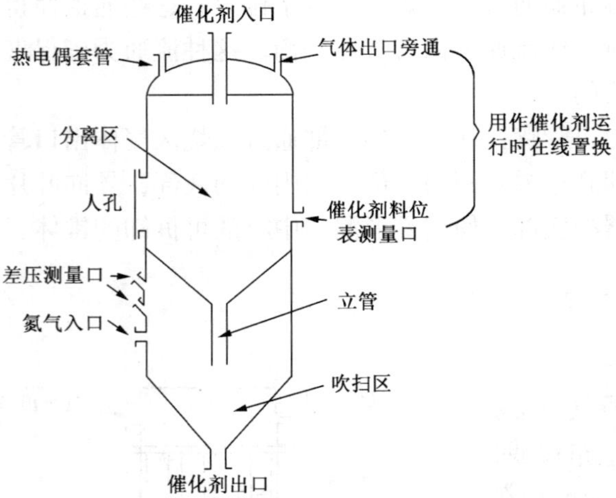

图 4-23　氮封罐

氮封罐的正常功能是为再生器的催化剂隔离系统(氮气泡)提供氮气加入点及用作催化剂运行中置换。在催化剂进行置换期间，氮封罐接受装填到装置中的新鲜催化剂并吹扫空气，新鲜催化剂通过添加催化剂闭锁料斗进入氮封罐催化剂入口。在正常操作期间，催化剂分批添加到氮封罐，为了方便添加催化剂，氮封罐装有催化剂核料位仪。氮气流也类同于正常操作，只是气体经过旁路管从顶部排出容器。采用这种方式的原因是因为在催化剂置换时，氮封罐和再生器之间的气体流通是通过旁路管进行的。

(4) 提升风机

待生催化剂 L 阀组件、分离料斗、粉尘收集器、除尘风机以及提升风机构成了提升气和粉尘脱除回路(见图 4-24)。

该回路从粉尘收集器的出口开始，在那里经过滤的氮气通向除尘风机和提升风机，通过提升气冷却器和提升气流量控制阀，把提升风机的氮气作为提升气送到待生催化剂 L 阀组件以流化催化剂，并把它送上提升管。在除尘风机的出口加入氮气，以补充去催化剂收集器和再生器的氮气损失。二次提升气管和催化剂收集器之间的差压控制器控制补充氮气的速率。

从除尘风机来的氮气经过淘析气流量控制阀进入分离料斗，作为淘析气。在淘析管内把碎屑从整粒的催化剂中分开。当提升气、淘析气和粉屑经过淘析管的上端离开容器时，整粒的催化剂降落到分离料斗的底部。

离开分离料斗的循环氮气流入粉尘收集器，用于脱除催化剂碎片和粉尘。粉尘沉降到粉尘收集器的底部，粉尘和碎屑通过粉尘收集斗卸到一只桶内。粉尘收集斗作为一只闭锁料斗把粉尘从粉尘收集器输送出来，同时，泄压至大气压。经过过滤后，氮气流出去，在风机的入口处完成了气体的循环过程。

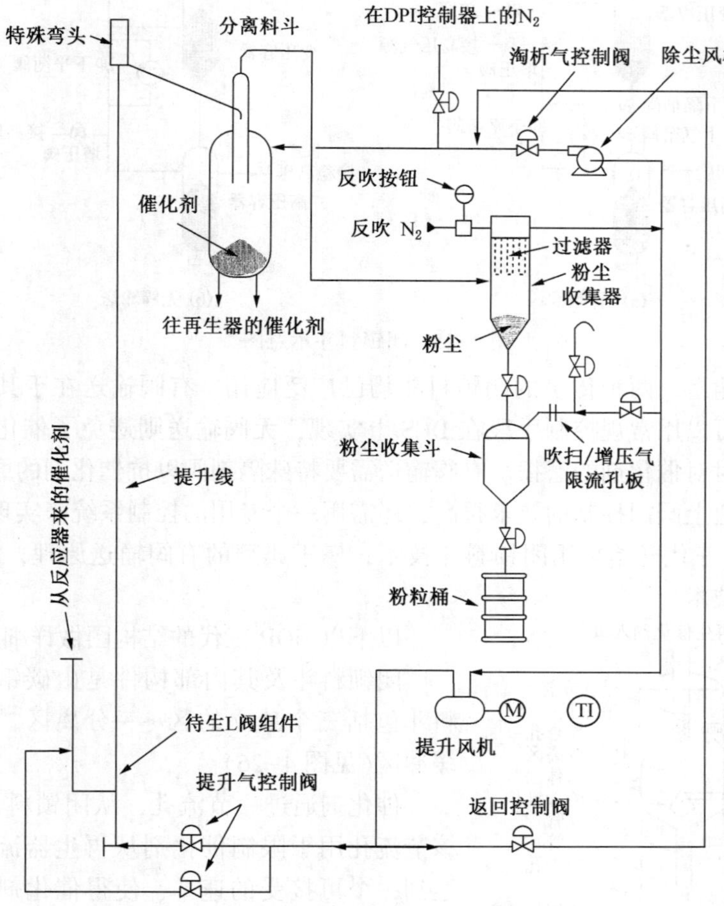

图 4-24　提升气与粉尘去除循环

4.4　催化重整特有设备

催化重整装置在正常生产过程中，由于催化剂需要连续再生，以保证重整催化剂的活性及选择性。重整反应系统与催化剂再生系统是两个完全不同的工作环境，需要一些特殊的设备，如闭锁料斗、提升器、干燥器及特殊阀门等，以保证装置安全平稳运行。

4.4.1　闭锁料斗

闭锁料斗是催化剂连续再生设备中的一个关键设备，它的作用是将上部低压区的催化剂输送到下部高压区。目前在连续重整装置使用的两种常见的传统闭锁料斗工作原理如图 4-25所示。

图 4-25(a)中连接容器的催化剂输送管中催化剂流动是靠阀门中止的，称之为有阀输送。图 4-25(b)中连接容器的催化剂输送管中催化剂流动是靠加在该管上的逆向压差来中

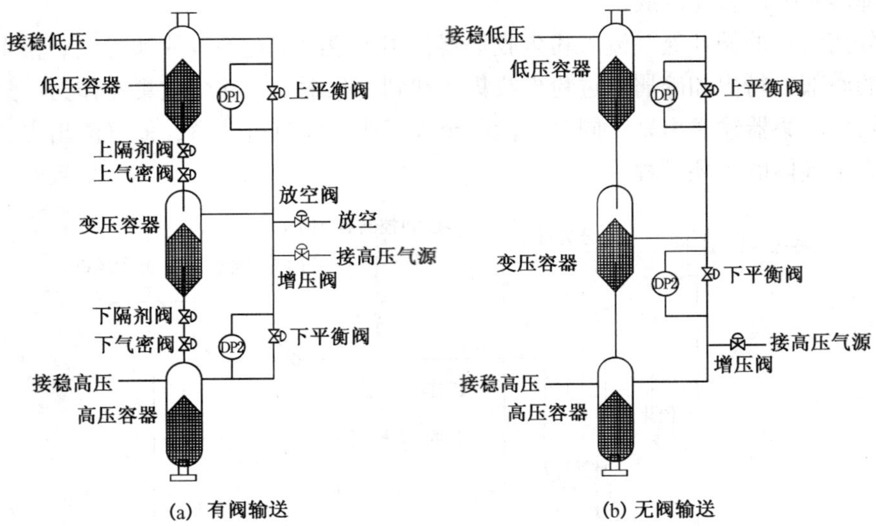

图 4-25　闭锁料斗示意图

止，称之为无阀输送。两种传统的闭锁料斗均已广泛应用。有阀输送在于其对控制要求较低，其控制方案可以用常规控制手段在 DCS 上实现，无阀输送则避免了催化剂输送管上阀门在打开和关闭时对催化剂的磨损。有阀输送需要特殊隔剂阀以抗催化剂的磨损，而无阀输送则是对气体管道上阀门控制的要求很高，还需用一个专用的控制系统来实现。

IFP 装置二、三代开始采用闭锁料斗技术，属于典型的有阀输送原理，而 UOP 装置采用的是无阀输送技术。

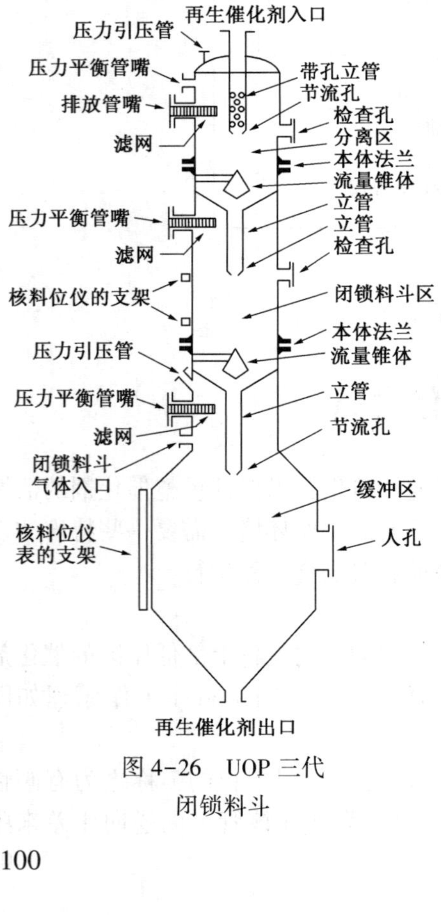

图 4-26　UOP 三代闭锁料斗

以下以 UOP 三代的结构图做详细说明。

闭锁料斗及其内部构件是由碳钢制成的。闭锁料斗包括三个独立的区——分离区、闭锁料斗区和缓冲区(见图 4-26)。

催化剂通过一节流孔，从闭锁料斗的顶部进入。该节流孔用于限制催化剂从再生器流出的瞬时速率达到一个可接受的速率，使得催化剂经过装置循环时能够保持稳定燃烧。在节流孔下面是三个催化剂区域：顶部区域叫分离区，中间区域叫闭锁料斗区，底部区域叫缓冲区。这些区域设计成一起工作，小批量输送催化剂，用于提高催化剂周围的压力。所有的三个区都是在重整增压氢气(或其他来源的富氢气体)的环境下运行，但在两个不同压力下操作的。分离区近似再生器压力，缓冲区在近似再生催化剂 L 阀组件的压力下操作的；闭锁料斗区在这两种压力之间交替。一台压力仪表指示闭锁料斗区加压和卸压。

分离区有两个气体管嘴，一个是从闭锁料斗区来的气体的平衡管嘴，一个用于排放过量气体且配有滤网的排放管嘴。闭锁料斗区有一个气体管嘴——此平衡管嘴配有一滤网，用于过滤从缓冲区来的气体和去分离区的气体。缓冲区有两个气体管嘴，一个配有筛网的管嘴用于往闭锁料斗区输送气体，一个管嘴用于往闭锁料斗输送补充气体。

两只核料位检测仪——一只高料位开关和一只低料位开关——安装在闭锁料斗区外侧的支架上，以控制闭锁料斗区的卸料和装料。另外一只核料位仪表安装在缓冲区外侧的支架上，以指示在缓冲区中的催化剂料位。

为了便于检查，在缓冲区有一个人孔。在每个区中还有检查手孔通入立管的底部。闭锁料斗的三个部分相连接。

4.4.2 提升器

提升器及相应的管线是连续重整装置进行催化剂输送过程的重要设备。IFP-CCR(一、二、三代)见图4-27所示和UOP-CCR(一、二代)见图4-28所示。连续重整装置是采用提升罐进行催化剂提升。在正常生产中，提升罐内总是充满催化剂。IFP-CCR和UOP-CCR所采用的提升器结构略有区别，但原理大致相同，来自底侧的一次氢(或氮)松动催化剂，但不能提升。上侧的二次氢(或氮)用来控制催化剂流率和输送催化剂，在操作中控制一、二次氢(或氮)的总量不变。在一定的操作范围内，催化剂的流动速率与二次氢的流速成正比，当二次氢或氮关闭时，催化剂将停止流动，此时催化剂将不再提升。如图4-28所示。

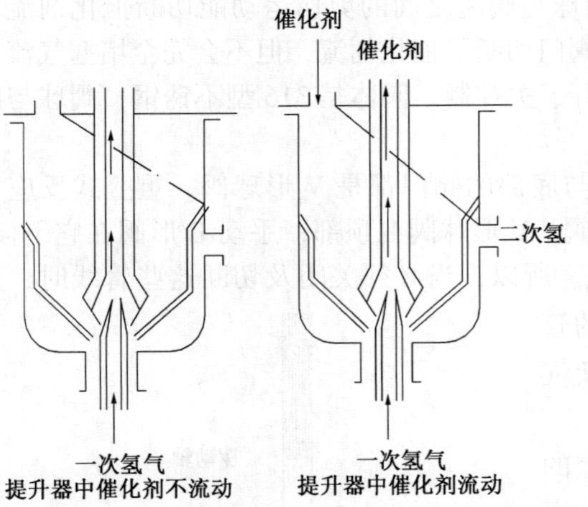

图4-27　IFP提升器工作原理图

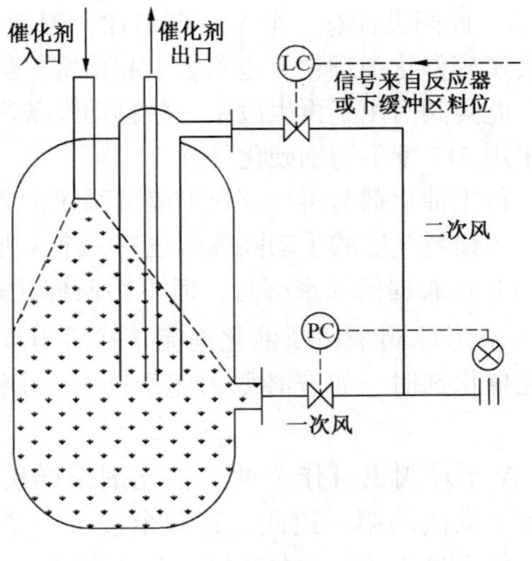

图4-28　UOP提升器工作原理图

UOP-CCR Cycle Max(三代)再生过程的催化剂输送系统有较大改进，用N_2作为提升气体提升催化剂，采用L阀组取代提升罐进行催化剂提升，同时弯头由无磨损大弯管代替。L阀组连续提升催化剂更顺利，可避免受催化剂积炭量及提升罐内床层影响。待生催化剂在从L阀组转入分离料斗的转向过程中使用了一只特殊弯头，避免了催化剂与管壁直接冲撞及催化剂之间的相互冲撞。

4.4.3 干燥器

重整装置使用的铂系列催化剂价格都比较昂贵。在正常生产或进行催化剂再生时对水含量有严格的要求。为了避免水的存在对催化剂活性造成影响，需要对外供氢气(开工需要时)、催化剂再生用空气、催化剂再生回路循环用气体等进行干燥。目前一般使用固体干燥剂进行吸附干燥，最常用的是采用4A分子筛系列的干燥剂。

连续重整装置因为需要连续地对催化剂进行再生，因此，需要干燥系统的连续运行，通

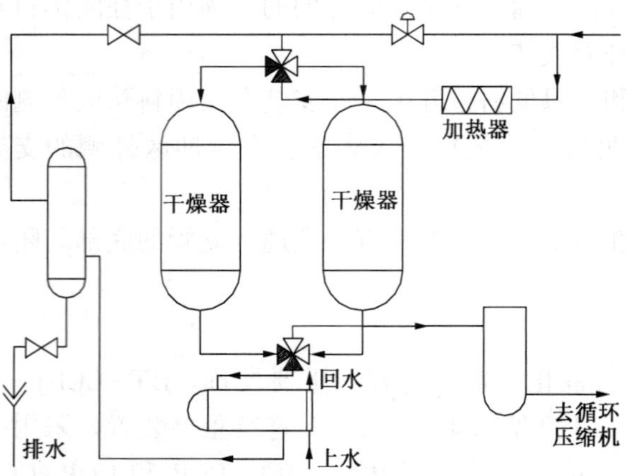

图 4-29　常见的带四通阀干燥器流程

常采用两台干燥器，一台干燥，另一台再生后备用。为了保证能自动地进行切换，通常需要一台气动控制的四通阀以及相应的控制系统，常见流程如图 4-29 所示。

4.4.4　特殊阀门

连续重整催化剂输送系统由于输送带有固体颗粒的物料，必须采用特殊的阀门，才能保证系统工艺的要求。保证催化剂在输送过程中最小的磨损率，隔绝催化剂，密封气体。

(1) UOP 连续重整装置特殊阀门

UOP 连续重整装置采用三种自动阀门：V 形阀、B 形阀和 G 形阀。催化剂的输送系统所有的阀门都配有一个由输送系统逻辑控制器控制的执行机构，阀的动作只能是全开或全关，每个阀都有两个限度开关作为阀位指示器。

① V 形阀。无论何时要切断催化剂流时，就要用一种称为 V 形球阀的特殊球阀(见图 4-30)。此阀设计有一个 V 形凹口球，因此，阀球与阀座之间的剪切运动能切断催化剂流却不会压碎催化剂颗粒，也不会引起堵塞。虽然阀门切断了催化剂流，但不会完全堵塞气流。

此类阀门用于再生段中一些自动设备进行开、关控制。阀体是 316 型不锈钢，阀球与阀座采用 317 型不锈钢硬化处理。

待生催化剂与再生催化剂隔离系统的顶部与底部的阀门都是 V 形球阀。重叠式反应器底与闭锁料斗底的手动隔离阀也有一个 V 形球阀。V 形球阀在顶部，手动 B 形阀在它下面。手动 B 形阀提供气密密封，但不切断催化剂流。所以，当必须关闭及切断这些管线时，先关闭 V 形球阀来切断催化剂流。然后当下面的管线无催化剂时，如有必要关闭手动 B 形阀切断气流。

V 形球阀也可作为两个催化剂采样接头上的两道手动阀的第一道阀，这两个接头一个在分离料斗的出口，另一个在氮封罐出口。

② B 形阀

B 形阀用于给再生段中的催化剂及气体提供气密密封。当阀中有催化剂时，这些阀不能关闭。有两种再生段专用的 B 形阀。

一种是全口 B 形阀，经过阀体及阀球时流动面积不减少(见图 4-31)。因此，此阀可用于含催化剂粉尘的气体物流中，与在洁净气体物流中一样。这些阀用作闭锁料斗区间的两个压力平衡阀，此处的阀门设计能经受住密封表面的催化剂粉尘。阀球是有耐磨涂层的 316 型不锈钢，阀座是钨铬钴合金。

另一类 B 形阀是缩口的(见图 4-32)。可以用

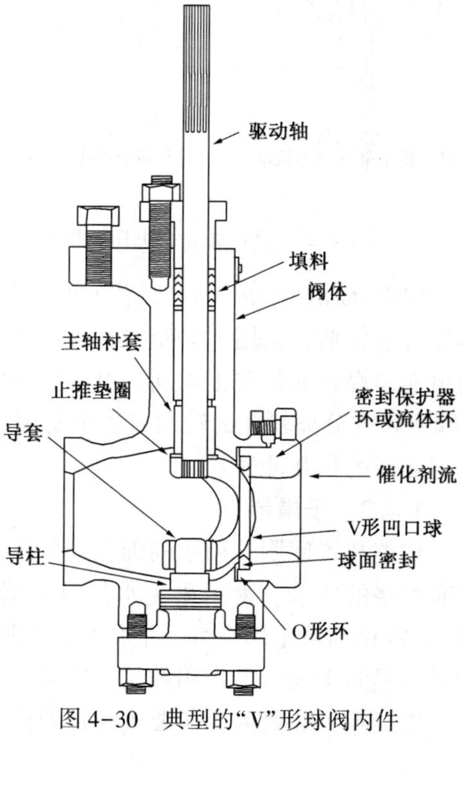

图 4-30　典型的“V”形球阀内件

于不含太多催化剂粉尘的洁净物流中。包括氯化物阀门、催化剂添加料斗的进出口阀(因为新鲜催化剂含少量粉末)。阀座是聚四氟乙烯，阀球是不锈钢、因康乃尔镍铬合金或镀铬材质，具体取决于使用情况。

再生段的一些地方用手动 B 形阀。依照使用情况，专用阀可以是全口或缩口的。同样，阀门结构及制造也取决于使用情况。

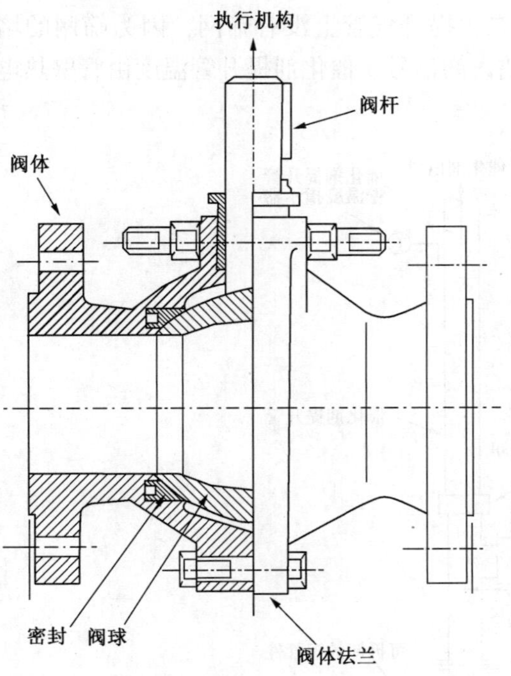

图 4-31　典型全口 B 形阀

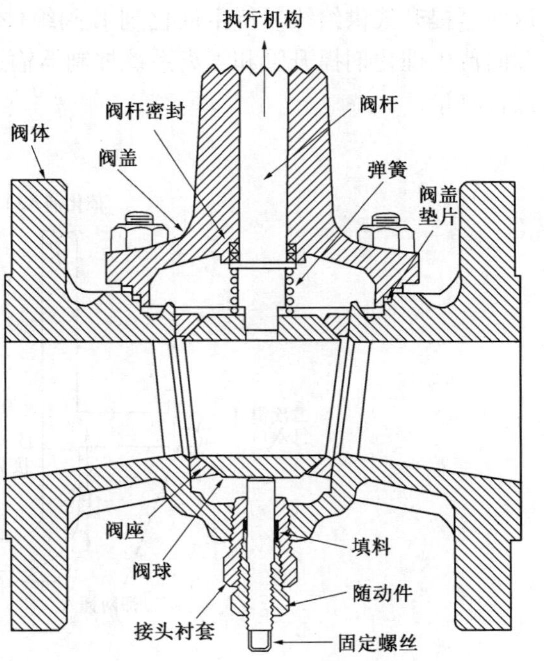

图 4-32　典型缩口 B 形阀

③ G 型阀。此阀用于隔断或排放气体，用于对气体密封要求极高的管道上，该阀阀心由不锈钢制成，是双座球阀。工作时阀门作双重关闭，即使气体管道中有泄漏颗粒物，也不会造成阀心的损坏。

(2) IFP 连续重整装置特殊阀门

IFP 连续重整装置三种自动控制的阀门：CALOBRI 气动活塞式阀、PEROLO 气动活塞式阀、SEGAULT 风动马达式阀。

① CALOBRI 气动活塞式阀。CALOBRI 阀是一种固体密封阀，它与 UOP 连续重整装置采用的 V 形阀类似，阀芯与阀座之间有 1.5mm 的间隙，能隔断催化剂而不密封气体。

② PEROLO 气动活塞式阀。PEROLO 阀是用于气体密封的双面密封阀，它与 UOP 连续重整装置采用的 B 形阀类似，该阀用来密封气体，当管线内存有催化剂时不允许开关。

③ SEGAULT 风动马达式阀。SEGAULT 阀是用于遥控气体密封的场合，专门使用在连续重整再生系统与反应系统隔离，其阀芯、阀座的轴线与催化剂输送管线成 45°夹角，当阀门接近一个角度时，阀芯会自动旋转一个角度。

4.4.5　L 阀组件(UOP)

UOP-CCR Cycle Max(三代)共有两个 L 阀组件，位于每个催化剂提升管的底部，使用提升气流化和输送催化剂(见图 4-33)。待生催化剂 L 阀组件把待生催化剂从重整反应器收集器的底部输送至再生单元的顶部。再生催化剂 L 阀组件把再生催化剂从再生单元的底部输送到重整反应器的顶部。

两个 L 阀组件主要结构是相同的，包括材质和形状尺寸。两个组件均由与催化剂提升管相同的材料制造。催化剂经过一立管进入 L 阀组件，然后到达水平段，水平段继续输送至它与催化剂提升管相交点。在两个位置提供提升气：在提升管的底部输入一次提升气，在水平段的上流竖直管的侧面输入二次提升气，四个气体入口中的三个装有筛网来阻止催化剂返回至提升气供给线。待生催化剂 L 阀组件的二次提升气管上没有筛网，因为筛网的堵塞会向待生催化剂提升管和隔离系统控制器输送错误的信号。催化剂提升管温度由管壁热电偶进行测量。

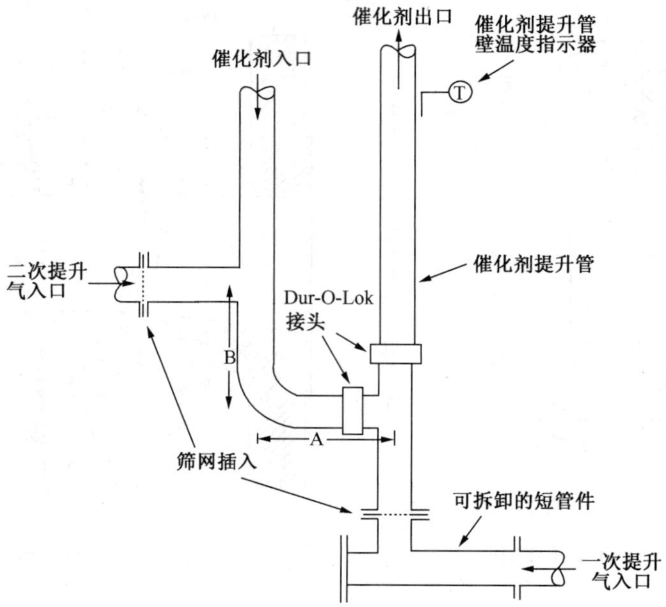

图 4-33　L 阀组件

图 4-33 中①尺寸 A 和 B 是关键尺寸，在 PID 图上规定。

②只在再生催化剂 L 阀组件的二次提升气管中插入筛网，待生催化剂 L 阀组件中不插筛网。

催化剂提升速率是由二次提升气的流量来设定的。二次提升气速率提高就会提高催化剂提升速率 。二次提升气有效地推动水平段中催化剂进入一次提升气流中，这样两种提升气流共同推动催化剂向上输送。因此，与 L 阀组件有关的管线尺寸和方位是非常重要的，必须符合有关规范要求。

L 阀组件应保持干净，因为杂质会阻止提升。可拆卸的短管用来对 L 阀组件进行清洗。

4.5　催化重整换热器

4.5.1　板壳式换热器

板壳式换热器结构见图 4-34 所示。

重整循环气进入板壳式换热器底部的管嘴并在内部分成两个并联的总管，液体进料则从两个分开的侧管进入，然后通过入口总管并联的入口分配器实现板内的良好分配。

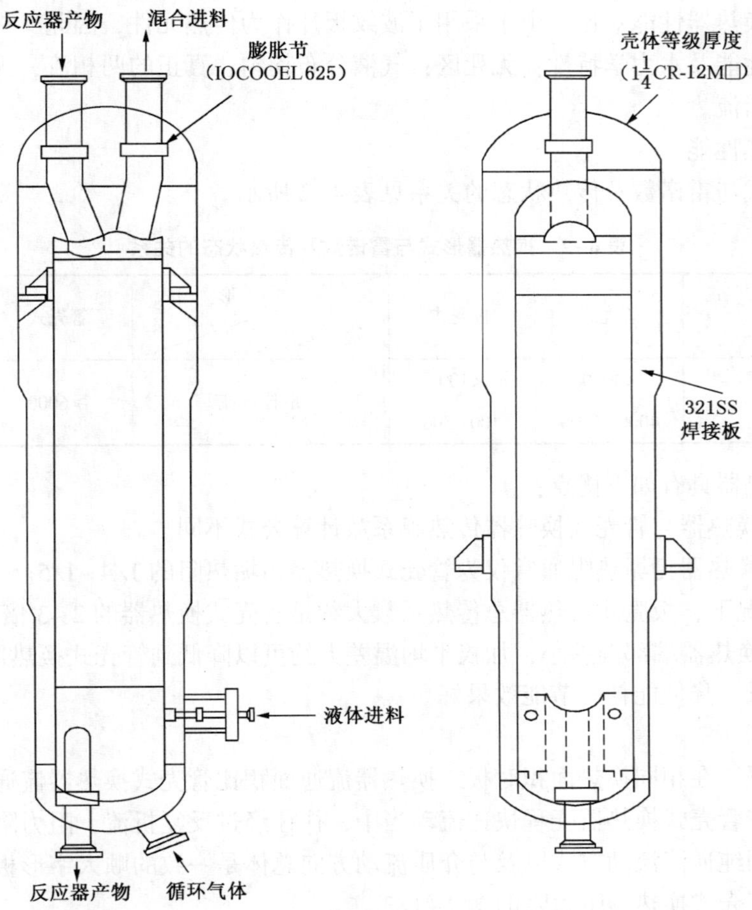

图 4-34　板壳式换热器结构示意图

混合物料向上流动并被加热，然后在一个单独的出口室汇合，并通过顶部出口排出。热的反应物从顶部进入，流到一个进口室以便分配到板上去。反应产物向下流动并被冷却，通过一个单独的集合室和出口流出。

壳体通常采用含 Cr、Mo 的钢材制作，并按不同的温度设计成三种不同的厚度；膨胀节连接板采用 0.6~1.0mm 厚的不锈钢板，长度可达到 20m，宽度达 1.5m。

国内现有的催化重整反应进出料换热器一般都采用立式管壳式换热器，但管壳式换热器传热效率低，所需传热面积大，又受其结构所限，最大单台传热面积约为 $3800m^2$，对规模较大的重整装置就不得不采用双台并联的方式，同时还必须采取一系列措施保证并联两路物流的分配均匀，同时系统的压降较大，不能满足重整装置大型化、低压化、高苛刻度的发展趋势。

板壳式换热器是先进、高效、节能型的换热设备。它既具有板式换热器传热效率高、结构紧凑、重量轻的优点，同时又有管壳式换热器耐高压及耐高温，密封性能好，安全可靠等优点。

与管壳式换热器相比，板壳式换热器冷端及热端温差小，回收热量大，从而节约装置的操作费用。在换热负荷相同的情况下，板壳式换热器与管壳式换热器相比体积小、重量轻，可大大节约设备安装空间和成本。目前新建或改扩建重整装置重整反应进出料换热器通常采用立式板壳式换热器。

与管壳式换热器性能对比，由于采用了波纹板片作为传热元件，因此，板壳式换热器具有优异的传热性能及水力学特性：无死区；气液分布均匀；真正的两相流，无气液分层形成的干板区；高紊流。

（1）高传热性能

换热器形式与雷诺数及传热状态的关系见表 4-2 所示。

表 4-2 换热器形式与雷诺数及传热状态的关系

状态 \ 形式	管壳式	板壳式	状态 \ 形式	管壳式	板壳式
滞流和过度流	<4000	<100	最佳湍流	≥6000	≥300
湍流	4000~6000	100~300			

板壳式换热器具有如下优点：

① 板壳式换热器与管壳式换热器传热膜系数计算公式不同。

② 板壳式换热器污垢热阻通常仅为管壳式换热器污垢热阻的 1/4~1/5。

③ 一般情况下，板壳式换热器总传热系数大约是管壳式换热器的 2~3 倍。

④ 板壳式换热器端部温差小，加权平均温差大约可以降低到管壳式换热器的 1/2。因此可以多回收热量，降低能耗，节能效果好。

（2）低压降

一般情况下，在相同换热面积时板式换热器流通面积比管壳式换热器流通面积大 5 倍。

气相介质在管壳式换热器壳程快速流动当中，往往经过反复折流，阻力降大；而板壳式换热器通常采用纯逆流流动方式以及与介质流动方向总体是一致的顺人字形板片，因此，阻力降一般仅为管壳式换热器阻力降的 1/2~1/3。

板壳式换热器本身压降降低，可以最大限度地减少系统的动力消耗。

（3）结构特点

板壳式换热器结构紧凑，占地小，占地面积一般仅为管壳式的 45%~60%。立式换热器高度仅为管壳式的 50%左右。在装置的扩能改造中，采用板壳式换热器往往可以利用原有设备安装基础及框架。

（4）性能对比

以某 40×10^4t/a 催化重整装置进料换热器为例，管壳式与板壳式换热器的性能对比见表 4-3 所示。

表 4-3 管壳式与板壳式换热器性能对比

项目	管壳式	板壳式	项目	管壳式	板壳式
热流进出口温度/℃	527/110	527/100	面积余量/%	34.6	66.5
冷流进出口温度/℃	87.3/471.3	87.3/486	换热面积/m^2	3300	2800
阻力降/MPa	0.058	0.074	设备高/mm	27000	14000
平均温差/℃	51.4	39.5	设备直径/mm	1600	2200
热负荷/MW	25.9	27.2	换热板/管长/mm	20000	8000
传热系数/($W/m^2\cdot K$)	205.5	451.9	设备重量/t	96.5	54

（5）回收热量多

热负荷可以降低 10%~20%。目前用于重整装置的焊接板壳式换热器规格为 3000~6800m^2。美国 UOP 公司从 1988 年开始，在所有新建和改造的半再生和连续重整装置上均采用焊接板壳式混合原料换热器。

4.5.2 空气冷却器

空气冷却器简称空冷器，是用空气来冷凝或冷却管内流体的设备，它是由一台或数台轴流风机及一组或多组放在框架上的管束组成。

空冷的管束包括翅片管、管箱、侧面壁及支架等部分，管束可安装成水平式和斜顶式。对于水平式(卧式)空冷器，翅片管分层排列，目前最常用的排列为 3~8 排，管子材料一般为碳钢，尺寸常采用 ϕ25mm×2.5mm 的规格。翅片为铝制环形翅片；翅片的安装可分为缠绕式及镶嵌式。

（1）板式空冷器

板式空冷器突破传统空冷器的结构限制，将高效节能、结构紧凑、占地面积小的板式传热元件引入空冷器中，是一种将板式换热器与空冷式换热器优点结合在一起的新型冷凝冷却设备。板式空冷器具有传热效率高、流通面积大、管内阻力降低、结构紧凑、占地面积小、可大型化等优异的技术性能。

采用板式空冷器可解决许多新建或扩容改造装置场地严重不足的问题，在压降要求低的场合，板式空冷器更具有其他空冷器不具备的优点。

① 结构形式。由板束、风机、构架水箱及喷淋装置组成，传热单元为全焊式板束。风机采用垂直安装的引风式风机。

热介质自上向下流动，空气经喷淋水增湿降温后横穿板束与热介质换热。构架水箱及喷淋装置既可自成体系(增加管道泵)又可并入生产装置的循环水系统中。

② 传热效率。采用板式传热元件，由于传热板片沿流体流动方向的流道断面形状不断变化，大大加强了流体的扰动，因而能在很低的雷诺数下形成湍流，从而增加了流体的对流传热系数。同时板式传热元件传热面为一次传热面，与传统空冷器采用的翅片(二次传热面)相比，更加有利于换热。

③ 流通面积大、压降低。板式空冷器板片相互叠放，不存在传统空冷器管间距的限制，因此，板式空冷器具有流通面积大(一般情况下，在相同换热面积时板式换热器流通面积比管式换热器大 5 倍)，压降低的特点。

④ 结构紧凑、占地小、重量轻。由于板式空冷器单板换热面积大，同时就紧凑度指标而言，板式换热器紧凑度约为 220m^2/m^3，远大于列管式空冷器的 78m^2/m^3(一台 BK3×3 的板式空冷器传热面积可达 860m^2，一台占地相同的普通空冷器光管传热面积仅为 124m^2)。同时由于板式空冷器传热效率高，在完成同样换热任务的情况下，板式空冷器体积小、重量轻。

⑤ 可大型化。由于板式空冷器结构紧凑，单板换热面积通常为 1~12m^2，同时板式空冷器可设计为单元组合结构，进行积木式组合。因此，板式空冷器单台换热面积不受结构限制，更加适合于装置大型化的要求。

（2）表面蒸发式空冷器

表面蒸发式空冷器(简称蒸发空冷)是一种将水冷与空冷、传热与传质过程融为一体，且兼有二者之长的新型节能、节水型高效冷凝冷却设备。

蒸发空冷的典型结构如图 4-35 所示。它主要由引风式风机、除雾器、喷淋水分配器、光管管束、构架与水箱、喷淋水输送管线与管道泵组成。

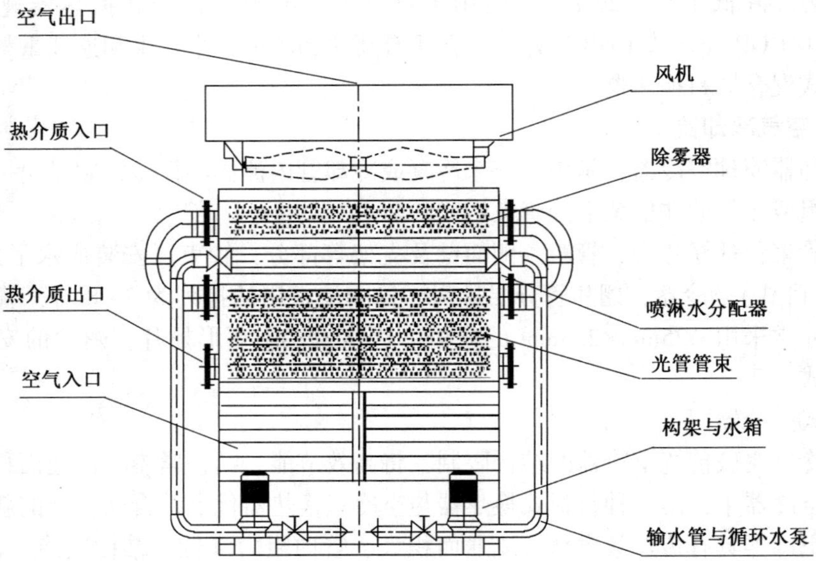

图 4-35　蒸发空冷的典型结构图

上述前五个部件之间均采用翻边法兰螺栓连接，各连接面之间均采用橡胶板和密封胶进行密封，以防漏风、漏水。

第五章 工 艺 操 作

催化重整装置的工艺操作，包括装置各单元的开工、正常操作和停工操作。由于每一套装置构成、催化重整再生技术的使用、催化剂的选择和原料及产品性质不同，因此，本章在介绍过程中采用了概括论述和重点探讨的方法进行。

5.1 催化重整装置的开工

5.1.1 开工前准备工作

装置开工时要进行开工前的准备、检查、气密等一系列工作。在各个单元，这些工作基本相同，其基本操作要点和注意事项如下。

5.1.1.1 新建装置开工前准备

对于新建装置，开工前需要对装置的设备、管线、电器、仪表进行全面检查，检查是否符合设计、生产和操作的需要，并对工艺管线和设备进行吹扫、贯通、试压等。

(1) 重点设备检查

① 检查设备制造安装是否与设计图纸相符；

② 检查设备产品质量合格证、图纸资料和必要的检验报告是否齐全无误；

③ 检查容器内壁是否清洁，破沫网、防涡器、液面计、压力点、构件安装是否准确，塔板水平度是否符合规定要求；

④ 检查换热器和塔类等受热设备是否有膨胀余地；

⑤ 检查重整反应器器壁内表面是否清洁，所有可拆卸件应在地面清扫后再安装；

⑥ 检查连续重整反应器上下催化剂料管内部是否用机械方法进行清扫，确保催化剂自由通过；

⑦ 对反应器的下列部件进行详细检查。

a. 约翰逊网。约翰逊网上下部与反应器壳体同心度达到要求指标，约翰逊网底盘必须安装在支撑圈上，并且不得有间隙，螺栓牢靠，壳体与约翰逊网间的碎屑等异物应用抽风机吸出。

b. 中心环。中心环接触表面是否符合要求。

c. 中心管。约翰逊网要正确安在多孔管上，多孔管的孔眼不能被约翰逊网上的加强筋堵塞，中心管安装后要找正。

d. 热偶套管。安装要准确。

e. 其他。反应器连接工艺管线、取压管线、热偶是否齐备，再生器内约翰逊网格栅有无损坏。

(2) 工艺管线及自动控制系统检查

① 管线规格、材质、起点有无差错，管线上所有阀门、自动控制、温度、压力、流量等检测仪表是否安装齐全和便于操作；

② 放空、排液、吹扫以及伴热管线是否齐全；

③ 连续重整催化剂管线内壁是否光滑，焊接法兰连接是否符合规定要求，提升器底部(一次氢)入口喷嘴与提升管线尾部是否对中，L阀组的规格、安装尺寸是否符合规范要求。

④ 阀门规格、性能参数(温度、压力、介质)是否满足操作条件需要，并进行三次以上开关试验，是否灵活好用；调节阀、截止阀、止回阀等具有方向性的阀门，其安装方向是否正确；调节阀要进行调试，其类型是否与设计一致(风关、风开)；安全阀定压数值是否要求相符，对引进的专门阀门应按其有关规定进行专门检查。

(3) 吹扫与冲洗

吹扫与冲洗是为了清除管线与设备中的焊渣与杂物，贯通工艺管线，及时发现存在的问题，使操作人员进一步熟悉现场流程。

吹扫与冲洗前要做好各种准备工作，主要包括：蒸汽、水或空气等已引入装置，并具备向各设备进行吹扫与冲洗的条件；检查不允许吹扫管件如孔板、控制阀、安全阀、流量计、过滤器是否已隔离开。沿流程检查管线上的阀门、法兰是否完好。

吹扫与冲洗过程中应特别注意的事项：

① 冲洗介质可采用蒸汽、水或空气，重整临氢系统应采用空气或氮气吹扫；

② 必须按照吹扫路线进行，吹扫前要对吹扫路线的螺栓、垫片、阀门做认真检查，专人负责做好记录，发现问题及时处理；

③ 不允许吹扫的管件如孔板、调节阀、过滤器都应隔离或拆下，为防止杂物进入，前段吹扫合格后，才能继续进行；

④ 所有仪表引线阀门在吹扫时都应关闭，各塔液面计引出管线、采样管注意吹扫干净；

⑤ 管线吹扫应先主线后支线，由塔内向塔外吹扫，防止将污物吹入塔内；

⑥ 压缩机入口管线应酸洗或用空气爆破彻底吹扫干净；

⑦ 各塔和容器内的破沫网拆除，待冲洗完成后再安装。每一项目冲洗时间不少于6h，用水冲洗的管线，出口水不见任何杂质为合格，用蒸汽和空气吹扫的管线，出口进行吹扫合格试验；

⑧ 冲洗完毕后，打开塔、容器的人孔，清除设备内污物；

⑨ 奥氏体不锈钢材质的管线和设备用水冲洗时，最后应用不含氯离子的净水冲洗干净；

⑩ 用蒸汽吹扫前，引汽要缓慢，先排凝后引汽。吹扫前管线应先预热，预热时检查管线支架是否牢固；

⑪ 吹扫时通汽要缓慢，以免汽量过大导致吹翻塔盘内件和打水击；

⑫ 用蒸汽吹扫设备时，应经常从底部切水防止水击；

⑬ 设备吹扫后，待设备冷却至常温方可关闭放空阀，以防设备内形成负压。

(4) 试压

① 新鲜水、循环水、除氧水，风线，蒸汽线以本身介质的最高压力进行试压检查；

② 设备和工艺管线均按正常操作压力进行试压，升压速度要缓慢；

③ 如果用蒸汽试压，工艺管线和设备的试压压力超出蒸汽压力，则按蒸汽进装置的最大压力试压，尽可能满足试压要求；

④ 临氢系统进行氮气气密试压，要加好有关隔离盲板，如果反应器里有催化剂，则充压和泄压必须保证介质正向流动；

⑤ 对于操作压力较高，用蒸汽试压有困难的系统，可以考虑用氮气试压。工艺管道和设备试验过程中，通知仪表工对有关仪表进行试压；

⑥ 试压达到要求压力后，检查每条焊缝、法兰、阀门、仪表引压线等处是否有泄漏，并认真记录；

⑦ 所有安全阀必须投用，从压控或低点倒淋处泄压；

⑧ 试压合格后放尽冷凝水，用氮气扫净系统内存水，并将系统内空气置换干净，等待进油。

5.1.1.2 检修装置开工前准备

(1) 开工前的检查

① 拆除所有检修施工和停工用盲板，加好开工用盲板；

② 装置所有安全阀是否均已校验、安装完毕；

③ 加热炉是否处于可随时点火升温状态；

④ 仪表调校完毕，装置自保、DCS 系统经联合试验，动作准确无误；

⑤ 转动设备(泵、压缩机、空冷风机等)均处于备用状态，随时可以启用；

⑥ 安全、通讯、消防器材齐全、完好、就位；

⑦ 确认各换热器、冷却器试压时的存水放净；

⑧ 公用工程系统已达到开工所具备的条件(包括仪表风、冷却水、蒸汽、燃料气、氮气、消防水系统等)；

⑨ 准备好充足的开工用精制油和相关的化工原材料。

(2) 气密注意事项

① 设备和工艺管线均按装置试压方案严格进行试压；

② 临氢系统进行 N_2 气密试压，要加好有关隔离盲板，如果反应器里有催化剂，则充压和泄压时必须按正向流程进行；

③ 对于操作压力较高，用蒸汽、水试压有困难的系统，可以考虑用 N_2 试压；

④ 工艺管道和设备试压过程中，通知仪表工对有关仪表进行试压；

⑤ 试压达到要求压力后，检查每条焊缝、法兰、阀门、仪表引压线等处是否有泄漏，并认真记录；

⑥ 关闭系统所有阀门，打开所有安全阀的前后切断阀，安全阀处于投用状态，从压控或低点倒淋处泄压；

⑦ 试压合格后放尽冷凝水，用 N_2 扫净系统内存水，并将系统内空气置换干净，等待进油；

⑧ 准备好气密用的相关用具(精密压力表、肥皂水、刷子、洗耳球、大小水桶等工具)。

(3) 气密方法及要求

① 改好需要气密的流程，分区域定人定点检查，做到不漏掉一个气密点，不放过一个泄漏点；

② 用肥皂水刷于气密点观察有无气泡，或用洗耳球检查。检查放空阀是否内漏可将放空管插入肥皂水中；

③ 检查临氢系统所有管线、设备上的法兰、阀门、压力表、液面计、活接头以及仪表的压力、流量引压线、热偶垫片、新焊口等；

④ 检查气密点是否泄漏，用刷子刷肥皂水或用洗耳球喷肥皂水于气密点上，观察有无鼓泡产生，对于小间隙气密点，可用胶粘纸封住法兰，然后在胶粘纸上开一小孔，再检查小孔处是否有漏汽，对于放空处气密点可将放空阀插入肥皂水中进行检查。

5.1.2 预处理系统开工

预处理系统开工过程包括临氢系统干燥、催化剂装填、催化剂干燥、催化剂预硫化、开工进油调整操作等步骤。

5.1.2.1 临氢系统干燥

临氢系统进行干燥的目的是脱除在检修过程中设备试压带入系统的少量水分，以及由于敞口设备进行检修时天气环境潮湿造成系统湿度大的问题。该程序在装催化剂之前进行，干燥介质用氮气，基本程序如下：

① 预加氢系统气密合格后泄压；

② 打开预加氢系统水冷器及空冷器，将系统升压；

③ 加热炉引气体燃料点火，以 20℃/h 逐渐升温；

④ 炉出口温度：150℃时恒温 4h；250℃恒温 4h；350℃恒温 4h。定时打开低点放空阀进行脱水；

⑤ 350℃恒温结束，以 30℃/h 降温；

⑥ 反应器入口温度为 200℃时，加热炉熄火；

⑦ 预加氢高分在各阶段都对低点进行脱水，并作好相应记录；

⑧ 再将系统升压，定时打开低点放空阀继续脱水；

⑨ 重复以上操作 2~3 次；

⑩ 各低点放空阀不再有明水脱出为干燥合格。

5.1.2.2 催化剂干燥

催化剂进行干燥的目的是在一定温度和压力下通过 N_2 循环，将催化剂中的少量水分脱除，以保护催化剂及其活性。

(1) 干燥前的准备工作

① 催化剂装填完毕，临氢系统进行氮气置换，气密合格；

② 准备做好催化剂干燥脱水时温度曲线图；

③ 催化剂干燥前，各切水点排净存水，并准备好计量水的器具。

(2) 催化剂干燥条件

① 高压分离器压力：一般控制在 0.6~2.0MPa；

② 氮气循环量：循环压缩机全量循环；

③ 干燥结束标准：高压分离器连续二次放明水<1L/h。

(3) 干燥步骤

① 在 N_2 压力 0.6~2.0MPa 下，启动循环压缩机全量循环。

② 加热炉点火升温。

③ 将反应器入口温度升至一定温度开始恒温脱水，如果催化剂床层达不到最低点温度，可适当提高反应器入口温度，但反应器入口温度≯300℃。由于干燥脱水过程是吸热过程，因此，催化剂的床层温度较低于反应器入口温度，并滞后数小时后才能达到相应的入口温度。

④ 在干燥过程中，定时打开低点放空阀，继续脱水并计量，如果水量多则恒温，至无明水后继续升温。

⑤ 画出催化剂脱水干燥的实际升、恒温曲线图。

⑥ 在一定的反应器床层温度时各低点若无明水切出时，干燥达到结束标准。

⑦ 以一定的降温速度将反应器床层温度降至<150℃，系统保持正压，准备引氢气进行催化剂预硫化。

（4）催化剂干燥注意事项

① 在干燥过程中要控制升温速度，防止反应器入口温度升高过快，而床层温度很低，造成反应器上部水汽化而又在反应器下部冷凝的现象，所以气/剂比愈大愈好。

② 催化剂干燥时间的长短，主要取决于催化剂的装入量、催化剂含水量及氮气循环量的大小。催化剂的装入量大，含水量大，氮气循环量小，则需要较长的干燥时间。

③ 在干燥阶段，要严防氢气及烃类串入系统。保持高压分离器压力，压力低，则补充 N_2。

④ 干燥结束后氮气循环降温阶段，必须将床层最高点温度降至150℃以下，才能引进氢气置换。

5.1.2.3 催化剂预硫化

（1）催化剂硫化的目的

目前使用的预加氢精制催化剂，其活性组分主要为镍、钴、钼、钨等金属。在催化剂出厂时，为了储存、运输的方便，基本上是以氧化态的形式存在。而作为预加氢催化剂的活性组分是硫化态的。因此，需要对催化剂进行硫化，将金属氧化物转换成金属硫化物，从而恢复催化剂的活性。

（2）预硫化的方法

有两种方法：气体（干法）硫化和液相（湿法）硫化。用气体硫化可以容易地直接调整去催化剂的硫化物。湿洗硫化用在硫化量高的装置，这种方法的优点，可以控制硫化反应温度。但在硫化温度下，硫化剂参加反应的只有20%。

用硫化性能高的硫化剂，硫化操作会完成得更快。正丁基硫醚、二硫化碳、二甲基二硫（DMDS）和二甲基硫（DMS）是使用较为普遍的硫化剂，DMDS 比 DMS 和硫醚分解温度低，硫化温度控制低一些，可以控制金属氧化物还原的可能性。

（3）硫化反应与硫化剂分解温度

镍、钼催化剂用 DMDS 做硫化剂预硫化时的反应式如下：

$$3NiO+H_2+2H_2S \longrightarrow Ni_3S_2+3H_2O$$

$$MoO_3+H_2+2H_2S \longrightarrow MoS_2+3H_2O$$

$$2(CH_3)_2S+4H_2 \longrightarrow 2H_2S+4CH_4$$

$$(CH_3)_2S_2+3H_2 \longrightarrow 2H_2S+2CH_4$$

硫化剂的分解温度如表 5-1 所示。

表 5-1 硫化剂的分解温度

硫化剂	分解温度/℃	硫化剂	分解温度/℃
正丁基硫醚	225	二甲基硫	250
二硫化碳	175	二甲基二硫	200

（4）预硫化过程操作要求

① 预加氢反应温度升至150℃时，可启动注硫泵向预加氢进料中注入硫化剂，或采用氮气携带法，按一定流量开始注硫。

② 催化剂床层硫穿透后，反应器入口温度升至280℃恒温，并继续注入硫化剂。

③ 注硫期间，定时记录反应器床层温度温升情况，要控制反应器出、入口温升不大于20℃。

④ 硫化期间，随时检查分离器分出的气体中硫含量。

⑤ 当分离器分出的气体中硫急剧增加，说明催化剂已被硫饱和，应停止注硫，或者全部硫化剂已经注完，则停止注硫。

5.1.2.4　开工进油调整操作

预加氢开工进油操作，根据各套生产装置具体情况不同可分为四种基本的开工方法：引重整氢开工、氮气开工、引外装置氢气开工及粗汽油开工。

(1) 引重整氢开工

大多数重整预加氢系统中的氢气是来源于重整产氢，尤其对于重整氢气一次性通过预加氢反应系统的装置，必须等到重整产氢以后才能开工。利用重整产氢进行开工的方法是常用的方法之一。其主要步骤是系统置换、系统升压、催化剂床层升温、原料进油及切换等。

该开工方法的特点是：

① 重整反应系统提前开工，用装置原储精制油作为重整原料产生一定量的氢气；

② 预加氢部分预硫化后，利用重整氢气进行系统升压，达到进油条件；

③ 预加氢部分先用精制油作为原料，温度、压力正常后，逐步切换为粗汽油。

(2) 氮气开工

对于预加氢系统有循环氢压缩机的装置，为了节约开工时间，此方法是可行的。该过程主要有以下步骤：

① 系统置换合格后，用氮气将预加氢系统升压至要求压力；

② 启动预加氢循环压缩机，预加氢加热炉点火升温，控制加热炉出口温度不大于80℃；

③ 重整产氢后，用重整氢使系统压力达到正常操作要求的压力；

④ 此时分馏系统置换合格准备开工；

⑤ 以20℃/h的速度升温，在加热炉出口温度达到150℃之前，应使循环氢中氢纯度达到50%以上；

⑥ 继续补氢气进行系统置换，直至氢气纯度大于85%(体积)；

⑦ 预加氢床层升温至进油温度；

⑧ 预加氢进料最低负荷为正常进料量的60%；

⑨ 原料油的切换；

⑩ 调整操作，保证预加氢精制生产合格的重整原料油。

(3) 引外装置氢气开工

对于具备其他氢源或储氢的工厂，只要氢源能得到保证，预加氢系统可引装置外氢气进行开工。

① 系统置换合格后，用氢气将预加氢系统升压至要求压力；

② 启动预加氢循环压缩机；

③ 预加氢加热炉点火升温；

④ 预加氢床层以20℃/h的速度升温；

⑤ 预加氢床层升温至进油温度；

⑥ 预加氢进料，最低负荷为正常进料量的60%；

⑦ 原料油的切换；

⑧ 调整操作，保证预加氢精制生产合格的重整原料油。

(4) 粗汽油开工

粗汽油开工技术对不具备有精制油和高纯氢设施的装置而言是一种比较理想的方案。

① 粗汽油开工的工艺流程是增加一个预加氢反应器(装填高铂催化剂)进行制氢；

② 为保护铂催化剂，在床层顶部装有脱硫剂；

③ 催化剂干燥后，切除预加氢精制反应器；

④ 制氢反应器在温度400℃，分离器压力1.2MPa条件下，每吨粗汽油可产高纯度氢气30~50Nm^3(不包括损失)，纯度可高达99%(体积)；

⑤ 制氢结束后，切换至预加氢精制反应器；

⑥ 启动循环氢压缩机建立氢循环；

⑦ 反应器升温至催化剂活性温度；

⑧ 进原料油，调整操作制取精制油。

5.1.3 催化重整反应系统开工

催化重整反应系统开工步骤包括系统干燥、重整进油等。

5.1.3.1 系统干燥

为了确保重整系统开工顺利，重整反应系统必须彻底干燥，催化剂循环系统与重整反应系统干燥同时进行。

① 重整气密合格后，可进行系统干燥，各阀门状态不变。

② 反应器部分升压。

③ 催化剂循环回路升压。

a. 开催化剂循环回路上所有阀门，将各回路设备连通；

b. 打开提升管至各提升器间的阀门，从而使催化剂循环系统与反应系统连通；

c. 从重整循环压缩机出口补氮气同时升压，使压力达到要求指标；

d. 氮气循环。

(a) 启动重整产物空冷器风机。

(b) 重整产物水冷器给水。

(c) 开重整循环压缩机出入口阀。

(d) 启动重整循环压缩机以较大气量进行氮气循环。使循环氮气经催化剂循环回路与重整反应系统连通。

(1) 升温干燥

① 余热锅炉建立正常水循环。

② 氮气循环开始后，从气液分离器、重整进料换热器、提升器各低点排水，并记录排水时间和排水量。

③ 重整加热炉点火，反应器入口温度以20℃/h的速度升温，达到200℃进行恒温干燥脱水。

④ 启动还原氢电加热器。

⑤ 当每小时排水总量小于1L时，可认为200℃下已干燥完毕。

⑥ 将反应器入口温度提到350℃，继续恒温干燥脱水，当每小时排放水总量小于1L时，可认为在350℃下已干燥完毕。

⑦ 将反应器入口温度控制500℃继续恒温干燥脱水，当每小时排放总量小于0.2L，干

燥结束。

(2) 冷却降温

① 干燥结束后，反应器入口温度以40℃/h降温冷却。

② 当反应器入口温度达200℃时各加热炉灭火。

③ 当反应器床层温度降低到50~60℃时停循环压缩机，关闭出入口阀门。

(3) 泄压

① 从气液分离器放空，将压力降为常压。

② 关闭催化剂循环回路上所有阀门。

5.1.3.2 催化重整反应系统的开工过程

催化重整工艺按催化剂再生方式，主要有半再生重整、连续重整、循环再生重整三种形式，三种重整工艺的比例大致为6∶3∶1。由于循环再生重整装置的数量较小，因此，这里不做介绍。对于半再生重整和连续重整的开工，由于设备结构及控制方案不同，其开工过程也有很大差别。

(1) 半再生重整开工

半再生重整装置开工的基本程序如下。

① 高温高氧干燥。采用高温高氧干燥可以更有效地脱除系统和催化剂上的水分，同时将系统内残存的烃类，通过催化剂作用与氧生成H_2O和CO_2，达到系统和催化剂表面净化的目的。

双、多金属重整催化剂用无氧或氧浓度较低的干燥介质，金属铂会发生凝聚烧结。而在高温高氧条件下，催化剂的活性因分散度得到提高而改善。

重整催化剂干燥关键是在适宜的干燥温度下，系统保持适宜的氧含量。在干燥的初期不宜采用高氧干燥介质，以免系统残存烃类剧烈燃烧而超温，初期适宜的氧含量≯1.0%，系统CO_2含量增加表明有烃燃烧。

待烃类燃烧结束后系统的氧含量提高至8%，并将床层温度提至480℃，保持2h后再降至450℃，以便进行快速吹扫。

② 还原。双、多金属重整催化剂还原有严格的要求，操作中必须严格控制。

催化剂还原在系统干燥及烧烃之后进行，首先用氢气进行系统置换，置换合格后按还原升温曲线进行，期间在各低点进行脱水，注意及时投用分子筛干燥器。

③ 预硫化。半再生Pt-Re重整催化剂还原以后，具有很高的活性，如不钝化而直接进油，将因剧烈放热的氢解反应而引起催化剂超温，导致床层温度急剧上升，造成“飞温”而损害催化剂活性，严重的情况下将会烧坏催化剂和设备。

催化剂进行预硫化的目的是在催化剂金属活性中心产生临时性的、可控制的“硫中毒”，从而抑制其过度的氢解反应，保持催化剂的活性和稳定性，改善初期的选择性。

催化剂硫含量大约为0.1%左右为宜。硫含量取决于催化剂的金属含量，尤其是铼、铱的含量和装置情况(新装置高于老装置)。一般硫含量与铼、铱等金属含量成正比。

硫化剂(二甲基二硫，也可采用CS_2或其他硫化剂)，用注硫泵加入到反应器入口，也可采用氮气携带法将硫化剂加入反应器中。

预硫化的条件通常是：

硫化时间：2~5h；

温度：350~390℃；

压力：0.4~0.8MPa；

载硫气体流速：1000~1500m^3/(m^3·h)；

载气含水量：<30μg/g。

催化剂还原结束后，床层温度降至370℃即可进行预硫化，几个反应器同时进行，硫化结束时在反应器出口将有H_2S穿过床层。

经较好预硫化的催化剂开工进油后，系统氢纯度可达92%(体积)以上。

铂锡催化剂通常不用硫化，因为铂锡催化剂还原后直接进油不像铂铼催化剂那样容易造成“飞温”。因此，使用铂锡催化剂的循环再生系统不设硫化阶段，催化剂还原完毕后就可以进行开工。

预硫化是现代铂铼重整催化剂开工中不可缺少的重要环节。进预硫化操作的注意事项如下：

a. 硫化量不足难以控制催化剂初期床层温度，硫化量过多时会影响催化剂活性，硫化剂用量通常按催化剂“上硫量”为准。用量过低往往不能很好地控制催化剂的初活性，进油后尚需再次注硫硫化，给开工带来麻烦。

b. 注硫完成后检查催化剂床层是否硫化氢穿透，可采用醋酸铅试纸，每隔几分钟测一次。用醋酸铅监测硫化氢是否穿透。

c. 在反应器出口设有硫化氢监测点。如果反应器已有硫穿透，或达到预先计算好的注硫量便可停止注硫。

d. 硫化速度不宜过快，避免床层各部位“上硫量”不均匀，达不到钝化催化剂，防止局部超温的目的。

④ 进油。

a. 原料要求。重整催化剂对原料油杂质含量基本要求如表5-2所示。

表5-2 原料油杂质含量要求

原料油杂质	要求指标	原料油杂质	要求指标
总硫量/(μg/g)	<0.5	铜/(ng/g)	<20
总氮量/(μg/g)	<0.5	砷/(ng/g)	<1
水/(μg/g)	<5	铅/(ng/g)	<20

b. 进油条件。通常不同装置开工条件有所不同，下面是某半再生重整装置进油条件。

压力：1.0MPa；

温度：370℃；

空速：$2h^{-1}$；

三反出口气中水含量：<200μg/g；

循环氢量：压缩机全量循环。

c. 进油过程。进油时液时空速不宜过小，通常以设计进料量的50%~75%，在3~5h内提到正常进料量。在此期间，系统氢油摩尔比不宜小于6，要求缓慢提温稳定操作。

如果系统含水量较高，或者循环氢中H_2S浓度过高时，反应器床层温度不宜过早提温，如果由于产品质量要求较高，需要增加反应苛刻度(温度)时，必须把握好环境条件。尤其是过量水的存在将导致催化剂金属粒子的凝聚而降低催化剂活性。

通常，重整进料后在最初运转中，循环氢含水量降至200μg/g是比较困难的。欲使系统含水量降至50μg/g以下就会更加困难，至少得2~3天。

在开工初期密切关注监测系统含水情况对指导生产操作（如反应系统水-氯平衡的调节）是很重要的。目前重整装置广泛应用在线水分析进行监测。

经验表明，进油后以 20～50℃/h 速度升温是适宜的，待反应器床层达到 420℃以上时基本可以稳定地调整操作，进油同时应向系统注氯，通常是循环气中 10μg/g 的水应注 1μg/g 的氯。

⑤ 重整进油后的调整。重整进油后应及时调整汽提塔的操作，控制重整进料合格。同时根据循环氢气中水含量情况及时调整注氯量，保持催化剂水氯平衡。

开工初期提温时，要掌握好系统中水含量的变化趋势，同时要掌握好处理量和温度提升的原则关系。

（4）连续重整开工过程

使用氧化态催化剂时，UOP 和 IFP 连续重整的反应部分开工，基本步骤差别不是很大，主要由以下基本步骤组成：系统干燥、催化剂循环调试、还原、反应器升温、进油、调整操作。

以下是连续重整装置使用氧化态 Pt-Sn 双金属催化剂首次开工的典型过程。

① 干燥脱水。

a. 系统置换合格后用氮气升压至系统要求压力，启动循环压缩机建立氮气循环。

b. 催化剂循环系统进行氮气循环测试。

c. 重整加热炉点火升温。

d. 反应器升温过程中，向循环气中补氧，使氧含量达 1%（体积），当反应器温度升至 250℃时恒温 4h，同时从反应系统的各低点进行脱水，高温部位管线进行热紧。

注意：在开始脱水以后，由于水的析出，催化剂上的氯可能有少量损失。因此，需要对不同升温阶段的催化剂氯含量进行分析，同时按损失量少量进行补氯。

e. 提高反应器温度至 400℃恒温 4h，氧含量增加到 2%（体积）。继续从各低点进行脱水。

f. 将反应器温度提到 480℃恒温 4h，氧含量增加到 4%（体积）。当各低点小时累计脱水小于 1L 时结束干燥。

注：反应系统干燥期间，除反应器外，再生系统以及还原器等设备内的少部分催化剂，干燥在再生回路中进行。

g. 干燥结束后，加热炉开始降温至 200℃以下，将重整系统内氧含量降至 0.5%（体积）以下，可以开始进行催化剂的还原。

② 催化剂还原。重整催化剂还原不仅是半再生重整开工重要环节，也是使用氧化态重整催化剂的连续重整装置开工的关键环节，它影响 Pt-Sn 双金属重整催化剂活性的发挥，尤其是还原期间水的控制更为重要。（如果采用的是还原态 Pt-Sn 双金属催化剂进行开工，此步骤可以省略）。

a. 反应系统催化剂的还原。引入经过干燥后的氢气，要求水含量在 20μg/g 以下；升压至系统要求压力，启动重整循环压缩机循环；加热炉点火升温，反应器温度升到 480℃恒温 6h 进行催化剂还原；催化剂还原结束，反应器床层温度降至 400℃等待进油；在催化剂还原期间，分离器低点进行脱水。

b. 再生系统循环的部分催化剂在循环后在还原器中进行。

注：不同催化剂的还原对氢气纯度有一定的要求，当氢气中烃类含量较高催化剂进行还原时，有时将会出现“温升”现象。

c. 重整进油。在10min内以装置设计量的60%负荷进料，进料要快，以满足新鲜催化剂所需的最小流量。停止富氢气体补充，当高分罐压控阀投用后，提高富氢气体压缩机出口的压力，建立再接触罐压控。重整产氢可以短时间的放空，也可以并入下部系统。高分罐出现液面及液面高于50%时，启动分离罐底部泵将产品送至再接触部分。再接触罐出现液面及液面高于50%时，稳定塔可以进料(在此之前，稳定塔已开始单塔循环，具备进油条件)。根据生产情况，可以逐渐增加处理量。

d. 在还原状态低负荷操作。低负荷操作可降低循环气中水和硫化氢含量，而不损害催化剂，还可检验催化剂的循环操作，以及对一开始就在再生器中而没有被氢气还原的这部分催化剂进行还原。

低负荷操作的特点是：高于设计的H_2/HC比(60%进料，循环压缩机满负荷)；

压力高于正常值；随循环气中水含量下降，温度将逐步升高。

在低负荷生产条件下将产生较低RON(不加铅研究法辛烷值)的汽油，可将此产品作为汽油调合组分或作为不合格产品进行处理。

在不同阶段，循环气的水含量将由实验室分析确定，直到水含量符合在线水分析仪的范围为止。

按照20℃/h升温速度，把反应器入口温度提高到400℃。

用实验室分析检查循环氢中的含水量，只要有可能就投用水分析仪。互相校核两个测定的结果。

排掉各低点和分离罐的水，同时重整进料开始注氯化剂，其量参照各自催化剂的使用手册。在400℃下稳定装置条件。

5.1.4 催化重整再生系统开工

重整催化剂在使用一段时间后活性将会下降，主要原因：

① 催化剂由于积炭，从而覆盖金属和酸性中心，造成催化剂活性下降；

② 在高温下金属发生熔结或凝聚造成金属晶粒长大，造成催化剂活性下降；

③ 催化剂在使用过程中的活性组分损失，造成催化剂活性下降；

④ 被暂时性毒物侵害而造成催化剂活性下降。

催化剂在以上情况下难以满足生产要求，即使勉强维持所需要的液体产品辛烷值，也要不断提高反应温度加以补偿。当反应温度达到设计极限或液体产品收率有较大下降，如2~3个百分点时，必须对催化剂进行再生以恢复催化剂的活性。

针对不同重整工艺有不同的再生技术，固定床重整催化剂的再生技术比较成熟，经过一系列再生程序后催化剂活性可以基本恢复到新鲜催化剂的水平。目前性能良好的双金属重整催化剂使用寿命可达5~10年以上。

5.1.4.1 重整催化剂常规再生过程

重整催化剂的再生技术按重整工艺的不同，在技术特点和操作方法上各具特色，但再生过程的主要步骤和作用是相同的。常规的再生工艺包括烧焦、氯化更新和还原等步骤。另外，如果催化剂在运转中曾为硫化物所污染，则在装置停油后催化剂氧化烧炭前，需先用热氢循环除去催化剂及设备管线内壁上的硫化物，以避免烧焦的同时在催化剂上生成亚硫酸盐影响再生效果。

(1) 烧焦

重整催化剂的烧焦过程就是用含氧的氮气烧去催化剂上积炭的过程。与加氢催化剂不同，重整催化剂烧焦时不能用水蒸气做载气，而用氮气。这是因为重整催化剂怕水，若用水蒸气处理，不仅会使催化剂上的铂晶粒凝聚，而且会使载体 Al_2O_3 结构老化，甚至导致催化剂永久失活。

重整催化剂上的积炭是碳氢比很高的高分子缩合物，烧炭后会产生 CO、CO_2 和水，同时放出大量的热量。这种反应热积聚过大，必然会使催化剂床层温度很快上升造成超温现象，如不控制将会损伤催化剂及反应器内构件。而超温是与氧含量、起始烧炭温度、提温、提氧速度及催化剂是否吸附烃类杂质有关，尤其是氧含量。因此，临氢系统在停油后要先用氮气吹扫净化，然后通入氮气、空气混合气。混合气中含氧量要严格控制，一般起始氧含量在 0.3%~0.8%(体积)，控制床层温度在 450℃左右；烧焦时要缓慢地增加氧含量及温度，床层温度最终可达 480~500℃。当反应器出入口氧含量或 CO_2 含量极为接近，并且催化剂床层已无温升时，表示烧焦已经完成。在烧焦过程中会有水产生，因此，可能会部分洗去催化剂上的氯，造成催化剂的氯损失，酸性功能下降。

在整个再生过程中，烧焦所需的时间较长。为了缩短烧炭时间，可以提高再生压力，加大再生循环气的流量；或从一反和四反同时注入空气进行前部反应器和末反并联烧焦，在保持氧浓度不变的情况下，使氧气循环量加大，这样既加快了烧焦速度又能很好地控制床层温升。当遇到烧焦高温峰波已穿过床层，但床层温度下降很慢的现象时，可能是系统中油气未吹扫干净或再生气在床层中发生短路造成局部炭未烧净持续燃烧所致；尤其当反应器压降加大时，表明催化剂床层有堵塞现象，此时必须停止再生步骤，卸下催化剂过筛再装入反应器内再生。

(2) 氯化更新

催化剂在运转和烧焦再生过程中，活性金属会发生聚集，必须将其进行再分散，同时烧焦过程所产生的水会使催化剂大量失氯，必须将损失的氯补充上，使催化剂上的氯达到新剂水平。因此，要进行氯化更新步骤。一般半再生重整烧焦后催化剂上的氯仅为 0.6%~0.8%，为了恢复催化剂上的氯含量达到正常水平，应将氯化物注入到装置内含氧的气氛中，注入量取决于催化剂在烧焦后残氯量。并且要使催化剂上的氯能达到均匀分布，使金属晶粒重新再分散，气相中还要有 100~200μg/g 的水，氧含量达 5%~20%(体积)，温度控制在 510℃左右，压力在 0.5~1.0MPa。氯化介质为二氯乙烷和四氯化碳等，氯化剂分解时均伴有放热现象，所以，要注意床层温升，通常温升≤20℃，否则要放慢注氯速率。

如氯化后催化剂的氯含量偏低，可在重新开工进油初期，尽快将催化剂上的氯含量调整到适宜状态。

(3) 还原

还原是将催化剂上氧化态的金属用氢气还原为高活性的金属态催化剂。

还原的好坏对催化剂的性能有很大影响。在通入氢气前，要脱除系统中的氧。过去曾使用抽真空方法脱氧，此方法脱除氧时可能会将外界不洁的空气抽入系统内，或造成系统内死角处残存的油气挥发从而污染催化剂的表面，影响还原的效果。因此，较普遍采用氮气吹扫替代。再生后的催化剂的还原和新鲜催化剂还原类似，最好选用高纯度的干氢气还原，不能含有 C_2^+ 烃类、O_2 或 CO 等杂质，产生以上差异的原因可能是由于氯化铂复合物在湿的气氛下要水解而失氯，这使金属相熔结速率增加。也有用重整氢还原的专利，例如，有人提出可以在再生后在含氧气氛下降温，然后用重整氢气在 232~288℃较低温度下还原。

以上介绍的仅为一般常规的再生方法，但不同催化剂再生操作条件也不完全一样，尤其像Pt-Ir/Al_2O_3催化剂，Ir组元极易凝聚，这就更需要严格控制再生条件，阻止它在再生过程中生成IrO_2；一旦Ir氧化生成IrO_2，还原后铱也很难再度重新分散。许多专利中都提出在没有氯存在情况下不能使Ir与O_2直接接触。

当重整装置所用原料油中硫含量太高时，会造成装置污染甚至在炉管及换热器管壁会有FeS等磷状物生成，它会在通空气再生时被氧化生成SO_2，甚至氧化为硫酸铁。许多重整装置上都曾发现再生后催化剂的硫中毒情况。原因大多数为原料油加氢精制失效或由于设备渗漏，或汽提塔操作不正常等。在这种特殊的情况下就必须采用专门的再生方法。

① 热氢循环法。可在催化剂再生前用热氢循环，设法将管壁及催化剂上残余的硫脱除掉，直至循环氢中H_2S含量小于1μg/g。这种方法对轻微硫污染的装置是可行的，但对于硫污染严重的装置，仅用热H_2吹扫就远远不够了，还必须有专门的脱硫酸盐步骤，有人提出可在热氢循环时用含一定H_2O/HCl比的H_2，循环氢用NaOH或Na_2CO_3溶液脱除H_2S。

② 单独烧硫法。在硫污染严重的装置中，可采用单独烧硫的办法。先切断反应器，单独烧炉管及换热器管壁上的FeS，使燃烧时所产生的SO_2不通过反应器中的催化剂而直接放空。当检测放空气体中硫含量很低时，再进行催化剂再生操作。

③ 控制再生方式。有些专利强调在有硫污染的装置内，应采用反应器并联再生而不要串联再生。也有的专利指出引入空气的部位应在反应器的底部，因为FeS等杂质多沉积在反应器顶部，燃烧从底部逐渐上延，最后在顶部燃烧的SO_2可以分别放空。另外，还有专利提出可从末反开始再生，顺序向前，凡是处于不再生的反应器就先将它降温至260℃以下，目的在于防止剩余O_2与硫作用污染催化剂。

5.1.4.2 连续重整催化剂再生系统的开工过程

目前国内广泛采用的连续重整技术有两种，一种是采用美国环球油品公司(UOP)开发的轴向重叠式连续重整工艺(UOP-CCR)，另一种是法国石油研究院(IFP)开发的径向并列式连续重整工艺(IFP-CCR)。

按照再生过程的方式和条件的不同，分为以下五种不同形式：

UOP-CCR(一代)常压再生过程；

UOP-CCR(二代)加压再生过程；

UOP-CCR(三代)Cycle Max再生过程；

IFP-CCR(一代)分批再生过程；

IFP-CCR(二、三代)连续再生过程。

连续重整催化剂再生系统的开工基本步骤包括："黑催化剂开工"和"白催化剂开工"。

(1) 催化剂连续再生系统开工

① "黑催化剂开工"。所谓"黑催化剂"是指未经烧焦的含炭催化剂。

"黑催化剂开工"适用于下列情况之一：装置首次或检修后的开工，并且催化剂含炭量达到3.5%以上；装置停工时，氯化区和干燥区已混入或无法判断是否混入了"黑催化剂"。

"黑催化剂开工"的原则步骤如下：

a. 建立和确认各有关设备的流量和压差。

b. 启动再生、氯化、冷却空气、密封气和提升气的设备。

c. 确认有关设备、管线氧含量合格。

d. 设定烧焦加热器温度控制调节器、氯化加热器温度控制调节器、空气加热器温度控制调节器输出。启动有关加热器，按规定程序和升温速率升温。

e. 当各加热器均已达到各自的目标温度并稳定后，开始进行催化剂的烧焦、催化剂循环，根据操作曲线确定催化剂循环速率，调整各操作参数到控制指标。

f. 当再生剂炭含量小于0.1%时，将燃烧空气引入氧氯化焙烧区。

g. 开始注氯，根据催化剂氯含量分析数据和控制催化剂氯含量的有关图表，确定所需注氯量，并根据催化剂氯含量数据调节注氯量，使再生剂氯含量达到和保持在控制指标上。

h. 再生器维持正常操作条件，进入正常运转。

② “白催化剂开工”。所谓“白催化剂”，是指经过烧焦含炭0.1%以下的催化剂。

“白催化剂开工”适用于下述情况：装置出现热停车或冷停车后，并能确认催化剂在再生器中没有移动，仅在烧焦区存在含炭催化剂，在氯化区和焙烧区肯定无“黑催化剂”。

“白催化剂开工”不同于“黑催化剂开工”之处，在于可将烧焦温度迅速恢复正常，根据催化剂含炭量情况，按照一般烧焦操作曲线，建立催化剂的循环。

就操作工艺参数方面而言，确保催化剂再生正常和效果良好的关键是：

a. 催化剂循环速率必须适当。催化剂循环速率过高，则再生频率增加，表面积下降加快，催化剂粉尘量增多；而催化剂循环速率太低，又将使催化剂积炭量增加，如果不能保证催化剂烧焦彻底，达到进入氯化区催化剂炭含量要求，则氯化区和干燥区容易超温，导致严重后果。

b. 再生气中氧含量必须适当，确保催化剂烧炭彻底，残炭低于0.1%。

c. 氯化物的注入量必须适当，确保再生后催化剂的氯含量适宜。

d. 干燥空气温度、含水量必须达到设计指标，确保催化剂干燥效果良好。

e. 通过烧焦区的再生循环气量必须大于设计值的80%，确保催化剂烧炭效率和效果。

(2) UOP-CCR 再生开工过程要点(三代)

“黑色催化剂开工”步骤：

① 建立下列流量及条件：

再生器冷却区的氮气吹扫：将循环催化剂冷却到150℃所需的最低流量。

再生器干燥区的氮气吹扫：开工需要的氮气设计流量，此流速对应于正常操作时氯化区的设计流速。

过剩空气排放：无流量。手动关闭过剩空气排放手控阀。

氯化区流量：等于再生器干燥区和冷却区的氮气吹扫量。

待生催化剂氮气包：设计差压。

再生催化剂氮气包：设计差压。

待生催化剂隔离系统：开。

再生催化剂隔离系统：开。

再生鼓风机密封的氮气吹扫：设计差压。

再生气及再热气流量计的氮气吹扫：设计流速。

再生鼓风机水夹套(如适用)的冷却水流量。

分离料斗催化剂的正常料位。

待生催化剂L阀组件的总提升气：设计流量。

再生催化剂L阀组件的总提升气：设计流量。

再生器压力：设计压力。

还原气加热器增压气：设计流量。

催化剂收集器的吹扫气：设计流量。

② 启动再生鼓风机及再生冷却器鼓风机。如果再生鼓风机有一个两速电动装置，则启动低速。

③ 投用并校准分析仪：氮气总管氢/烃分析仪、燃烧区气体氧分仪。

备注：投用电加热器前，再生器中的氧气浓度应为零。校准时分析仪必须在设计压力下，否则，正常操作条件下分析仪将不能正确读数。

④ 停止催化剂循环。首次开工除外，允许低焦操作期间有催化剂循环。在再生器及还原区加热时不应有催化剂循环。

⑤ 确定所有停工旁路开关在 NORMAL(正常)位。

⑥ 启动电加热器，加热再生器及还原区：

手动调节每个区入口——燃烧区入口、干燥区入口、还原区入口及再热区入口的温控器，将其输出设定在加热器的零输出上。

备注：燃烧区的入口温控器由再生加热器(50%~100%)和再生冷却器(50%~0%)分程控制。温控器 50%的输出对应再生加热器的零输出。

按下电加热器按钮启动加热器。

以 55℃/h 的速度将各区入口温度升到设计温度：

燃烧区入口：477℃；

干燥区入口：565℃；

上还原区入口：377℃；

下还原区入口：482℃；

再热区入口：510℃。

⑦ 重新调节重整分离罐压力，使再生器压力保持在设计值。再生器压力随闭锁料斗压力而变，而闭锁料斗压力随重整分离罐压力而变。

⑧ 由通用操作曲线(图 5-1)确定允许的催化剂最大循环速度。采用实验室实际碳分析

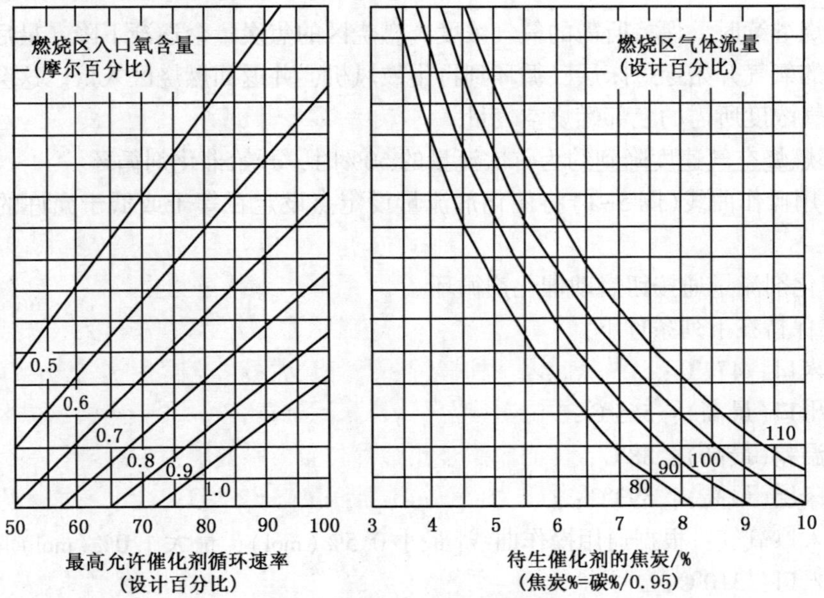

图 5-1　连续重整 CycleMax 再生段通用操作曲线

测定的焦炭含量及燃烧区入口氧气浓度在推荐范围内的氧气浓度0.5%~1.0%(摩尔)。

⑨ 启动上部燃烧空气，开始固定燃烧燃烧区内结焦的催化剂。

确认连线阀(图5-2中的XV-14)是关闭的。

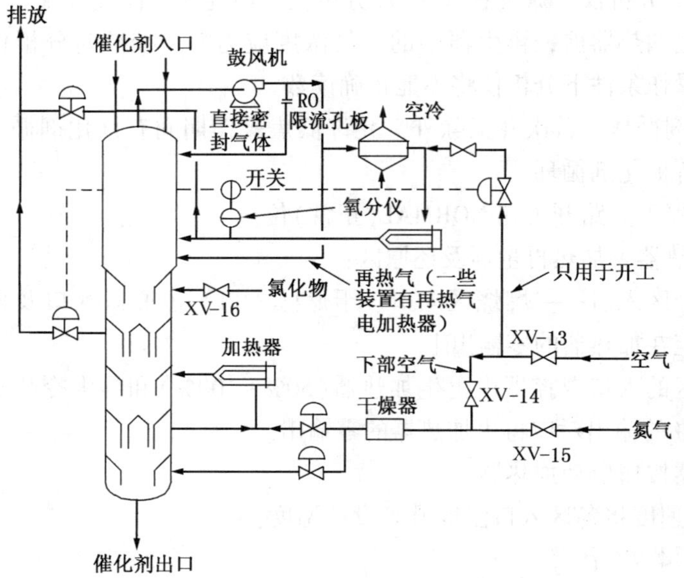

图5-2 CycleMax再生器

确定上部燃烧空气控制阀是关闭的。打开此管线注入点的手动阀。

记录燃烧区温度分布图。

按空气通按钮打开空气阀(XV-13)。按需将上部燃烧空气通过开工管线注入燃烧区回路，建立第⑦步选择的氧气浓度。

稳定氧气浓度及上部燃烧空气流量。然后，将上部燃烧空气流量控制器与氧分仪控制器串级控制。

固定燃烧继续时，保持所需的氧气浓度。燃烧区的焦炭量会逐渐下降。最后，一些进入催化剂床层的氧气开始穿过床层，循环到再生鼓风机，并返回燃烧区入口。这会明显降低保持理想的氧气浓度所需的上部燃烧空气量。

⑩ 上部燃烧空气速度降到约为首次流量的50%时，开始催化剂循环：

a. 由通用操作曲线(图5-1)将催化剂流量设定点设定在等于或低于允许的催化剂最大循环速度。

b. 按催化剂流量通按钮启动催化剂循环。

⑪ 烧焦保持在下列条件下：

燃烧区入口：477℃；

燃烧区出口(最高)：565℃；

燃烧区温差(最高)：88℃；

燃烧区床层(最高)：593℃；

燃烧区入口氧气：根据通用操作曲线[最小0.5%(mol)，最大1.0%(mol)]；

再热区入口：510℃；

干燥区入口：565℃；

干燥区入口：0.25MPa；

进干燥区的氮气：开工设计值；

进冷却区的氮气：保持氮封罐中150℃；

上部还原区入口：377℃；

下部还原区入口：482℃；

催化剂循环速度：根据通用操作曲线，不大于设计值；

还原气换热器壳程出口：65℃；

进闭锁料斗的增压气：150℃。

⑫ 再生催化剂采样：再生器内的催化剂完成一次循环后，开始每2h对氮封罐下面的再生催化剂采样进行炭分析。连续采样表明催化剂符合下列所有标准：

a. 焦炭含量应为0.1%或更少。

b. 催化剂颗粒中心应无焦(破开几粒)。

c. 基本上无全黑颗粒。

连续两次采样的再生催化剂符合上述三个标准时，进行双重空气注入。

⑬ 开始向干燥区及冷却区注入空气并如下进行双重空气注入：

a. 执行此步骤时，监控再生鼓风机吸入温度、燃烧区、再热区及氯化区床层温度及冷却区出口温度，同时建立双重空气注入。如有任何明显的温升，立即启用氮气，停空气预热器的空气。

b. 确保开工时干燥区的氮气流量在设计流量下。确保手动关闭过剩空气排放控制阀。

c. 下部空气开始进入干燥区时，确认目前上部燃烧空气量足以允许上部空气进行连续串级控制，同时也足以使氯化气体的表观流量保持在目前的流速。

备注：下部空气开始进入干燥区后，必须减少进燃烧区的上部空气量以补偿下部空气对再生器氧气平衡的影响。上部空气流速要减少的值约等于下部空气流速值。因此，上部空气流速要足够，在其被减少后，余下的上部空气流速仍能使上部空气控制阀控制燃烧区氧气含量。

d. 将上部燃烧空气置于单回路自动控制。

e. 按连线按钮，打开连线阀。

f. 一旦打开连线阀，按氮气按钮关闭氮气阀。

g. 关闭氮气阀20~30s后，降低上部空气量，补偿下部空气对再生器氧气平衡的影响。在上例中，上部空气流速从$400Nm^3/h$降到约$133Nm^3/h$，同时仔细观察氧分仪。

h. 稳定氧气浓度及上部燃烧空气量。然后将上部燃烧空气流量控制器与氧分仪控制器串级控制。

⑭ 建立过剩干燥空气流量，停止上部燃烧空气流量：

a. 一旦氧气浓度稳定，自动将下部空气注入量增加到再生的设计空气流量。同时，手动打开手控阀，将过剩空气排放相应的量来增加空气流量。保持氯化气表观流量在目前的流速。

b. 上部燃烧空气停止时，确认目前过剩空气排放量足以控制燃烧区氧气浓度。

备注：燃烧区的上部空气流量停止前，必须减少干燥区的过剩空气排放量以补偿上部空气对再生器氧气平衡的影响。过剩空气排放量必须减少的值约等于上部空气流速值。因此，过剩空气排放量要足够，在其被减少后，余下的过剩空气排放量能使过剩空气控制阀控制燃烧区氧气含量。

c. 将上部燃烧空气置于单回路自动控制。

d. 降低过剩空气排放量，降低值等于上部燃烧空气流量值。

e. 降低过剩空气排放量后 10~20s，关闭上部燃烧空气控制阀，预先防止并补偿下部空气对再生器氧气平衡的影响。

f. 稳定氧气浓度及过剩空气排放量。切换氧分仪控制器，控制过剩空气排放控制阀。

g. 关闭燃烧区上部燃烧空气管线。

⑮ 氯化物按钮设置在“ON(开)”，并调节注入泵的泵冲程，建立氯化区的有机氯化物的理想注入速率。

⑯ 再生催化剂采样：

a. 催化剂在准备好的条件下经过再生器氯化区、干燥区及冷却区后，在氮封罐下面对再生催化剂采样分析氯化物含量。

b. 调节氯化物注入速度，提供再生催化剂的氯化物目标值。

⑰ 继续监控烧焦。操作条件如下：

燃烧区入口：477℃；

燃烧区出口(最高)：566℃；

燃烧区温差(最高)：89℃；

燃烧区床层(最高)：593℃；

燃烧区入口氧气：根据通用操作曲线[最小 0.5%(mol)，最大 1.0%(mol)]；

再热区入口：510℃；

干燥区入口：565℃；

干燥区入口：0.25MPa；

进干燥区的空气：再生设计值；

进冷却区的空气：保持氮封罐中 150℃；

上部还原区入口：377℃；

下部还原区入口：482℃；

催化剂循环速度：根据通用操作曲线，(CCR 设计最大值)；

还原气换热器壳程出口：65℃；

进闭锁料斗的增压气：150℃。

⑱ 保持再生段正常操作。

⑲ 再生器、闭锁料斗及还原区的催化剂步骤⑧之后完成一次循环后，停止向 CCR 重整装置进料注水(如果正在注水)。在 100%催化剂设计循环流速的条件下，大约要持续 14h。

⑳ 再生器、闭锁料斗及还原区的催化剂在步骤⑭之后完成一次循环后，停止向 CCR 重整装置进料注氯化物。在 100%催化剂设计循环流速的条件下，大约要持续 14h。

“白色催化剂开工”步骤：

“白色催化剂开工”步骤用于再生段以后的开工，但仅在一定的条件下。

再生器以前在白烧方式下操作；再生段按照热停工或冷停工步骤停工；在停工期间或之后，再生器无催化剂输送，则再生器中的结焦催化剂仅出现在燃烧区。因此，用“白色催化剂开工”步骤。

① 建立下列流量及条件：

再生器冷却区的氮气吹扫：将离开冷却区的催化剂冷却到150℃所需的最低流量。

再生器干燥区的氮气吹扫：开工需要的氮气设计流量(此流速低于正常操作时干燥空气的设计流速)。此流速对应于正常操作时氯化区的设计流速。

过剩空气排放：无流量。手动关闭过剩空气排放手控阀。

氯化区流量：等于再生器干燥区和冷却区的氮气吹扫量。

待生催化剂氮气包：设计差压。

再生催化剂氮气包：设计差压。

待生催化剂隔离系统：开。

再生催化剂隔离系统：开。

再生鼓风机密封的氮气吹扫：设计差压。

再生气及再热气流量计的氮气吹扫：设计流速。

再生鼓风机水夹套(如适用)的冷却水流量。

分离料斗催化剂的正常料位。

待生催化剂L阀组件的总提升气：设计流量。

再生催化剂L阀组件的总提升气：设计流量。

再生器压力：设计压力。

还原气加热器增压气：设计流量。

催化剂收集器的吹扫气：设计流量。

按照制造厂家的步骤启动空气干燥器。

② 启动再生鼓风机及再生冷却器鼓风机。如果再生鼓风机有一个两速电动装置，则启动低速。

③ 为正常操作投用并校准分析仪：

氮气总管氢/烃分析仪；

燃烧区气体氧分仪。

备注：投用电加热器前，再生器中的氧气浓度应为零。校准时分析仪必须在设计压力下，否则，正常操作条件下分析仪将不能正确读数。

④ 确定所有停工旁路开关在NORMAL(正常)位。

⑤ 启动电加热器加热再生器及还原区：

a. 手动调节每个区入口——燃烧区入口、干燥区入口、还原区入口及再热区入口的温控器，将其输出设定在加热器的零输出上。

备注：燃烧区的入口温控器对再生加热器(50%~100%)和再生冷却器(50%~0%)分程控制。温控器50%的输出对应再生加热器的零输出。

b. 按下电加热器按钮启动加热器。

c. 以55℃/h的速度将各区入口温度升到设计温度：

燃烧区入口：477℃；

干燥区入口：565℃；

上还原区入口：377℃；

下还原区入口：482℃；

再热区入口：510℃。

备注：如果再生气鼓风机有双速电动装置，按照鼓风机/电机供应商的建议，应在吸入温度下将速度从高速切换到低速。

⑥ 重新调节燃料气罐压，使再生器压力保持在设计值。再生器压力随闭锁料斗压力而变，而闭锁料斗压力随燃料气罐压而变。

⑦ 由通用操作曲线（图 5-1）确定允许的催化剂最大循环速度。采用实验室实际碳分析测定的焦炭含量及燃烧区入口氧气浓度在推荐范围内的氧气浓度［0.5%（mol）~1.0%（mol）］。

⑧ 启动上部燃烧空气（参见图 5-2）。

a. 确认连线阀（XV-14）是关闭的。

b. 确定上部燃烧空气控制阀是关闭的。打开此管线注入点的手动阀。

c. 记录燃烧区床层温度分布图。

d. 按空气通按钮打开空气阀（XV-13）。按需将上部燃烧空气通过开工管线注入燃烧区回路，建立第⑦步选择的氧气浓度。

e. 稳定氧气浓度及上部燃烧空气流量。然后，将上部燃烧空气流量控制器与氧分仪控制器串级控制。

f. 记录燃烧区床层温度分布图并确认燃烧区底部或再热区没有明显的燃烧。如果在这些位置观察到燃烧现象，则用黑色催化剂开工步骤。

⑨ 开始催化剂循环：

a. 由通用操作曲线将催化剂流量设定点设定在等于或低于允许的催化剂最大循环速度。

b. 按催化剂流量通按钮启动催化剂循环。

⑩ 开始向干燥区及冷却区注入空气并如下进行双重空气注入：

a. 执行此步骤时，监控再生鼓风机吸入温度、燃烧区、再热区及氯化区床层温度及冷却区出口温度，同时进行双重空气注入。如有明显的温升，立即启用氮气，停空气预热器的空气。

b. 确保开工时干燥区的氮气流速在设计流速下。确保手动关闭过剩空气排放控制阀。

c. 下部空气开始进入干燥区时，确认目前上部燃烧空气流量足以让上部空气进行连续串级控制，同时也足以使氯化气体的表观流量保持在目前的流速。

备注：下部空气开始进入干燥区后，必须减少进燃烧区的上部空气量以补偿下部空气对再生器氧气平衡的影响。上部空气流速要减少的值约等于下部空气流速值。因此，上部空气流速要足够，在其被减少后，余下的上部空气流速仍能使上部空气控制阀控制燃烧区氧气含量。

d. 上部燃烧空气置于单回路自动控制。

e. 按连线按钮，打开连线阀（XV-14）。

f. 一旦打开连线阀，按氮气按钮关闭氮气阀（XV-15）。

g. 关闭氮气阀 20~30s 后，降低上部空气量，补偿下部空气对再生器氧气平衡的影响。在上例中，上部空气流速从 400Nm^3/h 降到约 133Nm^3/h，同时仔细观察氧分仪。

h. 稳定氧气浓度及上部燃烧空气量。然后将上部燃烧空气流量控制器与氧分仪控制器串级控制。

⑪ 建立过剩干燥空气流量，停止上部燃烧空气流量：

a. 一旦氧气浓度稳定，自动将下部空气注入量增加到再生的设计空气流量。同时，手动打开手控阀，将过剩空气排放相应的量来增加空气流量。保持氯化气表观流量在目前的流速。

b. 上部燃烧空气停止时，确认目前过剩空气排放量足以控制燃烧区氧气浓度。

备注：燃烧区的上部空气流量停止前，必须减少干燥区的过剩空气排放量以补偿上部空气对再生器氧气平衡的影响。过剩空气排放量必须减少的值约等于上部空气流速值。因此，过剩空气排放量要足够，在其被减少后，余下的过剩空气排放量将能使过剩空气控制阀控制燃烧区氧气含量。

c. 上部燃烧空气置于单回路自动控制。

d. 降低过剩空气排放量，降低值等于上部燃烧空气流量值。

e. 降低过剩空气排放量后 10~20s，关闭上部燃烧空气控制阀，预先防止并补偿下部空气对再生器氧气平衡的影响。

f. 稳定氧气浓度及过剩空气排放量。切换氧分仪控制器，控制过剩空气排放控制阀。

g. 关闭燃烧区上部燃烧空气管线。

⑫ 氯化物按钮调到“ON(开)”，并调节注入泵的泵冲程，建立氯化区的有机氯化物的理想注入速率。

⑬ 再生催化剂采样：

a. 再生器氯化区、干燥区及冷却区的催化剂在准备好的条件下循环后，在氮封罐下面对再生催化剂采样分析氯化物含量。

b. 调节氯化物注入速度，提供再生催化剂的氯化物目标值。

⑭ 继续监控烧焦。操作条件如下：

燃烧区入口：477℃；

燃烧区出口(最高)：566℃；

燃烧区温差(最高)：89℃；

燃烧区床层(最高)：593℃；

燃烧区入口氧气：根据通用操作曲线：最小 0.5%(摩尔)，最大 1.0%(摩尔)；

再热区入口：510℃；

干燥区入口：565℃；

干燥区入口：0.25MPa；

进干燥区的空气：再生设计值；

进冷却区的空气：保持氮封罐中 150℃；

上部还原区入口：377℃；

下部还原区入口：482℃；

催化剂循环速度：根据通用操作曲线，CCR 设计最大值；

还原气换热器壳程出口：65℃；

进闭锁料斗的增压气：150℃。

⑮ 保持再生段正常操作。

⑯ 再生器、闭锁料斗及还原区的催化剂在步骤⑫之后完成一次循环后，停止向 CCR 重整装置进料注氯化物及水(如果已开始)。在 100%催化剂设计循环流速的条件下，这大约要 14h。

基准：燃烧区进口温度 477℃。

(3) IFP-CCR 再生开工过程要点

IFP 与 UOP 连续再生的主要区别在于，UOP 连续再生采用热烧焦回路，即再生循环气不经冷却和干燥，用热风机循环；而 IFP 连续再生是采用干燥烧焦回路，即再生循环气进行冷却-碱洗-干燥后，用压缩机循环。

IFP(Ⅰ)采用分批再生技术，催化剂在再生器内是分批次完成的。而IFP(Ⅱ)、(Ⅲ)再生技术采用移动床再生器，催化剂的还原过程在第一反应器顶部完成，再生循环气分两路去再生器不同区段。一路去烧焦段燃烧区；一路去再生器下部干燥焙烧区。第二路与氯氧化段下来的催化剂逆流接触进行焙烧、干燥，废气从再生器顶部引出，与第二路循环气换热后洗涤。第一路烧焦废气自烧焦段下部引出，与第一路废气换热、冷却后，与第二路废气(含氯)在洗涤塔入口汇合，洗涤干燥后的再生气进入再生气循环压缩机入口，构成再生气循环回路。

IFP-CCR(Ⅰ)催化剂再生过程：

IFP-CCR(Ⅰ)催化剂再生过程是用计算机进行程序控制的连续循环过程。这个循环过程从装催化剂开始到卸料结束，共分9个步骤(见图5-3)。

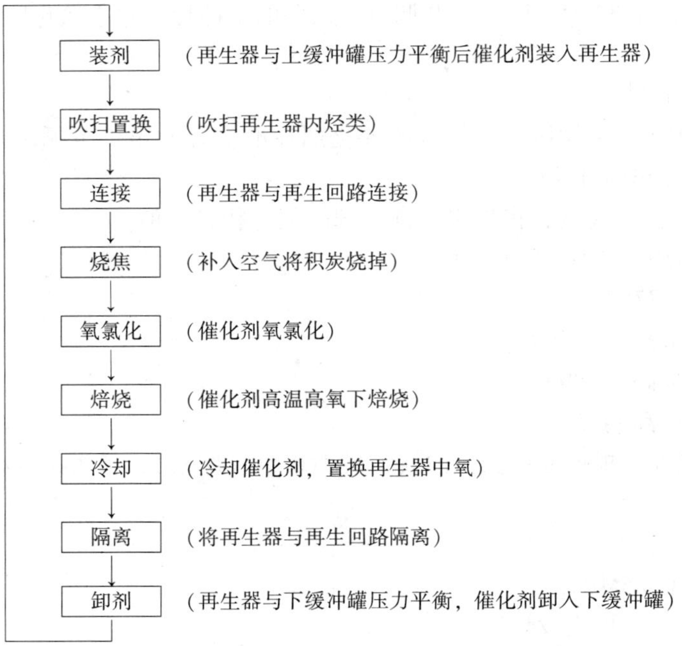

图5-3　IFP-CCR(Ⅰ)催化剂再生步骤程序控制过程图

由图5-3可以看出，在每个程序中计算机根据事先编制好的程序，按先后顺序开关阀门，进行各个步骤的操作，在每进行一步前，计算机都要检查所有阀门位置是否正确，以保证安全运行。

IFP-CCR(Ⅲ)催化剂再生过程：

“黑催化剂”的开工步骤：

① 用氮气将再生器进行充压。

② 将干燥器系统串入再生回路，启动循环压缩机，建立氮气循环。保持正常的一段循环流量，同时将再生回路压力提至设计正常值。

③ 启动空气压缩机，并启动空气干燥器，逐步将压力设定到正常操作值。

④ 氮气循环正常后，干燥器开始升温，正式投用干燥器系统。

⑤ 建立还原氢流量。

⑥ 控制空气系统压力稳定。

⑦ 缓慢将空气注入氧氯化和焙烧区。

⑧ 设定烧焦段/氧氯化段差压，防止氧氯化段的高含氧气体串入烧焦段。

⑨ 启动烧焦电加热器以30℃/h 升温。

⑩ 启动还原电加热器以30℃/h 升温。

⑪ 设定氧氯化和培烧电加热器内的气体流量至正常值，启动氧氯化和培烧电加热器。

⑫ 投用碱水洗系统，投用再生全部联锁系统。

⑬ 烧焦电加热器升温到470℃恒温。检查床层温度是否正常，各显示仪表有无异常。

⑭ 还原电加热器升温到480℃恒温。

⑮ 氧氯化电加热器以30℃/h 升温到510℃。

⑯ 培烧电加热器以30℃/h 升温到480℃。

⑰ 开始向1段床层注入空气以使氧含量控制为0.5%(体积)到0.6%(体积)之间。

⑱ 开始向2段床层注入空气以使氧含量控制大于0.5%(体积)。

⑲ 调节注氧量使2段床层出口为氧含量控制在0.4%(体积)以上。

⑳ 投用二段入口急冷气，调节入口温度。检查和投用提升器上部的隔断阀，检查电磁阀及切断阀手阀投用。

㉑ 启用淘析鼓风机，保持淘析气流量，投用DCS上联锁至允许联锁位置。

㉒ 在催化剂初次循环或长时间停工以后的循环启动，一定在低循环条件下开始催化剂循环。

注意：催化剂循环率控制在最低允许值下进行操作。

“白催化剂”的开工步骤：

① 为了防止含焦的催化剂落入氧氯化段，确认二段床层出口氧含量在0.4%以上。

② 调节二段入口床层氧含量，保证再生器出口氧含量达到0.6%(体积)。

③ 将去焙烧、氧氯化的空气阀门打开，关闭去一段烧焦入口的空气阀门。

④ 设定焙烧、烧焦的空气流量，保证一段入口的氧含量在0.6%(体积)至0.8%(体积)之间。

⑤ 启动再生注氯泵，调节注氯量。

⑥ 慢慢地把催化剂循环增加到100%的设计值。

⑦ 稳定生产状态。

提示：只有当氧氯化、焙烧段的催化剂不含焦时，才可以把空气注入焙烧和氧氯化区。应当对第一个上部料斗每2h 取一次催化剂样，对焦含量进行分析，直到这个值低于0.1%为止。

氯化剂的注入与待生催化剂的氯含量及催化剂的循环流量有关系，应当按比例进行加注。

定期检查再生回路干燥器操作及所有洗涤罐参数是否满意。

定期排掉分析仪上游气液分离罐中液体，干燥器上游气液分离罐中液体及回路压缩机吸滤瓶中液体。

升温期间，反应器内构件的热膨胀将会提高反应器中装有的催化剂数量，因而将减少循环回路中的催化剂数量，第一上部料斗的料面必须设定在一较低的值上，以补偿这个“损失”。相反，当温度较低时，上部料斗将在一较高的催化剂料面上操作。

注意事项：

投料前，氢提纯、注氯设施、致冷系统、干燥系统等必须具备良好的待用状态。

投料后，必须严格及时地进行水-氯平衡操作。

催化剂再生期间常规的控制参数：

烧焦区内的控制参数是入口气体温度和入口气体氧含量，推荐值如表 5-3 所示。

氧氯化及焙烧气的共同特性如表 5-4 所示。

表 5-3　烧焦区的控制参数

	O_2/%(体积)	温度/℃
第一床层入口	0.8	460
第二床层入口	0.8	480
检查床层入口	1.0	第二床层出口温度 520

表 5-4　氧氯化及焙烧气的共同特性

	温度/℃
氧氯化入口	510
焙烧入口	530
氧氯化出口氧气百分比	10%~20%(体积)

5.1.5　芳烃抽提系统开工

芳烃抽提系统开工要点包括典型的 Udex 芳烃抽提和环丁砜抽提两种类型。

5.1.5.1　*典型的 Udex 芳烃抽提主要开工步骤*

(1) 垫塔

用汽提水罐的新鲜水(软化水)将非芳烃水洗塔液面垫至 50%；用溶剂将抽提塔和汽提塔液面垫至 90%；减压塔中部液面垫满后使其溢流至塔底，塔底液面垫至 50%；垫塔的具体流程见图 5-4 所示。

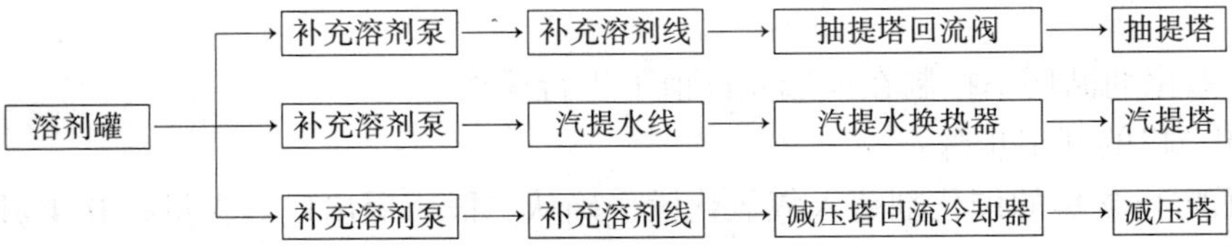

图 5-4　垫塔流程示意图

(2) 油循环

抽提系统(抽提塔-汽提塔)开工的第二步是建立油循环，即用泵将抽提原料打入抽提系统中，并建立油循环见图 5-5 所示。

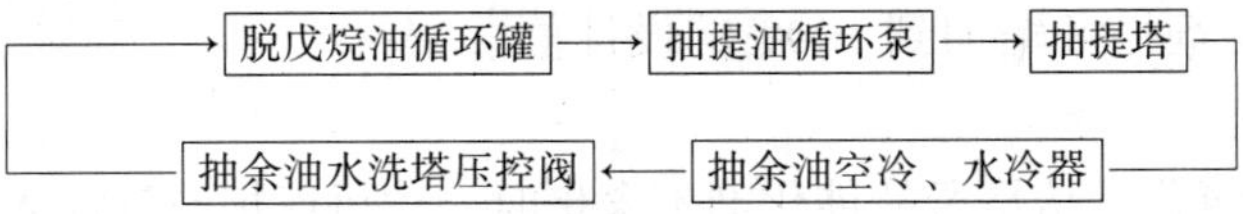

图 5-5　油循环示意图

建立油循环之后，系统升压试漏。

(3) 汽提塔溶剂小循环

汽提塔溶剂循环是建立开工溶剂循环的一部分，其流程见图 5-6 所示。

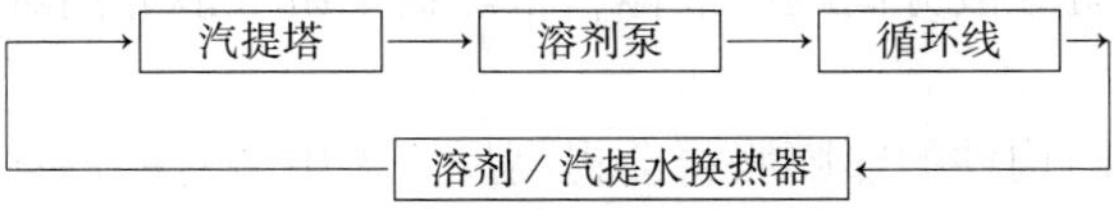

图 5-6　溶剂小循环线路图

建立汽提塔溶剂循环后，汽提塔升温，升至 100~105℃时可根据溶剂含水情况恒温 1~3h，回流芳烃罐来水后可排放至储存罐。

（4）抽提塔-汽提塔溶剂大循环

汽提塔溶剂小循环正常后，可建立抽提塔-汽提塔溶剂大循环。用贫溶剂泵出口阀适当控制贫溶剂量，再缓慢关闭小循环线阀。此时应特别注意抽提塔的压力和界位变化，控制好富溶剂控制阀及副线阀，保持界位稳定，抽提塔控制在正常压力。

（5）汽提塔升温并注入汽提水

汽提塔升温至适当温度时，要向汽提塔打入汽提水，并逐步将汽提塔底温度提高至工艺要求温度。

（6）汽提塔开测线

当汽提塔顶回流芳烃罐界面达到50%时启动界面控制，液面达到40%后可开始向抽提塔打回流，液面继续上升时汽提塔可开侧线；当芳烃罐界面达到50%时，可启动界面控制，液面达到40%时，将芳烃排入芳烃水洗塔，芳烃经压力控制副线阀回脱戊烷油罐。

调整汽提水量，使侧线温度适当，平稳操作。

（7）开水洗塔、减压塔

启动水洗水泵，向水洗塔打入水洗水；启动界面控制，控制好界面。

启动减压塔底泵，进行塔底循环；启动回流泵，建立减压塔中部回流；塔底升温；调整好真空度；投用塔中部液位控制，调整进料量保持塔底液位平稳和全塔平稳操作。

（8）调整操作

重整开工正常后，引脱戊烷油进抽提塔，停抽提循环泵；调整各部操作条件，平稳操作，芳烃质量合格后改入芳烃罐；非芳烃去溶剂油生产装置或进汽油罐；同时做好贫溶剂、再生溶剂 pH 值分析，及时加入单乙醇胺；调整各部操作，保证产品质量，逐步提高芳烃回收率。

5.1.5.2 环丁砜抽提系统开工步骤

环丁砜抽提装置开工一般由溶剂冷循环、注水升温循环、溶剂大循环、进料循环、操作调整和溶剂再生等六个步骤。

（1）溶剂冷循环

首先向提馏塔送溶剂，提馏塔见液面后向回收塔送溶剂，回收塔见液面后开动溶剂泵，将回收塔底溶剂经水汽提塔重沸器送回提馏塔，建立冷循环，具体流程见图 5-7、图 5-8 所示。

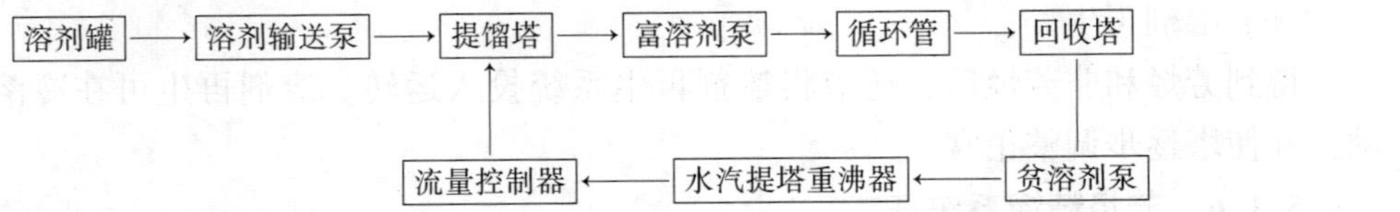

图 5-7　溶剂冷循环线路图

（2）注水升温循环

用补水泵向芳烃和非芳烃水洗塔两个系统注水，各部液面达到50%~60%后停止注水。

停止注水后，汽提塔升温。然后开始升温提馏塔和回收塔，升温速度30℃/h。当回收塔受槽水液面正常后，启动水洗水泵，通过非芳烃水洗塔建立水循环。

非芳烃水洗塔的水可压入水汽提塔，并通过水汽提塔塔底泵将多余的水送到回收塔。

随着溶剂升温，水汽提塔产生蒸汽开始建立水的第二路循环见图 5-9 所示。

水的第二路循环是：水汽提塔蒸汽经过提馏塔冷凝冷却，受槽水斗建立液面后，经泵送

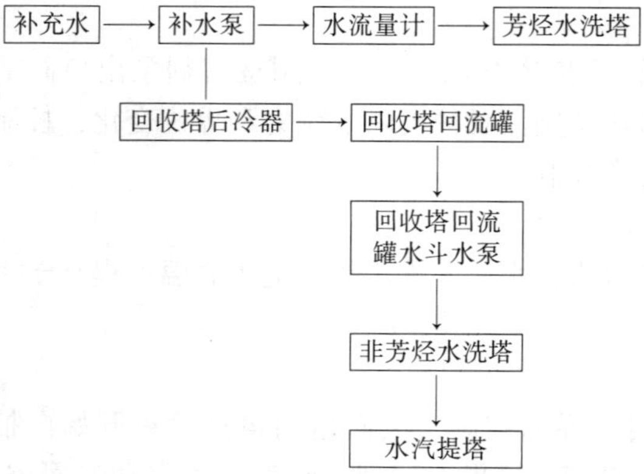

图 5-8　水循环线路图

回至水汽提塔。

（3）溶剂大循环

启动溶剂泵，向抽提系统进溶剂，建立抽提塔至回收塔的溶剂大循环。

（4）进料循环

溶剂循环系统和水循环系统正常后可向系统进料。塔底界面正常后，富溶剂可向提馏塔进料，调整液面、温度，建立回流，并向回收塔进料。

当富溶剂进入回收塔后，塔底升温使塔顶受槽建立液位，液面达到60%后建立回流。当芳烃产品合格后应及时将产品排出受槽，去水洗系统。

芳烃产品通常在非芳烃之前馏出。抽提塔中抽余液积累到一定程度，才能排入非芳烃水洗系统，然后排回原料罐建立循环操作。

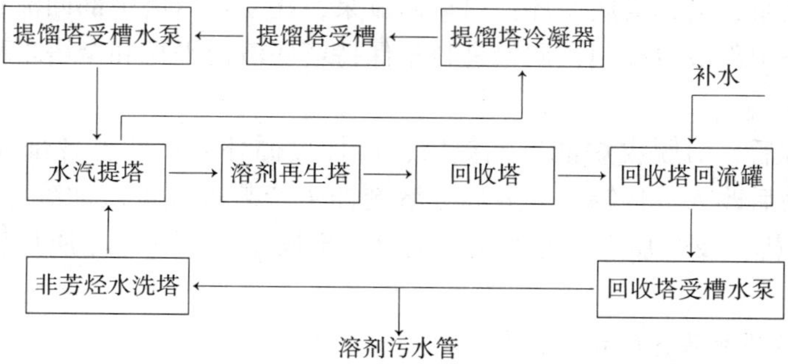

图 5-9　第二路水循环流程图

（5）操作调整

调整各部操作，当非芳烃合格后送非芳烃储罐。芳烃合格后则送入精馏系统。

在调整操作中，注意各部温度、压力、液面和流量的控制，同时也要注意 pH 值的调节，系统内溶剂的 pH 值应保持在 5. 5~6. 0。

（6）溶剂再生

得到芳烃和非芳烃后，还应将溶剂再生系统投入运转。溶剂再生可在冷溶剂循环时启动，并使塔逐步调整正常。

5. 1. 6　芳烃精馏系统开工

（1）苯塔开工基本要点

① 首先启动进料泵，启动进料流量控制阀，控制适宜的进料速度向苯塔垫油。当塔底液面达到60%后停进料泵，塔底再沸器引蒸汽升温，升温速度控制在30℃/h。当塔底液位低于30%时，开进料泵继续向塔垫油至60%以上。

② 当塔顶回流罐液面达到40%时，启动回流泵向塔内打回流，并逐步启动流量控制器，建立单塔循环操作。

③ 启用温差指示仪表，逐步调整回流与热载体量，寻找温差灵敏区，使温差控制在适宜温度范围，使温差与回流串级控制，操作转入正常。

(2) 甲苯塔开工基本要点

① 甲苯塔开工是在苯塔正常后进行的，当苯塔塔底温度达到工艺指标控制温度(以苯塔底不含苯为准)，液位达到50%～70%时，可启动甲苯进料泵向甲苯塔进料，并启动苯塔底液位自动控制。

② 当甲苯塔底见液位后，启用塔底再沸器，使甲苯塔底升温至工艺指标控制温度(以甲苯塔底不含甲苯为准)。随着温度的升高，随时向塔进料补充塔底液位。

③当塔顶回流罐液面达到40%时，切尽水后启动回流泵向塔内打回流，并逐步启动流量控制器，建立单塔循环操作。

④ 启用温差指示仪表，逐步调整回流与热载体量，寻找温差灵敏区，使温差控制在适宜温度范围，使温差与回流串级控制，操作转入正常。

(3) 二甲苯塔开工基本要点

① 二甲苯塔开工是在苯塔、甲苯塔基本正常后进行的，尤其是甲苯塔底温要控制在正常范围内。

② 当甲苯塔底温稳定在工艺指标控制范围内(保证塔底物料不含甲苯)，塔底液位稳定在50%～70%的情况下，可启动二甲苯进料泵向二甲苯塔进料，并启动甲苯塔底液位自动控制。

③ 当塔顶回流罐液面达到40%时，启动回流泵向塔内打回流，并逐步启动流量控制器，建立单塔循环操作。

(4) 邻二甲苯塔开工基本要点

邻二甲苯塔开工是在二甲苯塔正常后进行的，此时，二甲苯塔底重芳烃含少量间、对二甲苯，通常要求<1.0% 。二甲苯塔开工基本程序：

① 利用二甲苯塔底液面控制，将重芳烃压入邻二甲苯塔。

② 邻二甲苯塔底见液面后，以20～30℃/h的升温速度，将塔底升至要求温度(以塔底不含邻二甲苯为准)。

③ 邻二甲苯塔顶回流罐液面达50%时先脱水，然后启动回流泵向邻二甲苯塔顶打回流，并逐步加大回流量，如回流罐液面继续上升，邻二甲苯可经循环线回芳烃原料罐循环。

④ 邻二甲苯塔底液面上升至70%时，塔底重芳烃可经循环线回芳烃原料罐循环。

⑤ 调整塔液面、温度、流量，使各部条件平稳，邻二甲苯分析合格，可停止循环，邻二甲苯产品进半成品罐。

⑥ 邻二甲苯塔底重芳烃可排至重芳烃罐或汽油罐。

⑦ 找好邻二甲苯塔温差，投用仪表自动控制，提高邻二甲苯收率，调节塔底邻二甲苯含量，通常塔底重芳烃中邻二甲苯含量<3.0%为合格，至此邻二甲苯塔开工结束。

(5) 乙基苯塔开工基本要点

乙基苯塔由三个塔串联构成，乙基苯塔开工是在二甲苯开工正常后进行的，基本程序为：

① 用二甲苯塔回流罐液面控制，将混合二甲苯压入第一乙基苯塔，当塔底液面达50%时，塔底再沸器以20～30℃/h的升温速度升温至要求温度，以塔底含乙基苯<5%为准。

② 第一乙基苯塔塔底馏出物进入第二乙基苯塔下部，当第二乙基苯塔底液面达50%时，启动第二乙基苯塔塔底泵向第一乙基苯塔塔顶打回流；同样，第三乙基苯塔底液面达50%时，启动第三乙基苯塔塔底泵向第二乙基苯塔塔顶打回流；如果第一乙基苯塔塔底液面升高

时，可启动第一乙基苯塔塔底泵送至芳烃原料罐循环。

③ 如果第三乙基苯塔塔顶回流罐液面达30%时，先脱水，然后开回流泵向第三乙基苯塔塔顶打回流，并逐步提高回流量，如果回流罐液面过高，可排往芳烃原料罐循环。

④ 分析第三乙基苯塔塔顶馏出口乙基苯纯度，如果其纯度>96%可视为合格的乙基苯，然后停止循环，送入乙基苯半成品罐；调整各部条件，提高乙基苯收率，第一乙基苯塔塔底的乙基苯含量要求≯4%。

5.2 催化重整装置的正常操作

5.2.1 原料预处理系统

预处理部分的作用是为重整反应提供合格的原料。本部分包括原料的预脱砷系统、原料的预分馏系统、预加氢系统和蒸馏脱水塔系统。

5.2.1.1 原料的预脱砷系统

脱砷塔的惟一操作变量是进料速度。通常，脱砷效率随空速提高而下降，因此，砷化物在脱砷塔内与脱砷剂接触时间缩短，使离开脱砷塔的脱砷油含砷量增高。

在脱砷塔中装入的脱砷剂量确定之后，进料空速应尽量在规定的范围内操作，以保证脱砷油稳定合格和吸附脱砷剂的使用寿命。

尽管如此，随着运转时间的延长，吸附脱砷剂上积存的砷含量不断增加，脱砷剂的脱砷效率不断下降，直至出口油砷含量不合格。此时脱砷剂达到了砷饱和，不能继续使用。通常，脱砷塔都设计为两套并联，当一台运转的脱砷塔不能使用时，可切换至另一台运转。

被切换下来的脱砷塔，可将生产的不含砷的非芳烃作为脱砷油，通入被切换下来的脱砷塔中，使废脱砷剂再生，或进行脱砷剂的更换。

5.2.1.2 预分馏系统

(1) 预分馏塔的操作

预分馏塔的主要任务是切除原料中HK~80℃馏分，以满足重整进料80~180℃馏分的要求。预分馏塔的主要操作参数包括：塔底温度、塔顶温度、塔的压力和回流比。

① 塔底温度控制。塔底温度是控制塔底油初馏点的主要手段，塔底温度的波动将直接影响重整进料的初馏点，从而在一定程度上影响重整产物的收率及产品性质。

主要影响因素：塔底再沸炉操作不正常，塔底循环量波动，塔底液面波动。

调整方法：塔底温度波动应检查加热炉燃烧是否正常，烟道挡板及风门开度是否合适，炉膛有无正压、回火及阻火器堵塞等现象，出现不正常因素及时排除；如是仪表的调节器或者调节阀的问题，应及时联系仪表人员加以处理。

预分馏塔底循环量出现波动，主要由仪表故障和塔底循环泵问题造成的，如是仪表问题，则在联系仪表有关人员的同时，将调节器由"自动"改为"手动"，必要时可采取副线控制的方法；如是设备问题，应及时切换备用泵，并联系维修人员及时处理该泵。

塔底液面发生波动应首先检查塔的操作压力是否平稳，另外还应检查塔"进料-塔底液面"的PI调节参数给定值是否合适，串级调节器使用中有无异常，有问题应及时联系仪表人员处理。

塔的压力波动对全塔的气-液平衡影响较大，首先应排除操作因素，再检查塔的压力调节系统，如果是压力控制系统问题应及时联系仪表处理。

② 塔顶温度。塔顶温度是调整拔头油干点的主要参数，在正常生产中，在保证一定回流比的前提下，应将塔顶温度控制在一个较适度的范围。

主要影响因素：回流量和回流温度变化，塔底温度变化，塔的压力波动。

调整方法：回流量变化主要是因仪表问题或回流泵问题引起，如是仪表问题将回流流量调节器由“自动”改为“手动”，必要时应采取副线调节，并及时联系仪表人员对所出问题进行处理，如是泵的问题应及时切换至备用泵，并联系维修人员作出相应的处理；对于回流温度发生变化，应检查空冷器运转是否正常，有无皮带打滑、电机运行问题的出现。

塔底温度的波动影响塔内部热量的均匀分布，直接影响到塔顶温度的不平稳，出现问题时及时检查塔底加热炉的燃烧情况(再沸器加热情况)、塔底循环量是否正常、塔底液面是否出现较大波动等影响塔底温度的因素，对所出现的问题作出正确判断，并加以排除。

影响塔压力波动的因素较多，一方面有仪表问题，一方面也有操作上的问题。上述两项都有可能造成塔压波动。另外塔的进料组成的变化等，关键在于塔的压力与顶温相互间的影响程度，如因塔压波动影响到塔顶温度的变化，应及时加以排除。

③ 塔的压力。塔压的平稳是保证系统平稳操作的前提，操作上的任何异常都能引起塔压的波动。

主要影响因素：塔底温度，塔的回流量和回流温度，塔底液面及回流罐液面，装置气体燃料系统压力波动，仪表故障。

调整方法：塔底温度的波动影响到全塔的气、液相平衡，造成塔内的气相组成和数量处于不稳定状态，压力波动的幅度和快慢是随着塔底温度的变化进行的。因此，调整塔底温度是关键，这时加热炉的燃烧(再沸器加热)情况，塔底循环泵的运行情况，就显得十分关键。

塔的回流量和回流温度的波动，破坏了全塔的气液相平衡，造成塔顶温度随之波动，这种波动主要要从仪表(即回流流量调节)、机泵和操作上找原因。

塔底液面及回流罐液面的波动，破坏了塔内的气液相平衡。液面波动的主要原因，一方面要看进料量是否平稳，另一方面还要看塔底热循环量、抽出量是否平稳(即预加氢进料量)，如上述有不正常的情况，应该找出原因予以调整。

装置外来气体燃料压力波动，主要是压力偏低产生副作用较大，塔压力调节采用的是双程调节(高时放压调节阀开、低时补压调节阀开)，而塔自身所产气体燃料较少，其压力从一定程度上要靠外来气体燃料补压予以控制，当外来气体燃料压力低于回流罐的正常工艺指标时，塔的操作压力就会下滑，这时首先应将回流罐压力调节器由“自动”改为“手动”，并将补压和放空调节阀全关，维持系统压力，保证塔压不在下滑。

仪表的问题表现在压力波动上，主要是调节器使用中是否正常、PI 参数整定是否合适、补压调节阀和放空调节阀动作是否正常到位，如有异常应及时联系仪表人员处理。

④ 塔的回流比。塔的回流比(回流量与塔进料量的比值)是保证预分馏塔分馏效果的重要参数，同时也是控制拔头油干点的参数，保证回流量的大小和平稳也就比较关键。

影响因素：塔的压力，回流泵的设备问题，仪表问题，回流罐液面偏低。

调整方法：塔的压力变化影响，主要是涉及到回流泵入口备压的问题，随着泵入口压力的变化，其回流量也随之发生相应的变化，但流量波动的幅度不是很大，这种流量波动随着塔压平稳而平稳。

泵的设备问题体现在操作上，是流量指示的波动(主要为出现抽空和半抽空状态)，且塔顶温度出现波动，这时应马上切换备用泵，并联系对该泵进行处理。

仪表的问题主要表现在调节器使用不正常，流量指示出现较大的上下波动，流量调节阀作用不正常，这时应该将回流量调节器由“自动”改为“手动”。如仍不能正常，则采取副线调节的方法，同时及时联系仪表人员进行相关的处理。

回流罐液面偏低极易造成回流泵抽空，因此，应严格按着工艺指标的范围控制好回流罐的液面，同时加强巡检，严防液面指示出现假指示。

预分馏塔的操作要点：稳住塔的压力，控制住塔底温度，保证回流比，控制好塔及罐的液面，搞好物料平衡。

（2）切尾塔操作

重整装置的切尾塔是保证预加氢进料干点和收率的重要设备，其特点是从塔顶出产品，因此，操作上以塔顶为主，其中操作参数有：压力、温度、回流比和液面等。

① 压力。在正常生产中该塔压力随火炬总管和放空线上氮气吹扫的压力而变化。由于在冷凝器之间，塔顶所有蒸汽在拔头塔进料换热器处和拔头塔进料进行热交换，为拔头塔提供必要的预热。因此，拔头塔进料量的波动，可能或多或少对切尾塔压力造成一些影响。

② 塔顶温度。塔顶温度是调节塔顶产品干点的基本手段，它的高低直接影响到预加氢进料的干点。塔顶温度高，产品干点就高，反之，产品干点就低。塔顶温度用塔顶回流量来调节，塔顶温度高，适当增加回流量，塔顶温度低，适当减少回流量。同时塔顶温度也受塔底温度的影响，塔底温度高时，塔顶产物中重组分增加，塔顶温度也会相应提高。因此，调节塔顶温度时，也应注意塔底温度的变化。

③ 塔底温度。塔底温度是调节塔顶产品收率的重要手段，提高塔底温度，可以提高收率。因此，在保持塔顶预加氢原料干点合格的前提下，尽量提高塔底温度，多产预加氢原料。塔底温度与原料组成有关，如果原料重组分少，塔底温度就低。它由调节重沸炉出口温度来控制。切尾塔塔底液位可通过调节塔底产品量来控制。

④ 回流。切尾塔塔底再沸器热量的波动将影响回流速率变化，影响塔的效率。回流量由塔顶回流罐液位控制器来控制。

回流量与塔顶灵敏塔盘的温度串级控制直接调节塔顶温度。但是，调节温度时必须保证一定的回流比。加大回流比，可以提高分馏效果。回流比过大，会增加塔负荷，有可能造成夹带现象。回流比的大小要根据塔顶产品量的大小进行调节，保持回流量/产品量在适宜范围内。在正常运转中，不要频繁地改变回流量，要保持相对平稳，更不要急剧地大幅度的升降，造成塔内负荷急剧变化，影响塔的操作和产品质量。

⑤ 回流罐液面。回流罐液面正常控制在40%~60%，严禁液面超高，油从顶部溢流，在事故状态下可将多余油通过串级控制进入预加氢进料缓冲罐。为保证预加氢进料缓冲罐液面平稳，应使进出物料保持一致。

（3）预分馏塔控制方案

① 常规控制。通常预分馏塔的压力由回流罐的压力来控制。由于塔顶的不凝气量少，故采用补入气体的分程控制，即控制补气阀和排气阀，压力低时补气，压力高时排放。

一般预分馏塔的塔底温度与塔底重沸炉燃料油或燃料气压力（再沸器蒸汽流量）串级控制，塔底抽出油是预加氢的原料油，塔底液面与塔的进料量串级控制，塔顶回流罐液位与回流罐抽出量串级控制。

再沸炉四路进料要设流量低限报警，总进料也应设有流量控制和总流量低限报警。最新的设计理念是设定四路进料的低流量连锁，以确保设备、生产的安全。

② 预分馏塔压力控制。为了维持预分馏塔的压力，一般的做法是在回流罐顶的排气管上装有压力控制器，用排入燃料管网的气体量来控制塔的操作压力，见图 5-10 所示。

由图 5-10 可以看出，这种控制方法的缺点是：会造成一些轻组分损失，原料中的一部分 C_3、C_4，甚至少量 C_5 也会随排出气体进入燃料气管网；塔压受塔顶冷凝温度影响较大，不容易控制平稳。较好的控制方法是用高压气体向回流罐垫压，回流罐用分程控制器控制压力，见图 5-11 所示。

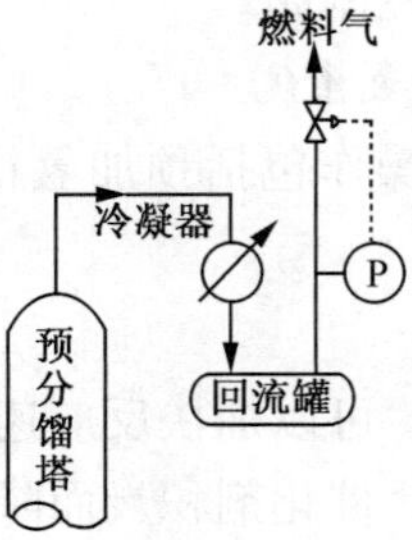

图 5-10 塔顶压力控制方案一

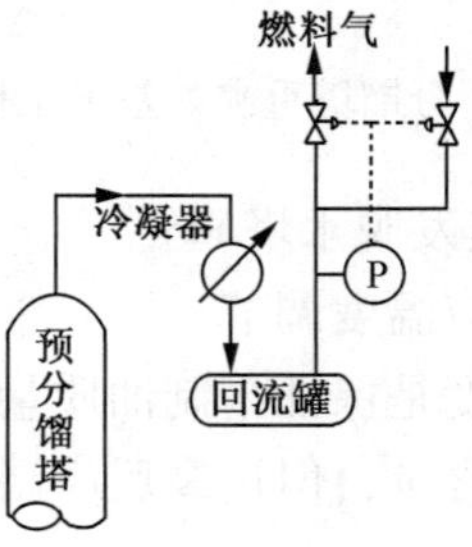

图 5-11 塔顶压力控制方案二

该控制方案为，当塔压(回流罐压力)低时，通过一个控制阀进气，压力高时通过另一个控制阀排气，塔压可以维持较高，不受塔顶产品组成和冷凝温度的影响。这样从塔顶出来的拔头产品可以全部冷凝成拔头油而不会造成损失，操作也可以比较平稳。某厂用稳定塔顶气体给预分馏塔回流罐垫压，虽然回流罐温度在 33℃以下，但压力仍维持在 0.25MPa，预分馏塔顶不排气，减少了油品损失，提高了液体收率。

③ 预分馏塔直接物料控制。预分馏塔在一定的压力和温度下，可采用直接物料控制方案，见图 5-12 所示。

该控制方案的优点在于直接、灵敏。塔的组分控制(塔板温度)TIC 变化时，塔顶产品流量控制 FIC1 变化，几乎同时在 LIC 还没有感应到变化时，回流量 FIC2-FIC1 就相应变化，使 TIC 迅速回到给定值，该方案对回流比在 1~10 范围内的分馏塔适宜。

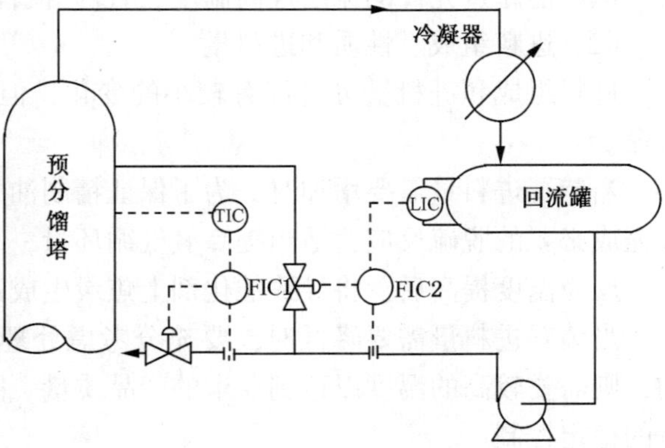

图 5-12 直接物料控制图

④ 塔底重沸炉出口温度控制。以加热炉为塔底热源的分馏塔控制，一般采用控制加热炉出口温度的方法。当处理馏分较宽的物料时，因加热炉出口物料汽化率和热负荷的变化，会导致炉出口温度有一定的变化，所以，这种控制方案是可行的。但对于重整装置的预分馏塔、汽提塔和稳定塔等处理窄馏分物料的分馏塔而言，只有重沸炉出口物料汽化率和热负荷变化很大时，才会引起炉出口温度很小的变化，即重沸炉出口温度不能灵敏地反映汽化量和加热炉供热量的变化。

以加工初馏~180℃馏分的 150kt/a 重整装置为例，预分馏塔重沸炉出口物料汽化率每变化 5%(摩尔)、热负荷增加或减少 139kW，加热炉出口温度才变化 1℃。

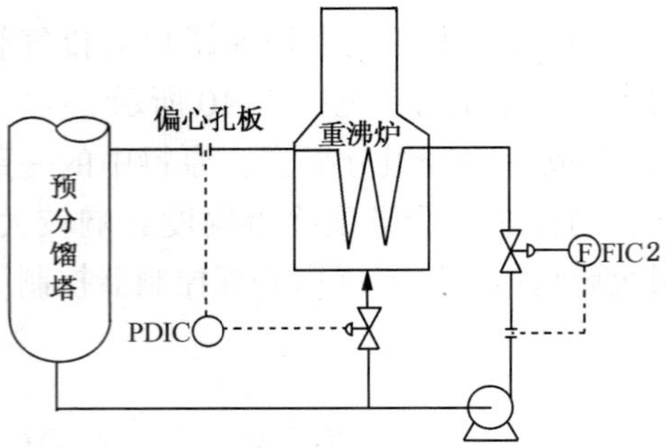

图 5-13 分馏塔重沸炉差压控制方案

为了维持塔的平稳操作，可以采用分馏塔重沸炉差压控制方案，即控制炉出口物料汽化量，见图 5-13 所示。在加热炉出口安装适于气液两相的偏心孔板，根据孔板差压调节加热炉燃料量，以控制加热炉出口汽化率和热负荷，可实现塔的平稳操作。其原理是：由于加热炉出口汽化率的变化可导致孔板差压的变化，孔板差压的变化直接控制加热炉燃料控制阀。

5.2.1.3 预加氢系统

预加氢系统的操作包括预加氢精制反应部分、汽提塔(或蒸发脱水塔)等。

(1) 反应温度调节

反应温度是保证精制油质量的重要手段，提高反应温度，可以加快反应速度，降低生成油中的杂质含量，但过高反应温度会引起裂化造成油品裂解，催化剂积炭而降低活性，使装置能耗增加。

反应温度的控制一般指预加氢反应器的入口温度控制，在正常生产过程中，反应器的入口温度与加热炉燃料流量串级控制。当反应温度由于加热炉燃料组成和流量变化或进料量变化而波动时，加热炉燃料控制阀开大或关小来调整加热炉的负荷，满足生产需要，保持反应温度的恒定。

在实际生产操作过程中,随着催化剂运转时间的延长,催化剂会逐渐失活,应该根据反应产物即重整进料中杂质含量不能满足重整催化剂要求时,提高反应温度,以获得所需产品的质量。但不能超过允许的床层最高温度,超过此值,催化剂积炭生成极快,而反应效果甚微。

(2) 进料组成、性质和进料量

进料组成和进料量可允许有较小的变化，但应该避免大的波动，以延长催化剂的使用寿命。

当装置进料量需要增加时，为了保证精制油的质量，需要注意反应温度要适当提高，保证完成必要的脱硫反应；适当提高氢气循环量，维持恒定的氢油比。

反应温度提高后，将导致催化剂上焦炭生成速率加快，缩短再生之间的周期。

当装置进料量需要降低时，要充分考虑处理量低时可能导致通过催化剂的流量分布不均，则需要较高的温度以达到要求的产品质量。因此，在正常生产过程中，要尽量保持进料量的稳定控制。

在原料性质方面，原料终馏点上升将使脱硫脱氮更加困难，需要较高的反应温度。重馏分由于含有更多的有利于生成焦炭的母体而加速焦炭的沉积。此外，高沸点馏分的原料含金属杂质也会增加，这不仅导致反应器压力降增加，而且会加快催化剂失活。

(3) 反应压力

反应压力由高压分离器压力控制，对于某一套生产装置而言，该压力与重整系统的压力或预加氢循环压缩机的出口压力相关联。在生产过程中，随着装置运转周期的变化，预加氢系统尤其是预加氢反应器的压力降会逐渐升高，这样高压分离器压力会略有下降。

在实际操作中，要保持反应压力稳定在工艺控制范围之内，否则，会导致一系列的后果发生。当压力高于设计操作压力时，因为装置加热炉、反应器、压缩机、换热器、安全阀等设备是根据固定的分离器压力设计的，所以，在这种情况下，会损坏设备甚至发生重大泄漏爆炸事故。当操作压力低于设计值时，对催化剂活性发挥不利，影响加氢生成油的精制效果，并且由于焦炭生成而加快催化剂失活。

(4) 氢油比

氢油比在实际生产过程中一般不做调节，它随装置进料量和氢气循环量的变化而变化。针对某一套生产装置来讲，系统不应该在低于设计的氢油比下操作，以避免催化剂的失活。

在一个操作周期内由于反应器系统压力降逐渐增高，循环气量逐渐减少，氢油比不小于设计值，循环气量的减少是允许的。当装置氢油比低于设计值时，必须降低装置处理量以保证合适的氢油比。

(5) 循环氢纯度

加氢过程要求有一定的最低氢分压，氢油比和分压均决定于循环气的氢含量，即氢纯度。压缩机的费用、催化剂的寿命等，通常限制循环气的纯度不宜低于80%。更低的氢纯度对装置运转不利，因为必须用较高的温度达到所希望的产品质量。影响循环氢纯度的因素有：补充气体的氢纯度，累计在循环氢中的烃类和 H_2S 量。

在正常生产过程中，当循环氢纯度低于80%时，应采取向外排放部分循环气的方法解决。

(6) 汽提塔(蒸发脱水塔)操作

汽提塔和液相脱硫罐是控制重整原料质量指标的重要手段，而且也是最主要的措施，加强汽提塔的平稳操作，是不容忽视的。同时，由于汽提塔轻组分很少，塔底产品质量要求严，增加了该塔的操作难度。在生产过程中，由于塔顶除排少量不凝气外，基本不出产品，是全回流操作。因此，实际生产操作中操作要点为：

在一定的操作压力下，塔顶温度和塔底温度分别由回流和重整进料的组成决定，不应把它作为一个控制的参数。

塔顶回流和塔底加热量是两个互相对立又互相依赖的因素。前者是从塔内取走热量，后者是往塔内加入热量，两者在全塔的热平衡中力求统一。因此，必须处理好它们之间的关系，即回流量和加热量要相互配合好，不能各自单独调整。如在增加塔底加热量时，必须相应增加回流量，否则，回流罐会发生满罐现象。反之，如增加回流量而塔底加热量不相应增加，则回流罐液面将下降，塔底出料变轻。

塔的气液负荷下段比上段大得多，特别是下段液体负荷很大，往往是塔径控制因素。

塔顶压力是一个对塔操作影响比较灵敏的因素，应当保持稳定。当塔压降低时，塔内物料蒸发量增加，塔顶组分变重，回流罐满罐，会打乱塔的整个操作。

根据实际操作经验，该塔操作上应当注意：

a. 平衡塔的操作，进料量、回流量和加热量保持稳定；

b. 固定塔顶压力，固定加热量和回流量；

c. 注意回流罐液面有无过高过低现象；

d. 注意回流罐切水，特别是新设备开始投用时水多，应及时切掉；

e. 注意维持适当的回流量。

5.2.2 重整反应系统

5.2.2.1 重整反应部分正常操作

(1) 重整反应部分操作要点

平稳重整系统压力，控制好重整进料，保证重整反应温度不出现工艺要求以外的波动；

注意观察氢纯度，水含量的变化情况；提(降)量/提(降)温的操作必须先提量后提温，先降温后降量；注意控制重整生成油冷后温度以及气液分离罐液位，以防氢压机带油和燃料气带液；注意各反床层压降变化；重整提、降量会涉及到其他岗位的操作变化。因此，要相互配合进行，一般地要从物料平衡角度考虑，提、降量顺序如下：

重整提、降量→预加氢提、降量→预分馏塔提、降量。

提、降量要考虑几方面：预加氢和重整加热炉的燃烧和负荷情况；因提、降量引起的产氢的增加或减少而造成 H_2 后路问题；预加氢、重整气液分离罐入口温度变化情况；各反应器的床层压降变化情况。

(2) 重整反应部分操作

① 重整反应温度。重整反应的总体过程是以脱氢芳构化为主，而脱氢芳构化反应是强吸热反应，提高反应温度可以加快重整反应转化深度，提高产品辛烷值，但过高的温度加快了加氢裂化反应过程，也加快了结焦反应的速率。因此，在保证产品辛烷值和反应深度的前提下，将反应温度控制在较低的范围，以尽量延长重整催化剂的再生周期。在正常操作中，反应温度是最有效的调整重整反应苛刻度的工艺参数，在正常情况下温度的波动对重整反应的转化率和催化剂的寿命影响很大，因此，要尽可能保证操作温度的平稳，其波动范围不得超过工艺指标的±1℃。

影响重整反应温度的因素有：重整进料和重整混氢量波动，仪表问题，各重整加热炉的使用等。

调整方法：重整进料和重整混氢量波动，主要影响反应系统的油气分压，使之处于紊乱状态。造成进料波动的因素包括：重整系统压力波动、蒸馏脱水塔压力波动、重整进料泵运行的问题等。造成重整混氢量波动的主要原因有：重整系统压力波动、压缩机的运行问题，重整系统压力波动对系统影响较大，应尽量加以避免。重整进料泵运行的问题和压缩机的运行问题从室内 DCS 仪表的压力和流量记录即可看出，此时应及时切换备用设备，并联系相关人员对所出现的问题进行处理。对于系统压力的波动，由于影响因素较多，应从各个工艺条件和设备(泵和各压缩机)上查找原因。

仪表问题对重整各反入口温度影响最大，各反入口温控调节系统出现问题时，应检查重整各反入口温度的记录曲线，以判断是调节器的 PID 参数设定问题，还是调节器本身问题。如是后者，应将调节器由“自动”改为“手动”，将调节器阀位调至正常时的位置，联系仪表人员，处理该调节器。

各重整加热炉操作正常与否，将直接影响到重整各反入口温度的波动幅度及频次，在系统各工艺参数均正常的情况下，应首先联系外操人员检查重整各加热炉燃烧是否正常，烟道挡板及风门开度是否合适，炉膛有无正压、回火等不正常现象。另外，检查调节阀出口阻火器有无堵塞的现象，如有问题及时排除。

② 反应压力。重整反应过程主要以脱氢芳构化为主，在反应过程中产生大量的 H_2，因此，重整反应是体积加大的反应，降低反应压力有利于脱氢环化的进行，提高反应深度，但同时也加快了结焦反应的进行，反之则相反。对于半再生催化重整装置，为了保证装置的运行周期，一般根据装置所使用的重整催化剂要求，选用合理的反应压力进行装置的工程设计。因此，一般情况下，反应压力的调整是很有限的，不能把反应压力作为调整反应苛刻度的主要手段，在正常操作中，反应压力的波动对重整反应进程和催化剂的寿命都有很大的影响。

影响重整反应压力的因素有：预加氢系统压力的波动，重整系统氢压机运行不稳，重整压力调节系统不稳，重整高压气液分离罐(重整高分)液面波动。

调整方法：装置的预加氢系统与重整反应系统这两个临氢系统是互为联系、互为影响的。对半再生催化重整装置而言，预加氢系统的压力波动对重整系统的压力影响是比较大的，在一般情况下，外送 H_2 后路压力波动、进料量产生波动、预加氢产物气液分离罐液面、压力调节系统出现问题等，都有可能造成预加氢系统压力波动，要根据实际情况判断并加以解决。

重整氢压机运行不稳表现在，混氢量及混氢压力的不稳，这时应联系氢压机岗位及设备维修人员，对在运氢压机的运行情况进行检查，如有问题应切换备用压缩机，并及时处理出现的问题。

重整压控系统出现问题主要指压控补压阀，这时应观察压力记录曲线的波动情况，判断是 PID 参数给定问题还是调节器本身问题，如是后者，则将调节器由"自动"改为"手动"，并调整至合适的阀位，联系仪表人员处理。

重整高分液面波动首先影响到其压力波动，并通过氢气压缩机，使反应系统压力产生波动。影响重整高分液面波动主要原因有：重整高分液面调节系统的问题，重整进料泵运转不正常，重整高分液面调节系统出现问题，这时应观察液面记录曲线是否出现有规律的波动，如是则为液面调节器 PID 参数给定值不合适，如曲线是无规律变化，则有可能是调节器本身的问题，将调节器由"自动"改为"手动"，并给至合适的阀位，同时联系仪表人员进行处理；重整进料泵运转出现问题时，应及时切换备用泵，并联系钳工及时处理。

③ 氢油比。保持合适的氢油比，即保持反应系统的氢分压，才能保证重整反应向理想的方向进行，使重整各反应器的反应热量分布更趋于合理，同时有效抑制结焦反应速度的加快。

影响因素：重整循环氢压缩机、重整增压机运转中发生异常情况，直接影响混氢量的平稳；反应压力波动；重整氢压机运行问题。

调整方法：反应压力的波动影响到各氢压机入口压力的波动，从而影响各压缩机排量的变化，反应压力波动情况较多，要根据实际情况进行分析，并予以解决。

氢压机运行出现问题，应马上联系设备检修人员，对在用氢压机进行检查，并切换备用机，对出现问题的氢压机进行处理。

④ 空速。重整空速是指单位时间内通过单位重整催化剂的原料油量，单位是 h^{-1}(体积)，空速低说明原料油与催化剂的接触时间长，从而加深了重整反应深度，对提高芳烃转化率有利。但过低的空速容易加快重整催化剂的结焦速率，使生成油出现过多的重质芳烃；而空速高则降低了重整芳烃转化率，不同的重整催化剂对空速要求范围是不同的，在装置开工装填重整催化剂时，应根据重整催化剂的要求，选择好合理的反应空速范围，一次性地将适量的重整催化剂装入反应器内。

影响因素：重整系统压力波动，重整进料泵问题，进料调节系统仪表问题。

调整方法：重整系统压力波动对进料的影响是直接的，重整系统压力的波动有可能是系统仪表失常引起的，有可能是氢压机问题，或是预加氢反应系统压力波动引起的，要根据情况判断。

重整进料泵出现问题对空速影响较大，从室内 DCS 仪表记录可看出，流量出现大幅度波动，这种情况比较容易判断和解决，应马上启用备用泵，将进料量调整至工艺要求的指标上，并时联系钳工处理。

对仪表问题，应结合仪表记录曲线判断应判断，是调节器PID参数的问题，还是调节系统问题。是后者应联系仪表人员处理，处理时将调节器由“自动”改为“手动”，并根据流量工艺指标调整好阀位开度，以防流量出现大的波动。

重整反应系统操作要点：平稳操作压力和反应温度，控制好进料量，确保重整压缩机运行平稳。

（3）稳定塔系统操作

从重整气液分离器分离出的反应产物中含有大量的$<C_5$组分，还不能作为稳定汽油送出装置，必须将$<C_5$非汽油组分从反应产物中分离出去，保证稳定汽油的蒸气压合格。

① 塔底温度。塔底温度是保证稳定塔进行分馏的最基本工艺条件，同时还保证塔底温度不出现大的波动，确保其他工艺条件平稳。

造成塔底温度波动的因素有：塔底加热炉操作不正常，塔底循环量出现波动，塔底液面的变化，塔顶温度变化。

调整方法：

a. 塔底加热炉操作不正常将直接影响稳定塔塔底温度，炉子操作不正常有两点：一是加热炉燃烧不正常，如烟道挡板及风门开度是否合适，造成炉膛有正压、回火等现象；二是炉温控仪表不正常，这时应分析曲线波动情况，判断不正常的原因。

b. 塔底循环量出现波动，主要由仪表故障和塔底循环泵设备问题造成的。仪表问题可从塔底流量趋势曲线分析出，如是调节系统问题，将调节器由“自动”改为“手动”，联系仪表人员进行处理；如是设备问题，应及时切换备用泵，联系设备维修人员进行处理。

c. 塔底液面的波动造成塔内气液相负荷混乱，造成塔底温度发生变化，塔底液面发生波动应首先检查塔的操作压力是否平稳，检查塔液面控制是否正常使用中有无问题，另外，还应检查塔进料是否平稳，这可从重整高分罐或再接触罐液面是否平稳判断出。

d. 塔顶温度的波动，影响了塔内气液相分布不均匀，回流量的波动是造成塔顶温度波动的主要原因之一。另外，塔顶冷后温度的波动，同样也会造成塔顶温度的波动，从而影响到塔底温度的正常控制。在这种情况下，首先应注意回流量是否正常，是否有其他因素，如仪表、泵等因素，造成回流量出现大幅度波动，同时检查空冷器的运行是否正常，水冷器使用是否正常等。

② 塔顶温度。塔顶温度是判断分馏效果好坏的主要参数，塔顶温度偏高，说明在塔顶组分中混有重馏分，为确保塔的分馏效果和负荷工艺要求的稳定汽油蒸气压，应将塔顶温度控制在一个比较适度的范围。

影响因素：回流量和回流温度，塔底温度，塔的压力。

调整方法：塔的回流量及回流温度发生波动，将直接使塔顶温度发生变化，造成塔内的热量平衡及气液相平衡被破坏。这时首先检查回流量是否出现大的波动，如是则应及时判断是流量仪表的问题，还是回流泵问题。如是仪表问题将回流流量调节器由“自动”改为“手动”，联系仪表人员对所出问题进行处理，如是回流泵的问题应及时切换备用泵，并联系维修人员作出相应的处理。对于回流温度发生变化，应检查空冷器运转是否正常，有无皮带打滑、电机运行问题的出现，同时检查水冷器使用是否正常。

塔底温度的波动将直接造成塔内部热量的分布不均匀，直接影响到塔顶温度的不平稳，出现问题时及时检查塔底加热炉的燃烧情况、塔底循环量是否正常、塔底液面是否出现较大波动等，同时对所出现的问题作出正确判断，并加以排除。

塔的压力波动造成塔内气液相负荷波动，直接影响塔顶温度的变化，这时应查找塔压变化的原因，包括塔回流罐压力调节系统、稳定塔液面调节系统、塔底循环流量调节系统、塔顶回流流量调节系统等仪表问题，也有操作上的问题。如塔底液面、塔底温度、回流温度波动、回流罐等操作上的问题。

③ 塔压控制。塔压的平稳是保证系统平稳操作的前提，只有塔压平稳控制，才能确保稳定塔的分馏效果，尤其对于稳定塔，重整产物中轻组分较多，且组成变化频繁。因此，压力更不好控制，任何一点不正常操作，都能引起塔压力的波动。

影响因素：塔底温度，塔的回流量和回流温度，塔底液面及回流罐液面，回流罐压力调节系统。

调整方法：塔底温度波动对塔压的波动影响非常敏感，它的波动直接影响到全塔的气液相平衡，造成塔内的气液相负荷波动，压力波动的幅度和快慢是随着塔底温度的波动规律而进行的。因此，调整好塔底温度是关键，这时塔底加热炉的燃烧情况及炉出口温控系统、塔底循环泵的运行情况及塔底循环流量控制、塔底液面的波动等是否正常十分关键。

塔的回流量和回流温度的波动，是造成塔顶温度波动主要原因，从而也破坏了全塔的气液相平衡，它对造成压力波动的原理同塔底温度是一样的，回流量和回流温度的波动主要从仪表(即回流流量调节)、设备运行(顶回流泵、空冷器、水冷器)和操作上(重整高分液面偏低造成进料泵抽空等)找原因。

塔底液面及回流罐液面的波动，破坏了塔内的气液相平衡，这时一方面要看进料量是否平稳，另外还要看稳定塔塔底液面调节系统使用是否正常。

重整进料量的稳定，对稳定塔压力影响非常大，这时要看重整高分、再接触罐液面调节器使用是否正常、PID 参数整定是否合适，调节阀动作是否正常到位等，如有异常应及时联系仪表人员处理。

④ 塔的回流比。塔的回流比是保证稳定塔精馏度的重要参数，也是控制汽油蒸气压的重要参数，保持适当回流比也就比较关键。

影响因素：塔的压力，回流泵问题，仪表问题和塔底温度。

调整方法：塔的压力变化主要影响到回流泵入口压力的波动，其回流流量也随其有规律的变化，流量波动的幅度不是很大，这种波动随着塔压平稳而平稳。

泵的设备问题从流量指示的波动可以看出(主要为出现抽空和半抽空状态)，且塔顶温度出现波动时应马上切换备用泵，并联系设备维修人员处理。

仪表的问题，要判断是为 PID 参数设定问题，还是调节系统的问题，如是后者应联系仪表人员处理，这时应将回流量调节器由“自动”改为“手动”。如需采用副线控制，注意阀的开度。

塔底温度波动极易造成塔顶组分组成及量的波动，使塔顶馏出物的组成和量的大小发生变化，从而影响到回流比的正常。

(4) 氢气再吸收部分

氢气再吸收部分操作影响因素：再接触分离器压力波动，再接触分离器液位变化，再接触分离器入口温度变化。

① 再接触分离器压力波动。再接触分离器压力波动通常由以下几点因素引起：重整高分罐或预加氢高分罐压力波动，氢气外送异常，重整增压机运转异常。

调整方法：重整高分罐或预加氢高分罐压力波动通过对重整系统或预加氢系统调整即可解决，同时调整再接触分离器压控系统逐步稳定再接触分离器压力。

通过 H_2 外送流量分析后路是否憋压，如果憋压联系后续装置处理，同时氢气改为重整高分向燃料气总管送气，后路通畅后改回正常生产控制。

检查重整增压机运转情况，如增压机出现故障应立即切换至备用机，如果两台增压机都不能运转装置需临时停工。

② 再接触分离器液位。再接触分离器液位波动影响因素有：压力波动，液位指示异常，液相增压泵运转异常。

调整方法：再接触分离器自控指示与实际液位出现偏差，联系仪表校正液位计，联系校正液位指示。

检查再接触分离器液控，出现故障则改为副线控制，同时联系仪表部门修理。

调整液控 PID 参数。

如果因再接触分离器压力引起液位波动，先稳定压力再调整液位。

液相增压泵出现故障切换为备用泵，同时联系维修部门修理。如两台泵均不能启动，装置临时停工。

③ 再接触分离器入口温度过高，应检查水冷器，调整循环水量，保证入口温度正常。

5.2.2.2 水氯平衡的调整

重整催化剂的金属功能和酸性功能之间的平衡，是通过调节注氯和注水量来控制的。

（1）注水

① 适宜水量。重整催化剂要求在反应系统的气氛中含有适量的水，以保证氯在催化剂上良好的分散和各反应器催化剂氯含量分布均匀。在重整反应系统中，水分压应保持在40~60Pa。相当于平均反应压力为 1.47~1.67MPa 的重整装置，循环气中水为 20~35μL/L。

水除了上述功能外，在反应中它对环烷烃的开环反应和烷烃的脱氢环化反应都具有抑制作用，因此，水对两个反应的相对重要程度与原料油类型有关。对于环烷基原料油，环烷烃含量高，环烷烃的脱氢反应是主要反应，烷烃的脱氢环化反应次于环烷烃脱氢反应。因此，循环气中水偏高一些，20~35μL/L 较适宜；对于石蜡基原料油，在中、深度加工时，烷烃脱氢环化反应是十分重要的，此循环气中水应低一些，20~25μL/L 较适宜。

调节循环气中水的方法是在重整进料中注入适量的水，注入的介质通常为乙醇或脱离子水等。

② 系统太干。系统太干是由于反应器混合进料的水含量太低，注水量不足的缘故。由此会造成氯在部分反应器的催化剂上积累，而另一部分催化剂氯含量偏低。重整装置会出现以下现象：

a. 一反和四反的温降减少；

b. 循环氢气纯度下降；

c. 循环气中甲烷含量升高，丙烷含量降低；

d. C_5^+ 液体收率总体上下降，初期 C_5^+ 液体收率变化不明显，较长时间后则下降明显。

系统太干的纠正办法是提高注水量，使循环气中水达到要求。

③ 系统太湿。系统太湿即循环气中水太高。由此会造成重整催化剂氯含量总体下降，但在循环气中水升高的初期，循环气中的氯含量会短时间上升，然后随之降低。此时重整装置会出现以下现象：

a. 一反温降先明显增加，然后很快出现下降，其余反应器的温降也随之下降；

b. LPG 产量和 C_5^+ 液体收率减少；

c. 重整生成油辛烷值明显下降，氢气产率降低；

d. 系统提温效果差。

纠正办法：

a. 循环气中水如果超过 50μL/L 时，将反应器的入口温度降低到 480℃以下；

b. 检查系统水含量高的原因，检查并调整蒸发脱水塔的操作；

c. 检查分子筛干燥罐，并适当加大注氯量；

d. 待循环气中水正常后，还需要进行一定时间的催化剂补氯操作，并根据催化剂活性恢复情况适当提高反应温度，直至正常。

（2）注氯

① 适宜氯含量。对于不同类型的原料油，可以控制在该范围的上限或下限，例如，石蜡基的原料油可以将催化剂氯含量控制在 1.1%；而环烷基的原料油控制在 0.9%～1.0%较为适宜。

在正常情况下，催化剂的氯保持能力会随着催化剂的比表面积下降而减弱。催化剂在使用过程中，引起比表面积下降的原因为：一是催化剂的比表面积随再生次数的增加而下降；二是在高苛刻度运转过程中，运转中、后期催化剂因积炭量的增加引起比表面积下降。因此，要根据催化剂比表面积的变化来提高注氯量，使催化剂的氯含量保持在要求的范围内，即相应降低水氯摩尔比。

当催化剂需要进行氯含量调节时，不宜采用时注时停的间断注氯法，也不宜采用时多时少的波浪式注氯法，而应采用连续且均匀的连续注氯法。在调整注氯量时，每次调节的量最好不要大于 0.5μg/g。当需要做较大幅度的调整时，最好分步进行。调整注氯量时，要密切注意一反、四反的温降变化，因为一反、四反催化剂对水氯调整是比较敏感的。正常情况下，注氯量不能较长时间大于 3μg/g。只有在集中补氯时，才采用大于 3μg/g 的补氯量。

② 催化剂氯含量低。催化剂氯含量太低时，其活性会明显下降。一般而言，催化剂氯含量每下降 0.1%，反应器入口温度大约需要升高 3℃，即损失约 3℃的活性。在重整催化剂出现活性下降时，不要贸然提高反应器温度来弥补损失的活性，否则，会造成 C_5^+ 液体收率减少，催化剂积炭加快，影响催化剂运转周期。催化剂氯含量太低的现象如下：

a. 重整生成油辛烷值和芳烃含量下降，C_5^+ 液体收率略有下降；

b. 循环氢纯度略有上升；

c. 液化气产量下降；

d. 提温效果不好，提高反应器入口温度 3℃，辛烷值的提高小于 1 个单位。

催化剂氯含量低，可以采取如下措施：

a. 首先查清催化剂氯含量低的原因是由于注氯不足，还是由于气中水含量太高；

b. 如果是由于循环气中含水量高引起催化剂上的氯流失，可采用上述"系统太湿"部分的措施；

c. 如果是由于注氯量偏低，可增加注氯量，调整好水氯摩尔比。

③ 催化剂氯含量太高。重整催化剂氯含量太高会出现以下现象：

a. 一反、四反的温降明显下降，其他各反也有下降；

b. C_5^+ 液体收率明显下降，严重时生成油颜色变深；

c. 液化气产率增加；

d. 循环氢纯度下降，C_3、C_4 组分增多；

e. 生成油辛烷值和芳烃含量有所上升，但是，在氯含量太高时辛烷值和芳烃含量会有较大幅度的下降。

催化剂氯含量高时，可以采用降低注氯量，提高水氯摩尔比。

5.2.3 重整再生系统

催化重整再生部分包括固定床重整催化剂的再生和移动床连续重整催化剂的再生。固定床重整催化剂的再生是在停工过程中一次完成的，在前面开停工过程中本部分内容已进行论述，本节主要介绍移动床连续重整催化剂的再生操作。

5.2.3.1 移动床连续重整催化剂再生系统操作

(1) 催化剂循环系统的正常操作要点

① 催化剂提升速率的控制。为了减少催化剂在提升管中的磨损，应该控制好催化剂的提升速度，一般控制在 1.5～1.8m/s。在满足催化剂提升效果的前提下，应该减少一次氢流量。

② 催化剂循环速度的控制。对于 UOP 连续重整来说，催化剂循环速率通常由三反提升器的提升量来进行控制。它通过设定三反提升器与再生器上部缓冲罐间压差值来确定开度，以控制催化剂的循环速率，确保再生器内一批催化剂再生完成时，再生器上部缓冲罐也装满了待再生催化剂。应注意压差值设定以后，不要随意修改。

对于 IFP 连续重整来说，催化剂循环速率通常由再生器下部提升器和一反上部料斗之间的差压进行控制（第一提升），通过调节第一提升的差压，催化剂再生的速度也得到控制。

为了确保催化剂提升，压差应控制在一定范围内，如果过低催化剂将不能提升。如果过高催化剂的磨损量将增加。

③ 催化剂下料管检查。在正常运转中，应随时检查反应器上下催化剂料管流动情况，用手接触，如果变凉说明此管催化剂流动状况不好，可用金属器具进行敲打，有“叮叮”的响脆声，说明管线已空。可打开快开阀进行松动，或降低下料斗密封差压加以消除。

④ 粉尘收集系统正常操作。运转中随时观察一反顶部集尘器和再生器顶部集尘器的压差情况。

每班次进行一次反吹操作，并将一反顶部集尘器和再生器顶部集尘器的下部阀门打开，将粉尘放入下部料斗。

定期将粉尘卸入催化剂桶内。

催化剂还原过程注意事项：

a. 还原阶段温度>420℃才能进行催化剂提升，若<420℃应停止提升。

b. 控制还原氢在最低流量以上，防止加热炉联锁。

c. 控制还原段温度不能超过 535℃。

(2) 催化剂再生过程正常操作

催化剂再生过程一般由程序进行控制，实际操作中应注意：

① 再生过程中，要调好加热炉出口温度，以满足设定温度要求；监视床层温度，防止超温；循环气中水符合指标要求。

② 水洗塔正常操作过程中，严禁水位超高将水带入干燥系统，控制好水洗水的 pH 值和盐含量。

③ 催化剂取样时，按工艺要求对再生前后催化剂进行采样。每次取样时，要做好置换工作，保证样品质量。采样结束关闭所有打开阀门。

④ 再生过程中氧含量的控制是关键。

⑤ 氯化、焙烧时催化剂焦含量应小于 0.1%。

5.2.3.2 移动床连续重整催化剂的再生

美国环球油品公司(UOP)开发的轴向重叠式连续重整工艺(UOP-CCR)和法国石油研究院(IFP)开发的径向并列式连续重整工艺(IFP-CCR)，是目前最广泛使用的移动床连续重整工艺。

按照再生方式和条件的不同，可分为以下几种不同形式：

UOP-CCR 常压再生过程；

UOP-CCR 加压再生过程；

UOP-CCR Cycle Max 再生过程；

IFP-CCR 分批再生过程；

IFP-CCR 连续再生过程。

本节主要介绍 UOP-CCR 常压再生过程和 IFP-CCR 连续再生过程。

(1) UOP-CCR 常压再生过程影响因素与参数调节

UOP-CCR 常压再生器系统除再生器外，还包括鼓风机、再生加热器、冷却鼓风机、冷却器、氯化鼓风机、注氯泵、空气干燥器和空气加热器等设备。再生过程的主要设备是再生器。

UOP-CCR 催化剂常压再生过程由烧焦段、氯化段和干燥段等三部分组成，它们分别完成催化剂的常压烧焦、氯化和干燥任务。这三个步骤是顺序进行的，催化剂自再生器上部往下移动，在不同的区段内完成不同的处理过程。再生气流由再生器四周向中心管流动。再生器内有两个垂直的由约翰逊网制成的圆柱体，催化剂从通过顶盖的催化剂输送管由分离料斗进入两层筛网之间，并充满筛网之间的环形空间和底部。气流从器壁与外筛网的环形空间横过催化剂层进入中心管，在外侧环形空间中央有一块挡板，将其分成两个相等的区：上段是烧炭区，下段是氯化区，在各区中点的容器壳体上为各自的循环气流设置入口管，挡板可隔绝上区和下区的入口气流，两区的出口气流均从中心管引出，两区之间用导流筒帽罩隔开。氯化区的部分也可通过帽罩与内筛网之间的缝隙进入烧炭区，以补充供氧量，中心管底部是密封的，防止催化剂进入，氯化区底部设有导向的催化剂流动叶片，以保证催化剂流量的均匀分配。再生器的底部是截面收缩的干燥区，下部有空气分配盘管，干燥的热空气从分配管进入，向上通过干燥区后进入氯化区，再随氯化循环气流进入烧焦区，部分补充该区所消耗的氧气。催化剂出口处设有倒锥体形的挡板，用于减少出口附近的流动死角。

① 正常操作参数控制。再生循环气入口温度由调节进入再生冷却器的冷却气量或再生加热器的输入电流来控制。

再生循环气流量由再生鼓风机提供，通过氧分析控制仪来进行调节。

氯化循环气入口温度由氯化电加热器的输入电流控制。

干燥区入口空气温度由空气电加热器来调节。

注意：再生循环气出口温度不能超过 560℃，否则，主控制器将停止再生操作。

经过烧焦后的催化剂炭含量一般不超过 0.1%，若超过此值，将会导致氯化区流出气体温度升高，当温度超过525℃时，将发生高温报警。

② 催化剂流速。催化剂的流速与废催化剂的含量有关，为了保证烧焦的最终效果，催化剂的循环速率将随废催化剂的含炭量升高而减小。除此之外，催化剂的循环速率还与烧焦区入口含氧量和到该区的气体流速有关，催化剂的循环速率必须经常地同这些独立的函数相平衡。为此每个装置必须建立自己的烧焦操作曲线。

③ 烧焦区氧含量。烧焦区最大的允许气体含氧量为1.2%(摩尔)，推荐值为0.9%(摩尔)，烧焦气含氧量受催化剂最高允许温度的限制，最高温度显然是在燃烧火焰的火舌面上。如果在火焰上通过高含氧气体，将会加剧燃烧反应，导致催化剂超温而破坏催化剂的活性。所以，要求离开烧焦区的催化剂不允许含过多的炭。

④ 进入烧焦区的循环气流量。烧焦区适宜的循环气流量是保证烧焦过程正常进行的基本条件之一。由于从安全的角度规定烧焦区气体含氧量≯13%(摩尔)，因此，循环气流量降低到设定值的80%时，便不能保证正常的烧焦速度。

(2) IFP-CCR连续重整连续再生

① IFP-CCR(Ⅱ)连续重整催化剂再生控制。

a. 待生催化剂焦含量。再生回路的操作条件与催化剂上沉积的焦炭含量及与催化剂的循环量有关，为了了解催化剂上的炭含量，需分析待生和再生催化剂上的焦含量。当操作条件稳定时，待生催化剂上的焦含量最好保持在4.0%~6.0%之间，这可以通过调节催化剂的循环速率来控制。但在高苛刻度、高空速和较差的原料下操作时，催化剂中焦炭含量可能超过6%，这时烧焦必须严格控制催化剂的循环量，防止床层超温。

b. 再生循环气流量。再生循环气流量分五路进入再生器，正常焙烧气的流量为总循环气量的9%，总循环气量一般控制在9500Nm^3/h左右。

c. 氧含量控制。再生器中的氧含量通过注入五路空气加以控制：一路空气用于一段烧焦床层；二路用于二段烧焦床层；三路用于检查气；四路用于氧氯化区；五路用于焙烧区。其目的是为了保证烧焦完全和防止催化剂床层超温。

第一燃烧区氧含量由分析仪控制，该分析仪与五路空气流量串级控制，第二燃烧区出口氧含量又和一路空气流量构成串级控制，三路检查气氧含量又和二路空气流量构成串级控制。

在两个燃烧床层之间进行第二空气注入，为了使第二床层充分烧焦，该床层必须注入过量氧气，位于第二燃烧床出口的氧气分析仪与主控制器串级控制，控制过剩氧含量。

d. 床层温度。第一燃烧区入口温度通过电加热器控制在420~460℃之间，当焦含量太低，即氧氯化温度低于490℃，则按要求提高第一燃烧区入口温度。当焦含量太高(氧氯化温度高于520℃)，则按要求降低第一燃烧区入口温度，但不能低于420℃。

第一燃烧区出口温度必须通过对第一燃烧区入口温度和入口分析仪的作用，控制在480~490℃之间。

第二燃烧区出口温度不得超过510℃。同时O_2含量必须保持在0.2%左右。

焙烧区入口温度，由加热器出口调节在500~530℃之间，焙烧区床层最高不超过530℃。如果温度超高，应立即停止催化剂循环并分析原因，采取措施直至恢复催化剂循环。

e. 再生器压力控制。压力控制是再生操作的一个重要参数，再生器底部压力必须高于第一反应器一定的压力，以便使催化剂能从再生器提升到第一反应器的上部料斗，为了不干扰催化剂的正常流动，每次反应器压力变化时，此差压必须恒定。

再生回路压力控制器安装在焙烧气至再生器的入口线上，以保持再生器底部与提升罐之间有一定差压，此压力控制器的设定值等于第一反应器入口压力加上一个偏差(约0.07MPa)。

f. 再生气碱洗。再生气碱洗的目的是中和烧焦过程中生成的Cl^-离子，防止腐蚀设备，每次再生操作之前，先建立碱循环操作，碱液循环量7500kg/h，与装置处理量无关，同时加入新鲜的NaOH以保持溶液中pH值在8.5~9.5之间。循环液中的苛性钠溶液不得超过3%，此值由注碱和排出的水量调节。

g. N_2提升气入口压力控制。N_2压缩机入口罐处的压力由分离器入口管线N_2控制阀控制。

h. 正常调节。正常调节见表5-5~表5-8所示。

表5-5 一段床层出口温度低的原因与调节

原　因	调　节
焦含量低	增加循环量
O_2含量低	适当提高O_2含量
循环气流量高	降低气体温度
入口温度低	适当提高加热器出口温度

表5-6 一段床层温度高的原因与调节

原　因	调　节
入口温度高	适当降低加热炉出口温度
焦含量高	降低催化剂循环量
O_2含量高	降低入口O_2含量
第一燃烧层气体流量低	增加气体流量

表5-7 二段床层出口温度高的原因与调节

原　因	调　节
燃烧床层的气体流量低	提高气体流量
催化剂循环量大	降低催化剂循环量
入口温度高	如允许，降低入口温度

表5-8 氯氧化或焙烧层温度高的原因与调节

原　因	调　节
催化剂循环速度高	降低催化剂循环速率
氧分析仪失灵	维修
焙烧气体流量低	提高焙烧气体流量
焙烧入口温度高	适当降低电加热炉出口温度

② IFP-CCR(Ⅱ)连续重整催化剂再生要点。IFP与UOP连续再生的突出不同点在于，UOP的催化剂再生采用热烧焦回路，即再生循环气不经过冷却及干燥用热风机循环；而IFP(Ⅱ)的再生是采用干燥烧焦回路，即再生循环气进行冷却-碱洗-干燥后，用压缩机循环。

IFP(Ⅱ)再生技术采用移动床再生器，催化剂的还原过程在第一反应器顶部完成。再生循环气分两路去再生器不同区段。一路去烧焦段主烧焦区；一路去再生器下部干燥焙烧区。第二路与氯氧化段下来的催化剂逆流接触，进行焙烧、干燥，废气从再生器顶部引出，与第二路循环气换热后洗涤。第一路烧焦废气自烧焦段下部引出，与第一路循环气换热、冷却后，与第二路废气(含氯)在洗涤塔入口处汇合，洗涤干燥后的再生气进入再生循环压缩机入口，构成再生气循环回路。

5.2.4 芳烃抽提系统

芳烃抽提是利用溶剂对芳烃和非芳烃溶解能力的差异而将芳烃抽提出来的一种工艺。抽提所得到的混合芳烃再进行精馏分离，进而得到纯苯、甲苯和二甲苯等。抽提系统分为几种工艺：甘醇溶剂抽提工艺、环丁砜溶剂抽提工艺和其他溶剂抽提工艺以及抽提蒸馏法。目前国内催化重整装置采用的一般为甘醇溶剂抽提工艺和环丁砜溶剂抽提工艺。

5.2.4.1 工艺操作因素分析

溶剂抽提操作的影响因素很多，是互相关联、互相制约、互相影响的。要得到高纯度的芳烃和较高的芳烃回收率，就要求操作人员抓住主要矛盾，熟悉和掌握各项操作因素之间的相互关系，正确使用仪表 DCS 控制系统，保持平稳操作。

(1) 抽提温度

温度对于溶剂的选择性有很大影响，对于溶剂溶解芳烃的能力也有很大影响。抽提塔的温度是通过调节贫/富溶剂换热器的旁路流量来控制的。

抽提塔以进料口为界，可分为上、下两个区域，上区为抽提区，下区为提纯区。抽提区的任务是从烃相中回收芳烃，较高的温度有利于芳烃在溶剂中溶解度的增加。而提纯区的任务是完成芳烃的提纯，是在溶剂存在下实现芳烃与非芳烃、轻非芳与重非芳烃的交换。在这种情况下，温度低些更为有利，低温可以提高溶剂的选择性，提高芳烃的纯度。

抽提塔的操作温度取决于贫溶剂和抽提进料的入塔温度，由于溶剂的流量很大，因而主要取决于贫溶剂的入塔温度，即汽提塔底的温度。汽提塔底的温度不仅影响抽提塔顶温度，而且影响贫溶剂的含水量。温度升高则贫溶剂的含水量下降，溶解度上升，选择性下降，芳烃回收率提高，芳烃质量下降，反之就有相反的结果。因此，在调节温度时，应注意各个温度之间的相互关系。

生产中遇到下列情况应调节抽提温度及溶剂的含水量。

原料性质改变。如果芳烃组成和馏分组成改变，原料中芳烃含量增加时，可提高溶剂的温度，增加溶剂的溶解度，保证得到较高的芳烃回收率。

产品组成发生改变。如目的产品由生产苯、甲苯、二甲苯改为生产苯、甲苯时，则降低溶剂温度。

溶剂比过大时，抽提塔已经超负荷，但芳烃回收率还不高，此时应提高溶剂温度。

适合的溶剂比，但芳烃纯度不高。这说明溶剂选择性比较低，应适当降低溶剂温度、抽提温度及溶剂含水量，一般以调节汽提塔底温度来实现。

(2) 溶剂比

溶剂比是调节芳烃回收率的重要手段。通常溶剂比越高，芳烃回收率越高，但芳烃质量会下降，反之则相反。溶剂比应根据进料组成和进料量来确定。当进料量或组成发生明显改变时，应及时调整溶剂量以保证适当的溶剂比。

在实际生产中下列情况应提高溶剂比：

① 芳烃回收率低(非芳烃中含芳烃量高)；

② 生产方案调整，原料由窄馏分变为宽馏分或由轻变重。

下列情况需降低溶剂比：

a. 芳烃纯度下降；

b. 溶剂的溶解度上升(提高抽提温度)。

调节溶剂比时应注意以下事项：

a. 提高溶剂比时，调节不宜太快，否则，抽提塔压力会超高；

b. 当提高溶比与其他操作参数都需要调整时，应先调整其他参数，后调溶剂比；若需要降低溶剂比时，应先降溶剂比，然后再调其他参数。

(3) 回流比(返洗比)

操作实践证明，芳烃回流比与溶剂比之间是有密切关系的。溶剂比、回流比之间，在某种意义上讲，它们之间具有互换性。降低溶剂比，在一定程度上有增大回流比的作用，反之也成立。为了保证产品质量必须在提高溶剂比的同时，适当增大回流比。反之，如果需要降低溶剂比的同时，也应当相应减少回流比。

改变回流比(或溶剂比)需要稳定一定时间，方能看出效果，因此，在调节时不要急于求成。一般说来，回流比的变化比溶剂比的变化反应快。在实际操作中，随原料中芳烃含量增高，回流比可适当减少，但无回流操作，是得不到高纯度芳烃产品的。

(4) 烃负荷

烃负荷是指抽提塔反洗段中，实际存在于溶剂-烃混合液中的总烃类数。在返洗段，溶剂的主要作用是提供选择性地溶解全部抽提油和循环液，所以，在返洗段的溶剂通常是高负荷的。

烃负荷随返洗量的增加而增大，随进料中烃含量的变化而改变。

当烃负荷较小时，增加返洗比可改善溶剂的选择性。但返洗比过大，烃负荷超过大时，溶剂的选择性就下降，这时应适当增加贫溶剂量或设计时考虑较低的操作温度来提高溶剂的选择性，以保证抽提的纯度。

(5) 汽提水用量

在汽提塔(溶剂回收塔)底加入汽提水，目的在于把芳烃从溶剂中分离出来，同时获得稳定含水量的贫溶剂，以循环使用。一方面水蒸气起到降低油气分压的作用，另一方面芳烃与水能形成低共沸物，有利于芳烃的蒸出。

轻芳烃(苯、甲苯、二甲苯)与水生成共沸物，它们的共沸点和组成见表5-9所示。

表5-9 芳烃与水共沸物的沸点和组成

体　系	共沸点/℃	共沸物中水含量/%	体　系	共沸点/℃	共沸物中水含量/%
苯-水	69.3	8.83	二甲苯-水	92	35.8
甲苯-水	84.1	13.5			

汽提水用量的多少，以保证汽提塔底出来的贫溶剂中芳烃含量小于千分之一为宜。通常认为应略大于共沸物含水量，一般为贫溶剂量的2%~4%。汽提水量太少将增加贫溶剂中的芳烃含量，影响抽提操作，增加抽余油中的芳烃含量，降低芳烃回收率；汽提水量太多，将增大汽提塔底重沸器的热负荷，增加能耗。

(6) 操作压力

抽提塔的操作压力对芳烃纯度和芳烃回收率影响不大。但是，抽提塔的操作压力与界面控制密切相关，操作压力必须保持全塔在液相下操作。当原料中轻组分增加，或塔顶温度提高，应适当提高操作压力保证塔在液相条件下操作。

抽提塔有几种不同的压力控制方案。

① 贫溶剂压力控制法。这种操作控制方案是借助于贫溶剂的流量来控制抽提塔的操作压力，由于贫溶剂量的变化会使芳烃产品质量受影响，因此，该控制方法不常用。

② 富溶剂压力控制法。这种操作控制方案是借助于富溶剂的流量来控制抽提塔的操作压力，这种压力控制方案溶剂比比较稳定，但它会使芳烃回收率波动，特别是当富溶剂流量突然发生变化时，容易造成抽提塔底界面的波动。因此，只适用于各种流量变化不大或开工时采用。

③ 气垫(分程)压力控制法。引入气体介质，依靠气体量的调节来维持抽提塔的操作压力，这种方法称为气垫压力控制法。此方法直接、有效操作稳定，被国内外广泛采用。通常气垫控制法引入N_2做为调节的气体介质。

采用这种控制方案，塔顶压力、抽余油和富溶剂的液位都很稳定，便于操作。

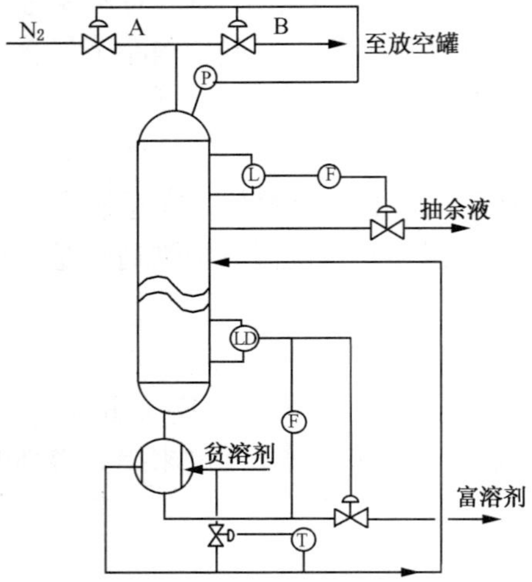

图 5-14 抽提塔工艺控制方案图

在抽提塔中，塔顶液位与抽余油流量串级控制；抽提塔的界位与富溶剂的流量串级调节控制；塔底界位通常采用连通管，但由于溶剂在运行过程中会慢慢降解，易堵塞，有的装置采用内浮筒代替连通管原理，取得了满意效果。

气垫压力控制法又称为分程压力控制法，具体的控制程序见图 5-14 所示。

当压力超过设计值时，分程控制器关闭 A 阀，停止向抽提塔补压(N_2)，并打开 B 阀向放空罐卸压。

如果抽提塔压力低于设计值，那么就关闭 B 阀，停止向放空罐卸压，同时开启 A 阀，向塔内补压(N_2)，以此来保证抽提塔压力在设定值范围之内。

5.2.4.2 操作要点和注意事项

溶剂抽提芳烃工艺过程是一种物理分离过程，是液-液抽提和抽提蒸馏的联合过程，一般操作条件比较缓和，危险性小。但是，操作影响因素繁多，且互相制约，要实现高水平操作运转是存在不少困难的。溶剂抽提芳烃工艺过程，尽管影响因素多，可概括为三要素：原料油(抽提进料)、溶剂和采用的手段(设备和操作条件)。因此，操作要点和注意事项就是掌握住三要素处于最佳状态。

(1) 把握住原料油性质的变化

目前，重整脱戊烷油中芳烃含量一般不超过 70%，且苯含量低，在抽提塔内逆流操作时不至于出现完全互溶(混相不分层)，通常含有少量烯烃，在溶解能力强的溶剂抽提过程中，可在回流芳烃中出现烯烃积累，严重时会影响芳烃含量；裂解加氢汽油中芳烃含量可高达 80%~90%，且苯含量高达 45%左右，非芳烃有一半以上为环烷烃，还含有少量烯烃。因此，通常采用循环部分抽余油到原料油中，控制抽提塔进料中芳烃含量为 70%左右，以保证抽提塔内正常操作，不出现混溶现象。若不注意抽提塔进料中芳烃含量的控制，将破坏抽提塔内正常操作，出现混溶不分层现象。此外，在溶解能力强的溶剂抽提过程中，还可在回流芳烃中出现烯烃和环烷烃的积累，严重时会影响到芳烃产品质量。例如，在环丁砜抽提过程中就采用加二次溶剂到富溶剂中来提高抽提蒸馏效果，加三次溶剂(或部分回流芳烃)到抽提进料中，以减少烯烃和环烷烃的积累，达到改善芳烃产品质量的目的。这一点在环丁砜溶剂抽提过程处理高芳烃含量的原料时，特别值得注意。

(2) 保持溶剂质量良好

溶剂质量良好是保证抽提装置长周期正常运转的基本条件。但是，由于溶剂在抽提装置内处于一定温度下操作，溶剂会产生老化现象，颜色变深，有酸性物质生成，溶剂呈酸性以致腐蚀设备。为解决此问题，在工业装置上采取了几项措施：

① 从抽提系统取出一部分溶剂进行再生，除去杂质，再生后的溶剂返回抽提系统，通常要求装置内运转溶剂在 5~7 天内全部再生一次。

②采用机械过滤的措施，滤去溶剂内含有的机械杂质及降解物。

③采用离子交换的原理，选择交换容量大，稳定性和再生性能好以及使用寿命长的阴离子交换树脂，用离子交换的方法，除去环丁砜在工业过程中劣化产生的磺酸类酸性物质，从而使环丁砜性质恢复到新鲜状态。树脂失效后再用 3%左右浓度的 NaOH 溶液再生。

④ 用单乙醇胺加入抽提系统调节溶剂的酸碱度，保持溶剂的中性或弱碱性。

⑤ 溶剂罐、原料罐、回流罐等储罐采用惰性气体保持，隔绝空气。

溶剂的氧化受到许多因素的影响，当然首先是溶剂自身的热稳定性、化学稳定性，其次是外界条件的影响如温度、酸碱度、铁离子及氧等。溶剂自身的热化学稳定性是选择抽提溶剂时首先考虑的。操作时要注意的是外界条件的影响，根据多年来的研究和工业生产积累的经验知道，常用抽提溶剂在碱性条件下可减轻老化，在酸性条件下可加速老化，在微量氧和铁离子、氯离子存在下可加速老化。因此，在新装置开工或装置检修后开工初期，应该特别注意清除设备内的铁锈，尽可能保持装置内的洁净，及早投用惰性气体保护系统。即使如此，由于装置内残存的铁锈和带入的微量氧气及原料中含有的氯离子，使装置内运转的溶剂，颜色很快就会变深，酸度迅速降低。所以，应及时加入单乙醇胺调节溶剂的酸碱度至中性或弱碱性，并同时以最大量进行溶剂再生，直到溶剂颜色变浅后，方可降低溶剂再生量至正常量。

目前，多数溶剂再生均采用减压蒸馏法，环丁砜抽提装置的回收塔也在减压下操作，一旦设备密封性能差，则大大增加氧气与溶剂接触的机会，增大溶剂老化的可能性。为保护好溶剂，则需要特别注意减压设备密封性的检查，千万不可大意，否则后果是很严重的。

(3) 严防溶剂发泡跑损

工业上无论甘醇类溶剂抽提装置还是环丁砜溶剂抽提装置的蒸馏部分(抽提蒸馏和汽提)都发生过溶剂发泡跑损现象，且此现象多发生在溶剂老化严重的情况下，大大加大了溶剂的损耗。环丁砜抽提装置通常在提馏塔入塔前富溶剂中加入消泡剂(聚甲基硅油，相对分子质量达数万的大分子物质)来预防溶剂发泡，在处理裂解加氢汽油时更需要注意，正常注入量为1~3μg/g。有的甘醇类溶剂抽提装置也加消泡剂。在溶剂老化严重时，常常要多加单乙醇胺调节酸碱度，形成一些可溶性铁等杂物，溶剂比较脏，抽提塔内也易于生成乳浊液而降低效率，严重时蒸馏也可以发泡跑溶剂。此外，在水蒸气作汽提的汽提塔(或回收塔)内，由于水量变化过大，有时也会发生暴沸、冲塔而跑损溶剂，这也是在操作时应注意的问题。

(4) 注意抽提蒸馏作用的充分发挥

溶剂抽提芳烃工业过程是液-液抽提和抽提蒸馏的联合过程，对溶解能力很强的溶剂抽提过程来说，抽提蒸馏的作用显得更为重要。一般情况下，在抽提塔内易于将重质非芳烃分离掉，抽提塔底出来的富溶剂中仍溶解了轻质非芳烃($C_5\sim C_7$烷烃和$C_5\sim C_7$环烷烃)，需要进入抽提蒸馏塔以除去这些轻质非芳烃。抽提塔底出来的富溶剂是一定温度、压力下的烃和溶剂的饱和溶液，抽提蒸馏塔一般在常压下操作，若温度高于饱和溶液的泡点，则会发生闪蒸，为保证抽提蒸馏作用的充分发挥，需要控制闪蒸量。例如，环丁砜抽提过程为提高芳烃产品质量，有时在富溶剂中加入两次溶剂(使之成为不饱和溶液)来增大非芳烃与芳烃的相对挥发度，有时适当提高提馏塔的压力；甘醇类溶剂抽提芳烃过程，通常是调整温度、压力之间的关系，将富溶剂进行一次或两次绝热闪蒸后，进入抽提蒸馏塔进行抽提蒸馏操作，保证芳烃产品的高纯度，若温度过高而不注意控制绝热闪蒸量，就等于取消了抽提蒸馏条件，芳烃产品纯度将急剧下降。

5.2.4.3 芳烃抽提系统正常操作

(1) 抽提塔正常操作要点

① 进料口切换基本原则。进料中芳烃含量较高时，应选用较低的进料口，以增加回收段的高度，保证芳烃的回收率。当原料中芳烃含量较低时，可选用较高的进料口，以保证抽

提油的纯度合格。在切换进料口时，要缓慢地尽可能等量进行，以免引起界面和塔压力的波动。

② 要特别注意界面的控制。抽提塔的界面随进料负荷、进料组成、溶剂比、温度和 pH 值等变化而变化，特别是当负荷急剧增加或原料中总芳烃含量有显著增加时，会出现抽提塔、回收塔界面同时下降的反常现象。这时应迅速处理，否则会影响抽提油纯度，甚至会使贫溶剂泵抽空停车。因此，在操作中应特别注意：

a. 进料量的改变一定要缓慢。

b. 当含芳烃极高的物料进到原料缓冲罐时，千万注意料液组成的急剧变化。这时要严格控制，使串级脱开，根据进料中的芳烃含量正确控制好排出量，待稳定后再切入串级控制。

c. 因进料中芳烃含量高而使抽提塔界面与回收塔液面同时下降时，应将串级脱开，可逐渐降低抽提塔顶流出物的流量，适当增加抽提塔底流出物的流量，使界面恢复正常，切忌盲目补充或排出溶剂。抽提塔的界面控制应灵活掌握，一般控制在 50%~75%。

（2）抽余油水洗系统正常操作要点

抽余油水洗塔里是充满液体的，经过水洗过程可把抽余油中携带的溶剂几乎全部回收，其正常操作要点为：

① 抽余油水洗塔的上、下部循环要认真把握。上部循环是指抽余油的一部分通过流量控制，由抽余油泵升压，再与进料一起入塔，目的是为了维持一个恒定的喷射速率，以改变传质状况，有利于回收溶剂。下部循环指塔底含溶剂水的一部分经泵升压，由流量控制送到抽余油冷却器之前，目的是为了与进料先混合，提高水洗效果，更好地分离溶剂。

② 不要盲目地增加水洗水量。在实际生产操作中，增加水洗水量可以减少溶剂的损耗，然而过高的水洗水是不经济的，除非回收塔需要增加汽提蒸汽量。当抽余油水洗效果合格时，不要盲目增加洗涤水量。

③ 要保持稳定的操作压力、温度和界面。经过洗涤的抽余油自抽余油水洗塔顶抽出，经抽余油泵升压，一部分在压力控制器的控制下送出装置。抽余油水洗塔的压力是由调节抽余油的外送量来维持的。虽然抽余油压力并不是关键性的参数，但必须保持稳定，以利于塔底界面的控制，把塔底含溶剂水压送到水汽提塔。

④ 抽余油水洗塔的操作温度越低，水洗效果越好，通常应控制在 40℃左右。抽余油水洗塔塔底界面通过塔底排出量来调节。

（3）提馏系统正常操作要点

在提馏塔中，溶解在溶剂中的少量非芳烃随富溶剂一起到提馏塔，并从塔顶蒸出。提馏系统正常操作要点为：

① 塔顶蒸出量要足够。塔顶蒸出量是控制抽提油质量的重要手段之一，在实际操作中，要有足够的塔顶蒸出量。但蒸出量不能过大，否则会使反洗量增加，造成抽提塔处理能力下降。塔顶蒸出量更不能过小，因为太小会使提馏塔中的非芳烃不能被去除干净。因此，塔顶蒸出量应在能完全除去富溶剂中所含的非芳烃的前提下尽可能小，一般可以通过分析反洗液的密度和反洗比来加以控制。

② 控制好塔底温度。塔底温度是控制反洗液数量和质量的主要手段。一般在富溶剂中含非芳烃高，特别是重质非芳烃高时，温度可适当高些；反之，则低些。

③ 必要时增加第二溶剂量。若富溶剂中烃含量太高时(65%)，相对挥发度就小，使得

非芳烃分离困难。此时可增加溶剂量(第二溶剂)，以改善提馏塔的恒温平衡，有利于非芳烃的分离。

④ 正确使用消泡剂。抽提系统在处理湿溶剂时或由于提馏塔进料中的污溶剂及未溶解的烃(特别是环烷烃)能使塔顶流出蒸汽带有大量溶剂而顶部发泡，此时在进料中加入一定量的消泡剂是有效的。

⑤ 调整 pH 值。系统内溶剂的 pH 值要求在 5.5~6.0 之间，当 pH 值降低时(<5.5)时，可加入单乙醇胺，以调节溶剂的 pH 值。

(4) 回收系统正常操作要点

① 温度、压力的控制。在一定真空度的前提下，塔底温度是控制贫溶剂中烃含量的重要参数，但是，塔底温度太高，也会使产品带溶剂。在正常操作中通过温度与流量串级控制，来保证贫溶剂一定的含水量。

适当的温度、压力亦可防止溶剂的过热分解。一般回收塔塔底温度控制在 170℃左右，回收塔绝对压力控制在 0.043MPa，要注意塔压随着塔负荷的增加而增加。

② 保持适当的回流比。为了保证塔顶抽提油不带溶剂，采用适当的回流比也是一个主要的调节方法。在产品含溶剂量合格的前提下，应尽可能使回流比小一些，以减少能量消耗，但要适当，一般控制在 0.65 左右。

③ 汽提蒸汽和无烃水的控制。自水汽提塔来的汽提蒸汽和无烃水是汽提出全部芳烃不可缺少的。若太少，芳烃留在溶剂中造成这部分芳烃在抽提塔中随抽余油夹带而损耗。但太多也是没有必要的，因为整个装置的能耗与冷凝和冷却回收塔塔顶水有很大的关系。

进入回收塔的汽提水流量可通过调节进入抽余油水洗塔的洗涤水流量来调节，设定的汽提水的流量应满足以下两个要求量中较高的一个：即从抽余油中回收溶剂所需要的洗涤水流量或从回收塔的溶剂中汽提芳烃所需的汽提水量。一般在汽提蒸汽量满足的情况下，洗涤水量也就满足了，通常以后者为主，除非装置进料中非芳烃含量特别高时，装置水量由前者决定。

(5) 水汽提系统正常操作要点

水汽提塔的作用是为回收塔提供无烃水和水蒸气，并维持系统的水循环。保持好该系统正常操作的要点是：

① 水汽提塔塔顶蒸汽蒸出量要足够。在实际操作中，水汽提塔塔顶蒸汽量要足够大，以保证全部非芳烃随塔顶蒸汽蒸出，否则，这些非芳烃会与汽提蒸汽一同进入回收塔，势必影响抽提产品的质量，使抽提芳烃夹带非芳烃。一般塔顶蒸汽量为水汽提塔进水量的 10%。

② 要调好汽提蒸汽压力与无烃水。为了在水汽提塔维持一定的汽提蒸汽压力(一般控制在 0.07MPa)，调节从水汽提再沸器至回收塔的汽提蒸汽流量。在水汽提再沸器内含有一些带溶剂的无烃水，经再沸器液面控制器调节，用泵送至回收塔，以提供汽提水和回收溶剂。

(6) 溶剂再生系统正常操作要点

溶剂再生塔的吹汽、真空度和温度要控制稳定。溶剂再生塔与回收塔连通，在相近的真空度下运转。溶剂再生塔再沸器用蒸汽加热，为了防止溶剂分解及提高蒸发效果，要稳定地将水汽提塔蒸汽从塔底吹入，以使溶剂随同蒸汽稳定地从塔顶蒸出，再送至回收塔。再生塔的塔顶压力一般控制在-0.004MPa，塔顶温度为 177℃。

(7) 芳烃水洗系统正常操作要点

① 设置芳烃水洗罐的目的是为了洗去因系统溶剂降解而加入 MEA(单乙醇胺)后形成的

铵盐及抽提芳烃所携带的溶剂，以保证产品质量和后部加工单元正常操作。

② 芳烃水洗罐在一定压力和温度下用水连续洗涤芳烃，控制一定的压力，排出洗好的芳烃。

③ 必须控制好界面，一般控制在50%~70%为佳，以防芳烃中带出过多的水，影响苯塔的操作。

5.2.5 芳烃精馏系统

催化重整生成油经抽提后得到的混合芳烃(B、T或B、T、X)需要再经过白土精制和精馏，方可生产出苯、甲苯和混合二甲苯或邻二甲苯、乙苯等合格产品。目前大多数芳烃生产装置均以生产苯、甲苯和混合二甲苯产品为主，只有少数装置也同时生产邻二甲苯和乙苯产品。

5.2.5.1 芳烃的白土精制

通常从催化重整生成油经溶剂抽提得到的混合芳烃中含有微量的烯烃，一般需要采用颗粒白土进行液相精制处理，以除去其中的烯烃。混合芳烃经换热和加热后进入白土塔，进行固液接触，使烯烃产生迭合，并大部分吸附在颗粒白土表面，从白土塔底出来的混合芳烃与进料换热后送至苯塔进行精馏。

白土精制用的颗粒白土是经过活化处理，并有一定含水量(一般为3.5%~6.5%)的天然白土，颗粒通常为8~16目或30~60目。白土精制的操作条件：温度150~200℃，压力1.5~1.8MPa，空速为0.5h^{-1}左右。

5.2.5.2 芳烃精馏

精馏系统操作包括苯塔、甲苯塔及邻二甲苯塔的操作。由于苯塔、甲苯塔及邻二甲苯塔的塔顶产品分别是纯度较高的单组分产品——苯、甲苯、邻二甲苯，产品质量要求都很高，不同于一般的分馏塔，操作条件比较苛刻，故在实际操作中要精心调节。

(1) 塔底温度

塔底温度是控制塔底物中不含塔顶产品或塔顶产品中不含塔底物的关键参数。因此，当塔顶产品中塔底物含量过高或塔底物中塔顶产品含量过高时，说明塔底温度控制不当，应及时调节。

塔底温度不宜太高，否则，会造成温差波动或超程，回流比增大会导致塔顶产品中带有塔底物而使质量不合格。因此，在保证塔顶产品中不含塔底物的前提下，应适当降低塔底温度，以保证塔顶产品纯度。

(2) 塔顶温度

塔顶温度虽然不是控制塔顶产品质量的的主要参数，但在正常操作中也不应有急剧的变化。塔顶温度显著上升时，应检查是否有冲塔现象发生，温差控制是否正常，并及时分析塔顶产品质量是否合格，或检查塔顶空冷器运转是否正常。塔顶温度显著下降时，应检查回流中轻组分(相对于塔顶产品沸点更低的组分)含量是否过高，是否有水混入，温差控制是否失灵等。

苯塔、甲苯塔及邻二甲苯塔的塔顶产品是纯度较高的单组分，在正常操作中塔顶温度要变化很小，防止有大的波动。

(3) 进料温度

一般进料温度有小幅度波动，对塔顶产品影响不大。进料温度不能独立调节，当进料温度波动影响产品质量时，应调节该塔的塔底温度加以克服。

如果有白土精制塔单元，苯塔进料温度决定于白土塔出口换热器换热后的温度，甲苯塔进料温度决定于苯塔底温度，邻二甲苯塔的进料温度决定于二甲苯塔底温度。

(4) 温差

温差是控制苯塔、甲苯塔、邻二甲苯塔塔顶产品质量的主要手段之一，温差控制应在灵敏范围之内。当生产操作中由于外界因素如：气温变化、仪表故障等温差波动时，应该及时查找原因，尽快恢复温差控制，确保产品质量合格。

影响温差变化的主要因素有：进料组成变化，回流量、塔顶产品采出量变化，回流或进料中带水，仪表失灵，进料温度、塔底温度、回流温度、气温等的变化。

采用温差控制产品质量，可以有效地克服压力波动对塔顶产品纯度的影响，即温差不随塔顶压力的变化而变化。

(5) 侧线抽出量(苯塔)

为防止苯产品中带入少量非芳烃和水分而影响产品纯度，通常在苯塔开侧线，用于生产苯。

侧线抽出量根据进料中苯含量及温差来调整。当侧线抽出量波动较大时，打破了塔内气液相物料平衡，将使侧线下部塔板内回流量发生变化，塔内气液不平衡，甚至影响到产品苯的质量。所以，在实际操作中要控制好苯产品的采出量。

(6) 拔顶苯(苯塔)

在苯塔内回流中的非芳烃含量高而不及时排出时，会影响产品苯的纯度和冰点。因此，应根据分析及时调节拔顶苯的排放量。

拔顶苯的排放量由流量单级控制，回流中非芳烃含量少时，可以间歇排放，以增加产品苯的回收率。

(7) 塔底液面

塔底液面应保持平稳，一般控制在60%~80%为宜。液面大幅度波动会引起塔内压力波动，使苯混入甲苯塔，甲苯混入二甲苯塔，邻二甲苯混入到重芳烃中，造成产品收率下降。

影响塔底液面波动的因素有：塔底温度，塔内压力及塔底排出量，液面控制仪表失灵等。

(8) 回流比

塔顶回流量与外送量之比称为回流比。回流比过小，塔顶易带高沸点物质，塔顶产品易不合格；回流比过大，塔底易带低沸点物质，会影响塔顶产品的回收率，同时重沸器、空冷器负荷也相应增大，能耗高，不经济。故在保证塔顶产品质量合格的前提下，回流比不宜过大。

5.3 催化重整装置的停工

本方案为正常计划停工方案，主要对装置停工步骤进行说明。

5.3.1 停工前准备

① 做好停工网络图，确定具体的停工时间。

② 准备足够的精制油和储氢以供装置再次开工用。

③ 准备好装置停工用的燃料。

④ 确保装置停工用的蒸汽、氮气、工业风等的供应。

⑤ 切除装置安全联锁系统。

⑥ 准备好装置停工退油后路。

⑦ 准备好装置停工需要的扳手、盲板、皮带、接头收油桶等。

⑧ 做好油品回收工作，严禁将大量油品排入下水井，防止水体污染。

⑨ 确保出装置污水质量合格，有毒有害气体不得排入大气。

⑩ 准备好停工用的隔绝盲板。

⑪ 组织各岗位操作员熟悉停工程序，统一领导，分工明确。

⑫ 与上、下游装置联系，做到停工互相协调，互相配合，确保顺利停工。

⑬ 装置停工方案已得到落实，员工已得到培训。

5.3.2 预处理系统停工

5.3.2.1 预加氢系统停工

（1）增压型预加氢系统的停工

对于增压型预加氢系统停工，是在重整停工前预加氢先行停工，即：

① 重整降温至460℃改用精制油，预加氢原料切换精制油。

② 停预加氢注水和注缓蚀剂泵。

③ 预加氢反应器入口温度以15~30℃/h降至250℃。

④ 切断预加氢进料。精制油可由汽提塔或直接入重整。

⑤ 预加氢反应部分进行热氢循环带油，保持反应器床层温度为250℃，带油时间不少于2h，直到高分液面不再上升。

⑥ 预加氢加热炉以15~30℃/h速度继续降温，至炉膛温度不大于250℃时，按加热炉灭炉规程熄火。

⑦ 当反应器出口温度小于60℃，停重整氢气。

⑧ 预加氢系统向火炬泄压，进行N_2置换。

⑨ 加好有关隔绝盲板，改好流程，最终将系统置换至采样分析气中可燃气含量≯0.5%为合格，系统用氮气保持微正压。

（2）循环型预加氢系统的停工

对于循环型预加氢系统，当重整温度降至460℃后，与重整系统断开，对两个系统单独循环降温、停工。

① 停预加氢注水和注缓蚀剂泵。

② 切断预加氢进料。

③ 预加氢反应器入口温度以15~30℃/h降温至250℃。

④ 预加氢反应部分进行热氢循环带油，保持反应器床层温度为250℃，带油时间不少于2h，直到高分液面不再上升。

⑤ 预加氢加热炉以15~30℃/h降温速度继续降温，至炉膛温度小于250℃时，按加热炉灭炉规程熄火。

⑥ 当反应器出口温度不大于65℃，氢气循环停止。

⑦ 预加氢系统向火炬泄压，进行N_2置换。

⑧ 加好有关隔绝盲板，改好流程，最终将系统置换至采样分析气中可燃气含量≯0.5%为合格，系统用氮气保持微正压。

5.3.2.2 预处理分馏塔系统停工

① 当分馏塔停止进料时，预分馏塔系统开始停工。

② 如果分馏塔停工后需要蒸塔，则尽可能使塔内保持最低液面。

③ 分馏塔单塔循环，建立全回流操作。

④ 加热炉出口以15~30℃/h降温速度开始降温。

⑤ 当炉膛温度小于250℃时，按加热炉灭炉规程熄火。

⑥ 当回流罐无液面，则停回流泵。

⑦ 逐渐降低塔底循环量，最后停各塔重沸器或重沸炉，停循环泵。

⑧ 塔底油退出装置。

5.3.3 重整系统停工

5.3.3.1 重整装置停工的基本程序

(1) 反应系统停工

① 降温、降量、停进油。

a. 重整分离罐提压，降反应器入口温度，以10%速度降低进料量。

b. 进料改走开工线，重整生成油改入不合格产品罐。

c. 重整停止进油后，关闭压力调节阀。

d. 停止向预加氢系统串气。

e. 继续降低反应器入口温度。

f. 当催化剂的床层降至200℃后，重整加热炉灭火，并停废热锅炉系统。

g. 当催化剂床层温度降至接近循环压缩机出口温度时，可以停循环压缩机。

② 泄压置换。

a. 如果装置暂停备用，系统可保持氢气压力。

b. 如果需要进入反应器、容器，必须降压并置换干净。

c. 从低点降系统存油放净向火炬排气，从压缩机出口引入干燥氮气置换，氢和烃总含量<0.2%(体积)时为止，然后用氮气保护，保持正压。

d. 反应部分用盲板隔离。

(2) 稳定塔停工

① 当重整减油后，随之调节稳定塔各部操作参数使产品尽量合格。

② 当稳定塔停止进料时，稳定塔系统开始停工。分馏塔单塔循环，建立全回流操作。

③ 稳定塔塔底以40℃/h的速度降温。当炉膛温度小于250℃时，按加热炉灭炉规程熄火。当回流罐无液面，则停回流泵，逐渐降低塔底循环量。最后停各塔重沸器或重沸炉，停循环泵。

④ 塔底油退出装置。装置全部减油完毕后，关闭产品线。

⑤ 将存油放净，向火炬排气泄压。

5.3.3.2 停工注意事项

① 预加氢和重整在降温降量过程中要防止超温，一定要遵守先降温后降量的原则。

② 退油前各塔和容器先不放空，用泵抽油的速度要尽量慢一些。用气将塔内存油压向界外时，要留有液面，以防气体窜入汽油罐，损坏汽油罐。各塔、容器管线内的存油在吹扫前要尽可能地排入地下污油罐，或含油污水系统进入隔油池，严禁将油放入明沟，进入地下罐的油温应小于40℃。

③ 改好的流程经检查确认后，方可引入介质，防止跑、冒、漏、窜、烫伤等事故发生。

④ 临氢系统充压，泄压要注意保持正向流动，即泄压从后部高分罐，充压从前部压缩机出口进行；氮气置换时不要留死角，置换合格后用氮气保压，防止临氢系统进水。

5.3.4 再生系统停工

再生部分的停工方式有自动停工和手动停工两种，其中自动停工分为热停工、冷停工和氮气污染停工三种，手动停工分为热停工和冷停工两种。

5.3.4.1 自动停工

再生控制系统通过自动停工方式用以防止各类不正常或不安全操作状态发生，避免再生系统和催化剂受到损害。

（1）自动热停工

当再生部分要求停止催化剂再生，但不需要冷却再生器和关闭隔离系统时需要自动停工，这可以节省再次开工时间，并将阀门和催化剂的磨损降至最小。

任何一种自动停工报警声响后，都将发生自动热停工，程序会出现以下动作：

① 开始氮气吹扫。

② 停止空气注入。

③ 关闭空气与氮气连通阀。

④ 停止氯化物注入。

⑤ 停止催化剂流动。

⑥ 停止催化剂提升。

⑦ 停止再生器的催化剂装料。

（2）自动冷停工

当再生部分要求停止催化剂再生、冷却再生器，关闭隔离系统需要自动冷停工。这可以降低再生器温度，防止出现氢气、氮气和氧气相混合的危险情况。

任何一种自动冷停工警报响，或按下再生器开停按钮，或按下紧急停工按钮，则发生自动冷停工，将出现下列动作。

① 关闭待生催化剂隔离系统。

② 关闭再生催化剂隔离系统。

③ 停止再生系统的加热。

④ 开始氮气吹扫。

⑤ 停止空气注入。

⑥ 关闭空气与氮气连通阀。

⑦ 停止氯化物注入。

⑧ 停止催化剂流动。

⑨ 停止催化剂提升。

⑩ 停止再生器的催化剂装料。

（3）氮气污染停工

当再生氮气被污染时发生氮气污染停工，以防止被污染的氮气进入再生系统，出现下列动作。

① 关闭待生催化剂隔离系统，关闭再生催化剂隔离系统。

② 停 N_2 进氮封罐，停止再生器加热。

③ 开始氮气吹扫，停止空气注入。

④ 关闭空气与氮气连通阀。

⑤ 停止氯化物注入，停止催化剂流动。

⑥ 停止催化剂提升。

⑦ 停止再生器的催化剂装料。

5.3.4.2 手动停工

手动停工可用于计划停工或事故状态下停工。

(1) 手动热停工

如果停工时间较短(不超过36h)，不冷却再生器，则进行手动热停工操作步骤如下：

① 按催化剂循环按钮，停止催化剂循环(闭锁料斗停止循环)。

② 按氮气按钮，再生器 N_2 置换。

③ 注氯自动停止，关阀，停注氯泵。

④ 按空气按钮，停止向再生器通空气。

⑤ 将催化剂循环速率设定值设定为零(或尽可能低)，防止在停工期间燃烧区含炭催化剂向下移动。

⑥ 手动关闭过剩空气外排阀，将经过空气电加热器的 N_2 流量调至开工设计值。

⑦ 按空气、氮气连通按钮，关阀。

⑧ 关闭注氯泵出口及相关阀。

(2) 手动冷停工

如果停工时间较长，或需对局部设备、管线打开处理，则进行手动冷停工，操作步骤如下：

① 按再生器开停按钮至“停”。

② 将催化剂循环速率设定值设为零(或尽可能低)，防止在停工期间燃烧区含碳催化剂向下移动。

③ 将还原区、干燥区和燃烧区入口电加热器的温度控制器的输出分别设定为0、0、50%，而燃烧区入口温度控制器是分区间的，50%~100%为加热，50%~0%为冷却。

④ 手动关闭过剩空气外排阀，将经过空气电加热器的氮气流量调为开工设计值。

⑤ 按空气、氮气连通阀按钮，关闭有关阀门。

⑥ 关闭注氯泵出口及有关阀门。

⑦ 以50℃/h的速度降温。

⑧ 继续向空气电加热器通氮气，以开工设计流量吹扫再生器，直至各点温度降至93℃。

⑨ 在维持再生器压力前提下，尽量减少经空气电加热器的氮气流量。待生催化剂和再生催化剂隔离系统保持关闭状态，并继续向隔离段和氮封罐通氮气以使再生器系统无空气。

⑩ 在再生部分停工期间，向重整进料中注水和氯。

(3) 事故状态下停工

① 燃烧区床层，再加热区床层，燃烧区出口、干燥区出口热电偶指示的温度突然上升。

② 氧分析仪发生故障。

③ 电加热器发生故障。

④ 冷却水中断。

⑤ 重整反应系统停工。

以上所列仅是需要手动停工的一部分条件，但其他绝大多数故障都会立即引起自动停工。

5.3.5　芳烃抽提系统停工

（1）停溶剂再生系统

① 逐渐切断溶剂再生量，汽提蒸汽继续通过。

② 当再生塔的液位降到零以后，继续通蒸汽24~48h，尽可能把溶剂完全汽提出来。

③ 停止再沸器加热。

④ 切断溶剂再生塔汽提蒸汽，断开相连设备。

⑤ 当再生塔的残液温度<100℃时，可把残液缓慢排入桶中。

⑥ 用水和蒸汽反复地冲洗再生塔，同时顶部滤网应保持湿润状态，以防止塔内的硫化亚铁与氧发生自燃着火。

（2）切断抽提系统进出物料进行内部循环

① 把抽提油和抽余油切入抽提进料缓冲罐，并切断预分馏部分的来料。

② 切断拔顶苯。

（3）抽提系统降温、退油

① 逐渐把抽提油负荷降到50%，同时相应地降低溶剂的循环量、反洗量以及重沸器的蒸汽凝水量。

② 缓慢停止提馏塔、回收塔再沸器加热。当溶剂温度降到110~120℃时，停抽提塔进料，停止注射消泡剂，降温速度控制在30℃/h。

③ 逐渐降低水循环量，以维持水洗提塔和提馏塔水包的液位。

④ 循环溶剂的温度低于50℃时，溶剂循环仅在提馏塔和回收塔之间进行，并把抽提塔压力降低至0.35MPa，逐渐提高再生塔的绝对压力。

⑤ 无抽余油流量时，停止抽余油循环，停止水循环泵。回收塔系统停止抽真空，关闭系统抽真空的阀门。

⑥ 提馏塔顶回流罐液面开始下降时，停反洗泵；当提馏塔顶回流罐水包界面下降时，停冷凝水泵。

⑦ 当回流塔顶回流罐液面下降时，停回流泵；回流塔顶回流罐水包界面下降时，停冷凝水泵。

⑧ 把抽余油水洗塔塔底水压到水汽提塔，然后把水打到回流塔。

⑨ 把抽提塔内溶剂压到提馏塔，再打到回收塔。启动贫溶剂泵，把回收塔的溶剂通过溶剂冷却器退到湿溶剂罐。将抽提进料缓冲罐、芳烃水洗罐中的油排至地下罐。

⑩ 用氮气将其他残留溶剂通过低点排至地下溶剂罐。用蒸汽吹扫置换抽提系统。

5.3.6　芳烃精馏系统停工

芳烃蒸馏停工的程序大致如下：

① 降低白土塔进料量，将各塔负荷降到50%。

② 降低白土塔进料加热量，以控制白土塔温度、压力稳定。

③ 减少二甲苯塔底重沸器的燃料油（气）量，降低二甲苯塔热负荷，从而相应降低其他各塔重沸器热负荷。

④ 将拔顶苯、苯、甲苯、混合二甲苯、邻二甲苯、C_9^+芳烃通过循环线改送至进料缓冲罐。

⑤ 芳烃蒸馏单元改为自身循环同时，停止由其他单元向本单元供料。

⑥ 停用白土塔进料加热器，加速冷却，当白土塔压力下降后，关闭白土塔出入口阀，同时将白土塔的旁路阀打开继续循环。

⑦ 二甲苯塔底重沸炉灭火，停白土塔进料泵、苯塔底泵、邻二甲苯塔底泵、重芳烃塔底泵，各塔改为全回流操作。

⑧ 当各塔回流罐接近无液体时，停各塔回流泵。

⑨ 白土塔中的残液可从顶部通入氮气压入到污油罐中。

⑩ 蒸汽发生器停车。

⑪ 各分馏塔退油。

⑫ 蒸汽吹扫。

各塔及回流罐用0.4~0.6MPa蒸汽直接通入进行吹扫，吹扫后的凝液送到污水处理系统。其他设备可通过软管接入蒸汽，凝液也送至污油处理系统。吹扫干净后，立即充入氮气，避免系统造成负压。

5.4 加热炉的操作

加热炉操作的水平高低，对燃料消耗量、炉子热效率、设备使用寿命、烟气对空气的污染程度等都有很大影响。尤其对于催化重整装置而言，加热炉使用部位比较多，因此，加热炉操作时必须细心观察，认真分析，准确调节，确保加热炉高效、平稳、长周期安全运行。

5.4.1 加热炉开工操作

5.4.1.1 *新建加热炉开工*

(1) 试压

加热炉炉管安装后应按设计规定进行系统试压，目的是检查炉管及所属设备安装施工质量。试压的压力为操作压力的1.5~2倍，试压过程分3~4次逐步提到要求的压力，每次提压后应稳定5min。

对炉管系统的所有接口，如回弯头、堵头、法兰胀口、焊口等地方仔细检查有无泄漏。达到要求的压力后，稳定10~15min，然后将压力降到操作压力的1.2倍，恒压10h以上无泄漏则为合格。合格后按规定对炉管进行吹扫。

用不含盐的水来进行水压实验，也可用空气或惰性气体进行气压实验。开炉前的试压多用水蒸气进行，达到要求压力后稳定10~15min即为合格。

(2) 烘炉

新建加热炉在正式投入使用前，要对加热炉进行烘炉操作，其目的是为了缓慢地除去炉墙在砌筑过程中所积存的水分，并使耐火胶泥充分烧结。

烘炉前应先打开全部人孔、看火门、防爆门、开启烟道挡板、自然通风5天以上。然后将各门孔关闭，将烟囱挡板开启约1/3，给炉内通入蒸汽进行暖炉。一般往炉管内引入1.0MPa蒸汽，加热炉暖管。当炉膛温度升到130℃时，即可点燃火嘴继续烘炉。在实际操作中，应尽量使用气体燃料，以便于控制升温速度。

按需要增点火嘴，尽可能使点燃的火嘴均匀分布于整个加热炉，火嘴应对角点火。烘炉过程中炉管内应始终通入水蒸气，以保护炉管不被干烧。蒸汽出口温度要严格控制，碳钢炉管不超过400℃、合金钢炉管不超过500℃。烘炉升温速度按烘炉升温曲线要求进行，防止温度突升突降。图 5-15 为烘炉曲线图。

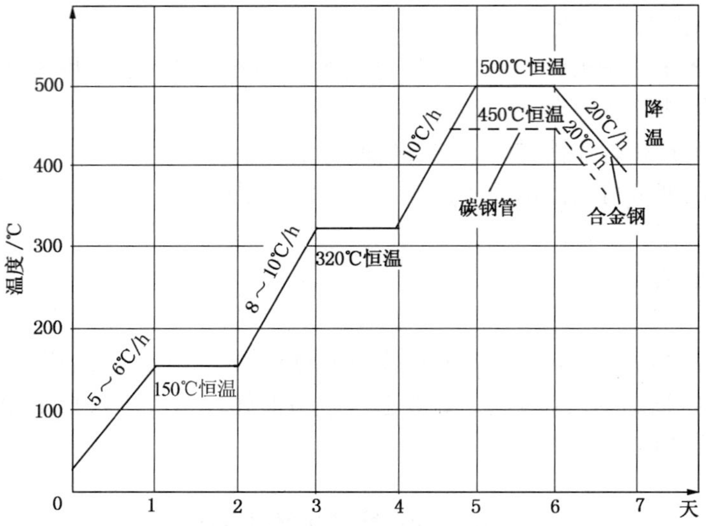

图 5-15　烘炉曲线图

图中 150℃恒温是为了除去炉墙中的自然水，320℃恒温是为了除去炉墙中的结晶水，500℃或 450℃恒温是为了使炉墙中的耐火泥充分烧结。恒温后，炉膛以 20℃/h 的速度降温，降至 250℃时熄火焖炉；降至 100℃时进行自然通风。烘炉结束后应对炉子进行全面检查，发现问题及时处理。

(3) 开炉前检查

开炉前应对炉子的炉管、零部件、附属设备、工艺管线、仪表等进行全面检查，确认工艺流程无误，所有设备及零部件完好齐全，设备及管件内无杂物，仪表、仪器操作灵活方便，数据真实准确。

(4) 点火

点火时应根据油-气联合燃烧器使用的燃料情况进行操作。如烧油时，应将气体燃料的喷嘴内通入适量蒸汽，防止喷嘴被油或其他异物堵塞。将燃烧器的风门开度调至 1/3 开始点火。

将已点燃的点火棒放在燃烧器的喷嘴前，把雾化蒸汽阀门稍开一点，然后将油阀打开，点燃后慢慢调整油、汽比例，使燃料油充分雾化，完全燃烧，根据燃烧情况将燃烧器风门、油阀、汽阀调节合适。

5.4.1.2　加热炉的正常开工

(1) 点火前的准备工作

① 认真详细检查炉壁衬里有无裂缝、脱落，检查炉管吊架和炉管卡是否弯曲变形。检修后开工前清理炉内杂物。

② 检查防爆门、看火窗、烟道挡板、风道挡板、烟囱挡板以及火嘴风门是否灵活好用，打开自然通风门。根据外温和风力情况，烟囱挡板开启 1/4～2/3。各火嘴风门关闭，点火后再调整风门开度至正常。

③ 必要时拆卸清扫火嘴，改造或检修过的部位验收合格。所有温度热偶和气体燃料流量仪表全部校验完毕，处于备用状态，气体燃料罐压力表准确好用，火嘴阀严密不漏。

④ 详细检查气体燃料系统，拆除或安装好停工和检修中的盲板。正确开关所有阀门，气体燃料罐气体燃料入口阀关，加热炉气体燃料阀关闭。引气体燃料时，容器和加热器中空气要赶净。

⑤ 将消防蒸气引到炉区并排凝，气体燃料加热器引蒸气。备好点火棒和柴油(不得使用轻质油)，消防器材备齐，炉区清洁无易燃物。

(2) 点火

① 引气体燃料时，加热炉气体燃料罐底稍排火炬，炉气体燃料压控阀前排空，有气体燃料味时关闭放空阀。

② 将气体燃料引入加热炉气体燃料罐，再引到炉区(包括长明灯和火嘴)，气体燃料罐压力<0.25MPa，气体燃料加热器和气体燃料罐盘管给汽，控制好温度。

③ 用蒸气吹扫炉膛10min，应见到烟囱冒蒸气，再次检查所有气体燃料阀是否全部关严。

④ 将点火棒用柴油浸透，点着(或抽出长明灯点着)，将点火棒(或长明灯)插入火嘴，慢慢打开气体燃料阀将火嘴点着。

⑤ 刚点着的火嘴易熄灭，要适当将火焰调大一些，或适当调节风门及烟囱挡板。若火嘴熄灭后，应立即将气体燃料阀关闭。

⑥ 点火后，按工艺要求升温。

(3) 点火注意事项

① 点火时点火人斜对火嘴或离开火嘴，以防回火烧伤。

② 严禁不使用点火棒点火。

③ 点火后用沙土熄灭点火棒，不可任意丢弃，以备下次使用。

5.4.2 加热炉正常操作

5.4.2.1 正常操作要点

(1) 进料量和进料温度应稳定

原料量和进料温度变化时，炉子的热平衡关系将被打破，使炉子的操作参数随之波动。如其他条件不变，进料量增大，则会使炉膛温度和炉出口温度降低，原料的质量流速和炉管的压降增大。多路进料时，若多路流离分配不均匀，也会使炉膛温度发生波动。

当操作条件不变进料温度升高，则炉出口温度也随之升高；若进料温度过低，炉出口温度将达不到工艺要求的温度。适当降低原料的入炉温度，可使排烟温度降低，对提高炉子的热效率有利。

(2) 控制好炉膛温度保持炉出口温度不变

生产中要求原料的炉出口温度保持恒定。炉膛温度的变化对炉出口温度的影响最大和最直接。如炉膛温度增高，辐射室的传热能力将增加，炉出口温度就会升高；反之，则炉出口温度就会降低。

炉膛温度不可过高，否则炉管表面热强度过大，使炉管壁温度升高，易产生局部过热或结焦，影响炉管使用寿命。同时炉膛温度过高使进入对流室的烟气温度也增高，对流炉管也易被烧坏。

加热炉正常操作时，应保持炉膛内各处温度均匀，防止局部过热。对于碳钢炉管，炉膛温度控制在800℃以下；对于合金钢炉管，炉膛温度控制在820℃以下。

炉膛温度主要由入炉燃料量来控制，还与燃料的性质、雾化状况、燃烧状况等有关。雾化状况主要取决于雾化蒸汽用量和压力。燃烧状况主要与燃料和空气的混合状况有关。入炉空气量主要通过风门和烟道挡板的开度来调节。

（3）过剩空气系数 α 要适宜

正常操作时，在自然通风条件下，烧油时辐射室 $\alpha=1.25$，对流室出口 $\alpha=1.3$；烧气时，辐射室 $\alpha=1.15$，对流室出口 $\alpha=1.2$。在强制通风条件下，烧油时辐射室 $\alpha=1.15$，对流室出口 $\alpha=1.2$；烧气时，辐射室 $\alpha=1.10$，对流室出口 $\alpha=1.15$。

若 α 过大，入炉的过剩空气量增加，烟气量增大，烟气带走的热量就越多，则使炉子的热效率降低。α 过大，炉膛中过剩氧含量增大，一方面会对炉管产生氧化腐蚀，降低炉管使用寿命；另一方面使烟气中的 SO_2 转化成 SO_3 的数量增多，使烟气的露点腐蚀升高，烟气中的水蒸气更易凝结成水，与 SO_3 结合生成硫酸溶液，使烟气的露点腐蚀更加严重。为防止露点腐蚀，就要提高排烟温度，则使热效率降低。

若 α 过小，入炉空气量少，易造成燃料因缺氧而燃烧不完全，增大燃料的耗量，也会使炉子的热效率降低。所以，操作时 α 要适宜，要全面堵漏，将不使用的燃烧器的风门、炉子的人孔门、看火窗、防爆门等都关闭严密，尽量减少漏入炉内的空气量。

操作时严格控制好烟囱挡板的开度，使炉膛在微负压下操作。一般，在辐射室燃烧器处的真空度约为98Pa左右；在对流室入口处的真空度约为19.6~39Pa。

（4）注意观察炉膛火焰燃烧状况

燃料燃烧形成的火焰，其形状和颜色可反映燃料与空气的混合及燃烧状况。操作中若燃料量、空气量及雾化蒸汽量等调节不当，都会使火焰颜色发黑发暗，火焰不稳定甚至熄火。

若燃烧器性能良好，操作合理，燃料与空气能充分混合和完全燃烧，则炉膛明亮，火焰强劲有力。烧油时火焰为黄白色，烧气时火焰为蓝白色。

圆筒炉一般采用底烧式燃烧器，要求辐射室火焰长度为立管长度的50%~60%，以使炉管受热均匀。因此，一些炉管较长、炉膛较高的圆筒炉、立式炉的火焰形状多为细长形。

（5）控制好排烟温度

排烟温度应根据原料入炉的温度来确定。排烟温度与入炉原料温度的温差一般控制在100℃以上。使用钉头管或翅片管时温差控制在50℃以上，当采用预热回收系统时，可根据烟气露点腐蚀温度来确定排烟温度。

露点温度与原料的含硫量、过剩空气系数、烟气中 SO_2 生成量等因素有关，一般在105~130℃。为防止露点腐蚀，冷油进料的入炉温度应在100℃以上。空气预热器的空气入口温度应在60℃以上。

（6）注意炉管压降变化

炉管压降的变化可用来判断炉管是否结焦。若原料在炉管内的质量流速基本无变化，而炉管压降却急剧增加，则有可能是炉管结焦。结焦严重时，必须停炉清焦。

5.4.2.2 加热炉操作故障分析

加热炉操作故障分析祥见表5-10。

表5-10 加热炉操作故障分析及处理

项　目	原　因	处理方法
加热炉火嘴点不着	① 烟囱抽力太大 ② 燃料气中含不可燃气体量大(如氮气) ③ 炉前压力太低	① 关小风门或烟道挡板 ② 置换燃料气系统 ③ 提高燃料气压力

续表

项　目	原　因	处理方法
火焰回火	① 烟道挡板开度过小，抽力不足 ② 燃料气压力急剧变化 ③ 燃料气中含氢量过高 ④ 风门开度过大 ⑤ 燃料气压力过低，后突然上升	① 开大烟道挡板 ② 稳定燃料气压力 ③ 关小风门或设法改变燃料气组成 ④ 调节风门开度 ⑤ 调节燃料气压力，使之缓慢上升
火盆温度过高	① 二次风门开度太小 ② 火嘴高度，角度不符合要求 ③ 火盆隔热材料损坏或砌筑不好	① 开大二次风门，关小一次风门 ② 校正火嘴安装高度和角度 ③ 检查火盆隔热材料
烟囱冒黑烟	① 风机排风量小或自然风门开度过小，燃烧空气量不足 ② 燃料气带液及流量大幅度波动 ③ 加热炉负荷变化过大， ④ 炉管破裂	① 调整风机操作或开大自然风门 ② 加强燃料气脱液，稳定燃料气流量 ③ 缓慢降低加热炉负荷 ④ 按紧急停炉处理
加热炉出口温度提不上去	① 燃料气热值太低 ② 燃料气压力低 ③ 燃料气带水或漏入蒸汽 ④ 火嘴喷孔堵塞 ⑤ 燃料气调节阀堵塞 ⑥ 烟道挡板开度过大，热损失大，过剩空气系数过大，烟气出口温度过高 ⑦ 燃烧不完全，烟囱冒黑烟 ⑧ 加热炉超负荷 ⑨ 加热炉熄灭	① 设法改变燃料气组成 ② 提高燃料气压力 ③ 加强脱水，检查加热器并检修 ④ 检查并清扫火嘴喷孔 ⑤ 开副线操作，检查调节阀 ⑥ 关小烟道挡板，减少空气入炉量 ⑦ 调节加热炉入炉空气量和烟道挡板开度，使燃烧完全 ⑧ 降低进料量 ⑨ 关闭燃料气阀门，吹扫炉膛，根据点火操作指令，重新点火
炉膛温度不均匀	① 火嘴火焰偏，各火嘴火焰长短不一 ② 各分支炉管流量不够均匀 ③ 各火嘴配风量不均匀 ④ 热偶测量位置不合理或失灵	① 校正火嘴角度，调整火焰长度 ② 调整各分支流量均匀 ③ 调整各火嘴配风量，尽量均匀 ④ 联系仪表校正热偶测量位置

5.4.2.3　操作注意事项

① 点燃火嘴后，保持短火苗。火苗应燃烧有力并不燎到炉管，炉膛应明亮，烟囱无烟色，即林格曼黑度小于1。

② 按时巡回检查，检查炉管、弯头、吊架、炉墙和火嘴是否有变色、变形、弯曲、泄漏、局部过热、剥落和损坏等异常情况。

③ 严格控制炉膛温度，一般不超过800℃，炉出口温度与指标差±1℃，升温时应心中有数，掌握好气体燃料量、炉膛温度、炉出口温度和反应器入口温度之间的关系，提温应以反应灵敏的炉膛温度为准，尤其是当入口温度<200℃时更应如此。

④ 炉子进料突然中断时，应立即紧急熄火，尤其开工时或仪表假象时易造成进料中断，炉管干烧。

⑤ 如气体燃料突然中断或严重不足时，会出现炉出口温度普遍下降，此时应确保加热炉炉膛温度。

⑥ 按时检查气体燃料罐液面，防止气体燃料带油带水。

⑦ 认真依照炉氧含量、炉膛负压，调节加热炉燃烧情况。

5.4.3 加热炉停工操作

5.4.3.1 正常熄火

① 按停工方案要求降温，先降温后降量，降温速度≯50℃/h。

② 降温过程中减小气体燃料量无效时，可熄灭火嘴。灭火嘴时应注意气体燃料罐压力，不得超压。

③ 火嘴全部熄灭，将烟囱挡板和火嘴风门全开，通风降温。

④ 熄火后加热盘管停汽，气体燃料系统阀门关闭。尤其注意气体燃料管网和排火炬线，必要时加盲板。

5.4.3.2 加热炉紧急熄火

在事故状态下，需要加热炉立即熄火时，按以下步骤操作：

加热炉气体燃料罐气体燃料排火炬阀开，加热炉气体燃料控制阀、截止阀和副线阀关闭，然后关各火嘴和长明灯气体燃料阀门，注意气体燃料罐压力；炉膛内吹蒸气降温，全开烟囱挡板和自然通风门；停气体燃料罐加热盘管和气体燃料加热器蒸汽(如很快就要重新点火可不停汽)。

5.4.4 加热炉余热锅炉操作

余热锅炉以利用催化重整装置加热炉烟气的余热产生过热蒸汽为例。

5.4.4.1 余热锅炉开炉前的准备工作

① 余热锅炉开炉在重整四合一加热炉点炉前完成准备工作。

② 对设备、工艺流程管线、阀门认真检查，做到灵活好用。

③ 用系统管网蒸汽对余热锅炉系统试压合格。

④ 联系好除氧水进装置，并改好流程。

⑤ 打开烟道蝶阀。

5.4.4.2 余热锅炉开炉

(1) 煮炉操作

煮炉操作的目的是为了清除锅炉受热面在制造、运输存放、安装、检修过程中及长期停产以后形成的的各种污锈、水垢、油脂及沉积物，以保证锅炉在投产时蒸汽合格。

① 煮炉前的准备工作：

a. 全面检查锅炉附件是否安装齐全、好用。

b. 检查加药系统及有关设备，并备足煮炉用药。

c. 做好水质、药品分析所需人员、仪器的配备。

d. 确保锅炉给水、气体燃料、蒸汽等公用工程的供应。

e. 检查煮炉所需仪表是否处于良好的备用状态。

② 煮炉要点：

a. 药液配制过程中要搅拌均匀，不得有固体不溶物，将全部药液一次加入锅炉中。加药时汽包中应保持最低水位。

b. 向汽包中供除氧水，维持水位约70%，启动热水泵循环。

c. 煮炉分阶段进行，先升压至1.0MPa保持12h，降压放水，再升压至2.5MPa，保持12h再降压放水，最后升压到工作压力，保持12h，等量的换水，直至炉水清洁透明为止。煮炉期间对炉水进行监测，保证炉水碱度≮46.5mg/L，否则应补充加药。

(2) 余热锅炉开工

① 开工前的准备工作：

a. 检查煮炉系统机泵、阀门、管道及锅炉附件是否完好。

b. 通知有关人员做好汽水化验工作。

c. 联系公用工程车间供水。

② 锅炉开工：

a. 启用控制阀向汽包中供除氧水，对汽包及管线冲洗后，将水位加至50%启动热水循环泵循环，同时启用各种仪表及指示仪表。

b. 随着重整四合一炉点火升温，打开过热器出口管线上的放空，密切注意锅炉水位及时补水。当汽压升至0.05~0.1MPa时，冲洗汽包水位计；当汽压升至0.3~0.4MPa时，启用连续排污，并检查各受压部件，紧固螺丝等。

c. 根据过热蒸汽及烟汽温度逐渐关小放空阀，缓慢升压至1.5MPa、2.5MPa时检查各部位膨胀及泄漏情况，如有问题应降压处理。

d. 对并网管线进行疏水暖管，同时加强监督，当汽包压力升至比蒸汽管网压力低0.05~0.1MPa时，待蒸汽品质符合规定后逐渐打开主汽阀并网，并最终关闭放空。

e. 当锅炉达到正常运行条件后，启动加药泵，调节炉水磷酸根至正常标准，同时，根据水质情况，调整好连续排污及定期排污。

5.4.4.3 余热锅炉正常调节

① 蒸汽流量：余热锅炉是回收重整四合一加热炉烟气中的显热，在四合一加热炉对流段发生蒸汽，本身并无调节手段，蒸汽流量受重整工艺影响。

② 蒸汽压力：废热锅炉所产蒸汽压力受外送蒸汽管网压力控制。

③ 汽包水位：采用汽包水位，锅炉给水，蒸汽流量控制以维持产汽与给水平衡。汽包水位控制在50%~70%，汽包水位应定期进行核对，以防止虚假水位，导致锅炉干锅或满水。

④ 蒸汽温度：蒸汽温度由出口蒸汽管路上的减温器通过减温水来控制蒸汽温度，减温水为锅炉给水。

⑤ 炉水碱度：炉水碱度由加药及排污控制，根据水质污浊度，合理调节排污。另外，每天至少要定期排污一次。同时加强加药补充管理，保持炉水中磷酸根离子的稳定性。

⑥ 锅炉供水水质经过二级除盐和除氧。为避免低温段露点腐蚀，在给水管路上设有给水混合器通过加入炉水使给水温度达到125℃进入锅炉。

⑦ 余热锅炉设有磷酸盐加药系统和排污系统。加药系统采用一套组合式加药装置，包括加药泵和溶药箱各二台，一开一备，可向汽包内连续加药。锅炉排污先排入定期排污扩容器扩容，然后再排入排污降温池。

⑧ 余热锅炉的正常操作注意事项。锅炉运行中严格控制汽包压力，防止安全阀跳阀。控制汽包液位在50%左右，严防液位过高或过低而造成蒸汽带水或干锅。运行中应保持锅炉水位计玻璃板干净，液位指示清晰可靠。定期检查排污情况，每天对炉水做一次水质分析，根据水质分析结果，调节连续排污和定期排污。锅炉水水质的要求：

锅水总碱度：8~14mg/L；

pH值：10~12；

溶解固形物：氯根<1000mg/L。

5.4.4.4 余热锅炉的停炉

余热锅炉停运与重整部分停工同时进行，由外界蒸汽维持透平运转的正常供汽，自产蒸汽放空。

随着重整的降温，蒸汽发生系统产生的蒸汽因温度下降，质量不合格，要及时与管网蒸汽总管脱离。注意控制好汽包液位，必要时停止上水。当重整四合一炉熄火后，保持汽包液位，热水循环泵继续循环，待炉水温度降至70℃以下时，停循环泵，将各低点排污阀全部打开，放净存水。

5.4.5 空气预热器的操作

空气预热器是提高加热炉热效率的重要设备，它的主要作用是回收利用烟气余热，减少排烟带出的热损失，减少加热炉燃料消耗。同时，空气预热器的采用，还有助于实现风量的自动控制，使加热炉在合适的空气过剩系数范围内运行，减少排烟量，相应减少排烟热损失和对大气的污染。由于采用空气预热器需要强制供风，整个燃烧器封闭在风壳之内，因而燃烧噪音也减少，同时也有利于高速湍流燃烧的高效燃烧器的采用，使炉内传热更趋均匀。

常用的空气预热器形式有“冷热料”、热油预热空气、管束式、回转蓄热式、热管式等。

热管式空气预热器是近代发展起来的一种新颖的设备，尽管它结构较为复杂，制造技术要求较高，投资较大，但因为它能较为有效地提高加热炉的热效率，所以，在工业应用上日益被人们所重视。下面以热管式空气预热器为例加以介绍。

5.4.5.1 空气预热器的正常投用步骤

① 关闭鼓风机入口挡板，电机上好润滑油，盘车3~5圈，确认电机及传动装置正常后启动鼓风机。

② 缓慢打开鼓风机入口挡板，同时打开各炉风道挡板，关闭自然通风门，根据加热炉火嘴燃烧情况调节各火嘴风门挡板和各炉风道挡板。

③ 仪表工启用氧含量仪，调节风道挡板开度，使烟气含氧量保持在3%~6%。氧含量高时，关小风道挡板，氧含量低时开大风道挡板。

④ 引风机加好润滑油到正常液位，盘车3~5圈，确认电机及传动装置正常后，启动引风机。

⑤ 稍开引风机入口挡板，将烟囱挡板缓慢关小，用烟道挡板调节炉膛负压，切换时要时刻注意炉膛负压变化，严防出现正压，逐步开大引风机入口挡板。

⑥ 按工艺要求升温，空气预热速度不宜太快，在开工时投用可直接将烟道挡板全开，正常生产投用时，烟囱与烟道挡板的切换在两个小时内完成。

5.4.5.2 正常使用时注意事项

① 为避免热管失效，在投用烟气余热回收系统时，应先通空气，后过烟气，即先开鼓风机，再开引风机，在切除烟气余热回收系统时，先停引风机，再停鼓风机。在正常操作中，严禁用降低空气流量的方法来提高空气温度，各风门、风道挡板切换时，避免造成热管冷段空气量过小或中断。

② 在烟囱挡板与烟道挡板切换时，要先开烟囱挡板，后关烟道挡板，再停引风机。

③ 为确保烟囱挡板和烟道挡板灵活好用，要定期活动挡板，活动挡板时要注意炉膛压力变化，防止出现正压。

④ 在一般情况下，要保持余热回收系统的投用，按工艺指标控制好各个挡板开度，做好记录，保持加热炉在高效下运行。

5.5 催化剂装填

正确的催化剂装填是催化重整装置正常运转、充分发挥催化剂性能、获得良好操作性能和使用效果的重要因素之一。在装置清扫并用氮气进行干燥后，进行催化剂的装填，不同类型的反应器有相应的催化剂装填方案。根据反应器结构的区别，催化剂的装填方案有较大区别，包括轴向反应器装填、径向反应器装填和连续重整装置再生器催化剂的装填。

5.5.1 催化剂装填的一般原则和要求

① 要事先制订好一个周密的装填方案。

② 始终防止催化剂被杂质污染。为此，装剂必须在装置临氢系统特别是反应器经干燥、净化和严格检查后进行，并要求装剂的场地、设备、用具要干净，进入反应器内的操作人员穿戴整洁等。

③ 要采取各种防止催化剂受潮的有效措施。例如，装剂必须在晴天进行；装剂时必须往反应器内通入干燥的仪表风等。

④ 要力求装剂质量达到催化剂床层均匀、密实。

催化剂装填密度的均匀性，对反应器内气流分布和催化剂床层的温度分布有直接的影响。如果催化剂装填密度不均匀，就会直接影响转化率、选择性和稳定性。因而不仅影响催化剂开工初期的反应性能，而且会使运转周期缩短。在装剂过程中做到催化剂在反应器内的料面均匀上升、各部分的床层厚度一致，是达到装填密度均匀的有效办法。

⑤ 在装剂前必须仔细检查反应器及其内构件的完好性、安装质量的可靠性，还要认真核查相关尺寸与设计数据的一致性。对发现的问题要进行彻底处理。另外，对于装剂设备的有效性和可靠性也要进行认真的检查。

⑥ 惰性瓷球的品种齐全、数量充足，装填前必须将惰性瓷球清洗干净和烘干。

⑦ 安全防护用具齐全：防爆安全灯、安全梯、防尘面罩、护镜、防雨蓬布等。

⑧ 必须装填一定高度的催化剂余量。催化剂床层的自然沉降：由于反应物流在催化剂床层中穿流和反应器震动而引起的催化剂颗粒间轻微滑动造成的沉降，通常每米催化剂床层正常规定 2.08cm 的沉陷。

⑨ 专人负责催化剂的运输、计量和管理，分别记下装入催化剂桶数、重量，以便核实装填量。

⑩ 在装催化剂时，要防止空气从下面向上穿过催化剂床层，不管催化剂处于何种状态，长时间的空气流动会引起催化剂和反应器内件的损坏。

⑪ 如果装剂时装置已经引入气体燃料、N_2、油品等物料，那么必须采用盲板隔离的方式，防止上述物料串入反应器。

⑫ 装剂料斗滤网必须设置牢固，严防滤网在装剂时被催化剂冲入反应器内。

5.5.2 轴向反应器装填技术要求

轴向反应器装填技术要求主要有：

① 催化剂床层下面和上面的填料层都必须严格按照要求装填。对于固定床反应器，在催化剂床层下面和上面都要装填填料。下面的填料层用作支撑催化剂床层。上面的填料层用以防止催化剂床层在物流正向或逆向流动操作时发生移动或扰动。在催化剂装入量少于设计值时，可以增加填料层厚度，以减少反应器的空间体积和反应气体进入催化剂床层前的停留

时间。

填料的性质必须满足如下要求：无催化作用，不含对催化剂有毒的物质，热稳定性好，空隙率小，耐压强度高，耐磨性能好，密度较大。此外，填料还应是价格低廉，来源容易。至于填料颗粒形状，可以是球型也可以是其他形状，主要以容易装填均匀、传质效率高、压降小和不易结垢等为要求。目前普遍采用的是球型填料。近年来，已经开始应用装填时容易达到有序排列、传质效果优异的异型填料。

通常采用瓷球作为重整催化剂床层的填料。最好采用富铝瓷球或富铝红柱石(其氧化铝和氧化硅含量分别为66%和32%)。填料颗粒的大小和填料层的厚度，以能完全防止催化剂穿过和它所产生的压降尽可能小为原则。一般为2层，不超过3层，分别采用颗粒大小不同的填料。反应器底部大瓷球层的颗粒必须大于反应器出口收集器的孔缝隙，其装填高度应高于反应器出口收集器顶面100mm以上。上部为小瓷球层，其厚度宜为100~200mm，颗粒大小 以能完全避免催化剂穿过和它本身不能流入大颗粒填料层为要求。每一层填料都要力求密实，并且均匀。

② 装剂开始时(当催化剂装填高度在300mm以内时)，必须特别注意控制好帆布管口离开小瓷球层表面的高度和催化剂的流量，以免催化剂下落的冲力将小瓷球层冲出凹陷坑。最好在帆布管下端安装一个锥体或采用能够灵活控制催化剂流量的催化剂装填工具。

③ 在催化剂装填过程中，必须尽量控制催化剂自由跌落的高度不大于1m。为了达到催化剂装填密度的均匀，最好在催化剂床层每上升0.5m左右时扒平一次。

④ 在催化剂床层顶部装填至少一层瓷球。最好是两层：紧靠催化剂的一层为小磁球，厚度为100~150mm即可；在小瓷球层上面的一层为大瓷球层，其厚度应不小于100mm。催化剂床层顶部瓷球层的作用是固定催化剂床层、进一步改善物流分布和阻挡固体杂质进入催化剂床层。

⑤ 从大瓷球表面至反应器入口分配器底端面的距离，称为“空间高度”。必须确保空间高度。如果空间高度不足，则顶部催化剂将会由于油气流入反应器后沿着圆周产生高速涡流而移动。最小空间高度依反应器内径的不同而异。

⑥ 积垢可能会局部堵塞顶部填料层和催化剂的顶层，造成反应器内气流分布不均匀，甚至出现沟流。对于一段混氢的固定床重整装置，第一反应器比较容易出现这种情况。对于采用两段混氢的固定床重整装置，引入第二段混氢的反应器也可能出现这种情况。在第一反应器和引入第二段混氢的反应器的催化剂床层顶部安装防垢篮，对于防止这种情况出现是必要和有效的。

5.5.3 径向反应器装填技术要求

径向反应器，特别是用于连续重整的径向反应器，装填的技术要求比较高。主要装填技术要求是：

① 中心管和扇形筒不允许有能通过催化剂颗粒的孔存在。否则，应采用惰性气体保护焊(例如亚弧焊)进行修补。

② 要认真检查核实中心管的安装是否牢固、可靠，是否完全符合设计和安装的技术要求，并用不锈钢丝网或石棉绳沿环向圆周缠绕垫紧，堵住中心管底部与其底座之间的缝隙，以防止催化剂落入缝中。

③ 扇形筒的支撑圈必须平整。扇形筒不得弯曲，与反应器壁必须紧贴，不得存在大于催化剂颗粒的缝隙以防止催化剂轻易进到背面去。否则，可能会因为此处催化剂积炭量高，

使扇形筒变形、移位；对于半再生重整，则可能在催化剂再生烧炭时出现局部高温而被烧坏。

④ 扇形筒和底部膨胀圈之间的空隙也要用石棉绳紧密地填满，以防止催化剂由底部进入扇形筒与反应器壁之间的空间里。

⑤ 中部膨胀圈的松紧必须适当，因为如果过紧，将会在以后的停工过程中妨碍扇形筒因冷却而产生的正常收缩，导致扇形筒底部拉出支撑圈。

⑥ 当催化剂量装填量不足时，折流板裙体必须延长。裙体的底边应与中心管第一排开孔持平，以保证气体通过反应器时均匀地分配和流动。

⑦ 在催化剂装到折流板裙体底部的高度时，就应装入用于防止气体短路的封顶及预留下沉的催化剂。封顶催化剂的高度不小于中心管外壁与挡板边裙之间距离的一半。对于球型催化剂，预留下沉的催化剂的高度为床层高度的2%即可；对于条形催化剂，预留下沉的催化剂的高度以床层高度的3%为宜。

⑧ 必须严格按照设计要求安装、检查进料分配器，以确保进入反应器的油气的分布和折流良好。

⑨ 在装填催化剂前必须封闭好所有扇形筒入口，以防止催化剂落入扇形筒内。装剂完毕后，在取下扇形筒入口封闭物时若有催化剂落入扇形筒内，必须清除干净，同时必须将折流板顶上的催化剂清除干净。

5.5.4 连续重整装置催化剂装填

UOP 和 IFP 连续重整装置催化剂装填的基本步骤相差不大，但由于 UOP 与 IFP 采用的径向反应器安装方式的不一样，因此，装填的过程有较大的区别。下面分别介绍 UOP 和 IFP 催化剂的装填程序。

5.5.4.1 UOP-CCR 重整反应器装填催化剂的程序要点

① 将桶装催化剂倒入输送料斗，用吊车将载满催化剂的输送料斗吊至反应器顶部，输送料斗卸料管放入装填料斗中。

② 打开输送料斗下面闸阀，使催化剂通过装填料斗缓慢装入反应器内。催化剂分别通过还原区，第一、二、三、四反应器，到达催化剂收集器，随着催化剂的不断装入，催化剂料位不断上升。

③ 对每个反应器进行催化剂检查，完毕后安装盖板，并自下而上逐个封好人孔。

④ 当催化剂装入预定量后，催化剂料位将上升至反应器还原区，此时应用卷尺检测料面高度，并核实装入量是否与预定量相符。同时要注意投用还原区催化剂料位计，并将卷尺所测料位高度变化与核料位计所显示的料位高变化相比较，以检验料位仪表的反应灵敏度和线性变化情况，试验报警及联锁信号。

⑤ 当核料位仪显示催化剂料位已达80%~90%时，停止装剂，用卷尺检测料面高度，核实催化剂料位仪所显示的催化剂料位是否准确。

⑥ 催化剂装填结束，清理现场，拆开和盲封的部位立即复位。

⑦ 用 N_2 将反应器充压至0.005MPa，保持微正压。

5.5.4.2 UOP-CCR 重整再生区催化剂装填的程序要点

① 分离料斗、再生器、氮封罐、闭锁料斗内件安装完好，各部均已干燥完毕，而且器内无异物。

② 分离料斗、再生器、氮封罐、闭锁料斗之间做好隔离工作，避免空气形成对流。

③ 将闭锁料斗系统控制的再生器开关切至“装剂”位置。

④ 再生催化剂隔离系统已打开。

⑤ 仪表校验闭锁料斗核料位计，分离料斗核料位计，调校好零位，调校完毕后将辐射源拆走或做好防护措施以免核辐射。

⑥ 拆除分离料斗顶部催化剂入口的 Y 型短管。

⑦ 在分离料斗顶部拆开部位固定一个特制的装剂料斗。

⑧ 将桶装催化剂装入催化剂输送料斗，用吊车吊至分离料斗顶部，将卸料口放入装剂料斗。

⑨ 缓慢打开输送料斗底部闸阀，催化剂经装剂料斗进入分离料斗、再生器和氮封罐内。

⑩ 催化剂装填入分离料斗后，放射性料位会显示料位存在，当分离料斗料位计指示50%时，停止催化剂装填。

⑪ 用标尺测催化剂的料位高度，校验料位计显示的准确性，同时核实催化剂装入量是否与预定的相等。

⑫ 催化剂装入闭锁料斗。闭锁料斗缓冲区放射性料位计显示催化剂料位，分别记录料位显示 5%、10%、30%、50%、70%、90%时的催化剂装入量，核实料位计显示是否基本准确。

⑬ 当催化剂装填至闭锁料斗区时，放射性料位开关将显示催化剂料位的存在，注意记录催化剂的装填量。

⑭ 如分离料斗料位下降至 40%以下再补加催化剂。

⑮ 催化剂装填结束后应及时将拆开部位复位。

⑯ 用氮气充压至微正压，保护催化剂，防止催化剂接触湿空气。

5.5.4.3 IFP-CCR 重整反应器装填催化剂的程序要点

① 拆掉各反应器顶部的料斗、反应器入口弯管和分配器。

② 拆除提升器一次风入口喷嘴弯管，打开反应器下部催化剂管线上的专用密封手动阀，从提升器向上流入空气。

③ 分析系统含氧量合格后进入反应器检查约翰逊网和其他构件。

④ 清扫反应器。

⑤ 检查反应器顶部催化剂入口管线是否通畅；反应器下料管用空气逐根吹扫；关闭密封腿上的专用密封手动阀；将一定数量的催化剂(约 240~250kg)装入反应器，将密封腿下料斗管装满催化剂(注意敲击料管、装满)；打开密封腿上的专用密封手动阀，将催化剂卸出，检查是否畅通。

⑥ 将桶装催化剂倒入料斗，用吊车将其提至反应器顶部平台，将软布管放入距欲装催化剂约 2m 处，打开插板，将催化剂放入反应器内。

⑦ 做好催化剂采样和记录工作。

⑧ 当催化剂装入中心管顶部时，停止装剂。

⑨ 装上反应器内部盖板、入口分配器和弯管。

⑩ 装上部料管。

注：IFP-CCR 二代、三代重整反应系统对一代的设备布置作了部分改进，在第一反应器上增加了催化剂还原器，因此，对于第一反应器的结束催化剂装填与其他反应器不同。同时由于再生器从分批再生改为连续再生，IFP-CCR 二代、三代再生器装料过程变的复杂。

⑪ 第二、第三和四反应器装填结束。

⑫ 上料斗开始装催化剂：打开顶部备用口，向上料斗装催化剂，在装催化剂过程中，要校验 γ 射线料位计，催化剂应装至100%指示值为止。

⑬ 提升器装催化剂：打开密封腿上 Perolo 阀，把提升器装满，检查计算机上催化剂料面高度的变化；密封备用口，连接相应管线。

⑭ 第一反应器装填结束。检查一反上部料斗催化剂取样装置；打开一反上部料斗和还原器之间的手动和自动专用密封阀；通过一反上部料斗顶部手孔装满催化剂入口管。检查确认后停止装填；关闭一反上部料斗下方的专用密封手动阀；装满上部料斗，在此期间进行料位检验；打开一反上部料斗下方的专用密封手动阀，还原器开始催化剂装填。直至上部料斗建立料面60%，结束催化剂装填；检查一反提升罐的一次风管嘴是否重新安装，并打开一反下部料斗下方的专用密封手动阀；安装一反上部料斗淘析器管，并连接管线。

5.5.4.4 IFP-CCR 二代、三代再生器装填催化剂的程序要点

① 装填催化剂前准备工作。主要包括：分析再生器内氧含量是否合格；从提升器的底部拆下一次气体注入口；拆下上部缓冲罐淘析器。

② 催化剂流动试验。主要包括：将一桶催化剂通过下部人孔装入再生器的焙烧区，以便向第一下部料斗和催化剂出口管装剂；检查料斗管是否装满了催化剂；打开在第一下部料斗的特殊气密手动阀，将催化剂卸到安在提升罐下的一台干净的桶内；当催化剂停止流动时，检查第一下部料斗是否空了；关闭一反下部料斗下的特殊气密手动阀，重新安装上提升罐上一次气体入口嘴；当测试完后，在安上内部塞后关闭下面的人孔。

③ 催化剂装填。操作开始时，催化剂从上部缓冲罐的淘析器口装入。打开在上部缓冲罐和闭锁料斗间的自动催化剂特殊气密阀，打开闭锁料斗和再生器间的自动特殊气密阀，打开上部缓冲罐和闭锁料斗间的自动特殊气密阀。关闭闭锁料斗和再生器间的自动特殊气密阀，检查闭锁料斗催化剂取样设施。测试闭锁料斗料位报警器。

④ 测试上部缓冲罐料位指示器。

第六章　事故分析与判断处理

石油化工的生产过程具有易燃易爆、高温高压、有毒有害的特点，特别是直接作业环节很容易发生事故。催化重整装置是以石脑油为原料，生产高辛烷值汽油或芳烃类产品，同时副产大量廉价的氢气。石脑油是一种易燃易爆的物质，自燃点415~530℃（汽油），与空气混合形成爆炸性气体[爆炸范围1.2%~6.0%（体积）]。芳烃类产品对人体健康有很大的危险，而且连续重整装置使用γ-射线固体料位计来测定催化剂料面，如果防护不当，将对人体造成辐射伤害。因此，在正常生产过程中如何搞好生产装置事故的正确判断并及时处理，是非常重要的。

本章通过对催化重整装置常见的工艺事故、动力事故及设备事故进行分析和讨论，并通过典型事故案例加以具体分析。

6.1　紧急停工

6.1.1　紧急停工的原则

① 在装置出现紧急情况时，应根据实际情况具体问题具体分析，采取必要有效的措施进行相应地处理，避免发生各种因停车发生的次生事故，确保岗位人员的安全及防护。

② 高低压有关联的设备严防串压，如预加氢系统与预分馏、稳定系统、氢气与气体燃料系统、高压瓶与预加氢、仪表风系统等，防止超压爆炸着火。

③ 保护好催化剂，严防超温，结焦及污染，床层保持正向流动。

④ 对于连续再生催化重整装置，做好反应系统和催化剂再生系统的隔离工作，严防互串造成爆炸事故。

⑤ 做好装置特护机组的保护工作。

⑥ 加强室外巡检工作，对塔及塔的回流罐、压力容器等要及时检查液位和压力，防止冒罐和超压。

⑦ 对装置加热炉系统、气体燃料系统进行及时处理，加热炉根据情况及时灭火，炉膛吹蒸汽处理，严防气体燃料系统泄漏。

⑧ 芳烃抽提系统注意做好抽提塔与汽提塔的隔断工作，防止界位压空。装置蒸汽加热设备及时降温，以防造成冲塔冒罐事故。

⑨ 精馏系统注意将中间产品罐及时封罐，防止污染产品。尤其是石油苯泄漏时，应及时启动苯泄漏事故预案。

⑩ 在停工处理过程中，严格控制各种油品的排放，避免对周围环境造成污染。

6.1.2　紧急停工处理要点

6.1.2.1　预处理部分

① 立即熄灭各加热炉的火嘴和长明灯，关闭燃料气及燃料油控制阀及截止阀，必要时炉膛吹蒸汽进行降温。

② 立即切断进料，关闭进料控制阀及截止阀。

③ 关闭各泵的出口阀。

④ 联系原料罐区停原料供应。

⑤ 密切注意高分的液位及压力。

⑥ 各塔塔底热源切断。

6.1.2.2 重整反应部分

① 立即切断重整进料，关闭进料控制阀及截止阀。

② 立即熄灭各加热炉的火嘴和长明灯，关闭燃料气及燃料油控制阀及截止阀，并用蒸汽吹扫炉膛进行降温。

③ 将所有水冷器的冷却水量开至最大。

④ 尽量维持循环氢压缩机运转，直至反应器床层的温度降至100℃以下。

⑤ 特别注意重整气液分离罐及再接触罐的液位和压力。

6.1.2.3 催化剂再生部分

① 如果重整循环压缩机停车，需要实施再生部分与重整部分的隔离，以防油串入再生系统，同时控制好分离料斗和闭锁料斗的压力。

② 手动控制好再生器的压力。

③ 将电加热器的输出降到最小。

④ 保持设备之间的密封气体流量和压力。

6.1.2.4 芳烃抽提部分

① 立即切断各塔塔底热源，自然降温。

② 立即关闭抽提塔与汽提塔(抽提蒸馏塔)的连通阀，防止物料高低压互串。

③ 特别注意各塔、罐液位界位，做到不空不满。

④ 关闭各泵的出口阀。

6.1.2.5 芳烃精馏部分

① 立即切断各塔塔底热源，自然降温。

② 立即将产品罐封罐，以防污染三苯类产品。

③ 特别注意各塔、罐液位，做到不空不满。

④ 停用各机泵，关闭各泵的出口阀。

6.2 工艺事故处理

6.2.1 预处理系统

预处理系统的工艺事故处理包括预分馏、预加氢两个单元。

6.2.1.1 预分馏单元

(1) 进料或回流中断

① 现象：预分馏进料中断，室内外指示回零。

处理措施：

a. 甩掉预分馏塔，预加氢改用精制油直接向预加氢进料，同时停抽预分馏塔底油。

b. 预分馏塔改全回流操作，单塔闭路循环。

c. 及时向有关人员汇报，联系维修部门抢修设备。如果长时间不能修复时，可以用预分馏原料直接进加氢，利用汽提塔(或脱水塔)进行拔头，暂时维持重整装置低温低负荷生产。

② 现象：塔回流中断，流量指示回零，塔顶温度、压力上升，回流罐液位上升，塔底液位下降。

处理措施：

a. 向相关单位汇报，联系抢修机泵。

b. 停塔底重沸器热源。

c. 加大进料量，预分馏塔底油不经分馏向预加氢进料，全馏分精制，维持生产，必要时停工处理。

d. 如果进料泵、回流泵同时不能运转时，按进料泵停运处理。

(2) 分馏塔压力剧烈波动

原料中含水或轻组分含量突然增高，以及回流突然带水增多时，如果操作不当，可造成操作激烈波动。通过保持较高压力，可以减少轻质汽油损失的数量，可以提高塔的处理能力。当塔的操作压力从 0.10MPa 提高至 0.30MPa 时，塔的生产能力可增长 70%。但塔的压力提高以后，不利因素是物料的相对挥发度降低，给分离造成困难。为保持操作稳定，达到相同的分离精度，则需加大塔顶的回流比，从而增加了塔顶冷凝器的负荷。此外，由于进料温度不能随意提高，当压力上升以后，汽化率会下降。

综上所述，造成分馏塔压力波动的原因如下：

① 进料或塔顶回流量波动。

② 进料或塔顶回流带水和组成变化。

③ 回流罐气体燃料背压变化，后路不畅或压力变化。

④ 冷后温度波动大。

塔的压力通常由不凝气排出量来控制，因此，压力高低直接受回流罐蒸汽压的影响。进料带水或轻组分增多(减少)，塔内产生过多(过少)的水蒸气或不凝气，使压力增高(下降)时，要及时调整，保持塔内压力稳定；与此同时，应尽量排除使塔内压力波动的因素，如果不及时排除，只靠压力控制器进行调节，很难使塔压真正稳定。

(3) 分馏塔顶温剧烈波动

塔顶温度是控制塔顶油干点的主要操作参数，塔顶温度过低，将不能拔出必要组分，操作不稳；塔顶温度过高，将使塔顶油干点升高，携带较多的重组分。因此，塔顶温度过高过低都会影响塔顶产品的质量。

综上所述，影响分馏塔塔顶温度波动的主要因素有：

① 塔顶回流量、温度变化或回流带水。

② 进料组成、温度变化或进料带水。

③ 塔的操作压力和塔底温度或液面变化等。

在实际生产过程中，控制塔顶温度最基本的方法是调节塔顶回流量。如果塔顶温度突然升高，就应及时增加回流量，或降低回流温度。较大的回流量或温度较低的回流进入塔顶后，与塔内高温物料接触时吸收热量，如果回流量加大的数量或温度降低的程度，正好与塔顶温度增加产生的热量相平衡，塔顶温度就能恢复到正常。

如果是进料组成变化造成的塔顶温度变化，应根据新原料组成重新确定适宜的塔顶温度，而不一定要恢复到原来的指标。

(4)塔顶回流带水

塔顶回流由塔顶回流罐抽出，如果回流罐油水界位控制不好或失灵、水界位过高，超过回流抽出管水平位置时，回流将水带入塔顶；或塔顶水冷器泄漏，大量冷却水被带入回流罐，也可能造成回流带水；原料含水高，也是造成分馏塔顶回流罐水增多的原因之一。

带水的回流油进入塔顶部，由于水的汽化热比油品的汽化热约大4倍，水蒸气的体积比油品蒸气的体积约大10倍。因此，会造成塔顶压力骤然上升，塔顶温度骤然下降，塔上部过冷等现象，如不及时处理，塔顶压力会急剧上升冲塔，安全阀可能会跳开。

在正常生产操作中，当发现塔顶温度明显降低，可初步断定回流带水，应迅速检查回流罐油水界位是否过高，或打开回流控制阀下面的放空检查回流油带水情况，准确判断回流罐带水情况。

回流带水后可及时采取如下处理措施：

① 排除仪表控制故障，开打脱水阀或副线阀，加大切水量，使水液位迅速降低。

② 如果是冷却器管束漏，及时切除设备，停止使用，迅速处理，及时检修。

③ 适当提高塔顶温度，加速塔内水的蒸发。

④ 启动空冷器风机。

(5) 预分馏塔冲塔

预分馏塔正常操作中，气液相负荷相对稳定。当气液相负荷都过大时，气体通过塔板的压降增大，会使降液管中液面高度增加；液相负荷增加时，出口堰上液面高度增加。当液体充满整个降液管时，上下塔板液体连成一片，分馏完全被破坏，即出现冲塔。

形成塔内气液相负荷过大的诸因素，都可引起冲塔。如原料处理量、原料进塔含水量，塔底供热量、塔顶回流量过大等。在塔内塔板结盐或降液管堵塞时气液相负荷不均匀也会造成产品变颜色。

发生冲塔时，因塔内分馏效果变坏，破坏了正常的传质传热，致使塔顶温度、压力、侧线馏出口温度、回流温度均上升，塔底液位突然下降，拔头油变重。处理冲塔的原则是降低气液相负荷，即降低原料处理量；如原料含水过高造成冲塔，则应加强脱水。

6.2.1.2 预加氢单元

预加氢精制单元发生紧急事故，必须立刻予以处理。若处理不当，将使催化剂和设备严重损坏。所以，在事故处理过程中，应充分考虑装置催化剂的保护、系统设备(反应器、换热器、加热炉等)的安全以及操作人员的安全等。系统运转中，随时都有可能发生事故，发生的故障是多种多样的，不同的故障来临时将发生不同的故障现象，必须明确发生故障的原因和处理方法，以及在处理过程中应注意的事项等。下面对预加氢系统发生的常见故障及处理做一简单介绍。

(1) 氢气中断

氢气中断失去补充氢的来源，发现并确认氢气中断事故发生后，必须密切注意催化剂床层温度。氢气中断后将会引起系统压力下降，床层温度升高催化剂严重结焦。

氢气中断的现象：

① 重整系统产氢流量回零。

② 预加氢系统压力降低。

③ 重整系统压力上升。

处理原则是：立刻停止进料，用循环气迅速降低床层温度到200℃以下，尽量减少氢气消耗和压力损失，防止催化剂结焦。

发生氢气中断的原因是重整系统紧急停工。

(2) 增压机停车

造成增压机停车的可能原因是：入口分液罐液位超高自动联锁；中间分液罐液位超高自动联锁；预加氢气液分液罐液位超高自动联锁；压缩机自保联锁；仪表误动作；停电等。

处理增压机停车的具体程序如下：

① 加热炉灭火，炉内通蒸汽降温。

② 停止进料。

③ 如是压缩机故障应采取如下措施：

a. 立即查明原因，消除停机因素。

b. 重新启动压缩机恢复运转。

c. 如果不能启动，立即启动备用压缩机恢复正常。

d. 如果两台 H_2 机都不能运转，H_2 暂放火炬，维持系统流动。

e. 预加氢紧急停工。

f. 重整进料采用精制油，维持重整系统正常生产。

(3) 预加氢进料中断

预加氢进料中断，整个系统的操作将变为混乱，此时最关键的是保护催化剂，密切注意催化剂床层温度，防止超温，尽量避免催化剂结焦，要用循环气冷却催化剂。

进料中断的现象：

① 进料流量表回零。

② 进料缓冲罐液面升高。

③ 高压分离罐液面降低。

④ 汽提塔底液面降低。

进料中断的原因：

① 预加氢进料泵停运。

② 进料缓冲罐液面抽空。

③ 流量控制失灵。

④ 混氢流量中断联锁。

具体的处理方法是：

① 检查进料缓冲罐液面，若罐抽空时，待液面正常后，重新启动该泵恢复运转。

② 调整预分馏进料和其他参数，保持进料缓冲罐液面平稳。

③ 如果进料缓冲罐液面难以恢复，可改抽精制油。

④ 如果进料泵故障，应立即启动备用泵。

⑤ 联系仪表维修人员进行检查处理。

⑥ 如果两进料泵不能运转，则：预加氢按紧急停工处理，维持氢气循环，维持系统压力。预加氢反应器降温至 250℃以下，重整单元换精制油维持生产。若不具备换精制油维持生产的条件，按停工处理。

(4) 预加氢反应器床层温度超高或急剧波动

引起预加氢反应器床层温度超高或急剧波动的原因很多，比如设备或公用系统发生故障导致空速减少，将减少从催化剂带走反应热的能力，尤其是开工期间，低空速还会引起裂化反应等。特别是诸如循环气体数量不足或减少时，可能产生过多的裂化反应，引起激烈的过热，催化剂温度可能迅速升高，该温度已完全超过反应器设计温度，在实际操作中必须给予充分重视。

催化剂床层温度急剧变化时，应该停炉、停止进料，用循环氢对催化剂作最大程度的冷却，从反应器中除去液体烃。如果反应温度的升高不能被控制，应迅速降低系统压力。

如果反应器中的温升得以控制的话，则保持系统压力在正常水平。如果温升超过反应器或催化剂的极限温度，那么就由高压分离器向火炬泄压来降低反应器系统压力，使装置压力降到正常操作压力的60%。密切监视催化剂、反应器出口和反应器表面温度，如果不能阻止温度的继续上升，则加大降压速率，继续降低压力，直到停止温度上升所需的压力。在加速降压时，需要开大冷却水，防止过热。如果在装置降压之后温度仍高，可采取用氮气以最大可能的流量吹扫反应器。

当系统压力降到非常低的水平时，必须关掉循环氢压缩机，停止向系统注水。为防止催化剂床层发生局部过热，应以最大流量将原料油送到反应器中，尽快冷却催化剂，直到反应器出口和所有催化剂温度点冷却到200℃以下。

预加氢反应器床层温度超高或急剧波动的现象：各点温度超过正常值10℃以上；反应器出口温度超过正常值10℃以上；炉膛温度增高。

床层超温或急剧波动的原因：

① 仪表控制失灵，进入炉膛内燃料增多。

② 氢气中断后再次启动压缩机氢气流量过大，将炉内热量带入反应器。

③ 燃料气带油。

④ 改变工艺条件时，措施不当。

床层超温或急剧波动的具体措施是：

① 炉膛降温。

② 仪表失灵，改手动操作，联系仪表工检查校验。

③ 氢气中断后再次启动压缩机时，炉膛温度一定要先冷却下来，循环气量要缓慢增加。

④ 改变工艺参数时，一定要按工艺有关规定执行。

⑤ 燃料气带油时，加强脱液，检查燃料气伴热情况。

6.2.2 重整反应系统

6.2.2.1 非正常操作现象原因及处理

(1) 精制油硫含量超高，催化剂硫中毒

现象：

① 产氢量减少，氢纯度降低。

② C_3、C_4 产量增加，裂化性能增强。

③ C_5^+ 液体收率下降。

④ 反应总温降减少。

⑤ 提高操作温度，催化剂活性不见好转。

⑥ 催化剂结炭速度加快。

原因：

① 预加氢反应温度低，精制能力不足(反应温度过低，压力不够，催化剂活性下降等)。

② 汽提塔操作不正常，脱水及脱 H_2S 效果不佳。

处理：

① 尽快将重整反应温度降至480℃。

② 重整进料改用精制油。

③ 调整汽提塔的操作。

(2) 精制油氮含量超标，催化剂中毒

现象：

① 催化剂活性下降，产品辛烷值低。

② 产氢量减少，氢纯度增加。

③ 反应器总温降下降。

④ 铵盐结晶堵塞设备和管线。

原因：

① 预加氢操作条件不当(压力过低，原料氮含量过高，催化剂活性下降等)。

② 原料中含氮高。

③ 汽提塔注缓蚀剂牌号选择不当，含氮的缓蚀剂带入精制油中。

处理：

① 分析原因，提高反应压力或切除含氮高的原料。

② 根据催化剂受氮污染情况，适当调整注氯量，使注氯量与氮含量匹配。

(3) 精制油中金属含量较高，催化剂重金属中毒

现象：反应器总温度降低；催化剂活性下降，产品辛烷值降低。

原因：原料中重金属包括砷含量过高，穿透预加氢催化剂床层；预加氢工艺条件不适。

处理：若加氢催化剂床层重金属穿透，应考虑更换催化剂；调整预加氢工艺条件，主要是反应温度适当提高。

(4) 系统水含量过低，即“过干”将导致催化剂上氯的积聚

现象：氢纯度下降 C_5^+ 液体收率降低；生成油芳含量增加，辛烷值上升，但芳烃产率或液体收率下降；末反温降减少，甚至出现温升。

处理：在进料中注水。

(5) 注氯过多

现象：氢纯度、C_5^+ 液收下降；C_3、C_4 增加；生成油发黄，辛烷值升高；总温降减少。

处理：减少注氯或增加注水。

(6) 系统“过湿”

现象：反应器温降全面下降，辛烷值降低；C_3、C_4 降低；循环氢纯度不见上升多少，而氢产率下降；液体收率提高。

处理：改进汽提塔操作，降低油中水含量。

(7) 循环氢压缩机故障

循环氢压缩机发生故障时，系统循环将终止。如果发生这种故障时，必须尽量保持氢气压力，使焦炭生成量尽量减少，催化剂迅速冷却到安全温度以下。尽可能降低加热炉出口温度，加大进料流速，使反应器温度降至200℃以下，切断注水。

将补充氢流量加至最大，通过分离器放空来保持系统流动。用低温原料油将催化剂冷却到200℃以下。

如果进料泵和循环氢压缩机同时发生故障，处理的基本原则是：尽可能地保持系统的氢分压，使催化剂积炭减至最少，当进料泵可用时，可用低温原料油将催化剂床层冷却，然后开压缩机。

在各种故障中，这种故障危险性最严重。因此，一定要特别注意这种可能的发生。

处理措施：

① 加热炉灭火。

② 如果补充氢可用，保持好系统压力。

③ 关闭注水系统。

④ 当进料泵可用时，可用最大原料油将催化剂床层冷却至200℃以下。

⑤ 尽量修复启动循环压缩机。

⑥ 调整系统操作参数，使之恢复正常。

6.2.2.2 预加氢反应器压降大

在预加氢反应器压降增大，直接影响到装置安全生产及设备安全平稳运行的情况下进行预加氢反应器撇头工作。预加氢反应器压降增大的原因主要有：原料油中杂质含量高；反应器前管线及有关设备铁锈及其他杂质较多；加热炉超温使原料油在炉管内结焦等。

采用预加氢催化剂撇头是降低预加氢反应器压降的措施之一。

预加氢反应器撇头工作步骤：

① 预加氢反应器带油干净，加好相关盲板，做到与系统隔断。

② 准备好消防器材、干冰、各种安全防护器材。

③ 用氮气置换反应器内油气，直到化验分析“烃+氢”合格。

④ 打开反应器上盖，观察反应器顶部是否有自燃现象(硫化铁自燃)，若有立即投入干冰，盖上大盖，加大氮气量进行置换，不再产生自燃时打开顶部大盖。

⑤ 用专用吸尘器将反应器中的大瓷球、小瓷球、部分催化剂撇出过筛。

⑥ 将过筛后的催化剂、瓷球按规定装入反应器中。

⑦ 拆除所加相关盲板，反应器大盖气密工作合格。

此外，也可以由专业撇头公司人员使用专业设备进行撇头。

预加氢反应器内装填分配器也是降低预加氢反应器压降大的措施。

级配器是一种多孔的瓷球，代替普通瓷球装填在催化剂的表层，一方面固定催化剂床层，另一方面利用其多孔性增加流通面积，延长堵塞的时间，降低反应器压降。

6.2.3 芳烃抽提系统

6.2.3.1 停汽

装置停蒸汽对芳烃抽提的影响很大，特别对真空系统和蒸汽供热的再沸器系统影响尤为严重。

(1) 现象

蒸汽流量为零，回收系统真空度下降；提馏塔、回收塔和溶剂再生塔塔底温度下降。

(2) 处理措施

① 关闭汽提塔重沸器、回收塔重沸器、溶剂再生塔重沸器的蒸汽进口阀门。

② 将抽提油抽余油进行循环。

③ 停抽提塔的反洗和提馏塔的塔顶蒸汽排出。

④ 若因溶剂温度下降，提馏塔顶回流罐水包、回收塔顶回流罐水包界面下降时，停提馏塔顶冷凝水泵、回收塔顶冷凝水泵，以维持一定的界面。

⑤ 关闭各塔之间的连通阀，尽量维持各塔压力。

⑥ 停提馏喷射泵，关闭通向系统的真空吸入阀。

⑦ 长时间停蒸汽，按紧急停工处理。

6.2.3.2　停电

(1) 现象

照明灯熄灭，事故照明灯亮；各机泵、风机停止运转；各塔回流罐液面上升。

(2) 处理措施

长时间停电，按紧急停工处理，处理步骤：

① 停止使用再沸器。

② 切断泵电源开关，关闭泵出入口阀。

③ 关闭产品外送阀门，打开循环阀。

短时间停电(很快恢复供电)按以下步骤处理。

a. 将抽提改大循环操作。

b. 各调节器手动控制。

c. 若抽提塔压力低应关塔顶馏出阀，尽量维持抽提塔的较高压力。

d. 维持抽余油水洗塔较高的压力。

e. 逐渐降低抽提蒸馏塔的加热量，防止汽提塔顶回流罐满罐。逐渐降低回收塔的加热量，维持塔底温度。维持真空系统压力，防止回收塔顶回流罐满罐。

f. 降低再生塔加热量，维持塔底一定温度。

g. 来电后根据装置情况，逐个启动风机。

6.2.3.3　停冷却水

(1) 现象

冷却水流量为零，回收系统真空度下降。

(2) 处理措施

长时间停水时，按紧急停工处理。

短时间停水时产品打循环，适当降低进料量和抽提塔、回收塔的加热量，维持操作。

冷却水恢复时，按正常开工步骤开车。

6.2.3.4　停仪表风

(1) 现象

仪表风压下降，所有控制阀失灵。

(2) 处理措施

① 引氮气代替仪表风。

② 若引氮气仍没有风，则用现场手阀控制，尽量保持原来的流量和压力。自控阀为风开阀时关自控阀的前阀，用旁路阀来调节；自控阀为风关阀时，用自控阀的前手阀调节。

6.2.3.5　正常操作过程中异常情况分析及处理

(1) 塔底界面不稳定

可能引起塔底界面不稳定的原因：

① 抽提溶剂温度太高。

② 进料芳烃含量高。

③ 抽提溶剂比过大，返洗量不足。

④ 返洗量不足。

⑤ 抽提溶剂中水含量偏高。
处理方法：
① 降低入塔抽提溶剂温度。
② 调节进料中芳烃含量，调整处理量。
③ 调整抽提溶剂比。
④ 调抽提返洗比。
⑤ 加强溶剂回收塔的操作。
（2）抽提塔压力不稳定
可能引起的原因：
① 出、入抽提塔物料流量变化大。
② 压力控制系统出现异常。
处理方法：
① 稳定出、入物料流量，手调塔顶压力控制阀，正常后改自动。
② 查找引起压力控制系统出现异常的原因，同时联系仪表维护人员进行处理。
（3）抽提返洗液含有烯烃
可能引起的原因：
抽提进料中烯烃含量高。
处理方法：
① 返洗液部分入进料口，和进料混合入抽提塔。
② 量较高时上移进料口，打开第三溶剂。
（4）抽余油中含溶剂较高
可能引起的原因：
① 抽余油水洗效果不好。
② 抽余油水洗水量不足。
③ 抽余油循环控制不好。
④ 抽余油温度较高。
处理方法：
① 查对油相的过孔速率。
② 加大洗涤水量。
③ 调整洗涤水量。
④ 降低抽余油入塔温度。
（5）抽余油中芳烃含量较高
可能引起的原因：
① 溶剂抽提塔溶剂比过小。
② 抽提进料位置偏高。
③ 溶剂抽提温度高。
④ 返洗量过大。
处理方法：
① 增大溶剂抽提塔溶剂比。
② 下移进料口。

③ 调整抽提塔溶剂入塔温度。

④ 降低返洗量。

(6) 返洗液密度高

可能引起原因：

① 提馏塔塔顶蒸发量大。

② 提馏塔塔釜温度过高。

处理方法：

① 调整塔顶出量。

② 调整塔底加热再沸量。

(7) 循环溶剂 pH 值<5. 5

可能引起的原因：

① 系统有泄漏。

② 溶剂回收塔底温度太高。

③ 溶剂再生系统运行不好。

处理方法：

① 加入适量单乙醇胺。

② 查找泄漏点加以消除。

③ 调整回收溶剂的加热温度。

④ 加强溶剂再生系统的操作。

(8) 抽提物中重质非芳烃含量高

可能引起的原因：

① 抽提塔返洗段短。

② 返洗量小。

③ 溶剂烃负荷大。

④ 抽提塔抽提溶剂比小。

处理方法：

① 抽提塔进料口上移，以增加返洗段。

② 增加返洗量。

③ 提高溶剂比。

6. 2. 4　芳烃精馏系统

6. 2. 4. 1　事故现象及处理

(1) 停电

① 瞬时停电。

现象：无自启动设备停运，流量记录仪表回零，照明打闪，仪表风、蒸汽及水等压力波动。

处理方法：

a. 立即按重要性的先后顺序启动各停运机泵、空冷或备用设备，检查并确认。

b. 控制好精馏单元各塔及回流罐的液位。

c. 检查现场是否有泄漏及污染事故。

② 长时间全面停电。

现象：

a. 装置内噪声明显减小。

b. 照明全部熄灭。

c. 以电为动力的设备全部停运。

d. 因停电会发生停水、停汽、停风。

处理方法：

a. 关闭苯塔、甲苯塔及混合二甲苯塔塔底热源截止阀或重沸炉灭火，停止加热。

b. 精馏单元改单塔循环，关闭各成品罐入口阀。

c. 关闭各泵出口阀。

d. 冬天停电注意苯空冷及侧线防冻工作。

e. 做好装置复电后的开工准备工作。

③ 仪表全面停电。

现象：

a. 信号指示灯全灭。

b. DCS 操作控制站及工程师站黑屏无显示。

c. 公用工程系统供给中断或波动。

处理方法：

a. 联系电工尽快恢复供电，仪表工尽快启动操作站和工程师站。

b. 装置各岗位按紧急停工步骤处理。

c. 注意监控好各塔及罐的液位和压力，防止发生次生事故。

(2) 蒸汽故障

现象：

当装置蒸汽系统发生故障时，由于精馏塔底使用蒸汽进行加热，所以其现象为：室内外仪表指示蒸汽压力下降；各塔塔底温度下降；各塔回流罐液位下降；各塔塔底液位上升等。

处理方法：

根据蒸汽故障原因具体情况分别对待，如果是短时间停汽，可维持低处理量生产等待恢复正常供汽后，恢复正常生产状态。如果长时间停汽，处理步骤为：

① 各产品罐封罐，避免污染芳烃产品。

② 精馏单元改单塔循环，停运各塔进料泵和重芳烃出装置泵。

③ 注意各塔塔底液位和回流罐液位，做到不空不满。

④ 当回流罐液位低于 20%时，停各塔回流泵。

⑤ 如果是冬季要适时做好苯塔系统的防冻防凝工作。

⑥ 处理过程中注意做好设备的保护工作。

6.2.4.2 正常操作下产品质量调节

(1) 苯塔进料溴价不合格

可能引起的原因：

① 白土塔操作工艺条件不适。

② 白土塔的白土失效。

③ 仪表分析误差。

处理方法：
① 调整白土塔的工艺操作参数。
② 更换白土。
③ 重新采样分析、校正仪表误差。
(2) 苯、甲苯、二甲苯酸洗颜色不合格
可能引起的原因：
① 烯烃含量高。
② 分析误差。
处理方法：
① 调整白土塔工艺操作，必要时更换白土。
② 调整抽提塔操作，减少烯烃的因素。
③ 重新采样分析，消除仪表误差。
(3) 苯冰点或初馏点不合格
可能引起的原因：
① 芳烃纯度低或是非芳烃串入芳烃，当芳烃含非芳近0.2%时，往往影响苯冰点和初馏点不合格。
② 苯回流初馏点低，非芳串入侧线。
③ 塔底热源过大。
④ 化验分析误差(如试样含量等)。
处理方法：
① 调节抽提操作，保证芳烃质量，严防非芳串入芳烃中，同时，加强拔顶苯回流及置换回流罐回流液。
② 调节塔底热源量。
③ 加强分析及检验仪表。
(4) 苯干点不合格
可能引起的原因：
① 苯塔回流带水。
② 原料带水。
③ 回流量偏小。
④ 气候急剧变化及回流温度变化影响温差，控制失灵。
⑤ 仪表故障，温差控制失灵。
⑥ 设备管线串漏。
⑦ 化验误差。
处理方法：
① 加强回流脱水。
② 调整适当的回流比。
③ 温差串级调节改回流单参数调节。
④ 检修仪表。
⑤ 具体检查处理，改循环操作。
⑥ 采样复查。

(5) 甲苯初馏点不合格

可能引起的原因：

① 苯塔操作不好，甲苯塔进料带苯。

② 原料中含有轻质非芳烃。

③ 分析误差。

处理方法：

① 提高苯塔操作。

② 加强抽提操作。

③ 采样复查。

(6) 甲苯干点高

可能引起的原因：

① 甲苯塔回流量过小或回流中断。

② 甲苯塔回流温度过高。

③ 甲苯塔底再沸量过大。

④ 分析误差。

处理方法：

① 调整回流操作，保证合适的回流比。

② 调节回流温度至设计范围。

③ 调整塔底加热负荷。

④ 采样复查。

(7) 二甲苯不合格

可能引起的原因：

① 甲苯塔底温度过低，甲苯带入二甲苯塔造成二甲苯初馏点不合格。

② 二甲苯塔底温度过高，造成干点过高。

③ 回流量过小，回流中断，造成干点过高。

④ 仪表故障。

⑤ 分析误差。

处理方法：

① 提高甲苯塔操作，保证甲苯塔底不串甲苯。

② 在干点合格基础上适当降低塔度温度，提高二甲苯收率(重芳烃含二甲苯 1%)。

③ 调整回流操作，保证合适的回流比、回流温度。

④ 联系仪表人员维修。

⑤ 采样复查。

6.2.4.3 正常操作下异常情况处理

在正常生产情况下，可能由于种种原因会发生异常现象，下面是一些常见造成异常现象的原因分析和处理方法。

(1) 冲塔

当有冲塔现象发生时，塔压和塔顶温度迅速升高，油品分析反常，塔顶产品干点高，侧线产品不合格。冲塔现象的产生是塔内气相流速超过了允许限度，形成雾沫夹带，破坏了塔内气相平衡，导致部分馏程较高的馏分冲入塔顶，造成塔顶产品不合格。

造成冲塔现象的原因：
① 原料或回流带水过多。
② 塔升温过快，塔底或预热器温度波动大。
③ 进料或回流量波动大。
④ 侧线抽出量过大。
⑤ 塔板堵塞，重沸器或冷却器泄漏。
⑥ 仪表失灵。
处理方法：
① 产品立刻封罐，系统改循环操作，查明原因，调整操作。
② 如果是仪表问题，改副线维持操作，修理仪表。
③ 如果是设备问题，停工处理设备问题。
(2) 回流罐抽空
当回流罐抽空时，回流量室内显示减少或回零。室外回流泵出口压力回零，机泵震动加大。塔顶温度升高，塔压降低产品不合格。
回流抽空原因：
回流罐液面控制失灵，或控制阀卡。
处理方法：
① 产品封罐，防止污染。
② 系统改单塔循环操作。
③ 停回流泵。
④ 联系仪表修理仪表控制系统。
(3) 淹塔
发生淹塔的现象：塔底液面升高，压力上升，塔顶温度下降。
造成淹塔的原因：
① 进料量大，进料温度低，重沸器温度大幅下降。
② 塔底液面控制失灵，或系统堵塞。
处理方法：
① 如果温度低所致，调整进料或塔重沸器温度。
② 如果液面控制系统问题，联系仪表部门处理。
(4) 回流罐冒罐
现象：回流罐液面满，油品送出不畅，放空阀冒油。
原因分析：
① 塔升温速度过快，原料带水。
② 塔顶冷凝冷却效果不好，入罐油温高。
③ 液面控制仪表失灵。
处理方法：
① 如果是升温速度问题及时调整操作，同时打开液控副线阀，将回流罐液位降至工艺要求范围内。
② 如果是冷却效果差，及时检查空冷器、水冷器运转情况，尽快恢复正常。
③ 如果是仪表故障所至，及时改副线控制正常流量，联系仪表部门处理。

6.3 动力事故的处理

6.3.1 重整系统动力事故处理

6.3.1.1 装置停电

停电时采用的应急措施随停电情况不同而差别很大，这主要取决于停电范围，停电对设备的影响程度及停电时间的长短，通常装置出现停电，处理的首选措施是确保装置能安全地处于备用状态，并且尽可能地避免对催化剂的损害，具体处理方法如下：

(1) 瞬间停电

现象：部分或全部机泵停用，流量指示回零；照明有晃动。

处理：

① 立即启动停运压缩机，泵和空冷风机。

② 将操作室仪表由自动改手动，并将加热炉降温，如循环压缩机恢复不及时，即将主火嘴、长明灯也熄灭，同时反应系统进料处于切断状态。

③ 恢复供电后，调整各部分操作，逐步将工艺参数调到正常操作值。

④ 各部分平稳之后，仪表恢复自动控制。

⑤ 生产恢复过程中注意各塔、容器的液面、压力变化。

(2) 长时间停电

现象：全部机泵停运，流量指示回零；照明灯熄灭。

处理：

① 立即熄灭加热炉主火嘴和长明灯，关闭燃料气控制阀的截止阀，确保加热炉熄灭。

② 重整反应加热炉、预加氢反应加热炉灭火，将蒸汽引入加热炉，吹扫炉膛进行降温。切断反应器进料。

③ 关闭高分排氢阀，注意保持反应器系统压力。

④ 对重整反应系统在炉管及反应器温度未降到进油温度前，系统保持“闷锅”状态，不要流动，温度降到≤400℃将油排尽，再用氮气置换系统，保持压力。

⑤ 对预加氢反应系统，床层各点温度均应降至200℃以下。关闭所有放空；保持系统压力尽可能高。

⑥ 如果有氢气可以补充使用时，将反应系统维持在正常操作压力。

⑦ 若长时间内循环压缩机仍不能恢复运行，则应采用后部泄压的办法尽可能将反应器中的烃类带出反应器，减少催化剂结焦。

⑧ 若循环压缩机恢复正常运行，按正常的开工步骤恢复生产。

⑨ 注意保持各罐、塔液面和压力不超高，分馏系统各塔维持单塔循环。

⑩ 当循环压缩机再次投入运转时，按正常开工步骤恢复重整、预加氢操作，应注意在启动循环压缩机后，各反应器的入口温度，应比正常操作温度低，否则，停运压缩机引蒸汽吹扫冷却炉膛。

6.3.1.2 停循环水

现象：

① 循环水压力下降，流量指示下降或回零。

② 各泵、压缩机冷却水中断，压缩机和泵需水冷部位温度升高。

③ 各塔回流罐入口温度上升。

④ 各罐压力普遍升高。

处理：

① 发现循环水中断，应立即进行联系。

② 如果装置内有替代水，则可暂时引入替代水维持生产。

③ 如果无替代水、短时间内能恢复供水，装置降量维持生产。

④ 密切注意各水冷器冷后温度，各压缩机、泵冷却部位的温度，如果超高不能维持生产，按紧急停工处理。

⑤ 如果短时间内不能恢复供水，装置直接按紧急停工处理。

6.3.1.3 停除盐水

在重整装置中除盐水一般经过处理后作为锅炉上水，这里以锅炉上水中断作为事故处理。

现象：

① 锅炉给水流量为零，出现低流量报警。

② 汽包液位下降。

处理：

① 与相关单位联系，迅速查明原因。

② 如果瞬间内能恢复供水，锅炉液面可以维持，降量维持生产。

③ 如果短时间内不能恢复供水，按紧急停工处理。

6.3.1.4 停仪表风

仪表风发生故障时，要注意系统压力，应特别注意反应器床层温度，要意识到产生床层超温的可能性。必要时停止进料，用循环氢迅速冷却催化剂，减少氢气耗量，尽量避免催化剂结焦。

现象：

① 仪表风低压报警。

② 装置所有气动阀门失去作用。

处理：

① 与相关单位联系，迅速查明停风原因。

② 如果装置内有替代风源（如氮气、工业风），则以替代风源维持生产。

③ 如果没有，所有仪表控制阀自动改手动。

④ 如果短时间停风，通过改副线维持操作。

⑤ 如果停风时间较长，按紧急停工处理。

⑥ 对于连续重整装置再生系统而言，仪表风中断或压力不足，会导致安全联锁，使再生系统自动停工，处于安全保护状态。

⑦ 在床层温度降到 200℃ 和仪表风正常后，启动进料泵，调整系统操作，恢复正常运转。

6.3.1.5 停蒸汽

对重整装置而言，当蒸汽用于单体设备工艺加热介质使用时，蒸汽的停用对重整生产的影响不会太大，可以按照单体设备出现故障的原则进行处理，而当做为循环氢压缩机动力的蒸汽中断时，对重整装置的影响就变得格外重大。这里按循环压缩机蒸汽中断进行处理。

现象：蒸汽流量为零；压缩机联锁停车，出现报警。

处理：

① 循环压缩机联锁自保，自动停车。

② 重整进料工艺联锁，进料中断。

③ 重整加热炉工艺联锁，加热炉灭火。

④ 预加氢部分改循环。

⑤ 装置其余部分按紧急停工处理。

6.3.2 芳烃系统动力事故处理

6.3.2.1 停汽

装置停蒸汽对芳烃抽提的影响很大，特别对真空系统和蒸汽供热的再沸器系统影响尤为严重。

停蒸汽现象：

蒸汽流量为零，回收系统真空度下降；提馏塔、回收塔和溶剂再生塔塔底温度下降。

处理措施：

① 关闭汽提塔重沸器、回收塔重沸器、溶剂再生塔重沸器的蒸汽进口阀门。

② 将抽提油、抽余油进行循环。

③ 停抽提塔的返洗和提馏塔的塔顶蒸汽排出。

④ 若因溶剂温度下降，提馏塔顶回流罐水包、回收塔顶回流罐水包界面下降时，停提馏塔顶冷凝水泵、回收塔顶冷凝水泵，以维持一定的界面。

⑤ 关闭各塔之间的连通阀，尽量维持各塔压力。

⑥ 停提馏喷射泵，关闭通向系统的真空吸入阀。

⑦ 长时间停蒸汽，按紧急停工处理。

6.3.2.2 停电

停电的现象：

照明灯熄灭，事故照明灯亮；各机泵、风机停止运转，塔顶回流罐液面上升。

处理措施：

① 长时间停电，按紧急停工处理。停止使用再沸器；切断泵电源开关，关闭泵出入口阀；关闭产品外送阀门，打开循环阀。

② 短时间停电(很快恢复供电)按以下步骤处理。

a. 将抽提油及抽余油切入循环。

b. 各调节器放在手动控制。

c. 抽提塔压力若低，应关塔顶馏出阀，尽量维持抽提塔的较高压力。

d. 维持抽余油水洗塔较高的压力。

e. 逐渐降低抽馏塔的加热量，防止提留塔顶回流罐满罐。

f. 逐渐降低回收塔的加热量,维持塔底温度。维持真空系统压力,防止回收塔顶回流罐满罐。

g. 降低再生塔加热量，维持塔底温度。

h. 来电后根据装置情况，逐个启动风机。

6.3.2.3 停冷却水

停冷却水的现象：

冷却水流量为零，回收系统真空度下降。

处理措施：

① 长时间停水时，按紧急停工处理。

② 短时间停水时，产品打循环，适当降低进料量和抽提塔、回收塔的加热量，维持操作。

③ 冷却水恢复时，按正常开工步骤开车。

6.3.2.4 停仪表风

停仪表风的现象是：所有控制阀失灵。

处理措施：

① 引 N_2 代替仪表风。

② 若引 N_2 仍没有风，则用现场手阀控制，尽量保持原来的流量和压力。自控阀为风开阀时，关自控阀的前阀，用旁路来调节；自控阀为风关阀时，用自控阀的前手阀调节。

6.4 设备事故处理

6.4.1 DCS故障

重整装置属于高温、临氢条件下的二次加工装置，工艺过程相对复杂，产品质量要求高，因此，对控制系统要求比较严格。

6.4.1.1 DCS停电

DCS系统都有UPS备用电源。当DCS停电时，备用电源自启动，维持DCS的正常操作，一般情况下，有半小时左右的缓冲时间。此时可以根据故障原因、停电的范围、时间以及能够恢复供电的时间长短做出生产的决策。短时间内能够恢复DCS正常供电的，且装置无异常现象的，可以继续维持现有生产条件，等待DCS恢复供电。若短时间内无法恢复，按以下情况进行处理。

（1）重整装置的处理

事故现象：DCS出现报警，UPS电源启动。

事故原因：

① DCS电源短路停电。

② DCS电源由其他原因引起的停电，如元件老化、过载等。

事故处理：

① 及时联系仪表部门处理并对计算机进行维修。

② 重整反应加热炉和预加氢反应加热炉灭火，炉膛内吹入蒸汽。

③ 切断重整进料和预加氢进料控制阀，停止进料。

④ 重整反应系统保持循环压缩机运转，系统循环。

⑤ 预加氢反应系统保持循环压缩机运转，系统循环。

⑥ 对重整氢一次通过预加氢的装置，系统保压，处于“焖锅”状态。

⑦ 停重整增压机及氨压机，将重整反应与再接触部分隔开。

⑧ 对于连续重整装置，再生系统按紧急停工状态进行处理。

⑨ 各塔降温，保持全回流，进行单塔循环操作，密切注意各塔、回流罐、高分罐等的液面和压力，防止冒、串、超压。

⑩ 当DCS电源正常供电后，恢复正常生产。

(2) 芳烃装置的处理

事故现象：DCS 出现报警，UPS 电源启动。

事故原因：

① DCS 电源短路停电。

② DCS 电源由其他原因引起的停电，如元件老化、过载等。

事故处理：

① 及时联系仪表部门对计算机进行维修。

② 若 UPS 电源供电正常，维持正常的生产操作。

③ 若 UPS 电源供电不正常，芳烃抽提装置按紧急停工处理。

④ 处理过程中，做好以下重点工作：

a. 及时对三苯产品罐、芳烃罐进行封罐，防止污染产品。

b. 及时将抽提塔和汽提塔进行隔断，防止串压，造成冲塔冒罐。

c. 切断汽提塔和再生塔塔底重沸器热源。

d. 密切注意各塔及容器液位和界位，不得满、空及超压。

⑤ DCS 电源正常供电时，恢复正常生产。

6.4.1.2 DCS 死机

(1) 重整装置的处理

事故现象：

① DCS 画面无法操作。

② DCS 屏幕出现黑屏。

事故处理：

① 及时联系仪表和计算机进行维修。

② 现场关闭控制阀，重整、预加氢反应系统加热炉灭火。

③ 根据现场一次表，降低重整、预加氢进料量。

④ 现场密切注意各塔、回流罐、高分罐等的液面和压力，防止冒、串、超。

⑤ 如 DCS 恢复正常操作，则恢复正常生产。

⑥ 如 DCS 长时间不能恢复，则装置在现场根据一次表按正常停工进行处理。

(2) 芳烃装置的处理

事故现象：

① DCS 画面无法操作。

② DCS 屏幕出现黑屏。

事故处理：

① 及时联系仪表部门处理并对计算机进行维修。

② 芳烃抽提装置按紧急停工处理。

6.4.2 加热炉事故处理

(1) 加热炉熄火

① 加热炉由于联锁或其他原因引起熄火时，应首先分清是主燃料气熄灭还是连同长明灯一起熄灭。

② 如果加热炉长明灯、主火嘴一起熄火，则加热炉必须按点火操作法重新点火。

③ 加热炉熄灭后，根据炉出口温度、炉膛温度以及操作需要，可吹入灭火蒸汽，降低

炉膛温度和炉出口温度，以保护炉管和催化剂。

④ 切断加热炉进料，如果长时间加热炉不能点火，则按加热炉正常停车处理。

⑤ 如果仅是主火嘴联锁熄火，要求装置处理不正常因素后，按点主火嘴的方法点火。

⑥ 如果只是个别主火嘴熄灭，可立即按点火嘴方法点燃熄灭的火嘴。

（2）加热炉着火、爆炸

① 立即查清原因及部位，向有关人员进行汇报。

② 报火警 119，急救电话 120。

③ 要组织人员沿着安全途径向安全地点疏散。

④ 联系仪表、电气、维修部门做好应急处理。

⑤ 禁止车辆及行人入内，对窒息或心跳停止的伤员立即实施现场急救，人工呼吸。

⑥ 应迅速使用现场的手提式灭火器、手推车式灭火器，箱式消防栓等对初起火灾进行扑救，将其消灭在初起阶段或有效地控制其发展，切断燃料物来源，待专业消防队到达现场后，配合及时扑灭火灾。

⑦ 切断进料，关闭燃料气阀。打开烟道挡板，让漏出物料尽可能在炉膛烧掉。停塔底重沸炉泵。

⑧ 将脱净水的蒸汽引入加热炉，吹扫炉膛进行降温。

⑨ 停压缩机。

⑩ 临氢系统紧急泄压，将物料从后部排出系统。

（3）加热炉紧急停车

① 如果发生其他严重事故需加热炉紧急停车时，如加热炉管破裂、锅炉上水中断等，加热炉按紧急停炉进行处理。

② 根据需要向炉膛内吹入蒸汽，以降低炉温。

③ 加热炉停止进料。

④ 反应系统尽量保持气体循环，装置向火炬系统进行泄压，尽可能有秩序停车。

⑤ 如果是加热炉管破裂，停止氢气循环，系统泄压，但注意必须保持系统压力为正压，必要时可补入氮气进行置换，并尽快将物料从后部排出系统。

（4）加热炉炉管破裂

加热炉炉管破裂的现象是：当破裂不严重时，炉膛温度均匀上升，破裂处油气或氢气燃烧，烟囱、炉开孔处冒黑烟，炉膛温度急剧升高。不同用途的加热炉，炉管破裂时处理方法不同。

重沸炉炉管破裂处理方法：

重沸炉炉管如果破裂不严重时，可按正常停炉处理。若严重破裂，则采取以下步骤。

① 切断进料，停塔底循环泵。

② 切断燃料气，加热炉熄火。

③ 炉膛内通入灭火蒸汽，关闭风门。

④ 塔停止进料，油气向火炬泄压，当压力降到 0.1MPa 以下时，通入 N_2 置换，系统保持 N_2 正压，防止系统冷却时吸入空气。

⑤ 将塔内存油放净。

⑥ 炉周围用蒸汽掩护，防止火情扩大。

⑦ 着火周围做相应处理。

(5) 预加氢进料加热炉炉管破裂

预加氢进料加热炉炉管破裂严重着火时，通常按紧急停工处理：

① 停止进料。

② 停止串氢，停循环压缩机，停止注水，停增压机，重整氢放火炬。

③ 切断燃料气，加热炉熄火。

④ 炉膛内通入灭火蒸汽，关闭风门。

⑤ 根据实际情况，预加氢系统停工后，重整系统可用精制油维持运转。

⑥ 系统向火炬放压，通入 N_2 置换，保持正压。

6.4.3 泵故障处理

6.4.3.1 离心泵故障处理

(1) 离心泵抽空的现象、原因及处理

现象：

① 机泵出口压力表读数大幅度变化，电流表读数波动。

② 泵体及管线内有噼啪作响的声音。

③ 泵出口流量减小许多，大幅度变化。

原因：

① 泵吸入管线漏气。

② 入口管线堵塞或阀门开度小。

③ 入口压头不够。

④ 介质温度高，含水汽化。

⑤ 介质温度低，黏度过大。

⑥ 叶轮堵塞，电机反转。

⑦ 热油泵给封油过大。

处理方法：

① 排净机泵内的气体。

② 开大入口阀或疏通管线。

③ 提高入口压头。

④ 适当降低介质的温度。

⑤ 适当降低介质的黏度。

⑥ 找钳工拆检或电工检查。

⑦ 适当减小热油泵的封油量。

(2) 离心泵轴承温度升高的处理

现象：

① 轴承箱温度偏高。

② 电流读数偏高。

原因：

① 冷却水不足中断或冷却水温度过高。

② 润滑油不足或过多。

③ 轴承损坏或轴承间隙大小不够标准。

④ 甩油环失去作用。

⑤ 轴承箱进水，润滑油乳化、变质有杂物。

⑥ 泵负荷过大。

处理方法：

① 给大冷却水或联系生产管理部门降低循环水的温度。

② 加注润滑油或调整润滑油液位至 1/2~1/3。

③ 联系钳工维修。

④ 更换轴承腔内的润滑油。

⑤ 根据工艺指标适当降低负荷。

（3）离心泵振动产生的原因及处理办法

原因分析：

① 泵内或吸入管内有空气。

② 吸入管压力小于或接近汽化压力。

③ 转子不平衡。

④ 轴承损坏或轴承间隙大。

⑤ 泵与电机不同心。

⑥ 转子与定子部分发生碰撞或摩擦。

⑦ 叶轮松动。

⑧ 入口管、叶轮内、泵内有杂物。

⑨ 泵座基础共振。

处理方法：

① 重新灌泵，排净泵内或管线内的气体。

② 提高吸入压力。

③ 转子重新找平衡。

④ 更换轴承。

⑤ 泵与电机重新找正。

⑥ 转子部分重新找正。

⑦ 检查叶轮。

⑧ 清除杂物。

⑨ 消除机座共振。

（4）离心泵发生汽蚀的原因及处理办法

原因分析：

① 泵体内或输送介质内有气体。

② 吸入容器的液位太低。

③ 吸入口压力太低。

④ 吸入管内有异物堵塞。

⑤ 叶轮损坏，吸入性能下降。

处理方法：

① 灌泵，排净泵体或管线内的气体。

② 提高容器中液面高度。

③ 提高吸入口压力。

④ 吹扫入口管线。
⑤ 检查更换叶轮。
(5) 离心泵抱轴的原因及处理
原因：
① 油箱缺油或无油。
② 润滑油质量不合格，有杂质或含水乳化。
③ 冷却水中断或太小，造成轴承温度过高。
④ 轴承本身质量差或运转时间过长造成疲劳老化。
现象：
① 轴承箱温度高。
② 机泵噪音异常，振动剧烈。
③ 润滑油中含金属碎屑。
④ 电流增加，电机跳闸。
处理方法：
发现上述现象要及时切换至备用泵，停运转泵。
(6) 密封泄漏的原因和处理
原因分析：
① 密封填料选用或安装不当。
② 填料磨损或压盖松。
③ 机械密封损坏。
④ 密封腔冷却水或封油量不足。
⑤ 泵长时间抽空。
处理方法：
① 按规定选用密封填料并正确安装。
② 更换填料或压紧压盖。
③ 更换机械密封。
④ 调节密封腔冷却水或封油量。
⑤ 如果泵抽空，按抽空处理。
(7) 离心泵盘车不动的原因及处理方法
原因分析：
① 介质凝固。
② 长期不盘车而卡死。
③ 泵的部件损坏或卡住。
④ 轴弯曲严重。
⑤ 填料泵填料压得过紧。
处理方法：
① 吹扫预热。
② 加强盘车(预热泵)。
③ 更换轴承。
④ 放松填料压盖或加强盘车。

(8) 泵出口压力超指标的原因和处理

原因分析：

① 出口管线堵。

② 出口阀开度太小。

③ 压力表失灵。

④ 泵入口压力过高。

⑤ 油品含水太大(密度增大)。

处理方法：

① 处理出口管线。

② 检查更换。

③ 更换压力表。

④ 查找原因降低入口压力。

⑤ 加强脱水。

6.4.3.2 柱塞泵、隔膜泵、齿轮泵故障处理

(1) 泵启动后排量不足

原因分析：

① 泵吸入管线漏气。

② 入口管线、过滤器堵塞或阀门开度小。

③ 入口压头不够。

④ 单向阀不严。

⑤ 排出管泄漏。

⑥ 柱塞填料环磨损。

⑦ 密封填料泄漏。

⑧ 液压油系统不正常

处理方法：

① 排净机泵内的气体，重新灌泵。

② 开大入口阀、疏通入口管线或拆检入口过滤器。

③ 提高入口压头。

④ 检查排出管路并进行处理

⑤ 上述方法处理无效，找钳工拆检。

(2) 泵内产生冲击声

原因分析：

① 泵体内进入气体。

② 吸入管阻力大。

③ 调节或传动机构间隙大。

④ 缸内进入异物。

处理方法：

① 采取措施清除空气。

② 检查入口管线、过滤器是否堵塞或阀门开度是否过小，并进行处理。

(3) 摩擦部位发热

原因分析：

① 填料压得过紧。

② 润滑油量不足或油路堵塞。

处理方法：

加注润滑油或清理油路。

(4) 出口压力突然升高

原因分析：

① 压力表坏。

② 出口管线堵塞。

③ 出口阀故障。

④ 泵出口压控返回阀故障。

处理方法：

① 更换出口压力表。

② 停泵处理出口管线。

③ 停泵更换出口阀。

④ 停泵处理出口压控返回阀。

6.4.4 循环氢压缩机故障处理

循环氢压缩机是重整装置反应系统的核心设备，一旦循环氢压缩机发生故障，装置就必须按紧急停工预案作出相应的处理。

6.4.4.1 预加氢循环压缩机的故障、处理方法

① 预加氢反应加热炉灭火，将蒸汽引入加热炉，吹扫炉膛进行降温。

② 用新氢补充维持系统压力平稳，维持系统氢气流动，压力过高时可从高压分离器排放，如果新氢来源中断，关闭所有放空；保持系统尽可能高的压力。

③ 立即切断预加氢进料。

④ 重整系统引精制油入汽提塔维持重整系统运转。

⑤ 在氢气循环压缩机重新启动之前，床层各点温度均应降至200℃以下。

⑥ 新氢补充可以使用时，将装置维持在正常操作压力。

⑦ 若长时间内循环压缩机仍不能恢复运行，则应采用后部泄压的办法，尽可能将反应器中的烃类带出反应器，减少催化剂结焦。

⑧ 若循环压缩机恢复正常运行，按正常的开工步骤恢复生产。

6.4.4.2 重整循环压缩机发生故障、处理方法

① 如有可能应立即重新启动循环压缩机，若无法恢复运行，则应尽快使装置停车，以保护催化剂。

② 重整反应加热炉灭火，将蒸汽引入加热炉，吹扫炉膛进行降温。

③ 切断反应进料。

④ 关闭高分排氢阀，注意保持反应器系统压力。

⑤ 在炉管及反应器温度未降到进油温度前，系统保持“闷锅”状态，不要流动，温度降到≤400℃将油排尽，再用氮气置换系统，保持压力。

⑥ 注意保持各罐、塔液面和压力不超高，分馏系统各塔维持单塔循环。

⑦ 当循环压缩机再次投入运转时，按正常开工步骤恢复重整操作，应注意在启动循环压缩机后，各反应器的入口温度应比正常操作温度低。否则，停运压缩机，引蒸汽吹扫冷却炉膛。

6.4.5 增压机故障处理

(1) 机体振动过大

原因：

① 轴承间隙过大。

② 十字头间隙过大。

③ 部件装配不好。

④ 对中校正不好。

⑤ 基础、地角螺栓、垫铁松动。

⑥ 工艺管线脉动。

处理方法：

① 更换轴承。

② 更换十字头。

③ 监听噪音，找到噪音来源，进行拆卸并做必要调整。

④ 检查校正对中。

⑤ 检查基础、地角螺栓。

⑥ 检查脉动，调整工艺支撑。

(2) 轴承、十字头温度过高

原因：

① 润滑油进口温度过高。

② 供润滑油量不足。

③ 轴承、十字头超负荷。

④ 润滑油黏度太高。

⑤ 间隙太小。

处理方法：

① 检查供油系统。

② 检查压缩机操作条件。

③ 更换合适黏度的润滑油。

④ 检查尺寸。

(3) 活塞下沉

原因：

① 导向环磨损。

② 十字头滑块磨损。

③ 汽缸不对中。

处理方法：

① 更换导向环。

② 更换十字头滑块。

③ 检查和调整。

(4) 导向环过度磨损

原因：

① 导向环脏或有异物。

② 操作温度过高。

③ 润滑不充分。

④ 间隙不合适。

⑤ 压力空载情况下长时间操作造成缸温度过高。

处理方法：

① 清洁缸套，检查过滤器、分离器，检查气体成分和操作条件。

② 检查和重调润滑油。

③ 检查汽缸、导向环槽的尺寸。

④ 检查控制系统。

(5) 填料函密封环过度磨损

原因：

① 密封环脏或内有异物。

② 操作温度过高。

③ 活塞杆划伤或脏污。

④ 缺少润滑。

处理方法：

① 清洁密封元件，检查工艺气体过滤器、分离器操作是否正确。

② 检查操作条件。

③ 清洁和抛光活塞杆。

④ 增大润滑油供给量。

(6) 压缩机能力减小

原因：

① 吸入压力减小。

② 吸入温度增高。

③ 吸入阀漏气或阀片弹簧损坏。

④ 排气阀漏气，排气温度逐渐升高。

⑤ 活塞环漏气。

⑥ 填料函漏气。

⑦ 旁路阀、卸荷器、排凝、安全阀操作不当。

处理方法：

① 检查吸入过滤器、分离器是否有脏物堵塞。

② 检查工艺条件。

③ 更换活塞环。

④ 更换填料。

⑤ 检查修正。

(7) 压缩机吸入温度升高

原因：

① 吸气阀片漏气或阀片弹簧损坏。

② 泄荷器故障吸入空气。

③ 汽缸冷却不好。

处理方法：

① 打开检查。

② 检查和修理。

③ 检查冷却器及系统操作的情况，使其工作正常。

6.5 典型事故案例

6.5.1 爆炸事故

6.5.1.1 氢气钢瓶爆炸伤亡事故

1993年6月30日15时15分，某石化公司炼油厂铂重整车间供气站发生一起氢气钢瓶爆炸伤亡事故。

1993年5月15日，某炼油厂铂重整装置停工进行检修，停工前除V-204/4钢瓶外，其余7个钢瓶已经灌满了本装置生产的重整氢气。6月23日起，为开工作准备，开始给V-204/4氢气钢瓶(容积4.3m^3)充装外厂购来的电解氢。电解氢气钢瓶(小瓶)容积为0.04m^3，共260个。从6月23日到30日事故发生前，充氢作业6天，向V-204/4钢瓶中充满了250瓶。6月30日14时30分，V-204/4钢瓶顶部压力达10.4MPa，停止充灌作业并拆装管线上的盲板。5时15分，正在拆装盲板时，V-204/4发生爆炸，参加充氢作业的5人中，有3人当场死亡，2人重伤。附近的机器、设备、管线、厂房等均不同程度地受到爆炸碎片或设备的冲击。受到严重的经济损失，直接经济损失达26.8万元。

事故原因：

这次爆炸是一次氢气-空气爆炸混合物的化学性爆炸。在向V-204/4氢气钢瓶充氢操作前，充氢系统的气密不严格。在充氢时，多个阀门泄漏，致使相当数量的空气被抽入系统，与钢瓶内氢气形成氢气、空气爆炸性混合物，成为这次钢瓶爆炸的充分条件，在拆装盲板紧固法兰的过程中，由于钢瓶进口管的7号阀泄漏，喷出的高压氢气-空气混合物产生静电火花(或者钢瓶工具摩擦撞击火花)，点燃外泄的氢气，并引入系统和钢瓶内，导致钢瓶爆炸。

事故教训：

① 1989年以来，该供气站充灌氢气作业，既没有操作规程、工艺卡片，没有认真记录，也没有完整图纸，每次充装只是临时安排，管理极不到位。

② 充氢系统的气密试验及氢气瓶的置换是保证充氢过程安全进行的重要环节，然而恰恰在此环节上疏忽，工作马虎，管理不严。

③ 充氢作业人员临时抽调，无换岗培训，对临氢作业基本要求不知道，用钢制扳手作业，忽视安全技术培训。

6.5.1.2 加热炉闪爆

加热炉闪爆，是炼厂中经常发生的事故，其主要原因是操作人员怕麻烦、图省事，炉膛不经吹扫置换，取样分析后，凭经验冒然点火。结果发生闪爆，轻者振坏炉膛保温，重者造成设备损坏和人员伤害。

某石化总厂铂重整装置经常发生炉子闪爆问题，如：预加氢加热炉发生了3次闪爆事故，加氢加热炉发生一次，几次事故虽未造成大的经济损失，有的甚至没有经济损失，但事故的性质是严重的，几次事故的经过和原因如下：

(1) 1991年6月4日17：13炉F101闪爆

经过：操作员发现炉出口温度高于所需给定温度时，调节仪表幅度过大导致炉子熄灭，后来F101炉膛温度下降，到现场检查发现火嘴及长明灯均熄灭。操作员立即准备用蒸汽吹扫再点火，由于炉膛吹扫蒸汽管线长期不用，大量存水，脱水数分钟后还是冷凝水，不见蒸汽，在防止重整催化剂中毒的思想指导下，操作员急于点火升温，于是在未用蒸汽吹扫炉膛的情况下强行点火，当火把伸进炉膛后，立即发生了闪爆。

原因分析：检查气体燃料流控阀有故障。

主要原因：

① 操作员安全意识不强，当发现火嘴及长明灯均熄灭的情况时，没有用吹扫蒸汽赶净炉膛内气体燃料就点火，这是严重违章操作。

② 管理不善，长明灯堵死熄灭后没及时处理。

③ 操作工调节仪表时幅度太大。

④ 气体燃料流控阀故障。

(2) 1994年12月14日炉F101闪爆

经过：8：20时，F101温度在自控状态，由于测量信号失灵(超程)，此时气体燃料流控表输出信号自动回零，导致炉子熄火。现场检查结果是火嘴及长明灯均熄灭。8：30按规程重新点火正常，温控置于手动操作。8：45气体燃料流量信号又出现超程现象，操作员快速将气体燃料流量降低，发现火嘴已熄灭，长明灯还有小火。在现场检查人员返回操作室准备通知点火的同时，室内有一操作员已调节仪表，结果发生闪爆。

原因分析：两次熄火都是因为气体燃料流量变送器假信号引起。第一次是仪表自动调节，第二次是人为降气体燃料量。后来检查发现气体燃料流控阀像上次闪爆一样，在第二次人为降气体燃料量时，由于降的幅度太大而引起熄火。闪爆的原因也是因为调节幅度大，而造成阀突然全开，大量气体燃料进入炉膛，由于长明灯火焰短，未引燃，当达到爆炸极限时，长明灯才起到了点火作用而引起闪爆。

主要原因：

① 在发现炉子熄灭后未及时关闭手阀，操作工配合不密切，在检查未得到结果时，轻易调节仪表。

② 仪表失灵，判断不准确。

③ 长明灯不畅通。

④ 控制阀故障。

(3) 1992年11月30日炉F101闪爆

经过：由于调节幅计过大，12：03操作员发现F101炉膛温度下降，由530℃下降至490℃，班长立即到现场检查，发现火嘴及长明灯均熄灭，马上动手关闭火嘴前手阀，但未全关完就发生闪爆。

原因分析：由于调节过猛使气体燃料量突然减少造成火嘴熄火。当时燃料是拔头油和液态烃，组分主要含C_3和C_4，而该组分在480~490℃条件下产生自燃。所以，当炉子熄灭火而气体燃料未切断时，炉子炉膛中气体燃料浓度达到爆炸极限产生自燃闪爆。

主要原因：

① 操作工在调试气体燃料流控时调节幅度大，未认识到其危险性。

② 温度不正常时，未到现场认真仔细进行检查。

③ 长明灯不着。

④ 仪表控制系统故障。

以上四次闪爆主要因素分析归纳有以下四个方面：

① 操作员经验不足，安全意识不强，违章操作。

② 不重视现场检查火嘴燃烧状况，盲目调节仪表并且调节幅度过大。

③ 炉用长明灯管理不细，气体燃料管理不健全。

④ 仪表及气体燃料控制故障率较高。

6.5.2 着火事故

6.5.2.1 油气爆燃引发火灾重大事故

1996 年 11 月 10 日 9：15，某石油化纤公司聚酯厂化工一部芳烃装置操作人员在进行正常巡检过程中，发现加热炉 F401B2 有一根炉管出现裂纹，并从裂纹处向炉膛内喷火。马上对该装置采取紧急停车措施，并立即退料进行工艺处理。

12 日 20 日左右，炉管内大部分物料(二甲苯塔塔底料)已用氮气压出。为了给修复炉管创造安全动火条件，在与相连系统(加盲板)隔绝的情况下，将低压蒸汽接引至炉管内进行蒸汽吹扫。由于炉管是直径 ϕ219mm 的 U 形管(每组 30 根，每根长 12m)，因此，通入的蒸汽量(蒸汽管线直径为 ϕ20mm)明显不足。为了彻底清除炉管内残存的物料，12 日 22：30 左右，在进行炉膛烃含量分析合格、现场有一台消防车监护的情况下，点了火嘴。13 日 1：20 左右，因现场危险，将火嘴熄灭。13 日 5：30 左右，在没有进行炉膛烃含量取样分析的情况下进行第二次点火，以避免蒸汽凝结。

13 日 8：00 左右，在现场的部主任发现加热炉 F401B2 看火口有烟火冒出，同时，吹扫排放口油气量突然增大。为避免引起火灾事故，当即上炉进行紧急处理。在处理过程中，从炉内串出的烟火将炉外就地排放的含油蒸汽引燃(爆燃性质)，并引起装置周围及明沟残存的物料燃烧，造成炉体及下部地面起火。此时，部主任正在炉上进行紧急处理，在撤离火灾现场时被烧成重伤，经抢救无效死亡。

公安消防支队接到报警后，迅速赶赴火场，于 8：29 将大火扑灭。

事故原因：

① 在用蒸汽吹扫炉管内残存物料时，从炉体附近的排放口处(离炉 3m)排出的可燃蒸汽量突然增大，尽管将排放口用石棉布包裹并用消防水喷淋冷却，但仍有油气串出，遇到看火孔处的明火后，发生油气瞬间爆燃，并引燃地面残油发生火灾。这是造成事故的直接原因。

② 在进行炉管工艺处理过程中，采取的安全措施不完善。用蒸汽吹扫炉管，对蒸汽量不足未引起重视；点火嘴加热蒸汽，未考虑可能引燃含油蒸汽；忽视了排放口排放含油蒸汽的危险后果。这是造成事故的重要原因。

③ 现场操作未能随情况变化而采取应急措施。另外，装置人员少、任务紧、抢工期、抢进度，忽视了安全，这也是造成事故的一个原因。

事故教训：

① 在用蒸汽吹扫炉管内残存物料时，必须认真做好事故预想工作，对可能发生的火灾

险情应充分做好安全防范准备，以防油气爆燃，引发火灾事故。

② 在进行炉管工艺处理过程中，应充分考虑各个环节可能出现的不安全因素，落实好各项安全措施。

③ 应高度重视现场的安全检查，完善和落实应急措施。

6.5.2.2 催化剂管线磨损着火

1991 年 6 月 7 日 2：10 分左右，某石化公司重整车间夜班当班人员突然听到一声尖叫声，紧接着又是一响声，操作工急赴现场，只见装置二层平台上，程控阀 BV-54 下部喷出火焰，H_2 挟带着催化剂往外喷出，再仔细观察，发现 2# 提升器上的提升管到还原区去的第一只弯头处破裂导致 H_2 和催化剂喷出。

当班班长一边打 119 火警电话报警，一边发出停止催化剂连续再生装置运行的指令，以保护重整装置；又指令操作工立即切断氢提纯系统至 2# 提升器的高压氢的截止阀。但阀门关闭之后，提升管处依然在燃烧，原因是氢提纯系统至 2# 提升器截止阀内漏，最后重整装置被迫停车。

由于燃烧的部位空间较大，烧坏了旁边的程控阀 BV-54、BV-56 阀三通电磁阀线及现场的一些仪表导线、照明设施等。当天上午 10：00 重整装置重新投料。装置停运抢修历时三天，至 6 月 10 日 12：00 重新启动催化剂连续再生装置。

事故分析：

2# 提升器上的提升管第一只大弯头的管壁上被高速流动的催化剂磨破出一个约 ϕ20mm 的眼(提升管内介质：R-32 催化剂、H_2，压力 1.75MPa，温度 70℃)，从而导致 H_2 和催化剂大量喷泄。

该催化剂提升管在 1990 年 4 月份的大检修中进行过理化检测，大弯头处的壁厚为 3.5mm(新管壁厚应为 5.5mm)。由于经验不足，再加上美国 UOP 公司也没有提供具体的提升管更换数据，故没有引起重视。

提升气来源于往复压缩机 GB-302A/B 二级缸出口，其压力为 6MPa，到催化剂连续再生系统后，经过一道减压阀将压力降至 1.75MPa，再经过流量调节器将提升气控制在一定的量。

提升气量太小，催化剂不能被提升至反应器顶部的还原区；提升气量太大，催化剂在弯头处的流速增加，弯头管的磨损也加快，这样很容易导致弯头破裂。从该事故分析来看，催化剂提升气的量控制偏高。

采取措施：

① 按照操作规程，严格控制催化剂提升气流量；

② 每年大修对提升弯管进行检测厚度，并确定两年更换一次弯头；

③ 每次大修更换至 CCR 的氢气截止阀。

6.5.3 窒息事故

6.5.3.1 违章指挥违章作业造成氮气窒息重大事故

1996 年 7 月 25 日，某石油化工总厂铂重整装置检修收尾，开始做装填预加氢反应器 201/1(有效尺寸 ϕ1.6m×4.8m)催化剂的工作，9：40 机械厂封卸料口(手孔)，8：50 封完，准备装催化剂。约 9：00 正在办公室准备开工方案的车间工艺工程师，根据畅某提供的反 201/1 内挂装试验袋情况觉得还应增装一个，便安排畅某完成这项工作。9：30 畅某拿着试验袋从办公室出来，9：35 直接上了反 201/1 上部平台，并在平台上喊附近地面的操作工上来监护，喊完自己便进了反应器。另一名操作工以为要开始装催化剂，便沿梯子上到反201/1平台上整理电葫芦，整理完电葫芦，发现畅某并不在平台上，即来到反201/1入口处，发现畅某倒在反应器内，马上喊在附近地面工作的人上来，戴上长管防毒器具进反应器救人。救上来后做了3min人工呼吸，救护车赶到现场将畅某送医院，抢救无效死亡。

事故原因：

① 领导违章指挥，没有吸取兄弟单位氮气窒息事故的教训，停工后进装置的氮气线未加盲板，氮气串入反应器。

② 没有办理进容器作业票，更没有对容器进行含氧分析。事故发生后，经分析氧含量仅2%~3%，氮含量97%。

③ 违反进容器必须有监护人在场的规定，虽然喊了在地面的一名操作工上来监护，但在监护人还未到现场的情况下就独自一人进入反应器。

④ 缺乏自我保护意识，预加氢反应器顶部平台上备有长管防毒器具，但事故人没有戴就进入反应器。

事故教训：

① 必须强化装置检修现场的安全检查和监督。在装置检修期间，对进装置的氮气、油气等线必须加盲板与系统隔开。车间应有专人把关确认，不能凭经验做事。

② 进容器作业必须按规定办理作业票，必须对容器进行气体检测，以防发生中毒窒息事故。

③ 应强化车间领导的安全意识，提高安全管理水平。在布置工作任务的同时，一定要布置安全工作，强调安全注意事项。严禁违章指挥。

④ 检修期间应特别强调遵章守纪的重要性，强化职工的自我保护意识，提高防护能力。严禁违章冒险作业。

6.5.3.2 进容器作业不加盲板造成氮气串入窒息重大事故

1989年11月13日8：50，某石化公司芳烃厂重整车间发生一起氮气窒息重大伤亡事故。

芳烃厂重整车间加氢处理装置分馏系统于11月10日做气密工作，反应系统准备装填瓷球及催化剂。为防止氮气串入反应系统，将分馏系统DA202与反应系统FA202连接阀关闭，导淋及换热器EA210的5台低点放空阀等10个放空阀均打开。反应器DC201底部接胶皮软管引入工业风。次日11：30，对DC2091做氧含量分析合格。13：30车间进行了画线工作，没有出现任何异常情况。12日没有进罐作业。13日8：00，重整车间安排三班副班长带人清扫DC201内脏物。8：50副班长带领5名操作工前往现场，中途1人回去取安全帽。副班长先去检查工业风阀是否打开后，与另外3人爬上反应器顶部平台，其中2人下反应器时先后跌落到反应器内。班长与闻讯赶到的安全员先后进入反应器内救人，由上边人员放下安全绳将昏迷的2名操作工捆上救出。不久副班长、安全员也相继倒下，厂安全巡检员戴着氧气呼吸器，系了安全绳进入反应器，先后将2人救出。副班长、安全员、1名操作工经抢救无效相继死亡。

事故原因：

① 车间进行画线作业没有按规定要求预分馏系统和反应系统用盲板有效地隔开，氮气从分离系统通过内漏的阀门逐渐渗透到反应器，致使造成进入反应器作业的操作工氮气窒息死亡。

② 违章作业。第二次进反应器前未办理《进塔入罐作业证》，未做任务取样分析，进罐

未系安全带。

③ 工作组织不严密，责任不明，职工自我保护能力很差。作业现场没有按规定配备安全防护器具和救护器材。由于没有有效地使用安全带、氧气呼吸器等，拖延了抢救时间，扩大了事故。

事故教训：

① 进入容器检修需办理《进塔入罐作业证》，同时需定时分析。

② 按规定要求将作业容器、设备、管线之间用盲板有效地隔开，并确认无泄漏。

③ 加强作业施工现场管理，配备安全防护设施。

④ 加强员工安全培训，培养自我保护意识。

6.5.4 设备事故

6.5.4.1 判断失误损坏氢压机

1981 年 6 月 30 日 8：00，某石化公司重整车间 T12(2)-53/10-18 往复氢气压缩机，开工正常后，发现左缸南侧入口阀温度高。认为是阻尼阀片漏气所致，未加认真分析和采取措施。7 月 1 日 1：00，当班氢压机操作人员在操作室听到往复机有异常摩擦声，也未做认真分析，只把现象写到交接班日记上。接班班长和氢压机操作员对往复机进行检查时，没有发现异常现象。对操作记录上记的出入口温度、压力变化没有加以注意。4：00 左右，操作员听到氢压机有异常声音，且声音较大，机上缓冲罐振动，马上回操作室告诉另一名操作员对重整操作室挂电话联系停机。经解体检查，由于左缸南侧后入口紧固阀座的 M20 螺栓上的背帽脱落，螺帽退出，从而使阀盖脱落进入缸中，与活塞连接。铸铁的阀盖碎块垫住活塞，使之不能回到后死点，将球墨铸铁的十字头拉断，缸座裂开。

事故原因：

对氢压机在运行中出现的问题和异常现象没有引起严格注意，对异常现象没有及时分析处理，工作不严不细，技术素质差，对事故判断不准确。另外，大修设备在检修周期内没能保证安全运行，是这次事故的主要原因。

事故教训：

加强对操作人员工作责任心的教育，提高操作人员的技术素质和处理事故的应变能力；加强设备技术管理，对重点设备加强维护和检查，认真查找隐患。

6.5.4.2 高分超压

1989 年 11 月 16 日 12：30，某石化总厂炼油厂铂重整车间工艺二班当班操作，重整、抽提、精馏联动运行，当时天气逐渐变冷，操作工也没有到外面检查，在操作室观察二次表的参数变化。但容 102 的反应压力始终保持在 1.6MPa，没有发生任何变化，当参数一切正常时，压缩机工跑到操作室汇报说机 101 运行声音很大，压力急剧上升。这时技术人员和一操跑到容 102 高分罐一看，压力达到 2.9MPa，与二次表压力指示相差很大，立即采取紧急放空措施，使预加氢高分罐容 102 的压力缓慢降到 1.6MPa 的操作压力，避免一次容 102 严重憋压的重大事故。如果发现得晚或处理不及时，超过试压压力，就会发生爆炸着火造成人身伤亡事故。

事故主要原因：

① 操作工巡检工作不认真，不按时按点进行巡检，实际技术能力低，不注意一次表的变化情况。

② 天气较冷，一次表的风压引压管被冻，使信号反馈不到操作室二次表，误认为二次

表指示正常。

由于上述原因，车间组织班组和技术人员进行了认真总结，要求各班组要吸取教训，加强巡检，注意防冻防凝，总结经验，在今后的工作中安全第一，精心操作，把各项工作做好。

6.5.5 坠落事故

6.5.5.1 违章作业造成高空坠落

1985 年 7 月 3 日，某石化总厂化工厂机修车间在进行三车间芳烃抽提装置抽提油分离塔的再沸器检修时，因为要进行整体吊装试压试漏，需要将栏杆拆除。当天中午，机修车间工段长将第一栏杆锯断。随后机修车间副主任也协助将第二栏杆锯断。到 13 时左右，栏杆已全部锯断，一名起重工登上整体平台，站在再沸器的短路管上，准备为这部分栏杆系钢丝绳时，他脚下一滑，另一只脚踏在被锯断的平台栏杆上，平台栏杆一闪，此人便从平台上摔下，因头部着地造成脑颅损伤，经抢救无效与 13 时 40 分不幸死亡。

事故教训：

① 高空作业注意系好安全带。

② 锯断的栏杆应做好标识，现场拉警戒线。

③ 作业要有防范措施。

6.5.5.2 套板脱扣摔伤头部

1996 年 5 月 19 日，某石化化纤公司维修车间检修三班，承担的催化重整装置大检修任务已进入收尾阶段，14：00 班里开始拆卸界区盲板。管工金某和刘某 2 人配合拆除一根 *DN*400mm 的氢气管线法兰盲板（该盲板距离地面 2m）。作业时刘站在管排外侧，金站在管排内侧。金一只脚踏在管排架基础上，另一只脚踏在一根 *DN*200mm 伴热管线上（均距地面 0.4m），用一个套扳卸盲板螺栓。14：30 当金某双手用力松动法兰上最后一个螺栓时，由于脚下滑动，套板脱扣，身体失重后仰摔倒，安全帽甩出，头部着地。现场人员将其送职工医院，确诊为：颅骨骨折，右硬脑膜外血肿。

事故原因：

① 伤者安全意识不强。对作业环境较差没有引起足够的重视。尤其是进入大修收尾阶段，思想麻痹，忽视安全，安全帽不系牢摔倒时即先甩出，没有起到保护作用，致使头部受伤。这是事故发生的直接原因和主要原因。

② 检修后期，车间领导对检修现场监督现场不够，对参检职工的安全教育抓得不实，存在薄弱环节。这是事故发生的一个重要原因。

事故教训：

① 戴安全帽必须按规定系好帽带。

② 强化职工的安全意识教育，尤其是抓好检修收尾阶段的安全教育，严防麻痹思想的产生。

③ 加强对检修后期施工现场的监督管理。

6.5.6 其他事故

6.5.6.1 催化剂跑损

1990 年 1 月 28 日，某石化总厂炼油厂重整车间，CB-6 催化剂第二周期开工。下午 16：00 在进行催化剂升温干燥时，发现循环氢压缩机 201 出口压力迅速增加，由 0.80MPa 上升至 1.65MPa。立即切换压缩机后，出口压力仍为 1.65MPa。经检查反 202 入口压力为 1.65MPa，并且其入口有撞击声，判断为反 202 出故障。紧急停工后，打开反 202 入口大盖，有瓷球及 CB-6 催化剂，反 201 内已无催化剂，炉 202 炉管内也充满催化剂和瓷球。在处理炉 202 炉管内催化剂和瓷球时，采用了爆破吹扫法，为回收 CB-6 催化剂，将爆破口对准反 202 内，由于冲击力集中在一处，造成反 202 耐热衬里破损二处，一处为 300mm×300mm，另一处为 700mm×100mm。

事故原因：

一反出口帽罩未固定好松动倾斜，造成了催化剂跑损；在进行爆破处理时，没有充分考虑到爆破冲击的威力，造成反 202 内衬破损。

6.5.6.2　管线腐蚀断裂造成停产

1988 年 8 月 6 日 8 时 05 分，某石化公司铂重整车间加氢装置在开工过程中，当操作温度、压力等参数都还未达到规定操作要求时，汽提塔进料管线在三通阀附近断裂，发生火灾，影响生产 9 天。在救人过程中，一名工艺员头部摔伤。

事故原因：

该段管线为 1984 年更换，使用的焦化汽油含硫较高，腐蚀严重，造成目前测厚重点为三类以上管道，对四类以下管道检查重视不够。

教训：

完善工艺管道管理制度，严格执行定期检测规范。

第七章　自动控制及联锁

7.1　概　　述

我国第一套催化重整装置建成投产后，所使用的是气动单元组合仪表控制系统。随着近年来国内石油化工工业的迅速发展，装置规模不断扩大，对自动控制技术的要求不断提高。重整装置的控制仪表系统经历了电动Ⅱ型组合仪表、电动Ⅲ型控制仪表、可编程单回路调节器及现在的分散控制系统 DCS(Distributed Control System)。20 世纪 90 年代建成的催化重整装置基本采用了国外先进的 DCS 控制系统，国内大部分的重整装置也进行了技术改造，装置的控制系统改为了 DCS 控制系统。因此，装置的仪表控制水平得到了极大提高，确保了装置的长周期平稳运行，提高了产品质量和操作管理水平，使装置实现了较高的经济效益。

催化重整装置中，特别是连续重整装置，包括复杂的反应-再生系统工艺、循环氢压缩机、增压机组等大型的旋转机械及加热炉，工艺过程比较复杂，影响正常操作的因素繁多，故自动控制及联锁系统在装置的应用关系到生产的平稳性和安全性。不同炼油厂重整装置 DCS 系统是根据装置的实际情况进行设计和配置的，各不相同。对于连续重整而言，国内外一般采用两家专利商的工艺，即美国环球油品公司(UOP 公司)和法国 AXENS 公司[前身法国石油研究院(IFP)]。对于采用 UOP 公司工艺的连续重整装置，UOP 公司提供专用催化剂再生控制系统(CRCS)，用于催化剂输送的控制以及再生系统的联锁保护，该系统可以通过通讯接口与 DCS 连接。采用 IFP 工艺的连续重整装置，催化剂输送控制以及再生系统的控制完全可以由 DCS 实现。国内开发的低压组合床重整装置，闭锁料斗的控制采用专用控制系统，该控制系统也可以和 DCS 通信，实现数据共享。

本章对催化重整装置在正常生产过程中的主要参数控制及联锁进行探讨。

7.2　主要参数控制

7.2.1　重整反应及再生系统压力控制

目前重整装置一般采用四个反应器串联布置，反应介质依次经过四个反应器，美国 UOP 连续重整技术采用叠置式反应器，法国 IFP 连续重整以及低压组合床重整的反应器采用并列式排列。重整反应采用密相床反应器，每个反应器有一定的压降(0.015~0.02MPa)。重整反应为吸热反应，为了保持一定的反应温度，反应介质进入每一个反应器前要经过相应的加热炉加热，每个加热炉也有一定的压降(0.02~0.03MPa)。所以，每个反应器的反应压力不一样。反应产物(芳烃、氢气、烃类)经过换热冷凝后进入分离器，分离器将氢气从重整反应产物中分离出来。从油气分离的角度考虑，分离压力越高，分离效果越好；温度越低油气的分离效果也越好。从分离器分离出的气体通过压缩机压缩增压，在更高的压力和更低的温度下与分离后的液体再次接触，并在另一个更高压力下的分离器中再次分离，使重整产氢中轻烃组分溶于液相中，达到回收轻烃组分和提高产氢纯度、提高重整液收率的目的，同时又向预加氢系统提供更高压力的氢气。这种再接触流程在连续重整及低压组合床重整装置中使用较多，而在小型半再生重整装置中一般不用。这是因为连续重整和低压组合床重整装置的反应压力很低，为了保证氢气从反应物中分离的纯度，必须在更高的压力和更低的温度下进行分离，同时又向重整预加氢部分提供更高压力的氢气。多余的氢气经过压控系统排出装置进入氢气管网作为其他加氢装置的氢气来源。整个重整装置的压力控制由三部分组成，即重整压力(重整分离器压力)、预加氢压力(预加氢分离器压力)及再生器压力。重整压力是主要的控制目标，最新的重整反应压力控制方案采用压力递推控制，这种控制方案的主要目的是维持重整压力不变，使压缩机的压缩比接近于或等于设计的压缩比。

当然许多重整装置没有采用这种递推控制，而是预加氢分液罐、重整分液罐及再接触分液罐分别采用单回路调节或分程控制方案，该控制方案控制简单，容易操作，但存在控制效果没有递推控制好的缺点。

对于连续重整和低压组合床重整装置来说，重整催化剂从反应器移出后进入再生器，再生后又回到反应器，所以，催化剂在输送过程中的压力变化也会影响重整反应压力。催化剂在整个反应-再生系统移动时会产生较大的压降，再生系统的顶部(分离料斗)的压力比四反底部的压力低(再生系统低压点)，以使待生催化剂由反应器输送到再生器。再生系统底部(提升器)的压力比一反顶部的压力高(再生系统高压点)，使再生催化剂能够从再生系统底部提升到一反顶部料斗。再生系统高压点压力一般比再生系统低压点压力高 0.25MPa，所以，催化剂从再生系统的低压点输送到高压点必须通过闭锁料斗加压后才能输送。平稳控制再生系统高点压力和低点压力就可以稳定催化剂在输送过程中的压力。这样既稳定了再生器的烧焦压力，又稳定了反应系统压力。

对于不同的专利商的重整装置，再生系统的压力控制方案各不相同，控制点的选择也各不相同，但控制原理基本相同。

下面以 UOP-CCR 连续重整重整装置为例说明反应系统压力控制。

反应系统压力、再接触压力分程-超弛控制是一个互相关联的复杂控制回路，见图 7-1 所示，P_1 是重整产物分离罐压力，同时又是增压机 1 的吸入口压力，P_2 是 1# 再接触罐压力，同时又是增压机 2 的吸入口压力，P_3 是 2# 再接触罐压力，P_1、P_2、P_3 都保持稳定。

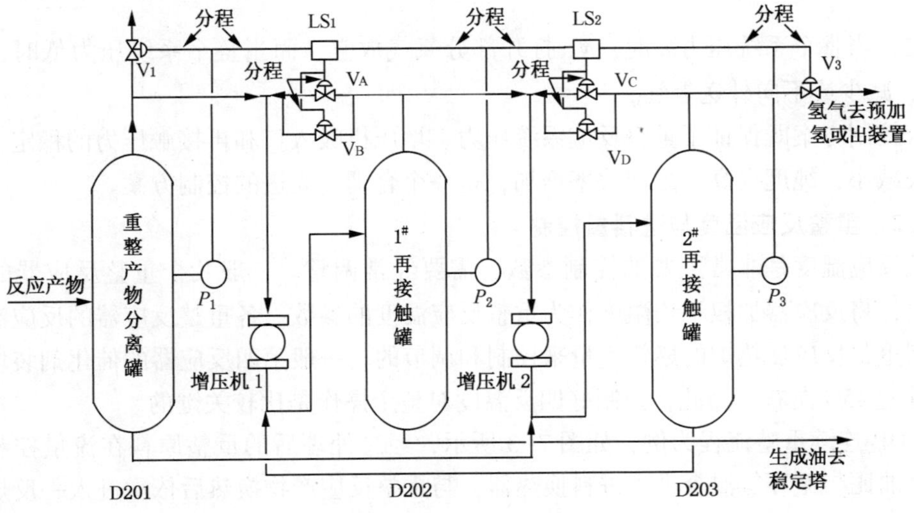

图 7-1　反应系统压力、再接触压力分程-超弛控制

在工艺正常动态条件下，由于增压机的排气量大于重整反应产氢量，因此，V_1 为关闭状态。整个系统的压力调节，首先是在 D201～D203 之间，通过调节后一级高压气体返回线调节阀，内部互相调节和补偿以维持系统压力的平衡。工艺气体流则是由前向后逐级输送，通过 P_3 控制 V_3 开度向外供气。

当系统压力异常超高，V_3 开度已经全开仍不能稳定系统压力时，工艺气体将按以下压力关联回路逐级逆向排放。

P_3 异常超高，送出低信号至 LS_2，增加 V_C、V_D 开度直至全开。

P_2 异常超高，送出低信号至 LS_1，增加 V_A、V_B 开度直至全开。

P_1 异常超高，打开 V_1 至一定开度。

其中，LS_2 选择两个输入信号中的低信号，控制 V_C、V_D，先打开小阀 V_C，后打开大阀 V_D。正常状态 LS_2 选择 P_2 控制 V_C、V_D 开度，压力异常超高状态，选择 P_3 控制 V_C、V_D 开度。LS_1 选择两个输入信号中的低信号，控制 V_A、V_B，先打开小阀 V_A，后打开大阀 V_B。正常状态 LS_1 选择 P_1 控制 V_A、V_B 开度，压力异常超高状态，选择 P_2 控制 V_A、V_B 开度。

其相互间的信号关系见图 7-2 所示。

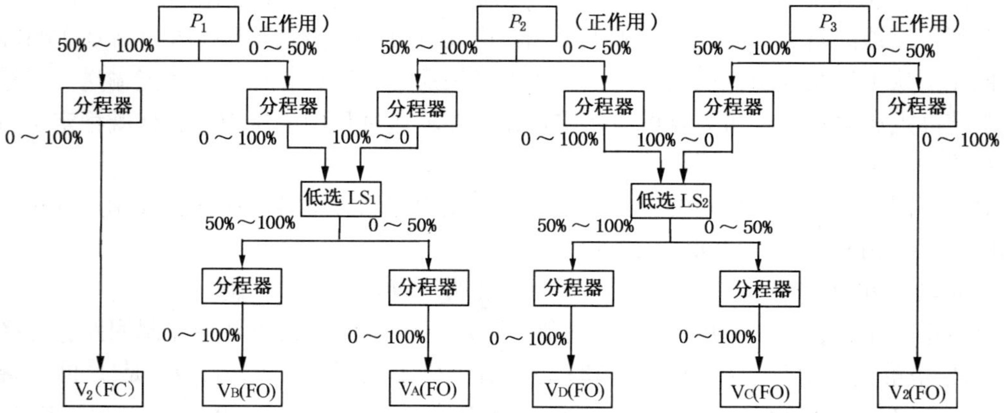

图 7-2　反应系统压力、再接触压力分程-超弛控制信号关系图

总之，当整个系统压力高时，V_1 打开部分氢气放空，而当整个系统压力低时，关小或关闭 V_3，减少或不向外送氢气。

这个控制方案既保证了重整反应系统压力、增压机吸入口和再接触压力的稳定，同时使氢气损失减小，纯度提高，烃回收率增加，是一个合理、先进的控制方案。

7.2.2　重整反应温度与进料量控制

重整反应温度是非常主要的控制参数，需要经常调整。一般几个重整反应器的温度不同，所以，将反应器加权平均温度作为重整反应温度的参数。各重整反应器的反应温度，是通过控制重整反应加热炉的燃料气量来控制和调节的。一般第四反应器的催化剂装填量占催化剂总量的 45%左右，因此，控制好四反温度对整个操作是比较关键的。

以 UOP 连续重整流程为例，如图 7-3 所示，经过处理后的重整原料在流量控制下，按一定的氢油比与循环氢混合进入进料换热器，与重整反应产物换热后依次进入一反炉、第一反应器、二反炉、第二反应器、三反炉、第三反应器、四反炉、第四反应器，反应产物在进料换热器内与重整进料换热后进入重整产物分离罐。

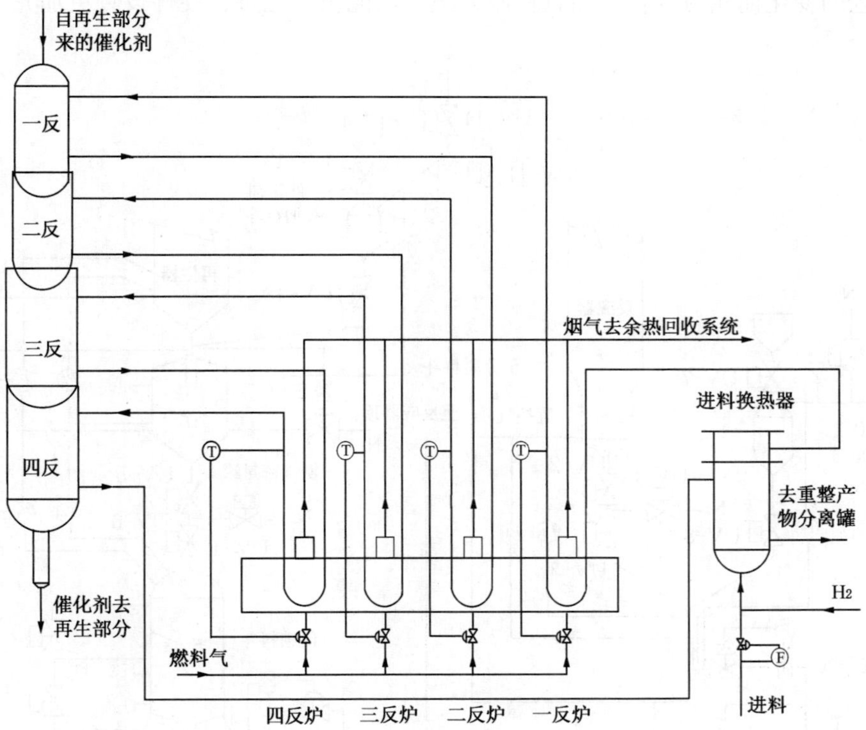

图 7-3　反应系统温度控制

在恒定的压力下，反应温度是控制重整反应转化深度的重要参数。重整主要反应为吸热反应，反应器入口温度采用与相应加热炉的燃料气压力串级控制来保持反应温度的恒定。

在某些装置中，也有采用反应器入口温度和炉膛温度的串级控制来保持反应温度恒定的。

7.2.3　催化剂连续再生系统自动控制

催化剂连续再生是催化重整发展中的新技术。现有国内连续再生工艺技术基本上由国外引进，主要有重叠式连续重整和并列式连续重整两种类型。由于连续重整工艺技术不断发展，与工艺装置相关的自动控制系统也相应地更新换代。其早期技术是催化剂在输送的过程中，靠阀门开启、关闭使催化剂流路通、断，机械式动作频繁，其控制设备有老式的微处理机、固体逻辑系统、半模拟盘显示等，目前已经淘汰。重叠式连续重整加压再生技术和 CycleMax 技术由于工艺流程上有部分修改，控制部分也相应修改，主要有隔离系统、催化剂管线上阀组控制系统、相应程序和中控室内控制系统硬件的修改。但无论是加压再生技术还是 CycleMax 技术，其闭锁料斗控制的核心部分是基本相同的，均采用专用的以可编程电子控制系统为主体的控制系统来实现催化剂的连续再生的输送、控制、报警和安全联锁。并列式连续重整 RegenB、RegenC 技术的控制方案修改内容大体与重叠式连续重整相同，所不同的是中控室内控制系统可以由用户按其技术要求和控制程序自行选择硬件和编制软件。由于这套控制系统的特殊性，硬件通常也单独设置，不与 DCS 共用，采用单独的 PLC 来完成。

本章主要以 UOP 的 CycleMax 连续再生技术为主进行介绍。

如图 7-4 所示，CycleMax 连续再生工艺在加压再生工艺的基础上做了不少修改，但是连续再生的重要控制设备-闭锁料斗控制系统的主要控制技术和基本功能没有大的变化，只是随着工艺的变化而相应变化。而且控制方案、功能更加完善，硬件设置更加先进可靠。

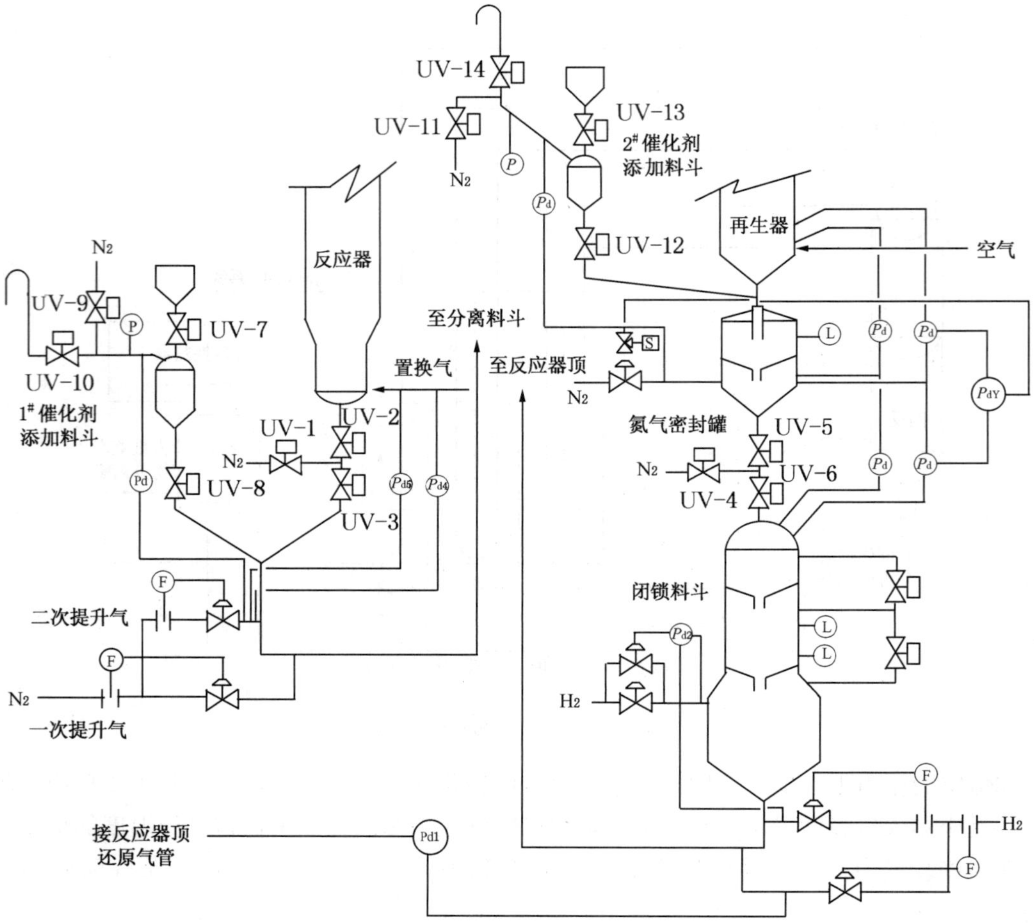

图 7-4　CycleMax 闭锁料斗控制流程简图

闭锁料斗控制系统主要功能是用来完成连续重整 CycleMax 催化剂连续再生部分的逻辑程序控制，催化剂流率控制以及安全联锁保护。

逻辑程序控制主要包括：催化剂循环率控制(包括闭锁料斗的顺序控制以及再生催化剂提升量的控制)、1#催化剂添加料斗的顺序控制、2#催化剂添加料斗的顺序控制、粉尘收集器的顺序控制等。

安全联锁保护是为了确保催化剂在反应部分与再生部分安全地传送，确保重整部分的高压设备与再生部分的低压设备安全隔离，确保反应部分的氢环境与再生部分的氧环境安全隔离，以及确保再生过程中催化剂和设备的安全等，安全联锁包括紧急停车、冷停车、热停车、N_2 污染停车等，其逻辑关系见图 7-5 所示。

(1) 再生催化剂流率(循环量)的控制

闭锁料斗控制系统中的催化剂流率控制着通过整个反应器和再生器的催化剂循环率，闭锁料斗控制系统中设有催化剂流率按钮用来启动和停止从闭锁料斗到反应器之间再生催化剂的传送。

催化剂流率控制流程图见图 7-6 所示。由图可以看出，闭锁料斗控制系统用催化剂循环率设定点产生再生催化剂提升管压差调节器 P_{d1} 的设定值，通过调整提升管压差调节器的设定值，来调整催化剂循环率。然后，闭锁料斗控制系统把催化剂循环率设定值与由闭锁料斗循环时间确定的实际平均催化剂循环率进行比较，并调整提升管压差调节器的设定值向上或向下，直到设定值与实际催化剂循环率一致。

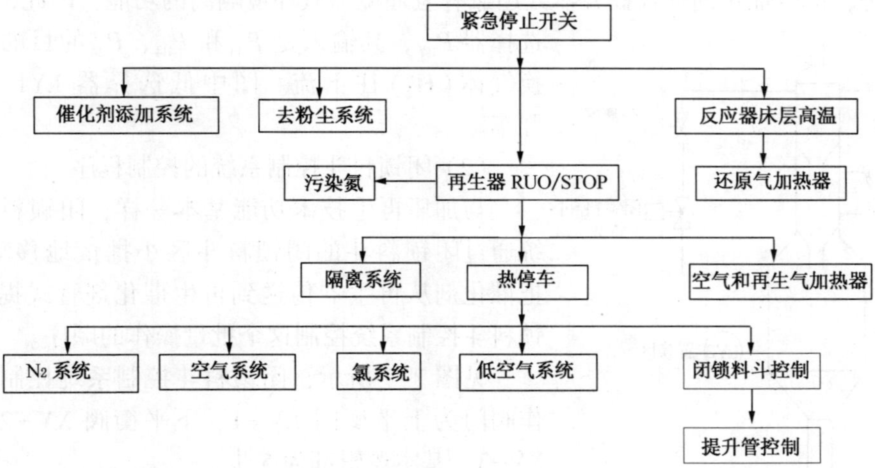

图 7-5　闭锁料斗控制系统安全联锁逻辑关系图

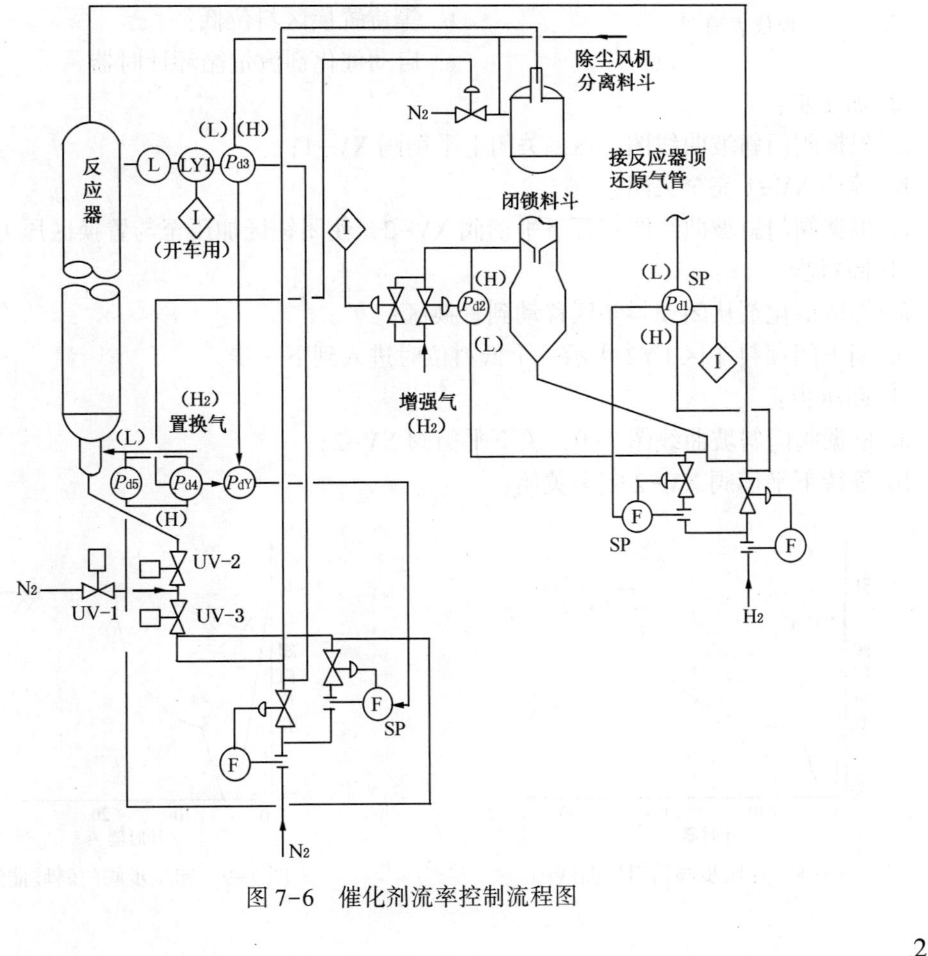

图 7-6　催化剂流率控制流程图

再生催化剂和待生催化剂的提升都不再使用提升料斗而用管式提升器来替代，在管式提升器前后分别设有两组压差调节。压差 P_{d1} 用于调整再生催化剂流率，压差 P_{d2} 则用于控制闭锁料斗置换区与再生催化剂管式提升器提升气之间压差 P_d 的恒定。待生催化剂提升量控制主回路为反应器顶还原区料位。因此，它将随再生催化剂提升量的变化而变化。与再生催化剂不同的是，待生催化剂管式提升器处还兼有氢环境、氧环境隔离的功能，因此，设置了低选择器 P_{dY}，其输入是 P_{d3} 和 P_{d4}，P_{d4} 的目的是防止置换气体（H_2）往下流。图中低选择器 LY1 主要用于开车。

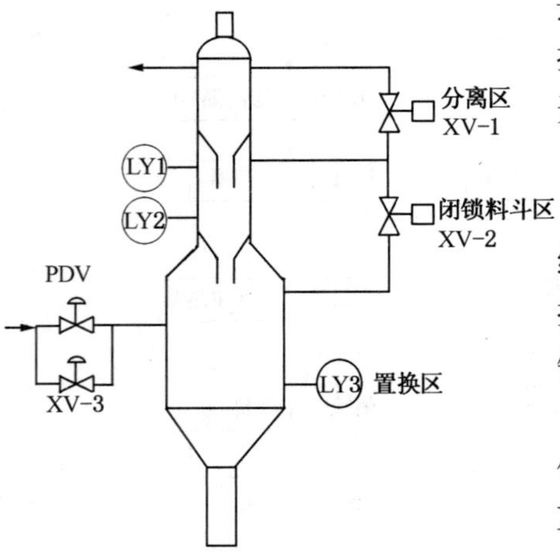

图 7-7　闭锁料斗控制系统程控仪表简图

（2）闭锁料斗控制系统的控制程序

与加压再生技术功能基本一样，闭锁料斗控制系统通过闭锁料斗的闭锁料斗区小批量地移动催化剂，把催化剂从再生器传送到再生催化剂管式提升器，闭锁料斗控制系统控制这个批量操作的顺序。

见图 7-7 所示，闭锁料斗控制系统控制的逻辑操作阀门为上平衡阀 XV-1、下平衡阀 XV-2、补偿阀 XV-3、基本逻辑部为 5 步。

① 预备步：

a. 闭锁料斗闭锁区装满催化剂；

b. 等待置换区料位低；

c. 启动催化剂流量循环计时器。

② 加压步：

a. 根据阀门斜坡曲线图 7-8，关闭上平衡阀 XV-1；

b. 等待 XV-1 完全关闭；

c. 根据阀门斜坡曲线图打开下平衡阀 XV-2，使闭锁区加压至与置换区压力相等。

③ 卸料步：

a. 等待催化剂从闭锁料斗区移动到置换区；

b. 当下闭锁料斗区 LY2 指示一个低料位时进入到下一步。

④ 卸压步：

a. 根据阀门斜坡曲线图 7-9，关下平衡阀 XV-2；

b. 等待下平衡阀 XV-2 完全关闭；

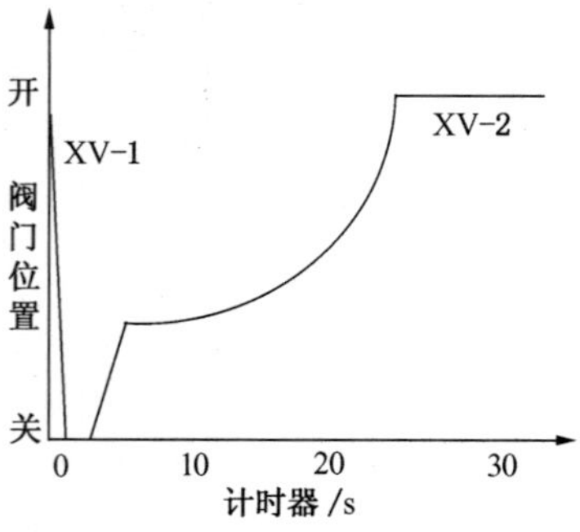

图 7-8　加压步阀门斜坡曲线图

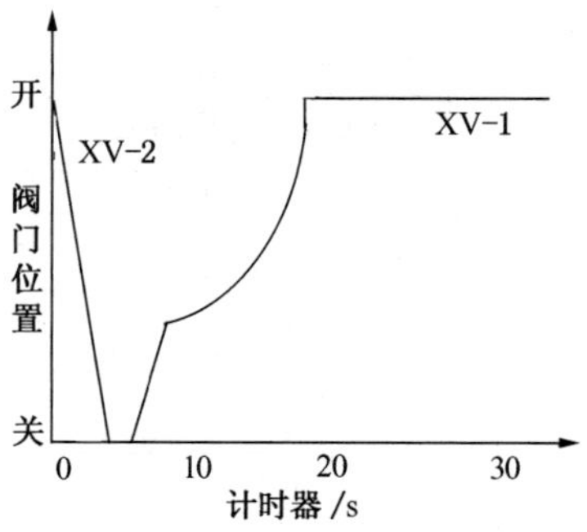

图 7-9　卸压步阀门斜坡曲线图

c. 根据阀门斜坡曲线图 7-9，打开上平衡阀 XV-1；

d. 使闭锁料斗区卸压至与分离区压力相等。

⑤ 装料步：

a. 催化剂从分离区装载至闭锁料斗区，此时置换区的压力高于闭锁区，因而托住了催化剂；

b. 等待上部闭锁料斗区 LY1 指示一个高料位；

c. 闭锁料斗循环计数器步进一个数；

d. 进入下一周期的预备步；

e. 完成闭锁料斗顺序控制一个循环周期。

(3) 补偿阀的控制

闭锁料斗程序执行的同时，补偿阀 XV-3 在闭锁料斗控制系统内计算机控制下，按预定的模型开和关，其目的是维持闭锁料斗置换区与再生催化剂管式提升器之间压差 P_d 的恒定，见图 7-10 所示。图中 I 代表闭锁料斗控制系统。

这个控制实质上是一个自适应的控制过程，自适应框图如图 7-11 所示。

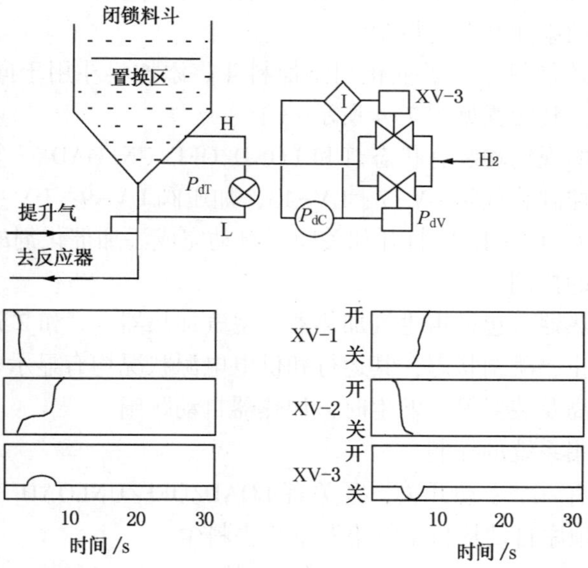

图 7-10　补偿阀斜坡曲线图

当这个程序一次一次重复时，催化剂通过闭锁料斗批量移动，而程序的循环时间则指示了催化剂的流率，闭锁料斗区循环的越频繁，催化剂循环速率越快。通过闭锁料斗区的催化剂流量反映了通过整个反应器和再生器的催化剂循环率。因此，调整循环时间即调整了循环速率。

(4) 隔离系统的控制

隔离系统有两个，再生催化剂隔离系统和待生催化剂隔离系统，每个隔离系统均有一个高压区，两个隔离阀，一个加压阀和一个压差控制阀。

加压再生技术中，催化剂和待生催化剂均是采用氢气提升，而 CycleMax 连续再生技术中，再生催化剂为氢气提升，待生催化剂为氮气提升。如图 7-6 所示，待生催化剂氢、氧环境隔离是靠提升系统与置换气的压差 P_{d4} 来维持，高压区在管式提升器前。当压差低得异

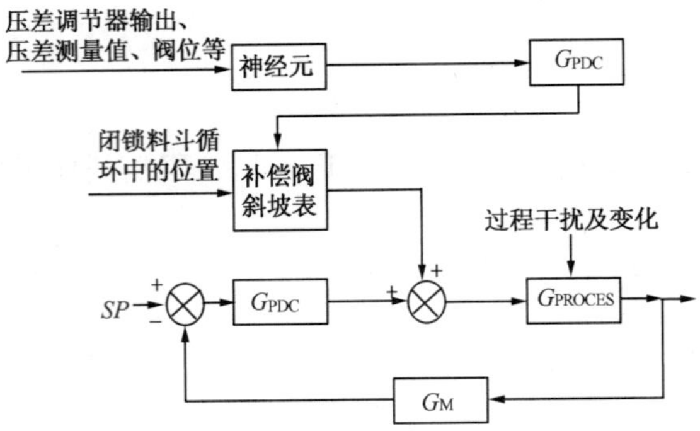

图 7-11　补偿阀斜坡曲线自适应框图

G_{PDC}—调节器的传递函数；G_{PROCES}—被控工艺过程的传递函数；G_M—测量变送单元的传递函数；SP—设定值

常时，闭锁料斗控制系统通过二取一表决系统后发出指令，关闭隔离阀门 UV-2、UV-3，打开 UV-1 通入 N_2 确保氢气不窜入氧气环境。如图 7-4 所示，再生催化剂隔离系统是用氮气密封罐来完成，氮气密封罐位于再生器与闭锁料斗之间，各设有两组压差检测，其中一组用于控制，一组用于联锁，用于控制的一组有 2 个压差控制的输出经高选择器后，控制进入氮气密封罐的氮气量（控制阀为 FC），压差检测点的高压点为氮气密封罐，低压点为再生器和闭锁料斗。与其二代隔离系统相同，这两组压差通常维持在 2.5kPa 左右，当压差低低异常时，闭锁料斗控制系统通过二取一表决后发出指令，关闭阀门 UV-5、UV-6、打开阀门 UV-4 通入氮气，确保氢环境和氧环境的绝对隔离。

（5）催化剂自动添加系统的控制

包括 1#催化剂添加料斗和 2#催化剂添加料斗。添加料斗用于向催化剂提升线及氮气密封罐中添加催化剂，其流程见图 7-4 所示。

每个添加料斗的现场均装有状态灯和 LOAD/OFF/UNLOAD 三个位置的手动开关，通过闭锁料斗控制系统控制装载阀 UV-7、UV-13，加压阀 UV-9、UV-11，放空阀 UV-10、UV-14 和卸载阀 UV-8、UV-12 的打开和关闭，自动完成添加催化剂的全过程。

（6）电加热器的控制

共有四台电加热器，包括再生气加热器、空气加热器、1#和 2#还原气加热器。每台加热器均具有启动、停止、跳闸状态，其运行和供电电源状况均有显示。当工艺气体低流量、加热元件表面温度过高及装置停车发生时，加热器自动跳闸。

（7）除尘及收集系统的控制

现场除尘器旁有一个手动开关，开关有 LOAD/OFF/UNLOAD 三个位置，手动操作此开关，通过 CRCS 按顺序自动从粉尘收集器中移去料尘。

7.3　主要工艺联锁

连续重整装置和低压组合床重整装置的联锁保护系统非常复杂，半再生重整装置的联锁相对比较简单。连续重整装置和低压组合床重整工艺过程十分复杂，装置的加热炉、转动设备及特殊设备比较多。自动保护联锁系统既要考虑工艺装置安全平稳运行，又要考虑对大型旋转设备的安全保护。因此，装置自保联锁系统应全面考虑整个装置在各个运行阶段的各种危险性，考虑装置各单元之间的相互关系、相互影响、可能出现的后果和应采取的正确地处理方法。重整装置自动保护联锁系统应包括装置的开工、停工、装卸催化剂和生产过程中能危机安全生产、造成重大设备事故、重大经济损失和人身安全事故的紧急自动保护。

对于 UOP 连续重整来说，再生系统的联锁保护和闭锁料斗的控制由 UOP 公司提供一套完整控制系统，包括软件和硬件设备，并且 UOP 不提供软件资料，用户只考虑其他部分的联锁。法国 IFP 公司提供重整装置的工艺包和联锁框图，由用户统一考虑设置联锁系统的系统配置。下面对催化重整装置的主要联锁做一介绍。

7.3.1 加热炉联锁

(1) 重整加热炉与重整进料联锁

当各加热炉燃料气压力过低时，切断各燃料气联锁阀及重整进料阀。

当重整循环氢流量过低时，切断各燃料气联锁阀及重整进料阀。

当中压汽包液位过低(二取二)时，切断各燃料气联锁阀及重整进料阀。当循环水流量低时，启动备用泵。当循环热水流量低时，切断各燃料气联锁阀及重整进料阀。

(2) 其他联锁

当长明灯燃料气压力过低时，切断长明灯燃料气联锁阀。

当循环压缩机入口流量过低时，反飞动线上阀门开始启用，防止压缩机喘振现象发生。

各加热炉设有紧急停车开关复位及旁通开关，以便发生紧急情况时，操作员能及时按下加热炉紧急停车按钮，停止加热炉供热，同时关闭加热炉前燃料气手阀。当紧急情况解除时，通过按下复位开关重新启动加热炉，在开停工期间可以使用旁通开关旁通联锁系统。

7.3.2 压缩机入口分液罐联锁

压缩机入口分液罐联锁主要是控制好分液罐的液位，防止液相随氢气进入压缩机，损坏压缩机部件或造成压缩机事故。其原理是在压缩机分液罐底部设有三组液位测量表，在仪表连锁组合上采用三取二的方案，即在正常生产操作中只要有两组液位报警，压缩机将连锁停机。

7.3.3 安全联锁自动停车系统

包括手动紧急停车系统和四种自动停车系统，热停车、冷停车、污染氮停车、硬件保护停车。

(1) 热停车

当再生部分的条件要求催化剂停止再生，但再生部分不需要降温冷却时发生热停车。发生热停车的条件是：

① 再生器运行/停止按钮在停止位置；

② 再生催化剂隔离系统关闭；

③ 待生催化剂隔离系统关闭；

④ 通过空气加热器的流量低；

⑤ 通过再生气加热器的流量低；

⑥ 再生气加热器出口温度高；

⑦ 再生器再生区出口温度高；

⑧ 分离料斗料位低；

⑨ 分离料斗料位高；

⑩ 待生催化剂提升气流量低；

⑪ 再生催化剂提升气流量低；

⑫ 再生气氧分析仪采样流量低；

⑬ 再生催化剂提升管温度高；

⑭ 置换气换热器的循环气流量低；

⑮ 自置换气换热器来的循环气温度高；

⑯ 通过放空气洗涤塔的循环碱流量低；

⑰ 闭锁料斗故障。

热停车出现时主要有开氮气阀、关空气阀，关空气供气阀，关氯阀，停止氯注射泵，闭锁料斗停止循环，并关闭上、下平衡阀，停止催化剂提升并使再生催化剂提升管压差设定值为零，停止催化剂添加，若正在操作则停留在卸载步等。当热停车的有关参数和条件处理正常后，相对其他停车而言，系统比较容易启动和运行。

（2）冷停车

当再生部分的条件要求催化剂停止再生、冷却再生部分及关闭隔离系统时，发生冷停车。冷停车出现时报警并引起下列动作，主要包括开氮气阀、关空气阀，关空气供气阀，关氯阀，停止氯注射泵，闭锁料斗停止循环，并关闭上、下平衡阀，停止催化剂提升并使再生催化剂提升管压差设定值为零，关闭两个L阀组上的二次提升气控制阀，停止催化剂添加并关闭四个阀，关闭两个隔离阀然后打开加压阀，关闭再生催化剂隔离系统，关闭两个隔离阀然后保留加压阀关闭状态，关闭去氮封罐置换的氮气控制阀，停再生气和空气加热器等。

（3）污染氮停车

CCR N_2 总管高污染（氢/烃分析仪检测信号）时，发生污染氮停车。污染氮停车出现时报警并引起下列动作，主要包括关氮气阀，关空气阀，关氯气阀，停止氯注射泵，闭锁料斗停止循环，并关闭平衡阀，停止催化剂提升，使再生催化剂提升管压差设定值为零，关闭两个L阀组上的二次提升气控制阀，停止催化剂添加并关闭四个阀，关闭待生催化剂隔离系统，关闭两个隔离阀然后打开加压阀，关闭再生催化剂隔离系统，关闭两个隔离阀然后保留加压阀关闭状态，关闭去氮封罐置换的氮气控制阀，停再生气和空气加热器等。

7.4 重整工艺中的在线分析仪器

7.4.1 重整循环氢纯度分析仪

氢纯度的高低反映脱氢反应进行的程度，说明催化剂的选择性（即脱氢活性）好坏。氢纯度越高，催化剂的选择性越好，温降越大；反之，氢纯度下降、循环氢中烃类物质含量增大，表明裂化反应加剧，催化剂的选择性变差，液体产品的收率将会下降。总之，分析氢纯度，可有助于了解重整反应进行的程度，为正确调整操作参数提供重要的依据。

在线氢纯度分析仪用于实时监测重整循环氢中纯度的变化。目前，重整装置上配置的氢纯度在线分析仪，多为热导检测器型氢分析仪，具有稳定性好，不易毒化的特点，但当实际气样组成与标定气组成偏离较大时，误差较大。

安装位置一般在重整高压分离器附近，所分析的气体为高压分离器出口的气体。为保证分析数据的准确，应按照仪器厂家的要求，定期进行仪器校正，且所用标准的氢纯度应和待测气样的氢纯度接近。

7.4.2 重整循环氢水含量分析仪

水的存在对重整反应有极大的影响，它标志着系统运行状态的正常与否，影响着产物的分布情况。循环氢中的水含量变化，能在一定程度上反映重整反应系统的“干”或“湿”。如果循环氢中水含量过高，会导致催化剂上的氯含量大量流失，酸性功能下降，催化剂选择性变差；循环氢中水含量过低时，将会导致催化剂的酸性功能过强表现为裂化反应加剧、氢纯度下降、液收下降、催化剂积炭加快、催化剂寿命缩短等。在开工初期，循环气中水含量的变化，是重整反应温度的提升及注氯量的重要依据。能准确及时地给出重整反应水含量的大小，是保证装置正常运转的必不可少的分析数据。

循环氢水含量分析仪，用于实时地监测循环氢中水含量的变化，保护催化剂免受水分的影响。其工作原理主要有两种：

① 依据水含量的变化能够影响氧化铝薄膜的电容值变化原理制成的气中水含量测定仪（即露点仪）。

② 依据水含量的变化能够影响化学电池的电流变化原理制成的气中水含量测定仪。

在重整装置应用的主要有电容式的露点仪及电化学式露点仪。

电化学式露点仪的测量范围较窄，不适合测定水含量大于1000μg/g的气样，故在开工初期不能投用。

电容式的露点仪的测量范围较宽，一般为-110～20℃，相应的水含量范围为1～23000μg/g。

循环氢水含量分析仪的安装位置一般在重整高压分离器附近，所分析的气体为高压分离器出口的气体。为了保护仪器的传感器免受污染，延长仪器的使用寿命，实际应用中，应注意尽可能地将油气分离完全，必要时可设置小型气液分离器及减压装置，以使油气分离完全。

7.4.3 重整进料水含量分析仪

重整进料水含量分析仪，作为汽提塔底产物的质量监控手段，用于实时地监测重整原料中水含量的变化，提供瞬间信息，以指导工艺操作。

由于受操作的影响较大，多采用电容式的露点仪，所显示的水含量数据可通过装置的DCS系统直接呈现给工艺人员。

7.4.4 在线辛烷值分析仪

重整工艺的目的之一，就是生产高辛烷值汽油组分，作为成品汽油的重要调合组分来源。重整汽油的辛烷值高低可以用来衡量重整工艺的总体水平。

目前在重整装置中广泛应用近红外光谱在线辛烷值测定仪器和技术。

（1）测量原理

油品的组成和结构发生变化时，油品的物化性质（如辛烷值）和近红外光谱也随之改变，即组成变化或性质变化与光谱变化相关。收集组成和辛烷值变化方面有代表性的大量样品，采用标准分析方法测定其辛烷值，并使用化学计量学方法将油品的辛烷值变化情况与光谱变化情况进行关联，建立光谱数据与辛烷值数据之间的函数关系（即校正模型）。根据待测样品的近红外光谱和校正模型，即可计算出待测样品的辛烷值。

（2）仪器的主要结构

由图7-12可见，仪器主要由光谱仪系统、电源电路与控制系统、光纤及其附件与检测流通池系统、防爆系统、样品前处理系统、模型界外样品取样系统、实时光谱测量和化学计量学软件系统等部分组成。

在线测量时，直接将仪器的光探头放入装置的待测物流中，或令待测物流通过流通池。由于采用了光谱信号的光纤传输方式及多路光信号的切换技术，故能够实现一台光谱仪器对多点待测量物流的快速测量，也可实现对一些复杂的、危险环境中的样品的实时测量。将光谱仪器的测量结果传送到专业的DCS系统上，可最终实现实时分析，从而实现指导操作调整的目的。

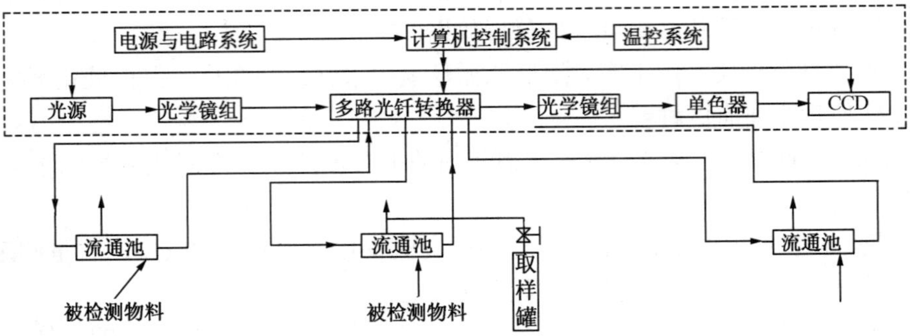

图 7-12　CCD 在线近红外油品分析仪结构示意图

7.4.5　再生烧焦氧分析仪

在催化剂再生过程中，氧含量的控制至关重要。通常情况下，在再生器中的再生气循环量及催化剂循环量保持不变，在再生器中催化剂的烧焦程度由进入烧焦区的氧含量来控制，一般氧含量控制在 0.5%~0.8%(mol)，氧含量越高导致再生温度越高，容易损坏催化剂和设备。氧含量过低会导致烧焦速度过慢而烧焦不彻底，含炭催化剂氯化区后，会和高含氧量的氯化气体接触发生燃烧产生过高的氯化区温度，也会损坏催化剂。在烧焦过程中，再生气氧含量必须控制在上述范围内，保证再生器的烧焦能力并且使烧焦尽量温和地进行。

在 UOP 再生工艺中采用再生循环气热循环流程，再生气中氯含量较高，所以，要特别注意氧分析仪选材及引压管配管问题，防止氯腐蚀。

在 IFP 再生工艺中采用再生循环气冷循环流程，防腐蚀问题不是很严重，材质选择比较简单。

在低压组合床工艺中采用再生循环气冷循环流程，但循环气压力比较高，需注意氧分析仪的减压问题。

目前使用较为普遍的是磁性氧分析仪器，主要有哑铃式氧分析仪器、热磁式氧分析仪器及磁压力式氧分析仪器。其原理都是利用氧的顺磁性原理工作的。目前，在再生烧焦中较为普遍使用的是磁压力式氧分析仪器。

7.4.6　加热炉烟气中氧含量分析仪

利用氧化锆分析仪直接插入烟气中进行在线分析。它是基于能斯特方程进行工作，依靠氧化锆测氧电池来测量氧含量的。在炼厂使用较多的为导流直插式氧化锆氧分析器及高温直插式氧化锆氧分析器。

导流直插式氧化锆氧分析器其探头利用一根长导流管将烟气导流到炉壁近处，再利用一支短探头进行测量，主要进行低尘烟气分析。

高温直插式氧化锆氧分析器探头本身不带加热设备，靠高温烟气加热探头，仅适合于700~900℃的烟气测量。

在实际生产中，氧化锆氧分析仪器由于以下原因的影响，会给测量带来误差。

氧化锆探头存在以下五个主要影响因素：

① 内、外电极间存在温度差。

② 由于热电偶不可能位于电极上，加上热电偶本身误差，因此，池温测量存在误差。

③ 内、外电极的不对称性等原因，电池将有一个附加电势。

④ 在参比电极处参比空气因更新不好将给测量带来误差。

⑤ 氧化锆电解质中存在电子电导也将给测量带来误差。

在烟气中存在以下四个主要因素：

① 烟气气压和空气气压不相同。

② 烟气中存在 SO_2 和 SO_3 对电池会产生腐蚀作用。

③ 烟气中可燃气体如 CO 的量太大会影响测量结果。

④ 烟气灰尘沉积在电极上导致电极上气体更新不好。

7.4.7 氮气中氢烃分析仪

氢/烃分析仪检测再生段的 CCR(连续重整)氮气总管中的污染物。如果 CCR 氮气总管中的样品被氢气或烃污染，分析仪读数偏高或偏低都会使被污染氮气中断。CCR 氮气总管的污染是一个严重的危险，应立即纠正。

分析仪管道也配有“快速接头”连接件，检查在倾倒集尘器出来的催化剂粉末之前或期间循环提升氮气的纯度。

校准分析仪来测定氢气及烃。样品为纯氮时，分析仪显示 50%。氮气被氢污染时，分析仪指示值上升为 100%，此时样品为 99%氮气及 1%氢气。氮气被烃污染时，分析仪指示值下降到 0%，此时样品为 85%氮气及 15%烃。

为安全起见，至 CCR 氮气总管的氮气应来自不接其他任何用户的独立气源。最好用液化氮。不允许用燃烧类惰性气体发生器。

7.5 特殊控制系统

装置多数控制回路为成熟稳定的单参数定值控制回路和主副参数串级控制回路，同时还采用了特殊控制方案。

重整废热锅炉是重整加热炉的重要附属设施，为保证锅炉的安全运行，锅炉的液位调节很重要，如果汽包液位过高，将使蒸汽带水，而导致使用蒸汽的设备损坏。如果汽包液位过低，锅炉有被烧坏或发生爆炸的危险，所以，汽包液位必须要控制平稳。

对锅炉液位的控制目前普遍采用的是双冲量液位控制及三冲量液位控制系统。

7.5.1 锅炉汽包双冲量液位控制系统

锅炉汽包双冲量液位控制系统如图 7-13 所示。

锅炉汽包双冲量液位控制系统是在单冲量液位控制的基础上引入蒸汽流量作为前馈信号，能消除“虚假液位”对调节的不良影响，缩短了过渡过程的时间，改善调节系统的静特性，提高了调节质量。所以，它能在负荷变化较频繁的工况下比较好地完成液位控制任务。在给水压力比较平稳时，用于小型低压锅炉较好。

其缺点是调节作用不能及时反映给水侧的扰动。当给水量扰动时，控制系统等于单冲量控制，因此，当给水母管压力经常有波动、给水调节阀前后压差不易保持正常时，不宜采用双冲量控制。

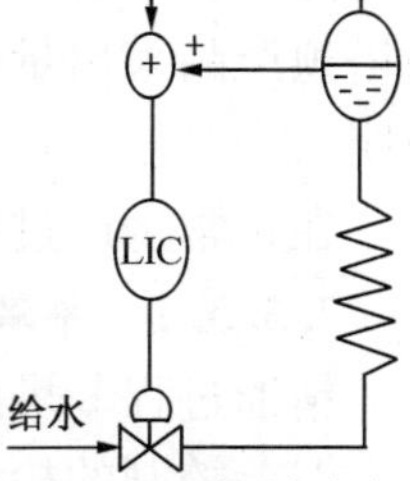

图 7-13 锅炉汽包双冲量液位控制

7.5.2 锅炉汽包三冲量液位控制系统

锅炉汽包三冲量液位控制系统如图 7-14 所示。

锅炉汽包三冲量液位控制系统是在双冲量液位控制的基础上引入了给水流量信号，由水位、蒸汽流量和给水流量组成了三冲量液位控制

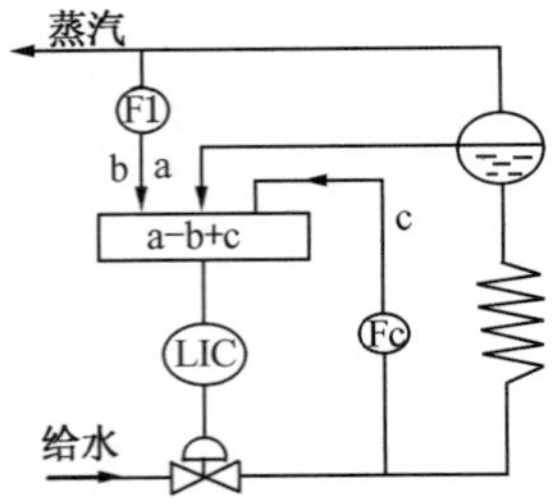

图 7-14 锅炉汽包三冲量液位控制

系统。

在这个系统中，汽包水位是被控变量，是主冲量信号；蒸汽流量、给水流量是两个铺助冲量信号。实质上三冲量控制系统是前馈加反馈控制系统。

三冲量液位控制系统宜用于大型锅炉，因为锅炉容量越大，汽包的相对容水量就越小，允许波动的蓄水量就更小。如果给水中断，可能在很短的时间内(几分钟)就会发生危险水位；如果仅是给水量与蒸发量不相适应，那么在几分钟内也将发生缺水或满水事故。这样就对水位的控制提出更高要求，锅炉液位三冲量控制系统的组成形式较多，其目的都是为了适应锅炉水位控制的需要。

7.5.3 温差控制系统

苯塔和甲苯塔生产高纯度苯和甲苯产品，通常要求苯产品中甲苯小于 0.05%~0.10%，甲苯产品中含苯或二甲苯均小于 0.05%~0.10%，要达到这样高的产品纯度，对精馏塔的设计和操作都提出了很高的要求。目前，苯塔一般设计为 44~60 块实际塔板，甲苯塔塔板数为 40~54。此外，两塔均采用温差控制方案来保证产品质量。所谓温差控制就是采用塔内相隔一定塔板数的两块塔板上的温度差来实现产品质量控制，其中一块塔板组成比较稳定，作为参比温度点，另一块塔板温度对产品质量的变化比较敏感，作为灵敏温度点，通过维持两板温差恒定来控制产品质量。温差控制常用于苯塔、甲苯塔、乙烯塔、丙烯塔等精密精馏塔，其本质上是压力补偿后的温度控制，以消除压力波动对产品质量的影响。

精馏塔苯塔、甲苯塔的产品要求纯度很高，达 99.9%以上，而且要求塔顶、塔底产品同时合格，以及两塔顶温度变化很窄(0.02℃)，普通的精馏温度控制远远达不到这个要求。只有采用灵敏板控制才能达到。

实现精馏的条件是精馏塔内的浓度梯度和温度梯度。

推动精馏物质的热交换和物质交换的动力是塔内上部与下部的温差——温度梯度，不同温度梯度将造成精馏物的浓度变化——浓度梯度。显然，塔内的温度梯度越大，造成的浓度梯度也越大，但这种浓度变化不是在塔内自上而下均匀变化的，而是在塔中某块塔板上出现显著变化，这块塔板称为灵敏塔板，灵敏塔板上的浓度变化对产品的质量影响最大。在精馏塔内进行物质和能量交换的过程中，有一层塔板上的温度梯度和浓度梯度变化特别大，此板称为灵敏板。

温差控制器是控制灵敏塔板变化的工具，温差控制器能够控制灵敏塔板和塔顶间的温差变化，可反映塔板上浓度的变化。因而，无论塔压或外界压力如何变化，能够保证温差不变，从而消除了大气压压力变化的影响。温差控制有两种控制方案，一是回流控制方案，又称热量平衡控制方案，采用温差与塔顶回流量串级控制；二是物料平衡控制方案，采用温差与塔顶产品采出量串级控制，两种方案均是可行的。下面以后者物料平衡控制方案为例加以说明。

在正常生产过程中，一般采用单温差控制方案和双温差控制方案两种。

7.5.3.1 单温差控制方案

精馏过程苯塔的单温差控制见图 7-15 所示。

温差控制的检测点是苯沸点温度处的塔盘和灵敏塔盘，其位置由工艺计算确定。塔顶回流量根据回流罐液位(L_1)与回流量(F_1)串级控制。温差通常是由第 8~12 层塔板为灵敏塔板，以塔顶1~4层为参考点，将该两点温度信号分别接入温差控制器的平衡电桥的两臂上，利用温差控制器发出的信号进行调节出风，去改变苯产品抽出流量(F_2)的大小，这一系列称为主回路。在这里温差变化和苯产品流量的变化是串级系统，流量变化通过流量变送器和流量调节器与调节阀构成回路。当灵敏塔板组成发生变化时，其温差值即随之发生变化，这样温差调节器发出信号(T_d)至总调节器，立即改变出风，调节阀随之动作，保证塔顶温度的稳定。

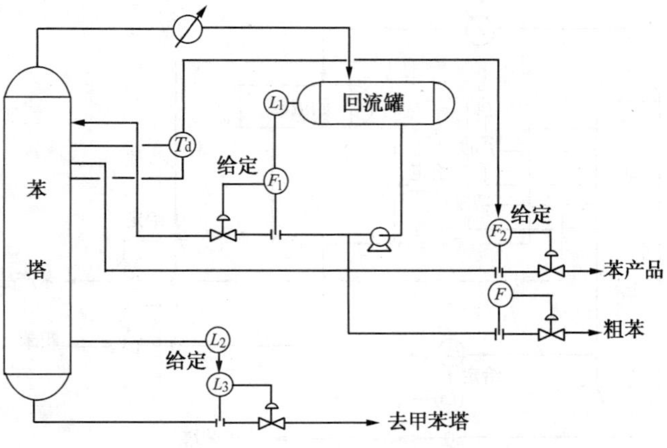

图 7-15　精馏过程苯塔单温差控制

温差控制器的两个基本特点：

① 它可以消除压力的影响；

② 提高了控制精度。常规温度控制精度只能达到±0.5~±1.0℃，而温差控制可达到±0.02℃。

温差的影响因素包括：温差灵敏区的变化，进料温度的变化，回流量的变化，塔底温度的变化，大气温度的变化，回流罐液面的变化，进料组成的变化等。

在温差调节过程中，温差灵敏区的选择十分重要，温差灵敏区是由温差的上限和下限来决定的。

所谓温差上限是指塔顶产品刚刚不含塔底组分时的数值。所谓温差下限是指塔底组分刚刚不含塔顶组分时的数值。但是，在实际操作中，温差灵敏区的下限要高于理论上的下限值。所以，温差灵敏区一般应选在偏近上限的数值范围内。

选择温差灵敏区时，应注意下列各点：

① 进料应当稳定；

② 在正常的塔底温度下，塔底产物基本不含塔顶组分；

③ 塔顶温度和回流量的大小接近正常状态，产品稳定合格；

④ 回流罐中存水已彻底切除。

7.5.3.2　双温差控制方案

为了保证塔顶和塔底产品质量，还可采用双温差控制，即用两个温差测量、调节回路。

双温差控制的优点：

① 控制效率和灵敏度高。传统的温差控制只有在“合理的温差”下操作，才能保证操作稳定。“合理的温差”是指远离上、下限温度时的温差。对苯塔来说，在温差的上限或下限操作都是不适宜的，控制在“合理的温差”条件是很难的。因为影响温差的因素很多，在正常生产操作中偏离“合理的温差”的情况时有发生。但是，采用双温差控制，将两个温差信号同时送入减法器处理，可以提前控制，因而使控制效率和灵敏度得到提高，可以更准确预计干扰因素。

② 双温差控制效率的提高可以消除压力等对控制的影响。

③ 可以同时控制塔顶和塔底两种产品质量。

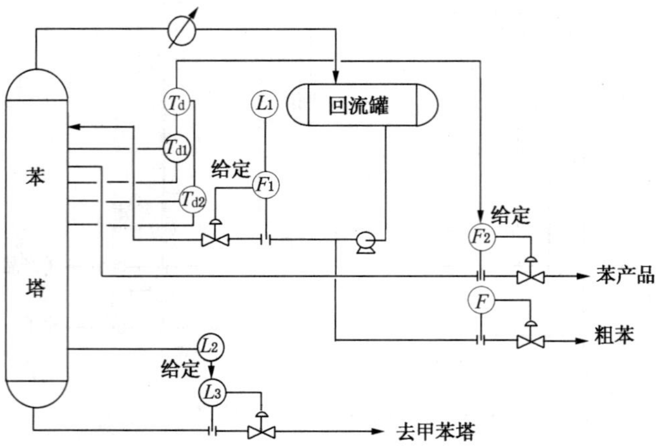

图 7-16　精馏过程苯塔双温差控制

图 7-16 是苯塔双温差控制图。

双温差控制是在单温差控制的基础上，增加了一个塔进料口下方塔段(提馏段)的温差检测点，并利用两个塔段的温差 T_{d1} 和 T_{d2} 的差值，作为双温差的控制信号。在塔的负荷变化较大时，双温差控制较单温差控制有明显的优势。但是，双温差控制较难分析确定理想的控制点特别是上控制点，如果物料组成中重组分达到一定浓度时，温差容易发生逆转造成操作的不稳定，而这种不稳定因素则需要通过改变上、下两个温差的参考点来进行校正，这给平衡操作带来难度。而单温差控制则比较简单、稳定而且经济，特别是在回流比较低的情况下，单温差比双温差可控的温度范围要宽，所以，目前新建的苯塔、甲苯塔等均采用单温差控制系统。

第八章　环境保护和节能

催化重整作为石化行业重要的加工工艺，它的能耗高低对于全厂的能耗具有较大的影响。催化重整装置一般包括预分馏、预加氢、重整反应、产品处理(氢气增压、油品分馏)等工艺过程，对连续重整来说还包括一套催化剂再生系统。催化重整装置的能耗一般为100kg标油/t原料左右，但不同装置由于包含的内容不同，产品处理深度的差异，能耗指标会有差别。例如，原料性质有好有坏，产品辛烷值有高有低，产品品种有多有少，产氢压缩压力的要求有高有低，这些对能耗都有重要影响。因此，很难用一个统一的能耗指标来衡量不同重整装置节能的技术水平。

8.1　能耗分析

连续重整装置的能耗一般都高于同规模的半再生装置。对于一套重整装置而言，连续重整装置的能耗分布更具代表性。对采用UOP和IFP专利技术的连续重整装置，由于在反应器布置、催化剂再生方式、催化剂循环控制系统等方面各有特点，因此，其能耗也略有不同。这里选择有代表性连续重整装置的设计能耗的分析，比较连续重整装置各单元的能耗分布及采用不同催化剂再生技术对装置能耗的影响。

典型连续重整装置的能耗计算结果见表8-1、表8-2所示，大致反映了重整装置能耗的一般情况。进一步分析其能耗的构成，有助于寻找重整装置节能的具体途径。

表8-1　UOP某典型装置设计能耗汇总表

重整规模/(Mt/a)	0.80
年开工时间/h	8000
工艺技术	UOP
重整进料(烷烃/环烷烃/芳烃)/%	65.4/28.1/6.5
RON	102
拔头油占重整进料量/%	10
平均反应压力(g)/MPa	0.35
再接触条件	
温度/℃	4
压力/(g)MPa	1.9
生产要求	脱戊烷油+液化气+氢气

项　目	能耗指标	预处理部分		重整反应及产物分离部分		催化剂再生部分	
		消耗量	能耗/(MJ/h)	消耗量	能耗/(MJ/h)	消耗量	能耗/(MJ/h)
循环水	4.18MJ/t	164.8t/h	689	504.8t/h	2110	11t/h[ ]46	
除盐水	96.3MJ/t	2.4t/h	231	32.2t/h	3101	0.7t/h	67
电	12.5MJ/h	910.3kW·h	11379	7172kW·h	89650	531kW·h	6638
3.5MPa蒸汽	3684.4MJ/t	—	—	9.4t/h	34633	0.1t/h	368
1.0MPa蒸汽	3182.0MJ/t	—	—	-34.9t/h	-111052	—	—
凝结水	309.8MJ/t	—	—	-2.1t/h	-651	-0.1t/h	-31
净化风	1.67MJ/Nm^3	10Nm^3/h	17	90Nm^3/h	150	750Nm^3/h	1253
燃料气	41873MJ/t	1.8t/h	75371	6.5t/h	272175	—	—
能耗	MJ/t重整进料	876.87		2901		83	
	总能耗中比例	22.7%		75.1%		2.2%	

表 8-2　IFP 某典型装置设计能耗汇总表

重整规模/(Mt/a)	0.60
年开工时间/h	8000
工艺技术	IFP
重整进料(烷烃/环烷烃/芳烃)/%	56.3/32.3/11.4
RON	102
拔头油占重整进料量/%	10
平均反应压力/(g)MPa	0.35
再接触条件	
温度/℃	4
压力/(g)MPa	2.2
产品要求	脱戊烷油+液化气+氢气

项　目	能耗指标	预处理部分		重整反应及产物分离部分		催化剂再生部分	
		消耗量	能耗/(MJ/h)	消耗量	能耗/(MJ/h)	消耗量	能耗/(MJ/h)
循环水	4.18MJ/t	120t/h	502	722t/h	3018	85.7t/h	35.8
除盐水	96.3MJ/t	—	—	26t/h	2504	3.2t/h	30.8
电	12.5MJ/h	526kW·h	6575	5052kW·h	63150	1097.2kW·h	1371.5
3.5MPa 蒸汽	3684.4MJ/t	—	—	4.5t/h	16580	—	—
1.0MPa 蒸汽	3182.0MJ/t	—	—	-23t/h	-73186	0.5t/h	159.1
凝结水	309.8MJ/t	—	—	-1.4t/h	-434	-0.5t/h	-15.5
净化风	1.67MJ/Nm^3	10Nm^3/h	17	90Nm^3/h	150	700Nm^3/h	116.9
燃料气	41873MJ/t	1.4t/h	58622	5.7t/h	238676	—	—
能耗	MJ/t 重整进料 总能耗中比例	876.2 19.7%		3339 75.2%		226.5 5.1%	

8.1.1　连续重整装置的能耗分布

连续重整装置通常由原料预处理、重整反应及产物分离、催化剂再生等三个部分组成。表 8-1、表 8-2 分别列出了一套我国引进的 UOP 和 IFP 公司的连续重整装置各组成部分的设计能耗情况。

从表 8-1、表 8-2 可以看出，不同的装置，虽然进料组成不同，装置规模不一样，但是，其重整反应及产物分离部分的能耗占全装置能耗的比例大致相同，约为 75%左右，是连续重整装置的主要能耗单元。在重整反应及产物分离部分中，又以燃料气的消耗为主，这是由于重整反应特性造成的。其次是电、蒸汽用量虽然也不少，但由于自产蒸汽量大，因此，正常操作时还要外送。催化剂再生部分的能耗仅占全装置能耗的 2%~5%，因此，不同工艺催化剂再生部分的能耗差别对全装置能耗的影响不大。

对于采用不同工艺技术的连续重整装置来讲，在装置生产规模、原料组成、产品要求相同的前提下，采用 UOP 和 IFP 的连续重整工艺技术在原料预处理、重整反应及产物分离等部分的能耗基本相同，只是催化剂再生和循环方式不同使催化剂再生部分的能耗有所差别。

8.1.2　节能措施的实施

(1) 合理确定产氢的输出压力

氢气增压机是装置另一个主要的耗能点，占装置总能耗的 15%左右。增压机所耗功率是由重整所产氢气的气量和压差决定的。氢气是宝贵的副产品，有多少都应当回收，因此，压缩气量是不能减少的。节能的主要途径是根据氢气所需送达地点的压力(一般为工厂氢气管网的压力)恰当决定气体压缩压力。压缩机出入口压差越高，压缩比越高，能耗越大。

(2) 减小临氢系统的压降

临氢系统的压力降，决定循环氢压缩机的压缩比，循环压缩机的功率随压缩比的增加而增加，因而较低的临氢系统压降可以降低压缩机的压缩比。同时随着重整技术的不断进步，重整反应的压力不断降低，需要更低的临氢系统压降。减小临氢系统压降的措施如下：

① 采用径向反应器。

② 采用立式焊板式换热器。

③ 采用板式蒸发空冷，取消水冷器。

④ 加热炉增加并联流路。

⑤ 适当增大管径，尽量减少管线长度。

(3) 选择合适的氢油比

在重整装置中，循环氢压缩机功率一般都比较大，是对能耗有重要影响的设备。重整反应要求有适宜的氢油比，它的大小直接影响催化剂上的积炭量及积炭速率。使用循环氢的目的就是增加氢分压抑制生焦反应，保护催化剂，同时起到热载体的作用，减少反应床层内的温降，提高反应器内的平均温度。循环氢流量增加对反应有好处，但量过大则作用很小，且由于循环氢流量增加，临氢系统压降增加，循环氢压缩机功率增加更多，因此，增加了装置的能耗。适量地减少循环氢流量，可以减少循环氢压缩机负荷，进而节约大量的蒸汽，在经济上非常有利。但氢油比过小，则催化剂上的积炭过快，不能保证装置的长周期运转。对于连续重整装置，由于催化剂能够得到不断的再生，因此，允许有较高的积炭速度，可以选用较低的氢油比。

循环气量决定于催化剂上允许的积炭速度，而积炭速度又与反应的苛刻度有关，因此不同的反应苛刻度应选用不同的氢油比。在生产相同辛烷值油品时，低芳潜原料需要较大的循环气量，高芳潜原料可采用较小的循环气量。一套重整装置，在处理不同原料和生产不同辛烷值产品时，在保持同样积炭量的条件下可以选用不同的氢油比。

另外，选择高活性、低积炭的新型催化剂，也可以达到降低氢油比的目的，从而达到节能的目的。

8.2 典型污染物和污染源

环境可以影响人类，人类也可以改变环境，二者相互制约互相影响。人类和环境只有和谐共进，才能使国家和企业获得持续发展。因此，我们在谋求发展和进步的同时，不能忽视对环境的保护。在催化重整装置开停工及正常生产过程中，会存在一些污染物和污染源。

8.2.1 废水

重整装置废水主要为含油污水、含硫污水、生产废水和生活污水。含油污水主要来自塔回流罐切水和机泵冷却水及芳烃抽提的水洗系统。含硫污水主要来自预分馏原料脱水、预加氢高压分离罐和汽提塔回流罐切水。生产废水主要来自锅炉排污和再生碱洗系统。在临氢系统进行干燥，催化剂还原、硫化时亦产生少量废水。

8.2.2 废气

重整装置排放的废气主要是加热炉烟气和无组织的挥发性气体，烟气的主要污染物为二氧化硫、氮氧化物、粉尘等。其含量与燃料的组成密切相关，为减少硫对环境的污染，应采用低硫燃料和对燃料的脱硫技术。

重整装置在正常情况下无工业废气排放，在装置开、停工阶段或紧急事态下进行的放空以及装置泄漏可能产生部分的烃类气体和氢气。

8.2.3　废渣

重整装置排放的废渣主要是废催化剂，包括废脱氯剂、废脱硫剂、废干燥剂、废脱砷剂、废白土、废溶剂等以及检修机泵废弃物及清容器(塔、罐)废弃物，对废渣需要进行妥善的处理，以防二次污染。

8.2.4　噪声

重整装置的主要噪声源是加热炉、机泵、压缩机及空冷等。见表8-3所示。

表8-3　重整装置的主要噪声源

噪声源	距地面高度/m	放置位置	减防噪声措施	降噪后噪声级/dB
机泵	地面	室外	选低噪声型	80~90
空冷器	10~20	室外	选低噪声型	80~83
压缩机	3~5	室外	选低噪声型	85
加热炉	3~6	室外	低噪声火嘴	87~90
蒸汽放空	>20	室外	消声器	90

8.2.5　放射源

连续重整装置利用γ-射线检测催化剂料面，以核辐射检测技术为基础，通过测量γ-射线穿透被测物料后辐射强度的变化测定催化剂料面的变化。一般使用Co-60或Cs-137放射性物质为射源。因为γ-射线可以穿透很厚的钢板，为保护人体受到辐射的影响，以铅面作为屏蔽防护。

8.3　催化重整装置特殊有害化学品

8.3.1　四氯化碳

化学式：CCl_4。

相对分子质量：153.8。

物化性质：

沸点：76℃。

蒸气相对密度(空气=1)：5.3。

熔点：-23℃。

辛醇/水分配系数的对数值：2.6。

相对密度(水=1)：1.59。

水中溶解度：20℃时0.08g/100mL。

蒸气压：20℃时12.2kPa。

蒸气/空气混合物的相对密度(空气=1)：20℃时1.5。

物理危险性：其蒸气重于空气。

化学危险性：与热表面或明火接触时，该物质发生分解生成有毒气体(氯化氢，氯气)。与化学活泼金属(钠、钾、镁等)激烈反应，有火灾和爆炸危险，浸蚀铜、铅、锌。

四氯化碳是一种剧毒物，人咽入3~4g这种液体就会致命，沾上皮肤，会使皮肤干裂，进入眼睛将会引起烧伤。四氯化碳最高容许浓度：$25mg/m^3$。

因此，使用时必须加倍小心，其危险性可减至最小程度。

① 对储存四氯化碳的设备、容器加强管理，不得乱扔乱放，要保持良好通风。

② 接触四氯化碳的操作人员必须佩戴防毒面具、防护鞋帽和防护手套。

③ 要防止四氯化碳溅到衣服上、手上，将衣物腐蚀坏。

④ 一旦身体部位沾上四氯化碳，要立即用水冲洗净，出现不适症，立即找医生治疗。

⑤ 被四氯化碳中毒的患者要立即移到未被污染的地方，如果呼吸停止应做人工呼吸，立即送医院抢救，被四氯化碳熏过的人不许饮酒，否则会加重毒害作用。

8.3.2 四氯乙烯

物理性质：无色液体，有氯仿样气味。

熔点：−22.2℃。

沸点：−60℃。

闪点：<−50℃。

相对密度：1.63。

危险特性：一般不会燃烧，但长时间暴露在明火及高温下仍能燃烧。受高热分解产生有毒的腐蚀性气体，与活性金属粉末(如铝、镁等)能发生反应，引起分解。若遇高热，容器内压增大，有开裂和爆炸的危险。本品有刺激和麻醉作用。吸入急性中毒者有上呼吸道刺激症状、流泪、头晕、头痛、恶心、运动失调 及酒醉样症状。慢性中毒者有乏力、眩晕、恶心、酩酊感等。可有肝损害，皮肤反复接触可致皮炎和湿疹。

8.3.3 二硫化碳

化学式：CS_2。

相对分子质量：76.0。

物理性质：

沸点：46.5℃。

蒸气相对密度(空气=1)：2.67。

熔点：−110.8℃。

闪点：−30℃(闭环)。

相对密度(水=1)：1.26。

自燃温度：100℃。

水中溶解度：微溶。

爆炸极限：在空气中(44℃)1.3%~50%(体积)。

蒸气压：20℃时48kPa。

物理危险性：其蒸气重于空气，可能引起远处着火，由于流动、搅动等可产生静电。

化学危害性：受热可能爆炸，与空气接触可能自燃生成SO_2，遇热表面或与明火接触，分解生成SO_2，与强氧化剂发生激烈反应有火灾危险。

二硫化碳是一种无色或淡黄色挥发性液体，有特殊气味。在重整装置作为硫化剂使用，主要用于新催化剂开工时对催化剂进行预硫化。

在空气中最高允许浓度10mg/m^3。20℃时蒸发可迅速达到有害空气污染浓度。该物质对皮肤和眼睛有刺激性。该物质可能对中枢神经系统发生作用，造成极度兴奋、幻觉和狂想。

8.3.4 石油苯

环境最高允许浓度：40mg/m^3。

危险特性：

火灾、爆炸：易燃、易爆。本品蒸气与空气易形成爆炸混合物。与氧化剂会发生强烈反应，遇明火、高热会引起燃烧爆炸。易产生或聚集静电，有燃烧爆炸危险。

毒性：中等毒类。触及皮肤易使皮肤吸收，误食、吸入蒸气、粉尘会引起中毒。有麻醉性或其蒸气有麻醉性。急性毒作用主要对中枢神经系统，慢性毒作用主要作用于造血组织及神经系统。在生产环境中以蒸气状态存在，主要经呼吸道吸入。

健康危害：

侵入人体途径：吸入、食入、皮肤及眼睛接触。短期接触刺激眼睛、皮肤、咽喉、肺、引起肺出血、皮肤红肿、起疱、口腔、咽喉产生炎症；对中枢神经起麻醉作用，可引起急性中毒。本品属致癌物质。

急性中毒：在短时内吸入大量苯蒸气可引起急性中毒。轻症起初有粘膜刺激症状，随后出现兴奋或酒醉状态，并伴有头痛、头晕、恶心、呕吐等现象。重症还可出现震颤、谵妄、昏迷、阵发性或强致性抽搐、脉细、呼吸浅表、血压下降，严重时可因呼吸和循环衰竭而死亡。急性期血清谷丙转氨酶活性增高，白细胞轻度增加，血苯、尿酚升高。

慢性中毒：神经系统最常见的为神经衰弱症，造血系统主要表现在白细胞、血小板下降，易引起贫血，极少患者可引起不同类型的白血病，以粒细胞型为多。

皮肤：经常接触苯，皮肤可因脱脂而变为干燥、脱屑以至皲裂，有的发生过敏性湿疹和毛囊炎等。

个体防护：

穿戴好防护服，戴防护镜。选用适当的防护器具(如空气呼吸器等)。防止跑、冒、滴、漏，做好通风排毒。做好就业体检和定期健康检查。

急救措施：

火灾、爆炸：用干粉、二氧化碳、泡沫灭火器。

急性中毒的治疗原则：将患者移至新鲜空气处，保持呼吸道通畅，立即脱去被苯污染的衣服，用肥皂及清水彻底清洗皮肤，注意保暖。必要时施行人工呼吸。眼接触用水冲洗。

吸入：将患者移至新鲜空气处，保持呼吸道通畅，必要时施行人工呼吸。

食入：勿催吐，立即就医。

泄露处理：穿戴防毒面具和手套进现场，清除一切火情隐患，保持现场通风，液体泄露物用蛭石、砂等吸附剂吸后，倒至空旷处任其蒸发或掩埋，不得排入下水道，以免爆炸。对污染的地面用肥皂或洗涤剂刷洗，洗水经稀释放入废水系统。

8.3.5　石油甲苯

分子式：$C_6H_5CH_3$。

环境最高允许浓度：100mg/m^3。

危险特性：

火灾、爆炸：易燃易爆。本品蒸气与空气易形成爆炸性混合物；遇明火、高热易引起燃烧爆炸；遇易燃物、有机物会引起爆炸；流速过快(超过 3m/s)有产生和积聚静电的危险。

毒性：低毒类。有刺激性气味，有麻醉性或其蒸气有麻醉性，触及皮肤易经皮肤吸收，误食、吸入蒸气、粉尘会引起中毒。在生产环境中甲苯主要以蒸气状态由呼吸道吸入。甲苯进入人体主要吸附于血中红细胞膜及血浆蛋白上，后蓄积于含脂肪多的组织，如肾上腺、脑、骨髓和肝。可通过血脑屏障进入脑组织，存留时间较长。吸入较高浓度的甲苯蒸气对中枢神经的麻醉作用较为强烈，对皮肤黏膜有刺激作用，长期作用可影响肝、肾功能。

健康危害：

侵入人体途径：吸入、皮肤吸收、食入、皮肤及眼睛接触。短期暴露引起头痛、嗜睡、幻觉、恶心、协调性下降、昏迷；高度暴露可致死；食入会引起口腔及胃灼烧感、上腹部痛、咳嗽、声音嘶哑、疲乏、恶心、失眠、易怒、头昏、记忆部分丧失、醉酒感、月经中断、心悸、协调性下降、刺激眼睛、使皮肤干燥。

急性中毒：主要表现中枢神经系统的麻醉作用和植物神经功能紊乱的症状，如眩晕、乏力、酒醉状、步态不稳、血压偏低、面色苍白及咳嗽、流泪、结膜充血等粘膜刺激症状。重者恶心、呕吐、幻觉、抽搐、甚至神志不清，有的出现癔病样症状。

慢性中毒：长期吸入较高浓度的甲苯蒸气有头晕、头痛、乏力、失眠、记忆力减退等神经衰弱综合症。长期接触可引起脑病及肝、肾损害，皮肤干燥甚至引起皮炎。

个体防护：

穿戴好防护服，戴防护镜。选用适当的防护器具(如空气呼吸器等)。防止跑、冒、滴、漏，做好通风排毒。做好就业体检和定期健康检查，定期检查尿液。

急救措施：

火灾、爆炸：用干粉、二氧化碳、泡沫灭火器。

眼接触：用大量水冲洗 15min，就医；皮肤接触用肥皂、水冲洗 15min，就医；

急性甲苯中毒：应迅速脱离现场，移至新鲜空气处，脱去污染衣物，注意安全、保温、就医。

食入：勿催吐，喝 31~62g 的矿物油立即就医。

泄露处理：穿戴防护用具和手套进现场，清除一切火情隐患，保持现场通风，液体泄露物用蛭石、砂等吸附剂吸后，倒至空旷处任其蒸发或掩埋，不得排入下水道以免爆炸。对污染地面用肥皂或洗涤剂刷洗，水洗水经稀释放入废水系统。

8.3.6 石油二甲苯

分子式：$C_6H_4(CH_3)_2$。

环境最高允许浓度：100mg/m^3。

禁忌物/禁忌：强氧化剂。

危险特性：易燃、易爆。

健康危害：吸入蒸气刺激鼻、咽、喉引起中毒，导致头痛、恶心；抑制中枢神经，产生强烈麻醉作用，皮肤接触引起皮肤干裂和脱脂；暴露蒸气中刺激眼睛、眼睑；食入后口、喉有灼烧感；肠胃受刺激。

个体防护：穿戴防护服。

储存：避免接触强氧化剂；严禁烟火；开启和关闭容器时，使用无火花工具。

急救措施：

灭火：用干粉、二氧化碳、泡沫灭火剂。

眼接触：用水冲洗至少 15min，就医。

皮肤接触：用肥皂、水冲洗至少 5min，就医。

吸入：将患者移至新鲜空气处；就医。

食入：使患者呕吐，就医。

泄漏：穿戴防护用具进入现场；用吸附剂覆盖泄漏物，并置入纤维纸箱内。不得将泄漏物排入下水道。

8.3.7 三甘醇或三乙二醇醚

分子式：$C_6H_{14}O_4/HOC_2H_4OC_2H_4OC_2H_4OH$；

相对分子质量 150. 2。
物化性质：
沸点：285℃。
蒸气相对密度(空气=1)：5. 2。
熔点：-5~7℃。
闪点：165℃。
相对密度(水=1)：1. 1。
自燃温度：371℃。
水中溶解度：易溶。
爆炸极限：在空气中 0. 9%~9. 29%(体积)。
蒸气压：20℃时 0. 02kPa。
物理状态：无色液体。
职业接触限值：限值未制定。
接触途径：该物质可通过吸入其蒸气吸收到体内。
吸入风险：20℃时该物质蒸发，不会或很缓慢地达到空气中有害浓度。
危害/接触类型：火灾、可燃。
预防：禁止明火。
急救/消防：干粉，抗醇泡沫，大量用水，二氧化碳。

8. 3. 8　二甲亚砜(二甲基亚砜)

分子式：C_2H_6OS。
相对分子质量：78. 1。
物理性质：
沸点：189℃。
熔点：18. 5℃。
蒸气相对密度(空气=1)：2. 7。
闪点：89℃(闭环)。
自然温度：215℃。
相对密度(水=1)：1. 014。
爆炸极限：在空气中 2. 6%~42. 0%。
水中溶解度：混溶。
蒸气压：20℃时 59. 4Pa。
外观：无色液体。
物理危险性：该蒸气比空气重可能沿地面流动，造成远处着火。
化学危险性：该物质加热到 150℃以上或燃烧时发生分解生成有毒烟雾。与强氧化剂如高氯酸盐发生猛烈反应。
职业接触限值：极限值未测定。
接触途径：该物质可通过吸入其气溶胶，经皮肤和食入吸收进体内。
吸入风险：未指明 20℃时该物质蒸发达到空气中有害浓度的速率。
短期接触作用：该物质刺激眼睛、皮肤和呼吸道。接触高浓度能够造成知觉降低，长期或反复接触作用：反复或长期与皮肤接触可能引起皮炎，可能引起皮肤过敏。该物质可能对肝发生作用，导致肝功能损害。

危害接触类型：火灾、爆炸。

急性危害/症状：可燃的；高于 89℃密闭系统，通风和用防爆电器。

急救/消防：干粉、喷水、泡沫二氧化碳；着火时喷水保持料桶等冷却。

8.3.9 环丁砜

分子式：$C_4H_8SO_2$。

物化特性：无色油状液体。

相对密度：1.26。

熔点：27℃。

沸点：285℃。

闪点：176℃。

危险特性：难燃。

健康危害：动物试验证明本品可引起惊厥、亢进、震颤、共济失调、肺炎、肝炎，并可导致胃、肠、肺、肝病变。

个体防护：戴防护镜、面罩或橡胶手套。

急救措施：

灭火：喷水或使用泡沫、干粉、二氧化碳灭火剂。

眼接触：用大量水冲洗。

皮肤接触：用大量水冲洗。

吸入：催吐。

泄漏：避免身体接触泄漏物；收集后隔离并转移至安全处。

8.3.10 二甲基二硫

分子式：CH_3SSCH_3。

物化特性：无色或微黄色液体。

熔点：-84.72℃。

沸点：117℃。

闪点：24.44℃。

禁忌物/禁忌：强氧化剂、酸类。

危险特性：遇明火、高热易燃。与氧化剂能发生强烈反应。接触酸溶液或酸气，可分解产生硫化物毒气。

健康危害：本品属高毒性，刺激软化皮肤、亦刺激眼睛、鼻、咽、喉。

防护措施：严禁烟火；紧急情况下，带压气式、自吸式、全面罩自携式呼吸器，穿全遮式防化服。

二甲基二硫作为重整装置的硫化剂，主要用于新催化剂开工时，对催化剂进行预硫化。

第九章　生产运行分析及工艺计算

9.1　装置标定

催化重整装置的标定是为了更进一步了解装置的现状，对新建或改造后装置进行技术标定，检验是否符合设计、改造规范要求。在标定过程中，对装置的工艺、设备、安全环保、能耗、物耗、产品质量等方面做全面运行分析和标定工作。

9.1.1　标定方案内容

装置标定工作一般包括：标定目的、标定时间、标定范围和内容、标定条件、加工方案、准备工作、数据的采集及采样表格等。

9.1.2　标定报告

装置标定报告包括：标定前状况、标定目的、标定时间、标定项目、计量检测方法说明、标定条件、标定的物料平衡、能耗数据、标定数据分析及结论。

9.1.3　标定实例

(1) 标定目的

① 考察装置满负荷生产的稳定性。

② 考察重整催化剂在满负荷生产下的性能。

③ 暴露出装置在满负荷生产中设备和工艺的瓶颈问题。

④ 全面考察装置满负荷生产下的能耗和物料平衡情况。

(2) 标定时间、范围及内容

本次标定期间重整进料保持 xt/h 不变。

① ××月××日××：00 开始标定，重整反应温度 WAIT 为×××℃，脱戊烷油辛烷值(RON)××。

② ××月××日××：00 标定结束，××日重整进料降至××t/h，反应温度降至×××℃。

(3) 标定条件

本次标定期间的操作条件见表 9-1。

表 9-1　标定操作条件

项　目	标定时间	项　目	标定时间

(4) 标定结果

① 预加氢进料、重整进料、脱戊烷油性质见表 9-2 所示。

表 9-2　预加氢进料、重整进料、脱戊烷油性质

样品名称	预加氢进料		重整进料		脱戊烷油	
采样时间						
密度/(kg/m^3)						
馏程/℃						
IBP						
10%(体积)						
30%(体积)						
50%(体积)						
70%(体积)						
90%(体积)						
FBP						
硫含量/(μg/g)						
氮含量/(μg/g)						
砷含量/(ng/g)						
铅含量/(ng/g)						
铜含量/(ng/g)						
氯含量/(μg/g)						
水含量/(μg/g)						
C_6^+ 辛烷值　RON						
MON						
PNA 组成/%						
P						
N						
A						
N^+A						
$N^+3.5A$						
芳烃潜含量/%						
芳烃产率/%						
苯转化率/%						
甲苯转化率/%						
C_8 芳烃转化率/%						

② 其他油品性质见表 9-3、表 9-4 所示。

表 9-3　其他油品性质

样品名称	戊烷油	脱 C_6 塔顶	脱 C_6 塔底产品	脱重组分塔顶回流	脱重组分塔侧线	重整汽油
采样时间						
馏程/℃						
IBP						
10%(体积)						
30%(体积)						
50%(体积)						
70%(体积)						
90%(体积)						
FBP						
蒸气压/kPa						
辛烷值　RON						
MON						
PNA 组成/%						
P						
N						
A						

表 9-4　液化气组成分析

%(体积)

日期	甲烷	乙烷	丙烷	丙烯	异丁烷	正丁烷	正丁烯	异丁烯	反丁烯	顺丁烯	C_5	合计

③ 含氢气体性质见表 9-5 所示。

表 9-5　含氢气体性质

%(体积)

名称	日期	H_2S	H_2	甲烷	乙烷	乙烯	丙烷	丙烯	异丁烷	正丁烷	丁烯	C_5	总和
预加氢循环氢													
重整循环氢													
脱氯前氢气													
脱氯后氢气													
提纯前氢气													
提纯后氢气													
提纯后尾气													

④ 气体性质见表9–6、表9–7所示。

表9–6 干气瓦期气组成 %(体积)

样品名称	日期	H_2S	H_2	O_2	N_2	CO_2	甲烷	乙烷	乙烯	丙烷	丙烯	异丁烷	正丁烷	丁烯	C_5	总和

表9–7 标定期间气体露点 ℃

日期	再生干燥空气露点	脱氯前氢气	脱氯后氢气	循环氢

⑤ 烟气性质见表9–8所示。

表9–8 加热炉烟气分析

气体样品	采样日期	O_2/%	CO/%	CO_2/%	排烟温度/℃	热效率/%

⑥ 催化剂性质见表 9-9 所示。

表 9-9 催化剂分析数据

分析项目	待生催化剂	再生催化剂	新鲜剂
采样日期			
Pt/%			
Sn/%			
Cl/%			
C/%			
Si/%			
Fe/%			
Na/%			
Ca/%			
Mg/%			
S/%			
比表面积/(m^2/g)			
压碎强度/(N/粒)			
磨损率/%			
运行周期数			
H/Pt			

(5) 物料平衡

① 重整部分物料平衡数据见表 9-10 所示。

表 9-10 物料平衡数据

项目	标定时间		项目	标定时间	
入方			含氢气体		
重整进料			液化气		
出方			干气		
戊烷油			纯氢收率/%		
脱戊烷油			脱戊烷油 RON		

② 预处理部分见表 9-11 所示。

表 9-11 本次标定预处理部分物料平衡

入方	t/h	t/d	%
原料油			
补氢			
出方			
拔头油			
重整料			
干气			

(6) 燃动消耗

表 9-12 为本次标定的各种消耗。

(7) 标定暴露的问题

(8) 标定结论

表 9-12　本次标定各种消耗

项　目	标定时间	设计能耗	项　目	标定时间	设计能耗
	单　耗	单　耗		单　耗	单　耗
燃料气/(kg/t 原料)			蒸汽/(t/t 原料)		
燃料油/(kg/t 原料)			余热炉产汽/(t/t 原料)		
新鲜水/(t/t 原料)			软化水/(t/t 原料)		
循环水/(t/t 原料)			综合能耗/(kg 标油/t 原料)		
电/(kW·h/t 原料)					

9.2　装置班组经济核算

炼油装置生产过程中要投入资金、劳动力、材料和设备等资源，产品销售后获得经济收入，两者相抵后取得利润，收入和支出的计量均采用统一货币，经济核算实质上就是核算收入和支出的现金差额。

工业产品的成本是指生产某种产品所需费用的总和，成本是决定装置经济效益的最重要的因素。我国石油化工系统目前采用以下总成本计算：

总成本费用=生产成本+管理费用+销售费用+财务费用

作为生产装置班组经济核算内容包括两大部分，即收入部分和支出部分。

收入部分包括：装置各种产品(重整汽油、轻石脑油、液化气、含氢气体、燃料气等)的产量、收率、价格。

各产品价格=各产品产量×各产品单价

支出部分包括:装置原料部分、辅助材料、燃料及动力、制造费用、生产工人工资及福利等。

9.3　车间及班组管理

9.3.1　规范管理制度落实安全责任

(1) 完善各项制度提高管理水平

以 HSE 认证工作为契机，狠抓安全生产责任制的落实，通过完善各项管理制度，细化管理要求，规范各种台账、操作记录、岗位职责、工作标准，使之具有良好的可操作性和可考核性。制定空气呼吸器等防护用品的管理制度和车间周安全检查管理制度，对安全检查查出的项目实行闭环管理，保证整改质量。

(2) 明确工作程序落实安全责任

结合 HSE 工作的开展对车间的各项工作进行危害识别、风险评估、风险控制，核定工作程序，将事故隐患消灭于未然，确保实现本质安全。

进一步强化作业票据的管理，明确签字程序和安全责任，逐级负责，保证该项工作有据可依，有条不紊。

9.3.2　创新基础管理推行人本安全

(1) 以人为本开展人本管理

管理工作坚持以人为本、加强人本管理，体现互相尊重、相互体谅，以期建立积极向上融洽的工作环境和车间文化。对技术人员可以通过改善办公环境，给予充分尊重来调动其主观能动性，通过给他们搭建一个施展才华的平台，让他们充分发挥自身的能力，实现自己的理想。对于操作人员也可通过改造工作环境，加强彼此沟通，使他们时刻都能以一种愉悦的心情，旺盛的精力投入到工作中去，进而大大提高工作效率和质量。

(2) 加强安全管理增强安全意识

在安全管理上，一是启用操作人员、班长、车间值班人员上岗挂牌制，要求上述人员上岗后，将自己的名牌挂在相应的岗位上，以明确人员，强化责任心；二是加强对班组安全活动的管理，做到次次有领导参与，采用灵活多样的形式，保证时间和效果；三是车间内部事故处理四不放过的原则，增强职工的安全责任意识，提高防范各类事故的能力。

9.3.3 强化检查考核保障安全生产

(1) 开展工作评价提高自我意识

工作评价活动，即让班组人员评价班长，班长评价车间领导和管理人员，车间领导和管理人员评价班长。评价内容包括：领导能力、业务水平、创新能力、管理水平、组织协调能力、沟通交流能力、语言表达能力、自我约束能力等。通过开展此项活动，帮助职工总结自身优点，挖掘自身存在的不足并加以改正。通过评价使大家认识到人无完人，只有不断总结和完善自己，才能不断提高自己的工作水平、管理水平。

(2) 推行管理问责提倡敢于管理

在日常工作中，我们始终坚持以人为本的管理思想，提出对管理人员推行管理人员问责制，增强管理人员的责任心、使命感，从而促进管理人员大胆管理、勇于管理。

9.4 物料平衡

由于对产品结构要求的不同，可以设计出各种流程方案。如有的希望尽可能多地生产苯，有的希望尽可能多地生产对二甲苯。实际上大多数的芳烃联合装置居于两种极端情况之间，除苯和对二甲苯外还要生产其他芳烃如：甲苯、乙苯、邻二甲苯和间二甲苯等。

为了提高 BTX 芳烃收率，催化重整装置可进一步改进催化剂性能，降低反应压力，采用催化剂连续再生技术等。

实际生产中由于产品不同，有多种生产方案，所以，全装置的物料平衡也各种各样。现将某连续重整装置实际生产中物料平衡示例列于下表。

某连续重整装置物料平衡(对重整进料)

名　称			物料量/(kg/h)
入　方	直馏石脑油/%	117.6	86852
出　方	C_5 馏分/%	4.0	2954
	C_6 馏分/%	30.1	22236
	C_7^+ 馏分/%	60.5	44693
	轻石脑油/%	14.3	10564
	含氢气体/%	7.1	5225
	燃料气/%	1.6	1180
	合计/%	117.6	86852

该装置催化重整装置的原料是石脑油，包括预分馏单元、预加氢单元、重整反应单元、

稳定单元等工艺过程。以生产高辛烷值汽油为主要目的产品，同时生产大量廉价 H_2 供其他装置使用。

9.5 工艺计算

9.5.1 催化重整装置的用能分析和能耗计算

催化重整装置能耗分布为燃料、蒸汽、电、新鲜水及循环水等的消耗。在正常生产过程中，燃料占装置总能耗的70%以上，其次是电和蒸汽等。装置能耗计算主要是加工1t重整原料油所消耗燃料、蒸汽、电、新鲜水及循环水等的单耗计算。

【例题Ⅰ】 某重整装置重整进料为50t/h时，各种消耗为：循环水1500t/h，新鲜水15t/h，电：1600kW·h/h，燃料气5t/h，蒸汽10t/h，计算出各项单耗？

解：

各项单耗分别为：

循环水单耗：　1500/50=30(t/t)

新鲜水单耗：　15/50=0.3(t/t)

电单耗：　1600/50=32(kW·h/t)

燃料气单耗：　5/50=0.1(t/t)

蒸汽单耗：　10/50=0.2(t/t)

答： 各项单耗分别为循环水30t/t，新鲜水0.3t/t，电32kW·h/t，燃料气0.1t/t，蒸汽0.2t/t。

【例题Ⅱ】： 某重整装置一个月的处理量为32400t，消耗中电的耗量为880000kW·h，试求电的能耗是多少？(电的能耗折算为0.3kg标油/kW·h)

解：

电耗量折算为：　880000×0.3=264000(kg标油)

能耗为：　$\frac{264000}{32400}=8.15$(kg标油/t)

答： 电的能耗为8.15kg标油/t。

9.5.2 催化剂补充氯的计算

在正常生产过程中，按照要求进料油中含氯量，对注入的氯化剂进行核算，计算出每天需要注入的氯化剂量。

【例题Ⅰ】 已知每瓶二氯乙烷含氯量为448g，当重整进料量为30t/h时，要求进料油中含氯量达3μg/g，问每天要注二氯乙烷多少瓶？

解： 设每天注二氯乙烷 x 瓶。

$$\frac{448 \times 10^{-6} \cdot x}{30 \times 24} = 3 \times 10^{-6}$$

$$448 \cdot x \cdot 10^{-6} = 3 \times 10^{-6} \times 30 \times 24$$

$$x \approx 5(\text{瓶})$$

答： 每天要注二氯乙烷5瓶。

【例题Ⅱ】 已知重整进料为35t/h，用瓶装500mL的二氯乙烷(密度为1.253g/mL)作为注氯剂，若要求注氯1.6μg/g(对重整进料)，求每天要注二氯乙烷几瓶？

解：

$$d_{CH_2CH_2Cl_2}\text{相对分子质量}=99$$
$$=1.253g/mL$$

每瓶二氯乙烷含氯量为： $500\times1.253\times\frac{71}{99}=449.3(g)$

1.6μg/g 氯为： $35\times10^6\times1.6\times10^{-6}=56(g/h)$

每天注二氯乙烷： $\frac{56\times24}{449.3}\approx3$(瓶)

答：每天注二氯乙烷 3 瓶。

9.5.3 催化剂补充水的计算

在正常生产过程中，按照要求进料油中水含量，对注入的水量进行核算，计算出每天需要注入的水量。

【例题Ⅰ】 已知重整进料量为 50t/h，进料中水含量为 5μg/g，重整反应系统循环氢水含量为 30μg/g，求每小时注乙醇量多少(1μg/g 油中水转化为 3μg/g 气中水)？

解： 每小时注水量 $=50\times10^6\times[(30-5\times3)/3]\times10^{-6}=250(g)$

每小时注乙醇量 $=250\times46/18=639(g)$

答：每小时注乙醇 639g。

【例题Ⅱ】 已知：重整进料为 35t/h，若用注乙醇代替注水操作，现每天注乙醇(密度为 0.7892g/mL)7 瓶(500mL/瓶)，求：注水量对重整进料相当于多少 μg/g。

解：乙醇重： $500\times7\times0.7892=2762.2(g)$

乙醇含水量： $2762.2\times18/46=1080.86(g)$

注水浓度： $\frac{1080.86}{35\times24\times10^6}=1.29\times10^{-6}$

答：注水量相当于重整进料量的 1.29μg/g。

9.5.4 芳烃的三苯收率

芳烃的三苯收率的计算通常以重整进料为基准，有两种表达方式。一是重整生成油中三苯含量占重整进料的百分比；一是精馏单元实际产出的三苯占重整进料的百分比。具体计算如下：

$$\text{三苯收率}(W)=\frac{\text{重整生成油量(t)}\times\text{重整生成油三苯含量(\%)}}{\text{重整进料量(t)}}\times100\%$$

或

$$\text{三苯收率}(W)=\text{重整液体收率(\%)}\times\text{重整生成油三苯含量(\%)}$$

$$\text{三苯收率}(W)=\frac{\text{装置实得三苯量(t)}}{\text{重整进料量(t)}}\times100\%$$

9.5.5 氢油比与氢油摩尔比

氢油比或称氢烃比(H_2/HC)，是指循环气中的纯氢量与原料油量之比，因此，在计算时不要忘记是循环气量和氢纯度的乘积与进料量之比，即：

$$\text{氢油比}=\frac{\text{循环气量}\times\text{氢纯度}}{\text{进料量}}Nm^3(H_2)/m^3(HC)$$

氢油摩尔比是指循环气中纯氢的摩尔数与原料油的摩尔数之比，在计算时不要忘记氢气和原料油的摩尔质量，即：

$$\text{氢油摩尔比}=\frac{\text{循环气量}(Nm^3)/22.4}{\text{原料油量(质量)}/M_{\text{原料油}}}$$

式中　$M_{原料油}$——原粒油的摩尔质量。

9.5.6　加权平均相对分子质量

加权平均相对分子质量系指对某一混合物系每一种物质的相对分子质量的组成加权值之和。即：

$$M = \sum (M_i \times m_i)$$

式中　M——加权平均相对分子质量；

M_i——混合物中某一种物质的相对分子质量；

m_i——混合物中某一种物质组成含量，%。

9.5.7　重整转化率

重整转化率，定义为重整转化过程产物中所得到的芳烃量与原料中芳烃潜含量之比值。因此，重整转化率又称芳烃转化率，即：

$$重整转化率 = \frac{重整生成油中芳烃产率}{原料油中芳烃潜含量} \times 100\%$$

【例题】　重整进料为37t/h，进料芳烃潜含量为35%，稳定汽油为32t/h，芳烃含量为49.88%，求：重整芳烃转化率。

$$稳定汽油收率 = \frac{32}{37} \times 100\% = 86.49\%$$

$$转化率 = \frac{49.88 \times 86.49}{35} \times 100\% = 123.3\%$$

答：重整芳烃转化率为123.3%。

9.5.8　芳烃回收率

芳烃回收率高低反映了芳烃抽提单元抽提效率的好与坏。芳烃回收率计算方法如下。

芳烃(苯、甲苯或二甲苯)回收率(用 G_i 表示)，计算公式是：

$$G_i = \frac{X_e(X_f - X_r)}{X_f(X_e - X_r)} \times 100\%$$

式中　G_i——苯(甲苯或二甲苯)的回收率，%；

X_e——抽出物中苯(甲苯或二甲苯)含量，%；

X_f——抽提进料中苯(甲苯或二甲苯)含量，%；

X_r——抽余油中苯(甲苯或二甲苯)含量，%。

总芳烃回收率(用 ΣG_i 表示)的计算公式是：

$$\sum G_i = \frac{X_F - X_R}{X_F(1 - X_R)} \times 100\%$$

式中　ΣG_i——BTX总回收率，%

X_F——抽提进料中总芳烃含量，%；

X_R——抽余油中芳烃(苯、甲苯和二甲苯)总含量，%。

9.5.9　反应温度

由于重整反应的特点，它必须在几个反应器内完成。反应的总效果是大量吸热，就使各反应器都有温降，所以，重整反应温度就有几种表达方式。

9.5.9.1　平均入口温度(*WAIT*)

这种方式不考虑各反应器温降大小，只以反应器入口温度为准。这种方式简单，对实际生产装置有实际意义，但它距重整反应的实际温度较远。

等温操作，各反应器入口温度一样，就不必要计算了。对不等温操作，则需要计算。

$$WAIT = \sum t_i \cdot X_i$$

式中 t_i——各反入口温度,℃;

X_i——各反催化剂装填比例,%。

【例题Ⅰ】 重整一、二、三、四反应器催化剂装填比为8.5∶13.5∶28∶50，重整一、二、三、四反应器入口温度分别为490℃、493℃、495℃、498℃，求加权平均入口温度*WAIT*。

解：将装填比转化为百分数比

$$8.5+13.5+28+50=100$$

$$\frac{8.5}{100}:\frac{13.5}{100}:\frac{28}{100}:\frac{50}{100}$$

则：$WAIT=490\times\frac{8.5}{100}+493\times\frac{13.5}{100}+495\times\frac{28}{100}+498\times\frac{50}{100}=495.8(℃)$

答：加权平均入口温度为495.8℃。

9.5.9.2 加权平均温度(*WABT*)

这种表达方式考虑了各反应器温降，比较接近实际反应温度，有利于对过程表现进行技术分析，在判断装置反应情况和评价催化剂性能时常用。

$$WABT = \sum[(t_{i入}+t_{i出}/2\times X_i] = \sum\left(t_{i入}-\frac{\Delta t_i}{2}\right)\cdot X_i$$

式中 $t_{i入}$——各反入口温度,℃;

$t_{i出}$——各反出口温度,℃;

Δt_i——各反温降,℃;

X_i——各反催化剂装填比例,%。

各反应器进出口温度的平均值乘催化剂比例之和；或者各反应器入口温度减二分之一温降乘催化剂比例之和。

【例题Ⅱ】 某重整装置有4台反应器，各反应器催化剂装填比例为$R_1:R_2:R_3:R_4=1:2:3:4$，四台反应器的进口温度依次分别为490℃、490℃、495℃，495℃，出口温度分别为420℃、440℃、475℃、490℃，求加权平均床层温度*WABT*。

解：由于各反应器催化剂装填比例为$R_1:R_2:R_3:R_4=1:2:3:4$

转化为百分数分别为10%、20%、30%、40%

$$WABT=0.1\times(490+420)/2+0.2(490+440)/2+0.3\times(495+475)/2+0.4(495+490)/2$$
$$=481(℃)$$

答：加权平均床层温度481℃。

9.5.9.3 积分反应温度

积分反应温度最接近重整的真实反应温度，它是根据各反应器催化剂床层的温度分布曲线积分之和得到。由于工业装置床层温度点很少，得不到温度分布曲线，而且积分计算也比较复杂，比较麻烦，工业装置不采用这种温度表达方式。研究单位为了研究的需要，有时采用这种方式。

9.5.10 环烷烃转化率

尽管环烷烃脱氢反应易于进行，但受热力学平衡的限制，生成油中总会残余少量环烷烃。转化了多少环烷烃可用环烷烃转化率来表示，即：

$$环烷烃转化率 = \frac{原料油中环烷烃含量 - 生成油中环烷含量 \times 液收率}{原料油中环烷烃含量} \times 100\%$$

即：

$$环烷烃转化率 = \left(1 - \frac{生成油中环烷含量 \times 液收率}{原料油中环烷烃含量}\right) \times 100\%$$

在定义上，环烷烃转化率只能表示环烷烃转化程度，它与芳烃转化率是不同的。芳烃产品除由六员环脱氢和五员环烷异构脱氢生成外，烷烃脱氢环化也可以生成芳烃。因此，芳烃转化率可以达到或超过100%，而环烷烃转化率则不可能超过100%。

9.5.11 水/氯摩尔比(*R*)

对于水/氯摩尔比 R 值的计算，国内外各公司都有自己的计算方法，计算过程都比较复杂，这里介绍一种简单的方法。

反应系统的水/氯摩尔比可按下列公式计算：

$$R = \frac{Y_R \times G + Y_F \times (M_F/18)}{X_R \times G + X_F \times (M_F/35.5)}$$

式中 X_F——重整原料油氯含量(包括补氯量)，μg/g；

Y_F——重整原料油水含量(包括补水量)，μg/g；

X_R——循环气中氯含量，μg/g；

Y_R——循环气中水含量，μg/g；

M_F——原料油平均摩尔质量；

G——氢/油摩尔比。

由上式可以看出,必须同时知道油中水含量、氯含量、循环气中水含量、氯含量四个数据才能计算,而同时获得这四个分析数据一般比较困难,尤其是气中含氯量更难测量准确。为此,可采用经验公式来确定循环气中水含量(X_R),通常它与原料油中氯含量(包括补氯量)有如下关系：

$$X_R = (0.45 \sim 0.75)X_F$$

综上所述，整个水/氯摩尔比的计算步骤为：

确定油中水和注水总量 Y_F；

确定油中氯含量和注氯总量 X_F；

确定循环气中水含量 Y_R；

确定循环气中氯含量 X_R，按经验式估算时，要根据本装置长周期运转中的经验数据，如果经验不足时，可先按 $X_R = 0.5X_F$ 计算；

确定原料油平均摩尔质量 M_F；

确定氢/油摩尔比 G。

9.5.12 催化剂使用寿命

催化剂使用寿命是指单位质量的催化剂自始至终所加工的原料油总量。

【例题】 已知某催化重整装置的催化剂装量为40t，进料量为50t/h时，已连续运行1000天，问催化剂的使用寿命。

解：共加工原料油：　　　　50×24×1000 = 1200000t

催化剂使用寿命：　　　1200000/40×1000 = 30t/kg

答：催化剂使用寿命为30t/kg。

参 考 文 献

1 徐承恩．催化重整工艺与工程．北京：中国石化出版社，2006
2 赵仁殿，金彰礼，陶志华，黄仲九主编．芳烃工学．北京：化学工业出版社，2001
3 金国干．催化重整．北京：中国石化出版社，2004
4 李成栋．催化重整装置操作指南．北京：中国石化出版社，2000
5 孙桂大，闫富山主编．石油化工催化作用导论．北京：中国石化出版社，2000
6 田颐慧．化工设备．北京：中国石化出版社，1999
7 马秉骞．炼油设备基础知识．北京：中国石化出版社，2003
8 周志成．石油化工仪表及自动化．北京：中国石化出版社，1995
9 国家职业标准(燃料油生产工)．北京：中国劳动社会保障出版社，2003
10 中国石油和石化工程研究会编著．炼油设备工程师手册．北京：中国石化出版社，2003
11 张广林，王国良．炼油助剂应用手册(第一版)．北京：中国石化出版社，2003
12 李成栋．催化重整装置技术问答(第二版)．北京：中国石化出版社，2005
13 林世雄．石油炼制工程(第三版)．北京：石油工业出版社，2000
14 孙锦宜．工业催化剂的失活与再生．北京：化学工业出版社，2006
15 陆士庆．炼油工艺学(第二版)．北京：中国石化出版社，2005
16 程丽华．石油炼制工艺学(第一版)．北京：中国石化出版社，2006
17 周学良．催化剂(第一版)．北京：化学工业出版社，2002
18 董荣亮．催化重整装置安全运行与管理(第一版)．北京：中国石化出版社，2005
19 孙兆林．催化重整(第一版)．北京：中国石化出版社，2006